DIE GRUNDLEHREN DER

# MATHEMATISCHEN WISSENSCHAFTEN

IN EINZELDARSTELLUNGEN MIT BESONDERER
BERÜCKSICHTIGUNG DER ANWENDUNGSGEBIETE

GEMEINSAM MIT

**W. BLASCHKE**   **M. BORN**   **B. L. VAN DER WAERDEN**
HAMBURG       GÖTTINGEN       LEIPZIG

HERAUSGEGEBEN VON

**R. COURANT**

GÖTTINGEN

BAND XLII

# VORLESUNGEN ÜBER PROJEKTIVE GEOMETRIE

MIT BESONDERER BERÜCKSICHTIGUNG
DER V. STAUDTSCHEN IMAGINÄRTHEORIE

VON

**C. JUEL**

SPRINGER-VERLAG BERLIN HEIDELBERG GMBH

# VORLESUNGEN ÜBER PROJEKTIVE GEOMETRIE

## MIT BESONDERER BERÜCKSICHTIGUNG DER v. STAUDTSCHEN IMAGINÄRTHEORIE

VON

## C. JUEL

PROFESSOR EMERITUS
AN DER TECHNISCHEN HOCHSCHULE KOPENHAGEN

MIT 87 FIGUREN

SPRINGER-VERLAG BERLIN HEIDELBERG GMBH

ISBN 978-3-662-01681-7    ISBN 978-3-662-01976-4 (eBook)
DOI 10.1007/978-3-662-01976-4

# Vorwort.

Die meisten der in der letzten Zeit erschienenen Einleitungen in die projektive Geometrie haben sich ganz der von v. STAUDT in seiner „Geometrie der Lage" eingeführten Behandlungsweise angeschlossen, und das ist auch bei den vorliegenden Vorlesungen der Fall.

Ich lasse mich auf axiomatische Fragen nicht ein und setze übrigens die Kenntnis der elementaren reellen projektiven Geometrie in dem Umfange und Geist voraus, wie sie in F. ENRIQUES' „Vorlesungen über projektive Geometrie"[1] behandelt ist.

In der projektiven Geometrie ist der Begriff des Wurfes von ausschlaggebender Bedeutung. Es scheint mir nahezuliegen, daß v. STAUDT schon durch dieses Wort hat andeuten wollen, daß es sich nur um vier auf eine Gerade beliebig „hingeworfene" und in einer bestimmten Reihenfolge genommene Punkte handelt. Ein Wurf ist also zunächst eine Figur.

Die Theorie der Würfe baut nun v. STAUDT auf die bekannte Bestimmung eines harmonischen Wurfes durch ein vollständiges Vierseit auf. Der sich hierauf stützende, im v. STAUDTschen Sinne durchzuführende Beweis des Fundamentalsatzes der projektiven Geometrie erfordert Stetigkeitsbetrachtungen, deren Notwendigkeit v. STAUDT, wie alle anderen in jener Zeit, übersehen hat. Diese Lücke ist später ausgefüllt worden; diesbezüglich begnüge ich mich mit einem Hinweis auf ENRIQUES. Es ist überhaupt für v. STAUDT charakteristisch, daß er Stetigkeitsbetrachtungen zu umgehen sucht. Ich bin ihm insofern gefolgt, als ich für viele Grenzfälle, in denen der allgemeine Beweis versagt, aber durch Kontinuitätsbetrachtungen gerettet werden könnte, neue Beweise gebe.

Weiterhin lernt man, daß man aus einem oder mehreren Würfen nach bestimmten Regeln neue ableiten kann. Durch diese „Wurfrechnung" werden die Würfe zu Symbolen.

Nach Einführung der Messung von Strecken und Winkeln wird schließlich der Wurf zu einer Zahl, womit die Verbindung mit der früher überall üblichen Definition des Wurfes als Doppelverhältnis hergestellt ist. Bei v. STAUDT geschieht dieser letzte Schritt nur für die euklidische Metrik; in der vorliegenden Darstellung schien es jedoch angemessen, auch die nichteuklidischen einzubeziehen.

---

[1] Deutsche Ausgabe von HERMANN FLEISCHER. 2. Aufl. Leipzig und Berlin 1915.

Während die v. STAUDTsche Einleitung in die reelle projektive Geometrie allgemein durchgedrungen ist, gilt dies nicht von der Theorie der imaginären Elemente, die er in seinen „Beiträgen" entwickelt hat. Will man auch diese Elemente behandeln, so bildet die v. STAUDTsche Theorie die einfachste oder, richtiger gesagt, die auf der Hand liegende Methode. Hat man sich einmal entschlossen, eine elliptische, mit einer bestimmten Orientierung versehene Involution von reellen Punkten einer reellen Geraden als einen imaginären Punkt aufzufassen, so folgen daraus unter Beibehaltung des Dualitätsprinzips in der Ebene und im Raume die Definitionen der übrigen imaginären Elemente mit logischer Notwendigkeit. In den Beweisen mache ich häufig Gebrauch von einer Umkehrung eines von v. STAUDT hervorgehobenen und nach ihm benannten Satzes (Kap. I, § 2, Satz XII). Diese Umkehrung findet sich nicht explizite bei v. STAUDT selbst.

Um die Projektivität auch für imaginäre Elemente einzuführen, benutzt v. STAUDT die Definition: „Eine eindeutige Transformation zweier Elementargebilde ist projektiv, wenn entsprechende Würfe gleichsinnig sind." Man muß also zunächst den „Sinn" eines durch vier imaginäre Elemente eines Elementargebildes festgelegten Wurfes definieren. Ich habe hier eine von der v. STAUDTschen etwas verschiedene Definition des Sinnes benutzt, und diese Abweichung hat der vorliegenden Darstellung ihr Gepräge gegeben. Ich hoffe, daß die Darstellung hierdurch etwas übersichtlicher geworden ist, oder wenigstens, daß sie sich dem Gedächtnis etwas leichter einprägt.

Durch die v. STAUDTsche Methode werden die imaginären Elemente im ganzen Raum auf einmal eingeführt. Wir werden aber beim weiteren Aufbau der Theorie räumliche imaginäre Konfigurationen nicht behandeln, sondern nur solche, die in einer festen Ebene liegen; diese Ebene kann aber sowohl imaginär als auch reell sein.

Aus der Theorie der Projektivitäten kann man die schon oben erwähnte Rechnung mit Würfen ableiten. Es bietet keine Schwierigkeit, die Operationsdefinitionen aus den Rechenregeln zu entnehmen[1]; ich habe mich aber der Kürze wegen auch an dieser Stelle an v. STAUDT angeschlossen und den entgegengesetzten Weg vorgezogen.

Durch die Wurfrechnung wird unter anderem nachgewiesen, daß die von v. STAUDT gegebene, auf den ersten Blick etwas verwickelte konstruktive Lösung einer Gleichung dritten Grades mit der einfachsten algebraischen Lösung äquivalent ist.

Es war ein Hauptzweck dieses Buches, die v. STAUDTsche Imaginärtheorie zu entwickeln. Doch wünsche ich auch eine Einleitung in die von dem italienischen Mathematiker ENRICO SEGRE und von mir gleich-

---

[1] Vgl. z. B. meine Habilitationsschrift: Bidrag til den imaginære Linies og den imaginære Plans Geometri (Kopenhagen 1885).

zeitig entwickelte Theorie der Antiprojektivitäten oder Symmetralitäten zu geben. Die wenigen hierauf bezüglichen Arbeiten sind unten angegeben[1]; ich will in dieser Hinsicht nur bemerken, daß E. SEGRE diese Theorie sehr weit geführt hat, während ich mich auf das elementare Gebiet beschränkt habe, und nur das letztere spielt in diesem Buche eine Rolle.

Die Möglichkeit eindeutiger Transformationen, bei denen entsprechende Würfe entgegengesetzten Sinn haben, hatte schon v. STAUDT an mehreren Stellen angedeutet, er lehnte aber ihre Einbeziehung in die projektive Geometrie ab, da für ihn die projektive Geometrie der klassischen Algebra vollständig parallel laufen sollte. Es scheint mir aber auch schon in der reinen Algebra zweckmäßig zu sein, zu den vier bekannten Grundoperationen noch eine fünfte hinzuzufügen, nämlich den Übergang von $x = a + ib$ zu $\bar{x} = a - ib$, wo $a$ und $b$ reell sind. Hierdurch wird es ermöglicht, das Reelle vom Imaginären formal zu trennen.

Das oben Besprochene bildet den Inhalt der beiden ersten Hauptabschnitte dieses Buches. Der dritte Hauptabschnitt geht auf die Maßbestimmung von Strecken und Winkeln und damit auf die nichteuklidischen Geometrien ein. Daß die CAYLEYsche Maßbestimmung mit den schon vorher entwickelten nichteuklidischen Geometrien im wesentlichsten identisch ist, hat FELIX KLEIN schon 1871 in zwei Abhandlungen dargelegt[2]. Als ein sich auf diesen Gesichtspunkt stützendes und vollständig durchgeführtes Lehrbuch nenne ich: F. SCHILLING, Projektive und nichteuklidische Geometrie I—II[3].

In der vorliegenden Darstellung zähle ich zuerst die wenigen Forderungen auf, die man den projektiven Voraussetzungen hinzufügen muß, um eine Metrik einführen zu können; daraus wird dann das absolute Polarsystem mit den zugehörigen Fundamentaltransformationen hergeleitet. Hierdurch wird es ermöglicht, die Messung von Strecken und Winkeln durch Zahlen durchzuführen. Mit besonderer Umsicht wird die Streckenmessung in der euklidischen Geometrie behandelt. — Die Unterscheidung zwischen Kongruenz- und Symmetrietransformationen (in der hyperbolischen und euklidischen Geometrie) wird erst später eingeführt.

Weiter folgen zwei Kapitel über die hyperbolische und die elliptische Geometrie mit besonderer Berücksichtigung der elementaren Konstruk-

---

[1] SEGRE, E., Un nuovo campo di ricerche geometriche [Torino Atti Bd. 25 (1890) S. 276—301, 430—457 u. 592—612; Bd. 26 (1891) S. 35—71 — Rappresentazioni reali delle forme complesse [Math. Ann. Bd. 40 (1892) S. 413—467]. — JUEL, C., Bidrag til den imaginære Linies og den imaginære Plans Geometri [Hab. Schrift Kopenhagen 1885] — Über einige Grundgebilde der projektiven Geometrie [Acta Math. Bd. 14 (1890—1891) S. 1—30].

[2] Über die sogenannte nichteuklidische Geometrie [Math. Ann. Bd. 4 (1871) S. 573—625; Bd. 6 (1873) S. 112—145].

[3] Leipzig und Berlin 1931.

tionen und der Trigonometrie; bezüglich der letzteren ist die Behandlung des rechtwinkligen Dreiecks hinreichend. Als Schluß des dritten Hauptabschnittes folgt ein Kapitel über euklidische Geometrie, in das die Theorie der Möbiusschen Kreisverwandtschaften eingefügt ist. Die hier gewählte elementare Darstellung dieser Theorie steht in Übereinstimmung mit der des Urhebers und gibt unter anderem neue Konstruktionen der Doppelpunkte.

Den Abschluß des Buches sollte eigentlich eine Einführung in die Theorie der algebraischen Kurven bilden. Ich sah aber bald, daß ich — obgleich ich viel Material dafür hatte — nicht damit fertig werden würde. Daher habe ich mich auf eine Theorie der Kurven dritter Ordnung beschränkt und die wichtigsten projektiven Eigenschaften dieser Kurven in ihrer Beziehung zur Theorie der quadratischen Transformationen innerhalb der gewählten Grenzen in leidlicher Vollständigkeit behandelt; jedoch ist die Theorie der Inflexionspunkte nur für reelle Kurven — allgemeiner für Kurven, bei denen die Existenz eines Inflexionspunktes im voraus gesichert ist — durchgeführt.

Der Inhalt dieses Buches entstammt teils meiner Habilitationsschrift von 1885, teils zwei Vorlesungsreihen, welche ich an der Wende dieses Jahrhunderts an der Kopenhagener Universität gehalten habe. Alles wurde aber einer völligen Neubearbeitung unterzogen. Hierbei wurde mir die beim allmählichen Schwinden meiner Sehkraft unentbehrliche Hilfe von Privatdozent Dr. D. Fog geleistet, der selbst auf dem Gebiet der komplexen Geometrie mit Erfolg gearbeitet hat. Ohne sein verständnisvolles Eingehen auf meine Gedankengänge und seine unermüdliche Hilfsbereitschaft wäre es mir nicht möglich gewesen, diese Arbeit zum Abschluß zu bringen. Es ist mir ein Bedürfnis, Herrn Fog an dieser Stelle meinen herzlichsten Dank für seine jahrelange hingebungsvolle Mitarbeit auszusprechen.

Für sprachliche Durchsicht und Mithilfe bei der Korrektur bin ich Herrn Dr. J. F. Pál zu Dank verpflichtet.

Ganz besonderen Dank schulde ich der Direktion des Carlsberg-Fonds für freigebige und vielseitige Unterstützung, welche die Herausgabe dieses Buches ermöglicht hat; auch hat der Rask-Ørsted-Fond gütigst hierzu beigetragen; zugleich spreche ich der Verlagsbuchhandlung für die Übernahme der Herausgabe und für die vorzügliche Ausstattung des Buches meinen besten Dank aus.

Kopenhagen, im Mai 1934.

C. Juel.

# Inhaltsverzeichnis.

X                          Inhaltsverzeichnis.



Dritter Abschnitt.

## Metrik in projektiver Auffassung.



Vierter Abschnitt.

## Quadratische Transformationen und Kurven dritter Ordnung.

# Einleitung in die Imaginärtheorie. Projektivgeometrie im eindimensionalen komplexen Gebiet.

## I. Kapitel.

## Einleitung.

### § 1. Voraussetzungen. Grundgebilde.

Die Grundelemente der projektiven Geometrie sind Punkt, Gerade und Ebene; die zwei letzteren sind Gesamtheiten von Punkten.

Es gelten die folgenden Voraussetzungen:

1. Durch zwei Punkte geht eine und nur eine Gerade.

2. Eine Gerade, die mit einer Ebene zwei Punkte gemein hat, liegt ganz in dieser Ebene.

3. Eine Gerade, welche nicht in einer Ebene liegt, hat mit dieser einen Punkt gemein.

4. Zwei Ebenen haben alle Punkte einer Geraden miteinander gemein.

5. Durch drei Punkte, welche nicht in einer Geraden liegen, geht eine und nur eine Ebene.

Aus diesen Voraussetzungen folgt, daß drei Ebenen, welche nicht durch eine Gerade gehen, einen und nur einen Punkt miteinander gemein haben.

Hierzu kommen noch Axiome der Anordnung.

Die Punkte einer Geraden werden durch zwei ihrer Punkte, $A$ und $B$, in zwei getrennte Mengen, „Strecken" oder „Segmente", geteilt, welche nur die zwei Punkte $A$ und $B$ miteinander gemein haben.

Drei Punkte $A, B, C$ einer Geraden bestimmen axiomatisch einen *Sinn* auf dieser, wodurch die Gerade *orientiert* wird.

Sind $A, B, C, D$ vier Punkte einer Geraden, so bestimmen $ABC$ und $ABD$ denselben oder den entgegengesetzten Sinn, je nachdem $C$ und $D$ derselben oder nicht derselben durch $A$ und $B$ bestimmten Strecke angehören.

Man kann sich auch des Ausdrucks bedienen, daß zwei veränderliche Punkte einer Geraden diese in demselben oder im entgegengesetzten Sinn durchlaufen.

Auf die Sätze, die man durch diese Begriffsbildungen gewinnt, kann man die *Dualitätsgesetze* anwenden. Durch diese werden Inzidenz und Koinzidenz unverändert überführt, und man hat ferner:

a) Im Raume werden Punkt und Ebene in Ebene und Punkt vertauscht, während Gerade in Gerade übergeht.

b) In der Ebene werden Punkt und Gerade vertauscht, und

c) im Bündel werden Gerade und Ebene mit Ebene und Gerade vertauscht.

Um nun die klassische Projektivgeometrie aufbauen zu können, ist noch ein gewisses Kontinuitätsaxiom einzuführen[1].

Man ist jetzt imstande, den Hauptsatz der ganzen Theorie aufzustellen, indem man zuerst mittels eines vollständigen Vierseits den Begriff „harmonische Punktpaare" einführt.

I. *Für zwei Gerade — welche insbesondere zusammenfallen können — gibt es eine umkehrbar eindeutige Abhängigkeit ihrer Punkte, so daß harmonischen Punktpaaren der einen Geraden harmonische Punktpaare der anderen entsprechen.*

*Die Abhängigkeit ist stetig und durch drei Paare von entsprechenden Punkten eindeutig bestimmt*[2].

Eine solche Beziehung wird *projektiv* genannt.

Die zwei Geraden heißen *Träger* der Punktreihen.

Sind $(A, A')$, $(B, B')$, $(C, C')$, $(D, D')$ Paare von entsprechenden Punkten, so schreibt man

$$ABCD \barwedge A'B'C'D'.$$

Die von vier beliebigen Punkten $A, B, C, D$ einer Geraden gebildete Konfiguration nennt v. STAUDT einen *Wurf*; soll ein Wurf $(A_1 B_1 C_1 D_1)$ mit einem gegebenen Wurf $(ABCD)$ projektiv sein, dann ist nach Satz I die Lage des Punktes $D_1$ durch Angabe von $A_1$, $B_1$ und $C_1$ eindeutig festgelegt. Sind $(A, B)$ und $(C, D)$ harmonische Punktpaare, heißt der Wurf $(ABCD)$ harmonisch.

Die projektive Beziehung für andere *Elementargebilde* wird in analoger Weise erklärt, insbesondere für Geradenbüschel in der Ebene und Ebenenbüschel im Raume. Die Träger sind hier das *Zentrum* des Geradenbüschels bzw. die *Achse* des Ebenenbüschels.

Man sieht, daß die genannten Elementargebilde, wenn sie in bekannter Weise *perspektivisch* zueinander liegen, auch projektiv sind. Des weiteren findet man, daß zwei projektive Elementargebilde derselben Art perspektivisch liegen, wenn sie ein gemeinsames Element haben, das sich selbst entspricht.

Sind *(A, B)* und *(C, D)* harmonische Punktpaare, so gilt, wie man durch Projektionen von zwei Gegenpunkten eines vollständigen Vierseits sieht (Fig. 1)

(1)                       $$ABCD \barwedge BACD.$$

---

[1] Siehe F. ENRIQUES: Vorlesungen über projektive Geometrie. Deutsche Ausgabe. II. Auflage 1915, § 18.

[2] ENRIQUES: Kap. V.

Diese Figur zeigt auch, daß umgekehrt der projektive Zusammenhang (1) mit sich führt, daß *(A, B)* und *(C, D)* harmonische Punktpaare sind.

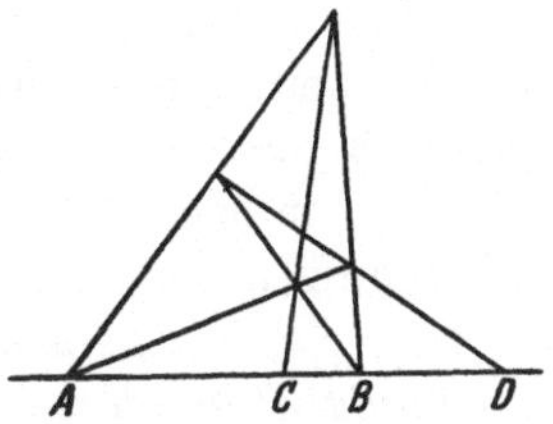

Für vier willkürliche Punkte $A, B, C, D$ einer Geraden findet man (Fig. 2) durch sukzessive Projektionen von $H, A$ und $F$:

$$ABCD \barwedge EFGD \barwedge HKGC \barwedge BADC,$$

das heißt:

(2) $$ABCD \barwedge BADC.$$

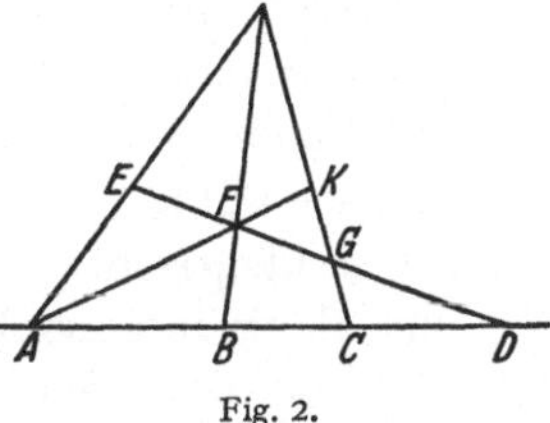

Fig. 1.

Zwei Würfe, die durch gleichzeitige Vertauschung der beiden ersten und der beiden letzten Elemente aus einander hervorgehen, sind also projektiv.

Wir benutzen im folgenden meistens eine in einer festen Ebene liegende Gerade als Träger.

Haben zwei projektive Punktreihen $(M)$ und $(M')$ denselben Träger, so bilden sie eine *Projektivität* $(M, M')$, deren Element ein Paar von entsprechenden Punkten (in bestimmter Folge) ist. Die Beziehung $(M', M)$ heißt die zugehörige „inverse" Projektivität. Ist eine Projektivität mit ihrer inversen identisch, so nennt man sie eine Involution.

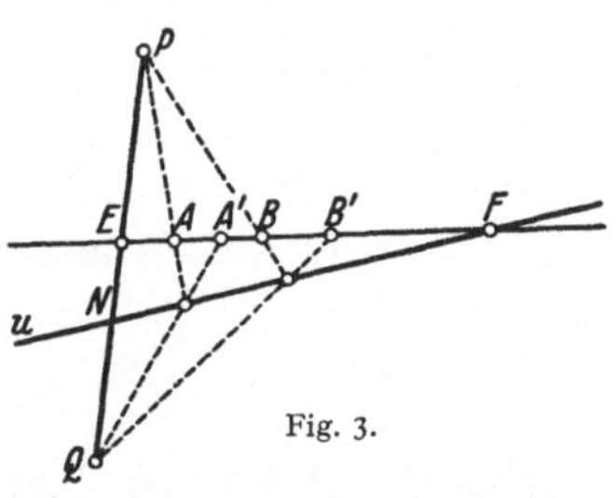

Fig. 2.

Eine Projektivität hat entweder zwei Doppelelemente (d. h. Elemente, deren Punkte zusammenfallen) oder ein einziges Doppelelement oder keines. In den drei Fällen nennt man die Projektivität hyperbolisch, parabolisch bzw. elliptisch. Von einer parabolischen Projektivität sagt man auch, daß sie zwei zusammenfallende Doppelelemente hat.

Ist auf einer Geraden eine Projektivität durch die Elemente $(A, A')$, $(B, B')$ und ein Doppelelement $E$ gegeben, so kann man leicht das andere Doppelelement $F$ konstruieren (Fig. 3). Auf einer durch $E$ gehenden Geraden wähle man zwei Punkte $P$ und $Q$ als Zentren und projiziere aus $P$ die eine Reihe $AB \ldots$ und aus $Q$ die andere Reihe $A'B' \ldots$ Die zwei Büschel liegen perspektivisch, und ihre *Perspektivachse u* schneidet den Träger in dem anderen Doppelelement $F$.

Fig. 3.

Aus der Definition der Projektivität folgt:

$$EFAB \barwedge EFA'B'.$$

Geht die Perspektivachse $u$ durch $E$, so ist dieser Punkt der einzige Doppelpunkt, und die Projektivität ist parabolisch. In diesem Falle schreiben wir: $$EEAB \barwedge EEA'B';$$

diese Schreibweise soll also ausdrücken, daß es eine parabolische Projektivität gibt, in der $E$ der einzige Doppelpunkt ist, und $(A, A')$ und $(B, B')$ zwei Paare von entsprechenden Punkten sind.

Wir betrachten einen Augenblick eine solche parabolische Projektivität $\pi$ und nehmen an, daß ein Punkt $A'$ durch diese und ihre inverse $\pi^{-1}$ in bzw. $A''$ und $A$ übergeht. Die Betrachtung eines geeigneten vollständigen Vierseits führt sogleich zu dem folgenden Satz:

II a. *Hat eine parabolische Projektivität $\pi$ den Doppelpunkt $E$, und geht ein Punkt $A'$ durch $\pi$ und ihre inverse $\pi^{-1}$ in $A''$ bzw. $A$ über, dann sind $E$ und $A'$ durch $A$ und $A''$ harmonisch getrennt.*

Umgekehrt hat man:

II b. *Es werde durch eine nichtinvolutorische Projektivität $\pi$ und ihre inverse ein Punkt $A'$ in $A''$ bzw. $A$ übergeführt. Ist dann der Punkt $E$, welcher von $A'$ durch $A$ und $A''$ harmonisch getrennt ist, ein Doppelpunkt der Projektivität $\pi$, so ist diese parabolisch.*

Denn nach Satz II a gibt es ja eine parabolische Projektivität mit dem Doppelpunkt $E$, welche $A$ in $A'$ und $A'$ in $A''$ überführt, und diese ist mit $\pi$ identisch.

Durchläuft in einer Projektivität ein Punkt $M$ eine Gerade in einem bestimmten Sinn, dann wird auch der entsprechende Punkt $M'$ die Gerade in einem bestimmten Sinn durchlaufen[1]. Sind die beiden Sinne übereinstimmend, so nennt man die Projektivität *gleichsinnig*, sonst *ungleichsinnig*. Eine ungleichsinnige Projektivität hat immer zwei Doppelelemente; ist sie gleichsinnig, kann sie entweder zwei oder keine Doppelelemente oder ein Doppelelement haben[2].

Es gilt der Satz:

*Entspricht in einer Projektivität einem Punkt $A$ derselbe von $A$ verschiedene Punkt $B$, ob er der einen oder der anderen Reihe zugezählt wird, so gilt dasselbe für alle anderen Punkte, und die Projektivität ist eine Involution.*

Denn aus (2) folgt:
$$ABMM' \barwedge BAM'M.$$

Eine Involution ist durch zwei Paare von entsprechenden Punkten eindeutig bestimmt. Wenn die zwei Paare einander trennen, hat die Involution keine Doppelelemente, ist also elliptisch. Wenn dagegen die zwei Paare einander nicht trennen, hat sie zwei Doppelelemente, ist also hyperbolisch[3]; in diesem Fall wird jedes Paar von entsprechenden Punkten durch die Doppelelemente harmonisch getrennt[4].

Ferner hat man:

III. *Eine hyperbolische Involution ist ungleichsinnig, eine elliptische Involution dagegen gleichsinnig*[3].

---

[1] ENRIQUES: S. 74, Zusatz.      [2] ENRIQUES: S. 95.
[3] ENRIQUES: S. 118.          [4] ENRIQUES: S. 119.

Bilden die Paare $(M, M')$ eine elliptische Involution, dann bewegen sich also die Punkte $M$ und $M'$ auf dem Träger in derselben Richtung. Wählt man eine bestimmte der beiden möglichen Richtungen, so sagt man, daß die Involution *orientiert* sei. Eine elliptische Involution zu orientieren ist also damit gleichbedeutend, einen bestimmten Durchlaufungssinn auf dem Träger zu wählen.

Für elliptische Involutionen innerhalb anderer Elementargebilde kann man in ganz analoger Weise eine Orientierung einführen. Der Begriff „orientierte elliptische Involution" ist für die ganze Theorie von größter Wichtigkeit.

IV. *Eine elliptische und eine hyperbolische Involution auf derselben Geraden haben immer ein Element* (Punktpaar) *miteinander gemein.*

Denn entsprechen einem beliebigen Punkt $M$ in den beiden Involutionen die Punkte $M'$ und $M'_1$, so ist die Beziehung $(M', M'_1)$ eine ungleichsinnige Projektivität, so daß für zwei Lagen des Punktes $M$ die Punkte $M'$ und $M'_1$ zusammenfallen.

Insbesondere folgt hieraus, daß man in einer elliptischen Involution, ausgehend von einem Element $(A, A')$, stets ein Element $(B, B')$ finden kann, welches $(A, A')$ harmonisch trennt oder, wie man auch sagen kann:

V. *Jede elliptische Involution hat eine von einem beliebigen Punkt $A$ ausgehende harmonische Darstellung* $(A, B, A', B')$.

Ist die Involution orientiert, so wollen wir immer die vier Punkte $A, B, A', B'$ in der mit der Orientierung übereinstimmenden Reihenfolge nennen.

In Analogie zu Satz IV kann man zeigen, daß zwei elliptische Involutionen ebenfalls ein Element miteinander gemein haben[1]. Für zwei hyperbolische Involutionen ist dies dagegen nicht immer der Fall.

Es sei gegeben:  $EFAB \barwedge EFA'B'$;

man hat dann sofort:  $EFAB \barwedge FEB'A'$,

also:

VI. *Sind $(A, A')$ und $(B, B')$ zwei Paare von entsprechenden Punkten in einer hyperbolischen Projektivität, deren Doppelelemente $E$ und $F$ sind, dann sind $(E, F)$, $(A, B')$, $(A', B)$ Paare einer Involution.*

Die Umkehrung ist offenbar auch richtig. — Da in der genannten Involution $A'$ und $B$ entsprechende Punkte sind, können sie vertauscht werden. Dies gibt sofort:

VI'. *Aus $EFAB \barwedge EFA'B'$ folgt $EFAA' \barwedge EFBB'$.*

Dieses läßt sich auch leicht aus Fig. 3 ablesen, denn durch zwei Projektionen erhält man:

$$EFAA' \barwedge ENPQ \barwedge EFBB'.$$

Als Grenzfall des Satzes VI findet man:

---

[1] ENRIQUES: S. 118—119.

VII. *Sind* $(A, A')$ *und* $(B, B')$ *zwei Paare von entsprechenden Punkten in einer parabolischen Projektivität mit dem einzigen Doppelelement* $E$, *dann sind* $(E, E)$, $(A, B')$, $(A', B)$ *Paare einer Involution.*

Denn sonst müßte in der Involution $(A, B')$, $(A', B)$ dem Punkte $E$ ein anderer Punkt $F$ entsprechen; hieraus könnte man nach der Umkehrung des Satzes VI

$$EFAB \barwedge EFA'B'$$

schließen, was ja unmöglich ist.

Die Umkehrung von VII ergibt sich in ähnlicher Weise. — Vertauschen wir wie oben $A'$ und $B$, so erhalten wir einen Grenzfall von Satz VI':

VII'. *Aus* $EEAB \barwedge EEA'B'$ *folgt* $EEAA' \barwedge EEBB'$.

Ist eine nichtinvolutorische, hyperbolische Projektivität gegeben, so bilden die Punktpaare, welche die Doppelelemente harmonisch trennen, eine hyperbolische Involution, die offenbar in der projektiven Verbindung sich selbst entspricht[1].

Es ist nun von Wichtigkeit, daß man in einer nichtinvolutorischen Projektivität unabhängig davon, ob sie hyperbolisch oder elliptisch ist, immer eine Involution finden kann, welche sich selbst entspricht. Man hat nämlich:

VIII. *Es werde durch eine nichtinvolutorische, hyperbolische oder elliptische Projektivität* $\pi$ *und ihre inverse* $\pi^{-1}$ *ein beliebiger Punkt* $M'$ *in* $M''$ *bzw.* $M$ *übergeführt; ferner sei* $N'$ *von* $M'$ *durch* $M$ *und* $M''$ *harmonisch getrennt; dann bilden die Paare* $(M', N')$ *eine Involution, und diese geht durch die gegebene projektive Beziehung* $\pi$ *in sich über*[2]. *Sie ist die einzige Involution mit dieser Eigenschaft.*

Um diesen Satz zu beweisen, zeigen wir zuerst, daß es höchstens eine Involution gibt, welche durch die gegebene Projektivität $\pi$ in sich selbst übergeht.

Es sei $\pi$ etwa elliptisch; wir sehen dann sofort, daß es keine hyperbolische Involution von der erwähnten Eigenschaft gibt; denn ihre Doppelelemente müßten durch Transformation mit $\pi$ entweder sich selbst entsprechen oder vertauscht werden, und beides ist unmöglich (vgl. S. 4). Es kann auch nicht zwei elliptische Involutionen mit der genannten Eigenschaft geben; denn die Punkte ihres gemeinsamen Elementes müßten wie oben entweder sich selbst entsprechen oder vertauscht werden.

In gleicher Weise kann man den anderen Fall, wo $\pi$ hyperbolisch ist, behandeln.

---

[1] ENRIQUES: S. 121.

[2] D. h. jedes Paar $(M', N')$ wird durch Transformation mit $\pi$ wieder in ein Paar der Involution überführt.

Es seien nun (Fig. 4) $M$, $M'$, $M''$ und $N'$ die in der Formulierung des obigen Satzes genannten Punkte. Dem Punkte $N'$ mögen in $\pi$ und ihrer inversen $\pi^{-1}$ die Punkte $N''$ bzw. $N$ entsprechen. Diese zwei Punkte können dann auch aus $M''$ bzw. $M$ in derselben Weise abgeleitet werden wie $N'$ aus $M'$. Wir haben nun:

Fig. 4.

$$MM'NN' \barwedge M'M''N'N'' \barwedge M''M'N''N'.$$

Dies zeigt, daß es eine Projektivität mit den Doppelelementen $M'$ und $N'$ gibt, in der sowohl $(M, M'')$ als auch $(N, N'')$ entsprechende Punkte sind. Da $(M, M'')$ und $(M', N')$ harmonisch getrennt sind, ist diese Projektivität eine Involution. Wir haben dann:

$$M'N'MN'' \barwedge M'N'M''N \barwedge N'M'NM'',$$

d. h. $(M, N)$, $(M', N')$ und $(M'', N'')$ sind drei Punktpaare einer Involution $\pi^*$.

Da $\pi^*$ sowohl durch die beiden ersten als auch durch die beiden letzten der drei Punktpaare eindeutig bestimmt ist, geht sie durch Transformation mit $\pi$ in sich über. Wir haben aber schon gesehen, daß es nicht mehr als eine solche Involution gibt, und hieraus folgt der Satz.

Die Involution $\pi^*$ ist elliptisch oder hyperbolisch, je nachdem die Projektivität $\pi$ elliptisch oder hyperbolisch ist.

Eine projektive Punkttransformation der Ebene (Projektivität, Kollineation) wird nach v. STAUDT definiert als eine umkehrbar eindeutige Transformation ihrer Punkte, wo den Punkten einer Geraden wieder Punkte einer Geraden entsprechen[1].

Eine solche Abhängigkeit ist stetig; ferner ist sie durch vier Paare von entsprechenden Punkten bestimmt, wo jedoch nicht drei Punkte der einen oder der anderen Figur in einer Geraden liegen dürfen[2]. Entsprechende Elementargebilde sind projektiv.

Hat eine ebene Projektivität drei in einer Geraden $u$ liegende Doppelelemente, dann ist jeder Punkt von $u$ ein Doppelelement. Die Projektivität heißt dann eine *Homologie*; in einer solchen gehen die Verbindungslinien entsprechender Punkte alle durch einen Punkt, das *Homologiezentrum P*, während entsprechende Gerade sich auf der *Homologieachse u* schneiden[3].

Das Zentrum kann auch auf der Achse liegen.

Sind $(A, A')$ und $(B, B')$ zwei Paare von entsprechenden Punkten einer Homologie, und schneiden die Geraden $AA'$ und $BB'$ die Achse in $H$ und $K$, so gilt, sofern $P$ nicht in $u$ liegt[3]:

$$PHAA' \barwedge PKBB'.$$

---

[1] Vgl. ENRIQUES: § 43.    [2] ENRIQUES: § 45.    [3] ENRIQUES: § 47.

Ist eine ebene Projektivität involutorisch, so muß sie eine Homologie sein, und die Punktpaare $(P, H)$ und $(A, A')$ sind harmonisch getrennt[1].

Eine Kollineation, die keine Homologie ist, hat höchstens drei Doppelpunkte.

In der Ebene gibt es noch eine andere projektive Abhängigkeit, in der jedem Punkt der einen Figur in umkehrbar eindeutiger Weise eine Gerade der anderen entspricht und den Punkten einer Geraden die Strahlen eines Büschels entsprechen. Diese Abhängigkeit, *Reziprozität*, ist stetig, und sie ist durch vier Paare von entsprechenden Elementen bestimmt, wobei jedoch nicht drei der Punkte in einer Geraden liegen und nicht drei der Geraden durch einen Punkt gehen dürfen.

Die Abhängigkeit kann involutorisch sein. Entspricht in diesem Fall einem Punkt $A$ eine nicht durch $A$ gehende Gerade $a$, und einem Punkt $B$ von $a$ eine nicht durch $B$ gehende Gerade $b$, dann wird dem Punkt $ab = C$ die Gerade $AB = c$ entsprechen. Das Dreieck $ABC$ heißt ein *Polardreieck* der Reziprozität.

Man hat den Satz:

Entspricht in einer Reziprozität jedem Eckpunkt eines Dreiecks die Gegenseite des Dreiecks, dann ist die Reziprozität involutorisch[2].

Eine involutorische Reziprozität wird ein *Polarsystem* (oder eine *Polarität*) genannt; ein solches Polarsystem ist durch ein Polardreieck und ein Paar von entsprechenden Elementen eindeutig bestimmt.

Wenn in einem gegebenen Polarsystem ein Punkt $P'$ auf der einem Punkt $P$ entsprechenden Geraden (Polare von $P$) liegt, sagt man, daß $P$ und $P'$ *konjugiert* sind. Ebenso werden zwei Gerade konjugiert genannt, wenn die eine durch den entsprechenden Punkt (Pol) der anderen geht.

Auf einer festen Geraden $p$, die nicht durch ihren Pol $P$ geht, bilden die Paare konjugierter Punkte eine Involution[3]. Liegt dagegen $P$ auf $p$, so ist jeder Punkt der Geraden zu $P$ konjugiert. Man spricht in diesem Fall bisweilen von einer *singulären Involution*.

Ich werde hier noch einer ausgearteten Reziprozität gedenken, die den ursprünglichen Bedingungen nicht genügt, aber öfters mit den eigentlichen zusammen auftritt.

Man geht in diesem Fall von zwei projektiven Büscheln mit den Zentren $O$ und $O_1$ aus und läßt einem Punkt $M$ die Geraden $m'$ und $m_1'$ entsprechen, welche in der Büschelprojektivität den Strahlen $m = OM$ bzw. $m_1 = O_1M$ entsprechen. Auch diese Reziprozität kann involutorisch sein; $O$ und $O_1$ müssen dann zusammenfallen, und die Büschelprojektivität muß entweder identisch oder involutorisch sein.

Im Raume kann man in ganz analoger Weise eine Projektivität (Kollineation) definieren, wo jedem Punkt umkehrbar eindeutig ein Punkt entspricht und Punkte einer Ebene in ebensolche übergehen[4].

---

[1] Enriques: § 48.    [2] Enriques: § 51.    [3] Enriques: § 52.    [4] Enriques: § 85.

Entsprechende Elementargebilde sind projektiv.

Die Abhängigkeit ist stetig, und sie ist durch fünf Paare von entsprechenden Punkten bestimmt, wenn nicht vier Punkte der einen oder der anderen Figur in einer Ebene liegen[1].

Wenn in einer räumlichen Projektivität vier Punkte einer Ebene (die nicht auf einer Geraden liegen) sich selbst entsprechen, dann entspricht jeder Punkt der Ebene sich selbst, und die Projektivität ist eine Homologie[2]. Die Verbindungslinien entsprechender Punkte gehen dann durch einen festen Punkt, das Homologiezentrum, und entsprechende Gerade schneiden sich auf einer festen Ebene, der Homologieebene. Insbesondere kann das Zentrum in der Homologieebene liegen.

Eine Homologie ist involutorisch, wenn entsprechende Punkte durch das Homologiezentrum und die Homologieebene harmonisch getrennt sind.

Auch im Raume kann man eine Reziprozität herstellen, wo jedem Punkt der einen Figur in umkehrbar eindeutiger Weise eine Ebene der anderen entspricht und den Punkten einer Ebene die Ebenen eines Bündels entsprechen. Sie ist stetig und durch fünf Paare von entsprechenden Elementen bestimmt, wenn nicht vier der Punkte in einer Ebene liegen und nicht vier der Ebenen durch einen Punkt gehen.

Es gibt mehrere Typen von involutorischen Reziprozitäten im Raume; wir werden nur eine nennen: das räumliche Polarsystem. Man hat ganz analog zum Satze in der Ebene:

Entsprechen den vier Eckpunkten eines Tetraeders die gegenüberliegenden Seitenflächen, dann ist die Reziprozität involutorisch und wird ein Polarsystem genannt.

Um ein Polarsystem zu bestimmen, ist außer einem Polartetraeder noch ein Elementenpaar nötig.

Wir schließen diesen Paragraphen mit einigen Ausführungen über konvergente Punktfolgen. Es sei $AB$ ein bestimmtes Segment einer Geraden und

$$(3) \qquad P_1, P_2, P_3, \ldots, P_n, \ldots$$

eine unendliche Folge von Punkten des Segmentes. Es möge nun einen Punkt $Q$ von folgender Beschaffenheit geben: Zu jedem den Punkt $Q$ enthaltenden Segment $\sigma$ gibt es eine ganze positive Zahl $N$, so daß für alle $n > N$ der Punkt $P_n$ in $\sigma$ liegt. Wir sagen in diesem Fall, daß $P_n$ gegen $Q$ konvergiert $(P_n \rightarrow Q)$, und daß $Q$ Grenzpunkt der Folge (3) ist.

Es mögen nun insbesondere die Punkte (3) in natürlicher Ordnung aufeinander folgen (die Folge sei monoton). Es gilt dann:

IX. *Eine monotone Folge* (3) *von Punkten des Segmentes AB hat immer einen Grenzpunkt.*

---

[1] ENRIQUES: § 87.  [2] ENRIQUES: § 88.

Um dies zu beweisen, teilen wir die Punkte von $AB$ in zwei Klassen:

1. $M$ gehöre zur ersten Klasse, wenn das Segment $MB$ einen Punkt von (3) — und demnach unendlich viele — enthält;

2. $N$ zur zweiten, wenn das Segment $AN$ die ganze Folge enthält.

Zufolge des Stetigkeitsaxioms[1] wird hierdurch eindeutig ein Punkt $Q$ bestimmt, und dieser ist offenbar der Grenzpunkt der Folge.

Es sei nun eine hyperbolische, nichtinvolutorische Projektivität $\pi$ durch die Doppelpunkte $(E, F)$ und ein Paar $(P, P')$ von entsprechenden Punkten vorgelegt. Durch mehrmalige Iteration von $\pi$ geht aus $P$ eine unendliche Folge

$$(4) \qquad P, P', P'', \ldots, P^{(n)}, \ldots$$

hervor. Man hat dann den Satz:

X. *Die durch Iteration von $\pi$ erzeugte Punktfolge* (4) *konvergiert gegen den einen der Doppelpunkte* $(E, F)$.

Zum Beweise betrachten wir zunächst den Fall, wo die Punktpaare $(E, F)$ und $(P, P')$ einander nicht trennen. Es liegen dann alle Punkte von (4) in demselben Segment $EF$; die Projektivität $\pi$ ist gleichsinnig (S. 4) und die Folge (4) monoton. Nach Satz IX hat sie also einen Grenzpunkt $Q$. Nun ist die durch $Q$ erzeugte Trennung des Segmentes $EF$ in zwei Klassen invariant gegenüber $\pi$, also auch der Punkt $Q$ selbst. Es muß also $Q$ mit $E$ oder $F$ zusammenfallen.

Wenn die Paare $(E, F)$ und $(P, P')$ einander trennen, betrachtet man die Projektivität $\pi^2$. Aus $P$ erhält man dann durch Iteration die Folge

$$(5) \qquad P, P'', P^{(4)}, \ldots, P^{(2n)}, \ldots,$$

welche monoton ist und ganz innerhalb des einen der Segmente $EF$ verläuft. Diese Folge konvergiert also gegen den einen der Doppelpunkte $E$ oder $F$, etwa $F$.

Wendet man auf (5) die Projektivität $\pi$ einmal an, ergibt sich die ebenfalls monotone Folge

$$(6) \qquad P', P''', P^{(5)}, \ldots, P^{(2n+1)}, \ldots,$$

welche ganz im anderen Segment $EF$ verläuft und gegen denselben Punkt $F$ wie (5) konvergiert. Also konvergiert die ganze Folge (4) auch gegen $F$, und der Beweis von X ist zu Ende gebracht.

Benutzt man statt $\pi$ die inverse Transformation $\pi^{-1}$, so konvergiert die Folge (4) natürlich gegen den anderen Doppelpunkt.

Ferner hat man:

XI. *Die durch Iteration einer parabolischen Projektivität erzeugte Folge* (4) *konvergiert gegen den einzigen Doppelpunkt.*

---

[1] ENRIQUES: § 18.

Der Beweis verläuft ganz wie bei dem ersten unter X betrachteten Fall.

In einer elliptischen Projektivität kann eine Folge der Form (4) nicht gegen einen festen Punkt $Q$ konvergieren; denn es läßt sich zeigen, daß ein solcher Grenzpunkt $Q$ ein Doppelpunkt der Transformation wäre.

## § 2. Die Kegelschnitte.

Eine rein projektivgeometrische Theorie der Kegelschnitte ist von einer der zwei folgenden Definitionen ausgegangen, von welchen die erste von STEINER und CHASLES, die zweite von v. STAUDT herrührt.

Bei der ersteren definiert man einen Kegelschnitt als Ort der Schnittpunkte entsprechender Geraden in zwei projektiven Büscheln allgemeiner Lage. Die zwei Geraden, welche der Verbindungslinie der Büschelzentren entsprechen, je nachdem diese dem einen oder dem anderen Büschel zugezählt wird, sind die Tangenten des Kegelschnittes in den genannten Punkten.

Nach v. STAUDT definiert man den Kegelschnitt mittels einer Polarität als Ort derjenigen Punkte, die in ihren entsprechenden Geraden liegen; diese Geraden berühren den Kegelschnitt.

Geht man von der erstgenannten Definition aus, so ist der erste Hauptsatz der, daß als Büschelzentren zwei beliebige Punkte der Kurve gewählt werden können. Dies beweisen wir wie folgt:

$A$ und $A_1$ seien die ursprünglichen Büschelzentren (Fig. 5), $B$ und $B_1$ zwei andere feste Punkte des Kegelschnittes $\varkappa$. Wir wählen zwei weitere Punkte $M$ und $N$ von $\varkappa$, wo zunächst $N$ als fest, $M$ als beweglich betrachtet wird. Wenn nun $AM$ die Gerade $BN$ in $P$ und $A_1M$ die Gerade $B_1N$ in $P_1$ schneidet, dann sind die Reihen $P$ und $P_1$ perspektivisch, und die Geraden $PP_1$ gehen alle durch einen festen Punkt $S$, der als Schnittpunkt von $AB_1$ und $A_1B$ bestimmt werden kann.

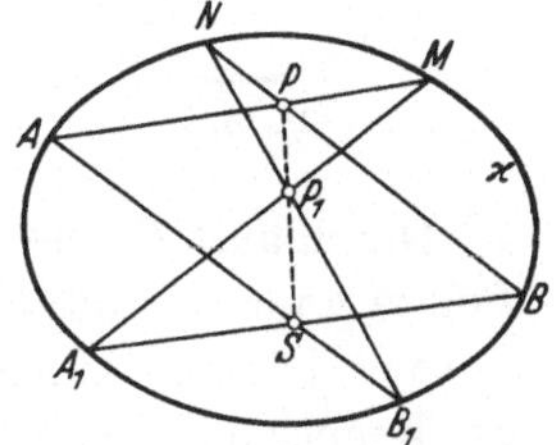

Fig. 5.

Halten wir nun $M$ fest, während sich $N$ auf $\varkappa$ bewegt, so beschreiben die Punkte $P$ und $P_1$ perspektive Reihen auf den Geraden $AM$ und $A_1M$, also sind die Büschel $BN$ und $B_1N$ mit den Zentren $B$ und $B_1$ projektiv. Da $B$ und $B_1$ willkürliche Punkte von $\varkappa$ sind, ist der Satz bewiesen.

Wir wollen nun von der ersten Definition ausgehend die Polarentheorie der Kegelschnitte entwickeln. Wir zeigen:

Wenn eine durch einen Punkt $P$ gehende bewegliche Gerade den Kegelschnitt in zwei Punkten schneidet, dann wird der Punkt $Q$, der von $P$ durch diese Punkte harmonisch getrennt ist, eine Gerade $p$ — oder ein Segment einer Geraden — durchlaufen.

Es werde nämlich der Kegelschnitt $\varkappa$ durch zwei projektive Büschel mit den Zentren $A$ und $A_1$ erzeugt (Fig. 6); $P$ sei ein Punkt, der nicht auf $\varkappa$ liegt. Die Geraden $AP$ und $A_1P$ schneiden $\varkappa$ nochmals in $B$ bzw. $B_1$.

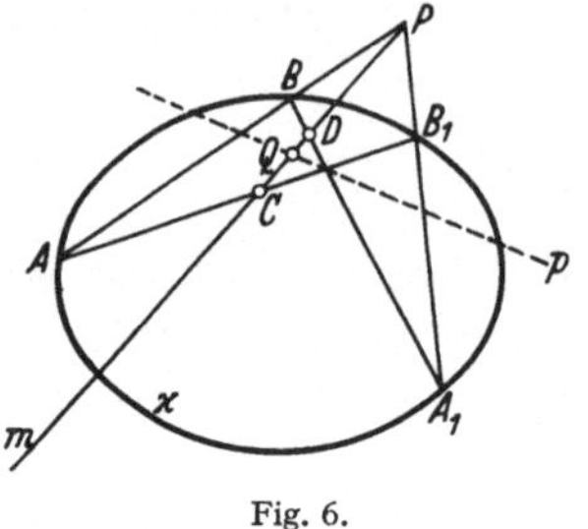
Fig. 6.

Die bewegliche Gerade $m$ durch $P$ schneide $AB_1$ und $A_1B$ in $C$ bzw. $D$. Die projektiven Büschel bestimmen auf $m$ eine Projektivität, in welcher $P$ dem Punkte $C$ oder $D$ entspricht, je nachdem er der einen oder der anderen Reihe zugerechnet wird. $Q$ sei der Punkt, der von $P$ durch $C$ und $D$ harmonisch getrennt ist; nach Satz VIII des § 1 trennen $P$ und $Q$ dann auch die Schnittpunkte von $m$ und $\varkappa$ harmonisch. Wenn nun $m$ sich um $P$ dreht, bewegt sich $Q$ auf einer festen Geraden $p$ durch den Schnittpunkt von $AB_1$ und $A_1B$.

$P$ und $p$ werden Pol und Polare in bezug auf den Kegelschnitt genannt.

Aus dieser Betrachtung leitet man sofort die gewöhnliche Konstruktion der Polaren ab, die auf Fig. 7 angegeben ist. Diese Figur zeigt

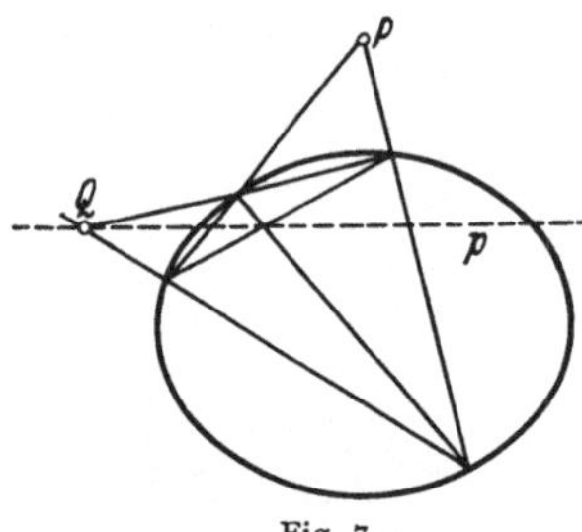
Fig. 7.

auch: Wenn ein Punkt $Q$ auf der Polaren $p$ eines Punktes $P$ liegt, dann geht die Polare von $Q$ durch $P$. Die Punkte der Ebene und ihre Polaren entsprechen sich also in einem Polarsystem.

Als Polare eines Punktes des Kegelschnittes ist die zugehörige Tangente zu betrachten. Die von einem Punkt $P$ ausgehenden Tangenten berühren die Kurve in ihren Schnittpunkten mit der Polaren $p$.

Durchläuft $P$ eine Tangente $a$, welche in $A$ berührt, so dreht sich die Polare $p$ um $A$, und die Reihe der Punkte $P$ ist zu dem Büschel der Polaren $p$ projektiv. Hiernach sieht man sogleich, daß eine bewegliche Tangente des Kegelschnittes zwei feste Tangenten in projektiven Reihen schneidet.

Jeder Kegelschnitt $\varkappa$ teilt die Punkte der Ebene in zwei Gebiete, ein äußeres und ein inneres. Jede durch einen inneren Punkt gehende Gerade schneidet $\varkappa$ in zwei Punkten; die zugehörige Polare liegt ganz außerhalb $\varkappa$. Durch einen äußeren Punkt gehen zwei Tangenten, und die Polare schneidet $\varkappa$ [1].

Mittels der Polarentheorie sieht man, daß die Kegelschnitte selbstduale Gebilde sind. Aus der v. STAUDTschen Definition folgt dieses unmittelbar.

---

[1] Vgl. ENRIQUES: § 69.

Wenn die zur Definition benutzten Geradenbüschel perspektivisch liegen oder dasselbe Zentrum haben, artet der Kegelschnitt in zwei Gerade aus. Diese ausgearteten Kurven werden oft zu den Kegelschnitten mitgerechnet („Kurven zweiter Ordnung").

Einer ausgearteten Kurve zweiter Ordnung entspricht dual ein Gebilde, welches aus zwei Geradenbüscheln besteht. Ergänzen wir auf diese Weise die Gesamtheit der nichtausgearteten Kegelschnitte, so erhalten wir die „Kurven zweiter Klasse".

Die v. STAUDTsche Definition der Kegelschnitte umfaßt die ausgearteten Gebilde nicht.

Wir nennen hier noch einige wichtige Sätze:

Aus Fig. 5 lesen wir sogleich den PASCALschen *Satz* ab:

I. *Wenn ein Sechseck einem Kegelschnitt einbeschrieben ist, dann schneiden sich die drei Paare von gegenüberliegenden Seiten in drei Punkten einer Geraden.*

Hieraus ergibt sich durch Dualität der *Satz von* BRIANCHON:

II. *In einem Sechseck, das einem Kegelschnitt umbeschrieben ist, gehen die Verbindungslinien der gegenüberliegenden Eckpunkte durch einen Punkt.*

Es ist leicht zu sehen, wie diese Sätze sich formulieren lassen, wenn einige der Punkte oder Tangenten zusammenfallen. Wir heben insbesondere hervor (vgl. Fig. 8):

III. *Ist ein Dreieck einem Kegelschnitt umbeschrieben, dann gehen die drei Verbindungsgeraden jedes Eckpunktes mit dem Berührungspunkte seiner Gegenseite durch einen Punkt.*

Weiterhin hat man den Satz von DESARGUES:

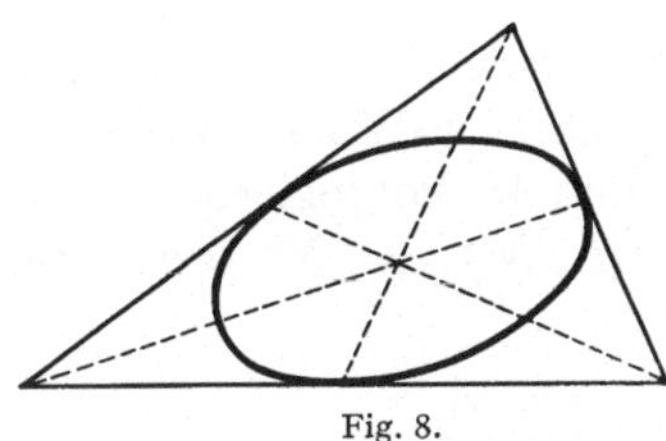

Fig. 8.

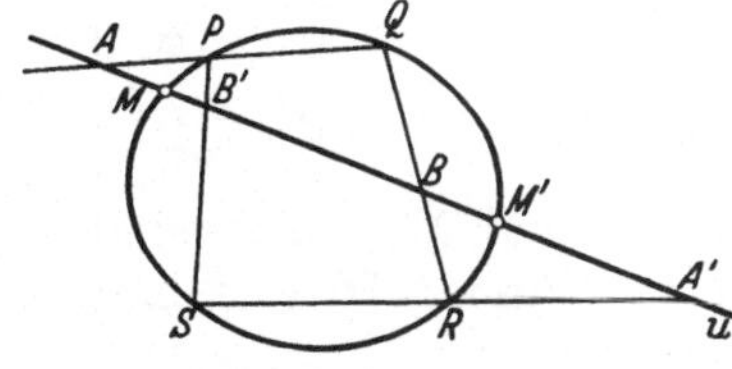

Fig. 9.

IV. *Ist ein Kegelschnitt und ein ihm einbeschriebenes Viereck PQRS gegeben, und schneidet eine Gerade u, die nicht durch einen Eckpunkt des Vierecks geht, die Seiten PQ, QR, RS, SP in bzw. A, B, A', B' und den Kegelschnitt in M und M', dann sind (A, A'), (B, B'), (M, M') drei Punktpaare einer Involution.*

Projiziert man nämlich (Fig. 9) die Punkte $P, R, M, M'$ von $Q$ und $S$ auf $u$, so findet man:

$$ABMM' \barwedge B'A'MM',$$

oder

$$ABMM' \barwedge A'B'M'M.$$

Insbesondere kann der Kegelschnitt das dritte Paar von Gegenseiten des Vierecks sein. In diesem Falle erhält man:

V. *Die drei Paare von gegenüberliegenden Seiten eines vollständigen Vierecks schneiden eine Gerade, die nicht durch einen Eckpunkt geht, in drei Punktpaaren einer Involution.*

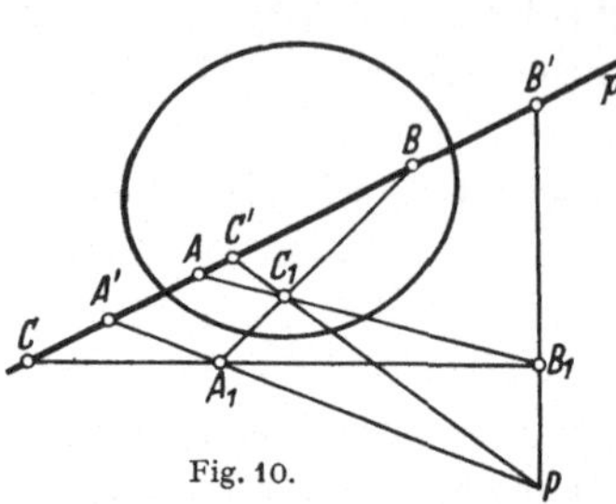
Fig. 10.

Mittels dieses Satzes beweist man leicht den *Satz von* HESSE:

VI. *Wenn zwei Paare von gegenüberliegenden Eckpunkten eines vollständigen Vierseits konjugierte Punkte in bezug auf ein Polarsystem sind, gilt dasselbe für das dritte Paar.*

Die zwei ersten Punktpaare seien $(A, A_1)$ und $(B, B_1)$, das dritte $(C, C_1)$ ($C$ Schnittpunkt von $AB$ und $A_1B_1$, $C_1$ Schnittpunkt von $AB_1$ und $A_1B$). Die durch $A_1$ gehende Polare von $A$ schneidet die durch $B_1$ gehende Polare von $B$ im Pole $P$ der Geraden $p = AB$ (Fig. 10). Das vollständige Viereck $A_1B_1C_1P$ bestimmt auf $p$ drei Punktpaare $(A, A')$, $(B, B')$, $(C, C')$ einer Involution. Da nun $A$ und $A'$ sowie $B$ und $B'$ konjugierte Punkte des Polarsystems sind, gilt dasselbe von $C$ und $C'$, das heißt: $C'P$ ist Polare von $C$, also sind auch $C$ und $C_1$ konjugierte Punkte.

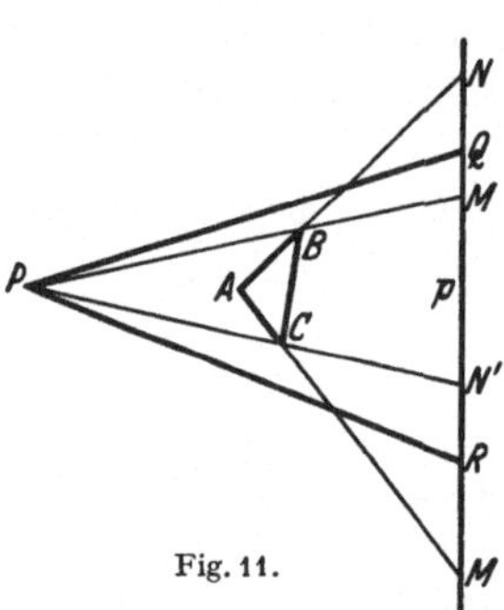
Fig. 11.

VII. *Die Eckpunkte zweier Polardreiecke eines Polarsystems liegen auf einem Kegelschnitt.*

Die zwei Polardreiecke seien $ABC$ und $PQR$ (Fig. 11). Es mögen die Geraden $AC$, $AB$, $PB$, $PC$ die Gerade $p = QR$ in bzw. $M$, $N$, $M'$, $N'$ schneiden. Die Polare von $M$ ist $PB$, also sind $M$ und $M'$ konjugierte Punkte; ebenso $N$ und $N'$. Also sind $(M, M')$, $(N, N')$, $(Q, R)$ drei Paare einer Involution. Hieraus ergibt sich:

$$MNQR \barwedge M'N'RQ \barwedge N'M'QR,$$

also:

$$A(CBQR) \barwedge P(CBQR),$$

d. h. die sechs Eckpunkte liegen auf einem Kegelschnitt.

Aus diesem Satz erhält man durch Dualität:

VIII. *Die Seiten zweier Polardreiecke eines Polarsystems sind Tangenten eines Kegelschnittes.*

Zwei Dreiecke mit der Eigenschaft, daß die Seiten des einen die Polaren der Eckpunkte des anderen in bezug auf ein Polarsystem sind, heißen *konjugierte Dreiecke.* Ein Polardreieck ist also nach dieser Definition mit sich selbst konjugiert. Es gilt hier der Satz:

IX. *Die Verbindungsgeraden entsprechender Eckpunkte in zwei konjugierten Dreiecken gehen durch einen Punkt.*

Es seien nämlich (Fig. 12) $ABC$ und $A'B'C'$ die zwei konjugierten Dreiecke, so daß $BC$, $CA$ und $AB$ die Polaren von $A'$, $B'$ bzw. $C'$ und also auch $B'C'$, $C'A'$ und $A'B'$ die Polaren von $A$, $B$ bzw. $C$ sind. Es soll dann bewiesen werden, daß $AA'$, $BB'$ und $CC'$ durch denselben Punkt gehen.

Es mögen die Geraden $AC$ und $A'C$ die Gerade $B'C'$ in $U$ bzw. $U_1$ schneiden, ebenso die Geraden $AB'$ und $A'B'$ die Gerade $BC$ in $V$ bzw. $V_1$. Die Polaren der vier Punkte $B'$, $C'$, $U$, $U_1$ sind offenbar die Geraden $AC$, $AB$, $AB'$ und $AV_1$; schneidet man diese vier Geraden mit $BC$, so erhält man:

$$B'C'UU_1 \barwedge CBVV_1.$$

Hieraus:

$$C\,(B'C'UU_1) \barwedge B'(CBVV_1).$$

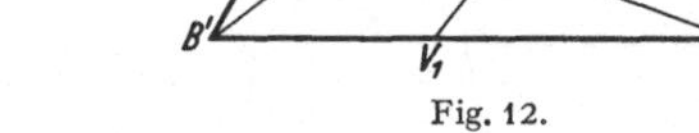

Fig. 12.

Diese Projektivität ist aber eine Perspektivität, und hieraus folgt der Satz.

Die Erzeugung der Kegelschnitte mittels projektiver Büschel zeigt, daß man den Begriff „projektive Reihen" unmittelbar auf Reihen, deren Träger ein Kegelschnitt ist, überführen kann.

Es sei

$$ABCM \ldots \barwedge A'B'C'M' \ldots$$

Projiziert man die Reihe $A'B'C'M'\ldots$ aus $A$ und $ABCM\ldots$ aus $A'$, so erhält man zwei perspektive Büschel, wo also entsprechende Gerade (wie $AM'$ und $A'M$) sich auf einer Geraden schneiden. Diese Gerade bleibt dieselbe, wenn man $(A, A')$ mit einem anderen Paar von entsprechenden Punkten vertauscht, was eine Folge des PASCALschen Satzes ist. Die Gerade nennt man die *Projektivitätsachse*; sie geht durch die eventuellen Doppelelemente der Projektivität.

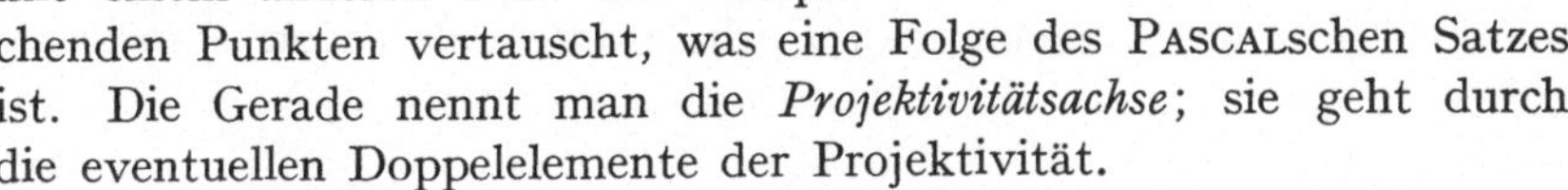

Fig. 13.

Ist die Projektivität eine Involution, dann schneiden sich nicht nur die Paare $AM'$ und $A'M$, sondern auch die Paare $AM$ und $A'M'$ auf der Projektivitätsachse. Die Polarentheorie zeigt dann sogleich, daß die Linien $AA'$, $BB'$, $CC'$, $MM'$ … durch einen festen Punkt gehen, nämlich den Pol der Geraden $u$ (Fig. 13). Diesen Punkt nennt man den *Involutionspol* und die Projektivitätsachse auch *Involutionsachse*.

Man bemerkt insbesondere: Wenn zwei Punktpaare $(A, A')$ und $(B, B')$ sich auf einem Kegelschnitt harmonisch trennen, dann sind die Geraden $AA'$ und $BB'$ konjugierte Gerade.

Viele Sätze über Projektivitäten treten deutlicher hervor, wenn der Träger der Punktreihen ein Kegelschnitt ist. Wir nennen den folgenden Satz:

X. *Ist $(M, M')$ ein beliebiges Paar einer Involution, und sind A und B zwei beliebige, feste Punkte des Trägers, während $A_1$ und $B_1$ die Punkte sind, welche A bzw. B von $(M, M')$ harmonisch trennen, dann sind die Reihen der Punkte $A_1$ und $B_1$ projektiv.*

Der Träger kann sowohl eine Gerade wie ein Kegelschnitt sein; bei dem folgenden Beweise nehmen wir das letztere an.

$Q$ sei der Pol der Involution von Punktpaaren $(M, M')$ auf $\varkappa$ (Fig. 14). Wenn die Gerade $p = MM'$ sich um $Q$ dreht, beschreibt ihr Pol $P$ die

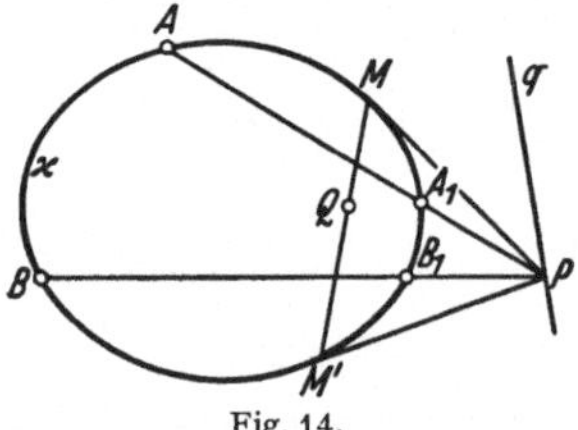
Fig. 14.

Polare $q$ von $Q$; dann ist sowohl die Reihe der Punkte $A_1$ als auch die Reihe der Punkte $B_1$ zu der Reihe der Punkte $P$ perspektiv.

Wenn $A_1$ wie oben mittels des Elementes $(M, M')$ der Involution bestimmt ist, sagen wir, daß *die Reihe der Punkte $A_1$* — sowie andere zu dieser projektive Reihen — *auf die Reihe von Elementen $(M, M')$ projektiv bezogen ist.* Diese Ausdrucksweise ist durch den soeben bewiesenen Satz X gerechtfertigt.

Fig. 14 zeigt unmittelbar, daß die Reihe von Elementen $(M, M')$ zu dem Büschel der Geraden $MM'$ projektiv ist.

Als Beispiel nehmen wir drei Punkte $A$, $B$ und $C$ auf einem Kegelschnitt $\varkappa$ und die Punkte $A'$, $B'$ und $C'$, wo $A'$ von $A$ durch $B$ und $C$ harmonisch getrennt ist, usw. Die Paare $(A, A')$, $(B, B')$, $(C, C')$ gehören dann einer Involution an (s. Satz III), und man kann zu jedem Punkt $P$ von $\varkappa$ ein Paar $(M, M')$ der Involution finden, so daß

$$ABCP \doublebarwedge (A, A')\,(B, B')\,(C, C')\,(M, M').$$

Man nennt das Paar $(M, M')$ die erste Polare von $P$ in bezug auf die drei Punkte $A$, $B$ und $C$. Ist $P_1$ (auf $\varkappa$) von $P$ durch $(M, M')$ harmonisch getrennt, so nennt man $P_1$ die zweite Polare von $P$ in bezug auf $A$, $B$ und $C$.

Man kann durch eine — und nur eine — Kollineation zwei Kegelschnitte $\varkappa$ und $\varkappa'$ so aufeinander beziehen, daß drei gegebenen Punkten $A$, $B$ und $C$ von $\varkappa$ drei gegebene Punkte $A'$, $B'$ und $C'$ von $\varkappa'$ entsprechen. Ist nämlich $D$ der Pol von $AB$ in bezug auf $\varkappa$ und $D'$ der Pol von $A'B'$ in bezug auf $\varkappa'$, dann ist die Kollineation durch die vier Paare $(A, A')$, $(B, B')$, $(C, C')$, $(D, D')$ eindeutig bestimmt.

Haben zwei Kegelschnitte $\varkappa$ und $\varkappa'$ zwei Tangenten miteinander gemein, welche sich in $O$ schneiden, können sie als entsprechende Kurven in einer Homologie mit $O$ als Zentrum aufgefaßt werden.

Sind nämlich die Berührungspunkte der Tangenten $A, A'$ bzw. $B, B'$, und schneidet eine durch $O$ gehende Gerade $\varkappa$ in $C$ (und einem weiteren Punkt), $\varkappa'$ in $C'$ und $C_1'$, so ist die Homologie entweder durch die Paare $(A, A')$, $(B, B')$, $(C, C')$ oder durch die Paare $(A, A')$, $(B, B')$, $(C, C_1')$ bestimmt.

Berühren zwei Kegelschnitte einander in $O$, so können sie als entsprechende Kurven in einer Homologie aufgefaßt werden, die $O$ als Zentrum hat; drei Paare von entsprechenden Punkten erhält man, wenn man durch $O$ drei beliebige feste Gerade zieht und diese mit den Kegelschnitten schneidet.

Ein Kegelschnitt entspricht sich selbst in einer harmonischen Homologie mit einem Punkt $P$ als Zentrum und der Polaren von $P$ in bezug auf den Kegelschnitt als Achse.

Wir haben noch den v. Staudtschen Satz zu nennen:

XIa. *Ist eine Involution von Punktpaaren $(M, M')$ auf einem Kegelschnitt $\varkappa$ gegeben, und projiziert man diese aus einem beliebigen festen Punkt $A$ von $\varkappa$ auf die Involutionsachse $p$, dann erhält man auf $p$ die Involution von konjugierten Punkten $(N, N')$ in bezug auf $\varkappa$.*

Entspricht nämlich dem Punkte $A$ in der Involution auf $\varkappa$ der Punkt $A'$, so schneiden sich (Fig. 15) infolge der Definition der Involutionsachse sowohl $AM$ und $A'M'$ als auch $AM'$ und $A'M$ auf $p$. Die Figur zeigt dann sogleich, daß $N$ und $N'$ konjugierte Punkte in bezug auf $\varkappa$ sind.

Umgekehrt hat man:

XIb. *Projiziert man von einem beliebigen festen Punkt eines Kegelschnittes die konjugierten Punkte $N$ und $N'$ einer Geraden $p$ auf den Kegelschnitt in $M$ und $M'$, dann bilden die Punktpaare $(M, M')$ eine Involution mit $p$ als Involutionsachse.*

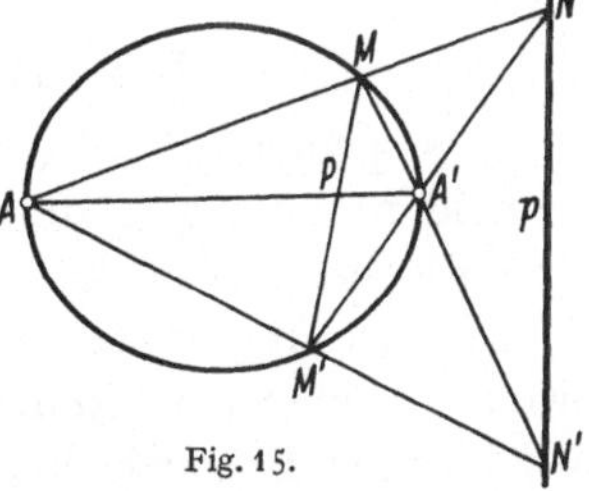

Fig. 15.

Die im Satz XIa genannten zwei Involutionen sind gleichzeitig hyperbolisch oder gleichzeitig elliptisch. Wir wollen den letzten Fall etwas näher besprechen.

Ist die Involution $(M, M')$ auf $\varkappa$ orientiert, so erhält man durch Projektion aus $A$ eine bestimmte Orientierung für die Involution $(N, N')$ auf $p$. Diese ist von der Wahl des Punktes $A$ auf $\varkappa$ unabhängig; es möge nämlich ein beliebiger Punkt $M$ von $\varkappa$ aus $A$ und $A_1$ auf $p$ in $N$ bzw. $N_1$ projiziert werden; da $p$ den Kegelschnitt nicht schneidet, ist die Projektivität $(N, N_1)$ elliptisch, also gleichsinnig.

Für den Satz XIb gilt das Analoge.

Der Satz XIa hat noch eine andere Umkehrung, die für uns von Bedeutung ist:

XII. *Werden die Paare $(M, M')$ einer auf einem Kegelschnitt $\varkappa$ liegenden orientierten elliptischen Involution $\pi$ aus zwei Punkten $A$ und $A_1$ der Kurve auf eine Gerade $p$ in dieselbe orientierte elliptische Involution $\pi^*$ projiziert, dann ist $p$ die Achse der Involution $\pi$, und $\pi^*$ ist die Involution von konjugierten Punkten auf $p$.*

Den Beweis führen wir wie folgt (Fig. 16):

Die Involution $\pi$ wird aus $A$ und $A_1$ durch zwei orientierte, elliptische Involutionen von Geraden projiziert; die von der Geraden

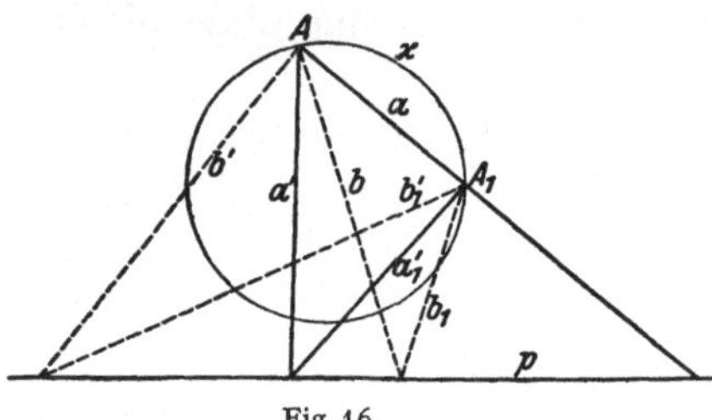

Fig. 16.

$a = AA_1$ ausgehenden harmonischen Darstellungen dieser Involutionen seien $(a, b, a', b')$ und $(a, b_1, a_1', b_1')$ (vgl. § 1, Satz V und die anschließende Bemerkung). Die drei Schnittpunkte $(b\,b_1)$, $(a'\,a_1')$, $(b'\,b_1')$ liegen auf einer Geraden $p$, und diese ist die einzige, auf welcher die zwei Involutionen von Geraden dieselbe orientierte, elliptische Involution ausschneiden. Eine Gerade mit dieser Eigenschaft ist aber nach Satz XIa die Involutionsachse der Involution $(M, M')$, und $p$ ist also mit dieser Geraden identisch. Hiernach ist auch die letzte Behauptung in Satz XII offenbar richtig.

## § 3. Die einfache Regelfläche.

Zwei projektive Ebenenbüschel, deren Achsen $a_1$ und $a_2$ sich nicht schneiden, erzeugen durch die Schnittlinien entsprechender Ebenen eine Fläche $\Phi$, die wir eine *einfache Regelfläche* nennen.

Die Schnittpunkte $(M)$ des ersten Büschels mit der Achse $a_2$ des zweiten bilden eine Reihe, welche zu der Reihe der Schnittpunkte $(N)$ des zweiten Büschels mit der Achse $a_1$ des ersten projektiv ist. Das Gebilde ist also im gewöhnlichen Sinne selbstdual, denn die Verbindungsgeraden $MN$ sind mit den obengenannten Schnittlinien identisch.

Die Schnittlinien entsprechender Ebenen nennt man die *Erzeuger* der Fläche. Jede Gerade, welche drei Erzeuger schneidet, wird von den Ebenen der zwei Büschel in identischen Punktreihen geschnitten und liegt also auf der Fläche; sie wird als *Leitlinie* der Fläche bezeichnet. Die Achsen $a_1$ und $a_2$ sind Leitlinien der Fläche. Durch jeden Punkt der Fläche geht sowohl ein Erzeuger als auch eine Leitlinie. Zwei Erzeuger und ebenso zwei Leitlinien haben keinen Punkt miteinander gemein, aber jede Gerade des einen Systems schneidet jede Gerade des anderen; hieraus folgt, daß man statt der ursprünglichen zwei Achsen $a_1$ und $a_2$ zwei beliebige feste Erzeuger — oder Leitlinien — als Achsen erzeugender Büschel nehmen kann.

Eine einfache Regelfläche ist durch drei einander nicht schneidende Gerade eindeutig bestimmt.

Jede Ebene schneidet die Fläche $\Phi$ in einem Kegelschnitt. Diese Kurve kann in zwei Gerade (einen Erzeuger $f$ und eine Leitlinie $g$) ausarten; die Ebene heißt dann eine Tangentenebene der Fläche mit dem Schnittpunkt $(fg)$ als Berührungspunkt, und eine von $f$ und $g$ verschiedene Gerade, die in der Ebene liegt und durch den Berührungspunkt geht, hat keinen weiteren Punkt mit $\Phi$ gemein und heißt eine Tangente der Fläche.

Mittels einer Dualität im Raume wird ein Kegelschnitt in einen *Kegel zweiten Grades* verwandelt. Jeder Punkt des Raumes ist Scheitel eines solchen Kegels, der $\Phi$ umbeschrieben ist. Liegt der Punkt im besondern auf der Fläche, so artet der Kegel in zwei Gerade (Ebenenbüschel) aus.

Wenn eine Gerade $p$ die Fläche $\Phi$ in zwei Punkten schneidet, gehen durch $p$ auch zwei Tangentenebenen der Fläche. Hat $p$ mit der Fläche keine Punkte gemein, so können durch $p$ keine Tangentenebenen gelegt werden.

Schneidet eine durch einen Punkt $P$ gehende Gerade die Fläche $\Phi$ in $A$ und $B$, und ist $Q$ von $P$ durch $A$ und $B$ harmonisch getrennt, dann ist der Ort von $Q$ eine Ebene $\pi$, die *Polarebene* von $P$ (als Pol).

Man sieht dieses sogleich, wenn man Ebenen durch $P$ legt und die Polaren von $P$ in bezug auf die Schnittkurven mit $\Phi$ betrachtet. $P$ und $Q$ heißen *konjugierte Punkte* in bezug auf die Fläche.

Die Polarebene geht durch die Berührungspunkte aller aus $P$ gehenden Tangenten (und Tangentenebenen) der Fläche.

Durchläuft $P$ eine Gerade $p$, so wird sich die Polarebene $\pi$ um eine Gerade $p_1$ drehen, welche die Pole der durch $p$ gehenden Ebenen enthält; $p$ und $p_1$ nennt man *konjugierte Gerade* in bezug auf $\Phi$. Wenn die eine von diesen die Fläche schneidet, gilt dasselbe für die andere.

Die Reihe der Erzeuger — und ebenso der Leitlinien — kann in projektive Verbindung mit den Punkten einer Elementarreihe gebracht werden, indem die Reihe der Geraden von einer Geraden des anderen Systems projiziert wird.

Ist eine Reihe $f_1$, $f_2$, $f_3$, ... von Erzeugern zu einer Reihe $g_1$, $g_2$, $g_3$, ... von Leitlinien projektiv, so ist der Ort der Schnittpunkte entsprechender Elemente ein Kegelschnitt, dessen Ebene durch die Punkte $f_1 g_1$, $f_2 g_2$, $f_3 g_3$ bestimmt ist.

Wir sagen, daß zwei Geradenpaare im Raume einander harmonisch trennen, wenn sie demselben System von Geraden einer einfachen Regelfläche angehören und auf dieser Fläche einander harmonisch trennen.

Es sei nun $(f, f')$ eine Involution von Erzeugern auf $\Phi$; ferner sei $\pi$ eine Ebene, welche $\Phi$ in einem Kegelschnitt $\varkappa$ und die genannten Erzeuger in Punktpaaren einer Involution $(M, M')$ auf $\varkappa$ schneidet; die zugehörige Involutionsachse, die ja in $\pi$ liegt, sei $p$.

Es sei $g$ eine beliebige, feste Leitlinie; ihr Schnittpunkt mit $\pi$ sei $Q$. Nach § 2, Satz XIa wird die Involution $(M, M')$ aus $Q$ auf $p$ als die Involution von konjugierten Punkten $(N, N')$ in bezug auf $\Phi$ projiziert. Legt man durch $p$ eine andere Ebene $\pi_1$, welche $\Phi$ in $\varkappa_1$ und $g$ in $Q_1$ schneidet, und projiziert man die Involution $(N, N')$ aus $Q_1$ auf $\varkappa_1$, so erhält man nach § 2, Satz XIb eine Involution $(M_1, M_1')$, welche $p$ als Involutionsachse hat. Diese Involution ist offenbar gerade diejenige Involution, welche auf $\varkappa_1$ durch $(f, f')$ bestimmt wird; denn die beiden Projektionen (aus $Q$ und $Q_1$) können mittels derselben Ebenen $(gf, gf')$ hergestellt werden. Wenn also die Involution $(f, f')$ gegeben ist, und eine Gerade $p$ Involutionsachse für eine durch sie gehende Ebene ist, dann hat sie diese Eigenschaft für alle solche Ebenen.

Wir können die obigen Resultate nun folgendermaßen formulieren:

Ia. *Wird eine Involution $(f, f')$ von Erzeugern aus einer Leitlinie $g$ auf eine Involutionsachse $p$ projiziert, dann erhält man die Involution konjugierter Punkte in bezug auf $\Phi$.*

Ib. *Wird die Involution konjugierter Punkte einer Geraden $p$ aus einer Leitlinie $g$ von $\Phi$ projiziert, dann erhält man eine Involution $(f, f')$ von Erzeugern, für welche $p$ Involutionsachse ist.*

Wenn die Involution $(f, f')$ elliptisch ist, wird einer bestimmten Orientierung der Involution $(f, f')$ eine bestimmte Orientierung der auf $p$ liegenden Involution entsprechen — und umgekehrt.

In diesem Fall schneidet keine der Involutionsachsen die Fläche.

Ferner findet man aus § 2, Satz XII:

II. *Werden die Paare $(f, f')$ einer orientierten, elliptischen Involution von Erzeugern aus zwei Leitlinien auf eine nicht auf $\Phi$ liegende Gerade in dieselbe orientierte Involution $(N, N')$ projiziert, dann sind die Punkte $(N, N')$ konjugierte Punkte in bezug auf $\Phi$, und $p$ ist Involutionsachse der Involution $(f, f')$.*

Wir wollen nun zeigen, daß die Involutionsachse $p$ auch durch die duale Eigenschaft definiert werden kann.

Daß $p$ eine Involutionsachse der Involution $(f, f')$ ist, bedeutet ja folgendes: Durch $p$ lege man (Fig. 17) eine beliebige, feste Ebene $\pi$, welche $\Phi$ in einem Kegelschnitt $\varkappa$ schneidet; zieht man nun von einem beliebigen Punkt $P$ der Geraden $p$ die zwei Tangenten an $\varkappa$, dann geht durch die Berührungspunkte ein Elementpaar $(f, f')$ der Involution.

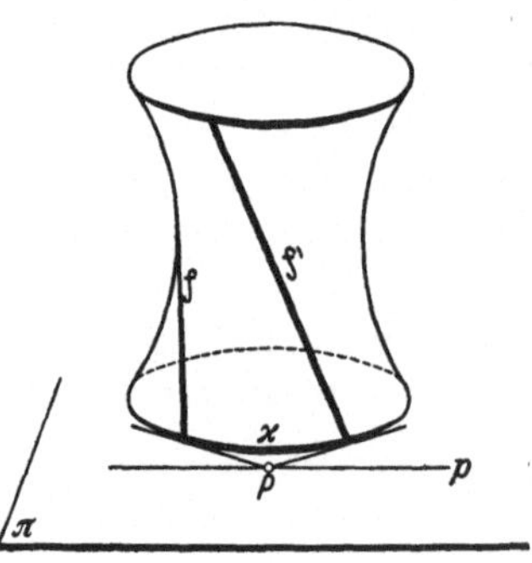


Fig. 17.

Soll aber $p$ eine Gerade mit der dualen Eigenschaft sein, dann wird dies folgendes bedeuten: Auf $p$ wähle man einen beliebigen, festen

Punkt $P$; man umschreibe $\Phi$ einen Kegel mit dem Scheitel $P$ und bestimme die Schnittlinien desselben mit einer beliebigen, durch $p$ gehenden Ebene $\pi$. Die Berührungsebenen durch diese Schnittlinien enthalten dann immer ein Paar $(f, f')$.

Dies ist aber genau dieselbe Eigenschaft wie die ursprüngliche.

Wir können nun auch die dualen Sätze der Sätze I und II aussprechen:

I'. *Ist $(M, M')$ diejenige Involution von Punkten, welche auf einer Leitlinie von $\Phi$ durch die Erzeugerinvolution $(f, f')$ ausgeschnitten wird, und wird $(M, M')$ aus einer Involutionsachse $p$ durch Ebenenpaare $(\alpha, \alpha')$ projiziert, dann sind die Ebenen $(\alpha, \alpha')$ konjugiert in bezug auf $\Phi$.*

II'. *Schneiden die Paare $(f, f')$ einer orientierten, elliptischen Involution von Erzeugern auf zwei Leitlinien der Fläche $\Phi$ Punktinvolutionen aus, welche von einer nicht auf $\Phi$ liegenden Geraden $p$ durch dieselbe orientierte Ebeneninvolution $(\alpha, \alpha')$ projiziert werden, dann sind die Ebenen $(\alpha, \alpha')$ konjugiert in bezug auf $\Phi$, und $p$ ist eine Involutionsachse der Involution $(f, f')$.*

Es sei wieder $(f, f')$ eine elliptische Involution von Erzeugern auf $\Phi$. Dann gilt nach dem Obigen:

III. *In jeder Ebene, die nicht Tangentenebene der Fläche $\Phi$ ist, liegt eine und nur eine Involutionsachse.*

Durch Dualität erhält man sofort:

IV. *Durch jeden Punkt, der nicht auf $\Phi$ liegt, geht eine und nur eine Involutionsachse.*

Die von Pol und Polarebene in bezug auf $\Phi$ gebildete Polarität führt jede Gerade von $\Phi$ in sich über, während jede andere in die konjugierte übergeht. Da der Begriff Involutionsachse, wie oben gezeigt, selbstdual ist, hat man:

V. *Wenn eine Gerade $p$ Involutionsachse ist, gilt dasselbe für die konjugierte Gerade $p_1$.*

Eine einfache Regelfläche kann durch eine Kollineation in jede andere übergeführt werden. Man hat nämlich den Satz[1]:

VI. *Es gibt eine und nur eine Kollineation, welche die einfache Regelfläche $\Phi$ in eine andere $\Phi'$ überführt, so daß drei Erzeugern $f_1, f_2, f_3$ und drei Leitlinien $g_1, g_2, g_3$ der ersten drei beliebige Erzeuger $f_1', f_2', f_3'$ und drei beliebige Leitlinien $g_1', g_2', g_3'$ der zweiten entsprechen.*

Die Kollineation kann dadurch bestimmt werden, daß den Punkten $f_1 g_1, f_1 g_2, f_2 g_1, f_2 g_2, f_3 g_3$ bzw. die Punkte $f_1' g_1', f_1' g_2', f_2' g_1', f_2' g_2', f_3' g_3'$ zugeordnet werden.

Man sieht unmittelbar, daß dieselbe Beziehung zwischen den Geraden von $\Phi$ und den Geraden von $\Phi'$ auch durch eine Reziprozität hergestellt werden kann.

---

[1] Vgl. v. STAUDT: Beiträge zur Geometrie der Lage, S. 6.

## § 4. Die lineare Linienkongruenz.

Ist auf einer einfachen Regelfläche $\Phi$ eine Involution $(f, f')$ von Erzeugern gegeben, so bilden die in § 3 eingeführten Involutionsachsen unter Hinzufügung der Leitlinien von $\Phi$ eine Gesamtheit von Geraden, die man eine *lineare Kongruenz $K^I$* nennt.

Auf jeder Kongruenzgeraden $p$ wird mittels $(f, f')$ eine Involution von Punkten festgelegt, indem man die Involution $(f, f')$ aus einer beliebigen Leitlinie der Fläche $\Phi$ auf $p$ projiziert (§ 3, Satz Ia); gehört die Gerade $p$ der Fläche $\Phi$ nicht an, so ist die genannte Involution die Involution von konjugierten Punkten in bezug auf $\Phi$.

Je nachdem die Involution $(f, f')$ — und daher alle auf den Kongruenzgeraden liegenden, durch die Kongruenz bestimmten Involutionen von Punkten — hyperbolisch oder elliptisch ist, wird auch die Kongruenz hyperbolisch oder elliptisch genannt. Im ersten Fall, wo die Involution $(f, f')$ zwei Doppellinien hat, besteht die Kongruenz aus den Geraden, welche diese Doppellinien schneiden. Wir wollen uns hier ausschließlich an den zweiten Fall halten und haben sofort nach § 3, Satz III und IV:

I. *Von einer elliptischen Kongruenz liegt in jeder Ebene eine und nur eine Gerade, und durch jeden Punkt geht eine und nur eine Gerade.*

In einer elliptischen Kongruenz kann man der Involution $(f, f')$ eine bestimmte Orientierung geben; gleichzeitig werden dann alle auf den Kongruenzgeraden liegenden Involutionen orientiert (vgl. die Bemerkung nach Satz Ib in § 3); wir sprechen in diesem Fall von einer orientierten, elliptischen Kongruenz.

Man sagt, daß eine einfache Regelfläche in einer linearen Kongruenz enthalten sei, wenn alle Geraden des einen Systems der Regelfläche der Kongruenz angehören.

Es sei nun eine orientierte, elliptische Kongruenz $K^I$ durch die orientierte elliptische Involution $(f, f')$ von Erzeugern einer einfachen Regelfläche $\Phi$ gegeben, und wir suchen andere solche Regelflächen, welche in $K^I$ enthalten sind. Es seien $g_1$ und $g_2$ zwei Leitlinien auf $\Phi$, und $a$ ein Kongruenzstrahl, der nicht auf $\Phi$ liegt; die drei Geraden $g_1, g_2, a$ bestimmen eindeutig eine einfache Regelfläche $\Phi_1$ und können als Leitlinien auf dieser aufgefaßt werden.

Die orientierte Involution $(f, f')$ wird sowohl aus $g_1$ als auch aus $g_2$ auf $a$ als die — mit derselben Orientierung versehene — Involution von konjugierten Punkten in bezug auf $\Phi$ projiziert. Die zwei projizierenden Ebenenbüschel schneiden demnach auf $\Phi_1$ dieselbe orientierte Involution $(f_1, f_1')$ von Erzeugern aus; also wird auch eine beliebige Leitlinie auf $\Phi_1$ von den zwei Büscheln in derselben orientierten Involution geschnitten; folglich ist sie nach § 3, Satz II eine Kongruenzgerade, d. h. die Fläche $\Phi_1$ ist in der Kongruenz enthalten[1].

Weiter findet man nach § 3, Satz II:

Jede nicht auf $\Phi_1$ liegende Kongruenzgerade ist Achse für die Involution $(f_1, f_1')$ auf $\Phi_1$. Die auf einer $\Phi_1$ nicht angehörenden Kongruenzgeraden bestimmte Involution besteht aus Punkten, welche in bezug auf $\Phi_1$ konjugiert sind.

Man sieht also, daß die Kongruenz ebensogut durch $\Phi_1$ und $(f_1, f_1')$ wie durch $\Phi$ und $(f, f')$ bestimmt ist.

Sind $a$, $b$, $c$ drei beliebige Kongruenzgerade, so kann man von $\Phi$ schrittweise über $\Phi_1 = (g_1, g_2, a)$ und $\Phi_2 = (g_2, a, b)$ zu $\Phi_3 = (a, b, c)$ gelangen. Man hat dann den Satz:

II. *In einer orientierten, elliptischen Kongruenz $K^I$ gibt es unendlich viele Regelflächen, nämlich jede, welche durch drei beliebige Kongruenzgerade geht. Auf jeder solchen Fläche wird durch die Kongruenz eine orientierte Involution von Erzeugern festgelegt, und die Kongruenz ist durch eine beliebige der Flächen und die zugehörige Involution eindeutig bestimmt.*

*Die auf einer Kongruenzgeraden $p$ liegende elliptische Involution besteht aus Punktpaaren, welche in bezug auf alle in $K^I$ enthaltenen, nicht durch $p$ gehenden Regelflächen konjugiert sind.*

Die Gerade $p$ hat mit diesen Flächen keinen Punkt gemein.

Aus dem Obigen folgt:

III. *Die Kongruenzgeraden, welche eine beliebige, der Kongruenz nicht angehörige Gerade schneiden, bilden eine einfache Regelfläche.*

Wir haben ferner:

IV. *Eine elliptische Kongruenz ist durch vier Strahlen $g_1, g_2, g_3, g_4$ ohne gemeinsame Treffgerade eindeutig bestimmt.*

Die Geraden $g_1, g_2, g_3$ bestimmen nämlich eindeutig eine einfache Regelfläche $\Phi$, auf welcher sie als Leitlinien aufgefaßt werden können. Durch $g_4$, als Involutionsachse betrachtet, ist die elliptische Involution der Erzeuger auf $\Phi$ und damit gleichzeitig die Kongruenz festgelegt.

Die Orientierung kann natürlich in zweifacher Weise gewählt werden.

Es sei nun $\Phi$ eine in einer orientierten, elliptischen Kongruenz $K^I$ liegende Regelfläche, $p$ und $p_1$ zwei Kongruenzgerade, welche in bezug auf $\Phi$ konjugiert sind; man hat dann:

V. *Jede durch $p$ und $p_1$ gehende, in $K^I$ enthaltene Regelfläche schneidet $\Phi$ in einem Paar $(g, g')$ von Kongruenzgeraden, welche von $p$ und $p_1$ harmonisch getrennt sind; die Paare $(g, g')$ bilden eine elliptische Involution mit $p$ und $p_1$ als Involutionsachsen.*

---

[1] Wenn eine einfache Regelfläche in einer $K^I$ enthalten ist, wollen wir im folgenden immer die auf ihr liegenden Kongruenzgeraden als Leitlinien, die anderen als Erzeuger auffassen.

Man kann dies in folgender Weise einsehen: Durch $p$ lege man (Fig. 18) eine Ebene $\pi$, welche die Fläche $\Phi$ in einem Kegelschnitt $\varkappa$ und $p_1$ im Punkte $P_1$ schneidet; $P_1$ ist der Pol von $p$ in bezug auf $\varkappa$; da $p$ und $\varkappa$ sich nicht schneiden, liegt $P_1$ innerhalb $\varkappa$.

Es sei $\Phi_1$ eine beliebige durch $p$ und $p_1$ gehende Regelfläche, welche in $K^I$ enthalten ist; $\Phi_1$ wird von der Ebene $\pi$ in $p$ und einer anderen durch $P_1$ gehenden Geraden $l$ geschnitten; $l$ schneidet $\varkappa$ in zwei Punkten

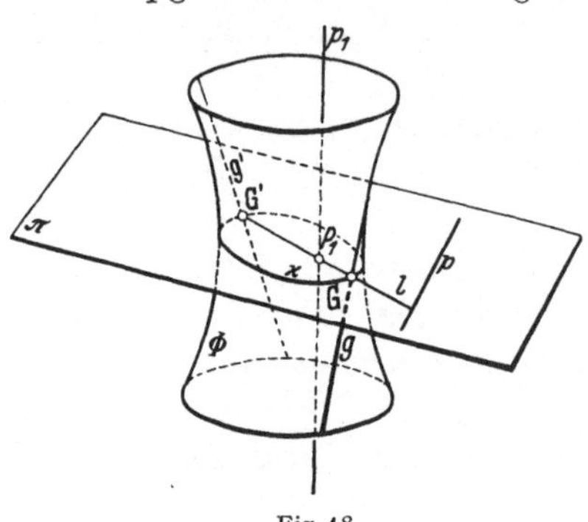

Fig. 18.

G und $G'$; die durch diese Punkte gehenden Kongruenzgeraden $g$ und $g'$ liegen sowohl auf $\Phi$ als auch auf $\Phi_1$.

Da, wie oben bemerkt, $P_1$ der Pol von $p$. in bezug auf $\varkappa$ ist, schneidet $l$ die Geradenpaare $(p, p_1)$ und $(g, g')$ in harmonischen Punktpaaren; also trennen diese Geradenpaare einander harmonisch (§ 3).

Betrachtet man verschiedene Flächen $\Phi_1$, so gehen die Geraden $GG'$ alle durch $P_1$; die Punktpaare $(G, G')$ bilden also eine elliptische Involution mit $p$ als Achse; die entsprechende Involution $(g, g')$ ist dann ebenfalls elliptisch und hat $p$ und daher (§ 3, Satz V) auch $p_1$ als Involutionsachse.

VI. *Zwei Paare von Kongruenzgeraden $(p, p_1)$ und $(q, q_1)$, welche in bezug auf die Fläche $\Phi$ konjugiert sind, liegen auf einer Regelfläche und trennen sich nicht auf dieser.*

Es sei nämlich $\Phi_1 = (p, p_1, q)$; $\Phi_1$ schneidet dann nach Satz V $\Phi$ in zwei Kongruenzgeraden $g$ und $g'$; die durch $\Phi$ bestimmte Polarität führt die Geraden $p, p_1, g, g', q$ in bzw. $p_1, p, g, g', q_1$ über, d. h. die Fläche $\Phi_1$ entspricht sich selbst und enthält also die Gerade $q_1$.

Die Paare $(p, p_1)$ und $(q, q_1)$ können einander auf $\Phi_1$ nicht trennen, denn sie werden beide durch das Paar $(g, g')$ harmonisch getrennt.

Es sei wie oben $\Phi$ eine in $K^I$ enthaltene Regelfläche, und es seien $(a, a')$ und $(b, b')$ zwei auf dieser liegende Paare von Kongruenzgeraden. Man hat dann den Hilfssatz:

VII. *Ist $(p, p_1)$ ein Paar von Kongruenzgeraden, welche sowohl $(a, a')$ als $(b, b')$ harmonisch trennen, dann liegen entweder $p$ und $p_1$ beide auf $\Phi$, oder sie sind konjugierte Gerade in bezug auf diese Fläche. Im letzten Fall sind sie Involutionsachsen der durch die Paare $(a, a')$ und $(b, b')$ auf $\Phi$ bestimmten Involution.*

Es sei nämlich angenommen, daß $p$ — also auch $p_1$ — nicht auf $\Phi$ liegt. Eine beliebige durch $p$ gehende Ebene $\pi$ möge $\Phi$ in dem Kegelschnitt $\varkappa$ und die Geraden $a, a', b, b', p_1$ in bzw. $A, A', B, B', P_1$ schneiden (Fig. 19); $\pi$ schneidet die Regelfläche $(p, p_1, a, a')$ in $p$ und einer weiteren Geraden $l$; auf $l$ liegen die Punkte $A$, $A'$, $P_1$, und $A$ und $A'$ werden von $P_1$ und dem Schnittpunkt $(lp)$ harmonisch getrennt. In analoger Weise liegen $B$, $B'$, $P_1$ auf einer Geraden $m$, und $B$ und $B'$ werden von $P_1$ und dem Punkt $(mp)$ harmonisch getrennt. Hieraus folgt, daß $P_1$ der Pol von $p$ in bezug auf $\varkappa$ ist; also sind $p$ und $p_1$ konjugierte Gerade in bezug auf $\Phi$, und $p$ — also auch $p_1$ — ist eine Involutionsachse der durch $(a, a')$ und $(b, b')$ bestimmten Involution.

Es seien wie oben $(a, a')$ und $(b, b')$ zwei Paare von Kongruenzgeraden, die auf $\Phi$ liegen. Für diese zeigen wir nun den Hauptsatz:

VIII. *Es gibt im Raume ein und nur ein Paar $(p, p_1)$ von Kongruenzgeraden, welche sowohl $(a, a')$ als $(b, b')$ harmonisch trennen.*

Wir beginnen mit dem Fall, wo $(a, a')$ und $(b, b')$ einander auf $\Phi$ nicht trennen. In diesem Falle haben die Doppelstrahlen

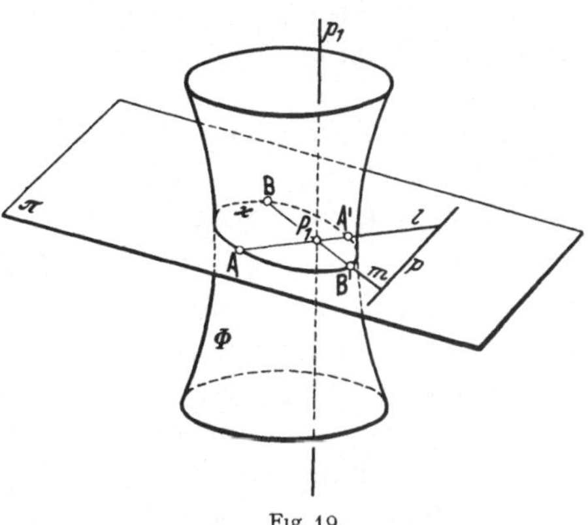

Fig. 19.

der durch die zwei Paare bestimmten hyperbolischen Involution $(g, g')$ die genannte Eigenschaft. Ein weiteres Paar $(p, p_1)$ gibt es nicht; denn $p$ und $p_1$ können keinesfalls auf $\Phi$ liegen, also müßten sie nach dem Hilfssatz VII Involutionsachsen der genannten hyperbolischen Involution sein und daher $\Phi$ schneiden, was ja für Kongruenzgerade unmöglich ist.

Wir gehen nun zu dem anderen Fall über, wo die durch $(a, a')$ und $(b, b')$ bestimmte Involution $(g, g')$ elliptisch ist. Hier können die gesuchten Geraden nicht auf $\Phi$ liegen, und nach Hilfssatz VII kommt es darauf an, ein Paar von Geraden $(p, p_1)$ zu finden, welche in bezug auf $\Phi$ konjugiert sind und Involutionsachsen für zwei verschiedene Involutionen sind, nämlich sowohl für $(g, g')$ als für die Involution $(f, f')$ von Erzeugern, welche durch $K^I$ auf $\Phi$ festgelegt ist. Sind $(g_1, g_2, g_1', g_2')$ und $(f_1, f_2, f_1', f_2')$ beliebige harmonische Darstellungen der genannten Involutionen, so liegen die vier Schnittpunkte $(g_1 f_1)$, $(g_2 f_2)$, $(g_1' f_1')$, $(g_2' f_2')$ nach § 3 in einer Ebene $\pi$; diese schneidet die Fläche $\Phi$ in einem Kegelschnitt, auf welchem die beiden Involutionen $(g, g')$ und $(f, f')$ dieselbe Involution ausschneiden. Die in $\pi$ liegende Involutionsachse $p$ sowie ihre konjugierte Gerade $p_1$ (§ 3, Satz V) sind dann die gesuchten Achsen.

Auch in diesem Fall gibt es nur ein einziges Paar solcher Achsen; denn wären $(p, p_1)$ und $(q, q_1)$ zwei Paare mit der betrachteten Eigenschaft, so würden sie nach Hilfssatz VII paarweise konjugiert in bezug auf $\Phi$ sein und daher nach Satz VI auf einer Regelfläche liegen und auf dieser einander nicht trennen. Dann würde es aber, wie wir soeben gesehen haben, nur ein Paar von Kongruenzgeraden geben, welche sowohl $(p, p_1)$ als auch $(q, q_1)$ harmonisch trennten, in Widerspruch dazu, daß sowohl $(a, a')$ als $(b, b')$ diese Eigenschaft haben.

Hiermit ist Satz VIII bewiesen. Aus dem Beweise folgt sofort:

IX. *Das Paar $(p, p_1)$ von Kongruenzgeraden, welches zwei gegebene, auf $\Phi$ liegende Paare $(a, a')$ und $(b, b')$ von Kongruenzgeraden harmonisch trennt, trennt auch jedes andere Paar der durch $(a, a')$ und $(b, b')$ bestimmten Involution harmonisch.*

Hierzu fügen wir noch das Folgende:

Zu jeder elliptischen Involution $(g, g')$ von Kongruenzgeraden auf $\Phi$ kann man nach dem Obigen eindeutig ein Paar $(p, p_1)$ von Kongruenzgeraden finden, welche in bezug auf $\Phi$ konjugiert sind und alle Paare $(g, g')$ harmonisch trennen. Geht man umgekehrt von einem Paar $(p, p_1)$ von Kongruenzgeraden aus, welche in bezug auf $\Phi$ konjugiert sind, so läßt sich nach Satz V eine entsprechende elliptische Involution $(g, g')$ eindeutig bestimmen.

Diese Beziehung zwischen den elliptischen Involutionen $(g, g')$ und den Geradenpaaren $(p, p_1)$ soll etwas näher besprochen werden. Es sei die Kongruenz $K^I$ und also die Involution $(f, f')$ von Erzeugern auf $\Phi$ ein für allemal orientiert. Ist nun $(g, g')$ eine orientierte elliptische Involution von Leitlinien auf $\Phi$, so kann man die harmonischen Darstellungen $(f_1, f_2, f_1', f_2')$ und $(g_1, g_2, g_1', g_2')$ der beiden Involutionen so wählen, daß sie mit den Orientierungen übereinstimmen. Die vier Punkte $(f_1 g_1)$, $(f_2 g_2)$, $(f_1' g_1')$, $(f_2' g_2')$ liegen (vgl. S. 19) in einer Ebene $\pi$, welche die eine Gerade des Paares $(p, p_1)$, etwa $p$, enthält. Auf $p$ bestimmen die orientierten Involutionen $(f, f')$ und $(g, g')$, durch Projektion von einer Leitlinie bzw. einem Erzeuger von $\Phi$ aus, eine und dieselbe orientierte Involution. Kehrt man die Orientierung von $(g, g')$ um, so erhält man statt $p$ eine andere Gerade, also $p_1$. Wir haben somit das folgende Resultat:

X. *Ist eine orientierte, elliptische Kongruenz $K^I$ durch die Fläche $\Phi$ und eine elliptische Involution ihrer Erzeuger gegeben, dann entspricht jeder Kongruenzgeraden $p$, welche nicht auf $\Phi$ liegt, eindeutig eine orientierte elliptische Involution $(g, g')$ von Kongruenzgeraden auf $\Phi$ — und umgekehrt.*

Die zu $p$ gehörige orientierte Involution $(g, g')$ erhält man, wenn man die durch $K^I$ bestimmte, auf $p$ liegende Involution aus einem Erzeuger der Fläche $\Phi$ auf diese projiziert. Zwei konjugierten Geraden $(p, p_1)$ entspricht dieselbe Involution $(g, g')$, jedoch mit verschiedenen Orientierungen.

Eine elliptische Kongruenz geht durch jede Kollineation des Raumes in eine ebensolche über. Nach § 3, Satz V hat man ferner:

XI. *Eine elliptische Kongruenz wird durch jede Reziprozität in eine ebensolche transformiert.*

Denn eine Reziprozität kann in eine Polarität in bezug auf eine in der Kongruenz enthaltene Regelfläche und eine Kollineation zerlegt werden.

Hierbei werden Punktinvolutionen in Ebeneninvolutionen übergeführt — und umgekehrt.

Wir können nun einen dualen Satz des Satzes X aufstellen, welcher mit ganz denselben Worten ausgesprochen werden kann; nur soll man sich hier die Gerade $p$ als Achse eines Ebenenbüschels denken, und die orientierte Involution $(g, g')$ wird folgendermaßen festgelegt:

Die Kongruenz $K^I$ bestimmt eine orientierte Involution der durch $p$ gehenden Ebenen; hierdurch wird auf einem beliebigen Erzeuger $f$ von $\Phi$ eine orientierte Involution von Punkten festgelegt; die Involution $(g, g')$ besteht dann aus Paaren von Leitlinien, welche durch entsprechende Punkte von $f$ gehen.

Wir können nun zeigen:

XII. *Die durch eine Kongruenzgerade $p$ — als Träger einer Punktreihe oder Achse eines Ebenenbüschels — bestimmten zwei Involutionen $(g, g')$ auf $\Phi$ stimmen bis auf ihre Orientierungen überein.*

Durch eine Polarität in bezug auf $\Phi$ wird nämlich die Punktreihe $p$ in ein Ebenenbüschel mit der konjugierten Geraden $p_1$ als Achse transformiert, während alle Geraden auf $\Phi$ festliegen. Die Punktreihe $p$ und die Achse $p_1$ bestimmen also dieselbe orientierte Involution $(g, g')$ auf $\Phi$. Die zwei Punktreihen $p$ und $p_1$ bestimmen aber dieselbe Involution $(g, g')$ mit verschiedenen Orientierungen, und hieraus folgt der Satz.

II. Kapitel.

# Imaginäre Elemente.

## § 1. Die imaginären Elemente in der Ebene und im Raume.

In der ersten Periode der projektiven Geometrie mußte man zwar noch sagen, daß in einer Ebene ein Kegelschnitt und eine Gerade zwei (verschiedene oder zusammenfallende) Punkte oder keinen Punkt miteinander gemein haben, aber man hatte doch schon bemerkt, daß man in vielen Konstruktionen ein Paar von nichtexistierenden Schnittpunkten durch eine elliptische Involution von Punktpaaren ersetzen konnte. Man zeigte z. B., daß ein Kegelschnitt statt aus fünf Punkten auch aus drei Punkten $A$, $B$ und $C$ und einer auf einer Geraden $l$ liegenden elliptischen Involution von konjugierten Punkten konstruiert werden kann. Man kennt nämlich sogleich die Polaren der Punkte $(l, AB)$ und $(l, AC)$ und damit den Pol $L$ von $l$; mittels der Polarentheorie kann man leicht zwei neue Punkte $D$ und $E$ desjenigen Kegelschnittes bestimmen, der den Bedingungen genügt.

Dergleichen Aufgaben waren viele gelöst, so daß man sich des Ausdrucks bedienen konnte, daß zwei (im Sinne der analytischen Geometrie) imaginäre Punkte durch eine elliptische Involution bestimmt sind. Um aber die zwei imaginären Punkte untereinander unterscheiden zu können, machte v. STAUDT die durchgreifende Bemerkung, daß eine elliptische Involution in zweifacher Weise orientiert werden und dadurch dem einen oder dem anderen imaginären Punkt zugeordnet werden kann[1].

Damit ist alles zu dem entscheidenden Schritt vorbereitet, und man definiert:

*Ein imaginärer Punkt ist eine orientierte, elliptische Involution.*

Selbstverständlich kann man ebensogut sagen, daß ein imaginärer Punkt durch eine orientierte, elliptische Involution bestimmt sei, aber damit meint man nichts anderes als das Obige.

Die Gerade, auf welcher die Involution liegt, nennt man den *Träger* des imaginären Punktes.

Zwei imaginäre Punkte, die durch dieselbe Involution mit ihren zwei Orientierungen bestimmt sind, werden *konjugiert imaginäre Punkte* genannt.

Wir beschränken uns zunächst auf eine reelle Ebene; das Dualitätsprinzip führt notwendigerweise zur folgenden Definition:

*Eine in einer reellen Ebene liegende imaginäre Gerade ist eine orientierte, elliptische Involution in einem Strahlenbüschel.*

Die so definierte Gerade wird eine *imaginäre Gerade erster Art* genannt. Konjugiert imaginäre Gerade erster Art werden analog zu konjugiert imaginären Punkten definiert.

*Die Inzidenz von Punkten und Geraden* wird durch die folgenden neuen Definitionen festgelegt:

Ein imaginärer Punkt liegt auf einer imaginären Geraden erster Art, wenn die zwei Involutionen, welche den Punkt und die Gerade bestimmen, perspektivisch liegen und übereinstimmende Orientierungen haben.

Ferner: Ein imaginärer Punkt liegt auf seinem reellen Träger und — dual — eine imaginäre Gerade erster Art enthält das Zentrum des reellen Geradenbüschels, durch welches die Gerade definiert ist.

Aus Kap. I, § 1, Satz V ergibt sich unmittelbar:

I. *Ein imaginärer Punkt hat eine von einem beliebigen reellen Punkt des Trägers ausgehende harmonische Darstellung.*

Das Analoge gilt für eine imaginäre Gerade erster Art.

Es kommt nun darauf an, zu zeigen, daß die gewöhnlichen Verknüpfungsgesetze für die Gesamtheit aller reellen und imaginären Punkte einer reellen oder imaginären Ebene ihre Richtigkeit behalten:

---

[1] Vgl. Kap. I, § 1, S. 5.

II. *Zwei Gerade haben immer einen und nur einen Punkt miteinander gemein.*

III. *Zwei Punkte können immer durch eine und nur eine Gerade verbunden werden.*

Da die zwei Aussagen dual sind, können wir uns auf die erste beschränken.

Wenn die eine Gerade reell ist, ist der Satz offenbar richtig; es seien nun beide Gerade imaginär. Haben die zwei Geraden ($l$ und $l_1$) denselben reellen Punkt, ist dieser der einzige gemeinsame Punkt. Im anderen Falle seien $l$ und $l_1$ durch die harmonischen Darstellungen $(a, b, a', b')$ und $(a, b_1, a_1', b_1')$ gegeben, wo $a$ die Verbindungslinie der reellen Punkte von $l$ und $l_1$ ist. Die drei Schnittpunkte $(b b_1)$, $(a' a_1')$ und $(b' b_1')$ liegen dann auf einer Geraden (der Perspektivachse); diese ist der Träger des gesuchten Punktes, und man hat sofort eine harmonische Darstellung desselben.

Im Raume führt das Dualitätsprinzip zur folgenden Definition:

*Eine imaginäre Ebene ist eine orientierte, elliptische Involution in einem Ebenenbüschel.*

Man kann auch den Ausdruck benutzen, daß die imaginäre Ebene durch die Involution bestimmt (oder dargestellt) sei.

Hierzu kommt noch die folgende Definition: In einer imaginären Ebene liegen erstens alle — reellen und imaginären — Punkte der reellen Achse des zugehörigen Ebenenbüschels, zweitens alle imaginären Punkte, deren bestimmende Involutionen mit der Ebeneninvolution perspektiv sind und mit dieser übereinstimmende Orientierungen haben.

*Eine imaginäre Gerade im Raume wird nun allgemein als Ort der Punkte definiert, welche in zwei Ebenen $\pi$ und $\pi_1$ liegen.*

Die Ebenen dürfen natürlich nicht beide reell sein; wenn die eine reell ist, dann hat man die schon vorher betrachtete Gerade erster Art. Eine solche erhält man auch, wenn die reellen Achsen der zwei imaginären Ebenen einander schneiden; wenn nämlich die zwei Achsen in einer reellen Ebene $\alpha$ liegen, und wenn $(\alpha, \beta, \alpha', \beta')$ und $(\alpha, \beta_1, \alpha_1', \beta_1')$ harmonische Darstellungen von $\pi$ und $\pi_1$ sind, so liegen alle Punkte der Schnittlinie $(\pi \pi_1)$ in der durch die Geraden $(\beta \beta_1)$, $(\alpha' \alpha_1')$, $(\beta' \beta_1')$ bestimmten reellen Ebene.

Wenn aber die reellen Achsen $a$ und $a_1$ sich nicht schneiden, so haben $\pi$ und $\pi_1$ keinen reellen Punkt gemein, und man erhält eine neue Art von imaginären Geraden, welche man *imaginäre Gerade zweiter Art* nennt.

Jedem Punkt einer solchen Geraden zweiter Art entspricht ein bestimmter Träger; wir wollen das System von Trägern mit ihren zugehörigen Involutionen näher betrachten und zeigen zunächst:

*Durch einen beliebigen reellen Punkt $P$ des Raumes geht ein und nur ein Träger.*

Liegt $P$ auf einer der reellen Achsen $a$ und $a_1$, so ist der Träger eben diese Achse. Es liege nun $P$ außerhalb der Achsen; sind $(\alpha, \beta, \alpha', \beta')$ und $(\alpha_1, \beta_1, \alpha_1', \beta_1')$ harmonische Darstellungen von $\pi$ und $\pi_1$, so daß $\alpha$ und $\alpha_1$ beide durch $P$ gehen, dann ist der gesuchte Träger die durch $P$ gehende Transversale $c$ der Geraden $(\beta\beta_1)$ und $(\alpha'\alpha_1')$, welche auch die dritte Gerade $(\beta'\beta_1')$ schneiden muß.

Die Geraden $a$, $a_1$, $c$ sind Leitlinien einer einfachen Regelfläche $\Phi$. Die durch $a$ und $a_1$ gehenden Paare von involutorischen Ebenen schneiden $c$ in Punktpaaren derselben orientierten Involution und bestimmen also auf $\Phi$ eine orientierte Involution $(f, f')$ von Erzeugern; sie schneiden demnach auch jede andere Leitlinie von $\Phi$ in derselben orientierten Involution, d. h. alle Leitlinien von $\Phi$ gehören der betrachteten Gesamtheit von Trägern an.

Es sei nun $p$ ein nicht auf $\Phi$ liegender Träger; die Trägereigenschaft bedeutet ja, daß die Erzeugerinvolution $(f, f')$ aus den zwei Leitgeraden $a$ und $a_1$ in dieselbe orientierte Involution auf $p$ projiziert wird; dann ist aber nach Satz II des Kap. I, § 3 die Gerade $p$ eine Involutionsachse für die Involution $(f, f')$. Man hat also:

*Die Gesamtheit von Trägern bildet eine elliptische, lineare Kongruenz.*

Zufolge dessen, was in Kap. I, § 4 von der Orientierung einer elliptischen Kongruenz gesagt wurde, kann man das obige Resultat folgendermaßen präzisieren:

IV. *Eine imaginäre Gerade zweiter Art ist eine orientierte, elliptische, lineare Kongruenz* — oder sie wird durch eine solche Kongruenz dargestellt.

Kehrt man die Orientierung der Involution $(f, f')$ — und daher auch aller Trägerinvolutionen — um, dann erhält man eine neue Gerade, welche die konjugiert imaginäre Gerade der ersten genannt wird.

Anstatt die Gerade $l$ durch die zwei ursprünglichen Ebeneninvolutionen zu bestimmen, kann man nach Satz II des Kap. I, § 4 auch zwei andere verwenden, deren reelle Achsen zwei beliebige Strahlen der Kongruenz sein können. Der Träger jedes Punktes von $l$ ist also die reelle Achse einer durch $l$ gehenden imaginären Ebene. Umgekehrt findet man nach Kap. I, § 3, Satz II', daß die reelle Achse jeder durch die Gerade $l$ gehenden imaginären Ebene auch Träger eines Punktes von $l$ ist. Also:

V. *Die Träger der Punkte einer imaginären Geraden zweiter Art sind mit den reellen Achsen der Ebenen, welche durch die Gerade gehen, identisch.*

Um nun die Gültigkeit der Verknüpfungsgesetze für imaginäre Elemente zu beweisen, zeigen wir zuerst:

VI. *Eine Ebene $\pi$ und eine nicht in ihr liegende Gerade $l$ haben immer einen und nur einen Punkt miteinander gemein.*

Man sieht dieses sofort, wenn entweder $\pi$ oder $l$ reell ist; es seien nun beide imaginär. Wenn $l$ imaginär erster Art ist, wird ihre reelle

Ebene von der imaginären Ebene $\pi$ entweder in der reellen Achse oder in einer von $l$ verschiedenen imaginären Geraden erster Art geschnitten; in beiden Fällen folgt der Satz aus Satz II.

Es sei nun die Gerade $l$ imaginär zweiter Art. Durch einen reellen Punkt der Ebene $\pi$ lege man den Träger $p$ eines Punktes von $l$; $p$ ist nach Satz V zugleich reelle Achse einer durch $l$ gehenden und von $\pi$ verschiedenen Ebene $\pi_1$; $\pi$ und $\pi_1$ haben eine Gerade $m$ erster Art miteinander gemein, weil ihre reellen Achsen in derselben reellen Ebene liegen (vgl. S. 29). Der in der durch $m$ gehenden, reellen Ebene liegende Punkt von $l$ ist der gesuchte.

Man hat nun in allen Fällen:

VII. *Drei Ebenen, welche nicht durch dieselbe Gerade gehen, haben immer einen und nur einen Punkt miteinander gemein.*

Zwei der Ebenen schneiden nämlich einander in einer Geraden, und diese Gerade schneidet die dritte Ebene in dem gesuchten Punkt.

Wie schon im Kap. I, § 4 (S. 26—27) bemerkt, geht eine lineare Kongruenz durch eine Kollineation sowie auch durch eine Reziprozität in eine lineare Kongruenz über.

Eine imaginäre Gerade zweiter Art geht also durch eine reelle Kollineation sowie durch eine reelle Reziprozität in eine imaginäre Gerade zweiter Art über. Im letzten Fall gehen die Punkte der ersten Geraden in die durch die Bildgerade gehenden Ebenen über.

Das Analoge gilt offenbar für eine imaginäre Gerade erster Art.

Aus VI folgen dann unmittelbar die Sätze:

VIII. *Durch zwei Punkte geht eine und nur eine Gerade.*

IX. *Eine Gerade und ein nicht in ihr liegender Punkt bestimmen eindeutig eine Ebene.*

X. *Drei Punkte, welche nicht in einer Geraden liegen, bestimmen ebenfalls eindeutig eine Ebene.*

## § 2. Die einfache Kette.

Unter den Punkten einer reellen Geraden spielt die Gesamtheit der reellen Punkte eine besondere Rolle; diese bildet eine spezielle sog. Kette. Die analoge Gesamtheit in einer imaginären Geraden $m$ zweiter Art wird man am natürlichsten in folgender Weise erhalten:

Es sei $p$ eine beliebige reelle Gerade, die nicht Träger eines Punktes von $m$ ist, und $l$ eine andere reelle Gerade, die $p$ nicht schneidet. Mittels des reellen Ebenenbüschels mit der Achse $p$ projizieren wir die reellen Punkte von $l$ auf die Gerade $m$; wir erhalten dadurch alle solche Punkte von $m$, deren Träger die Gerade $p$ schneiden und also (Kap. I, § 4, Satz III) eine einfache Regelfläche bilden.

Aus diesem Grund definieren wir:

*Eine einfache Kette von Punkten in einer imaginären Geraden zweiter Art besteht aus den Punkten, deren Träger Leitlinien einer einfachen Regelfläche sind.*

Die Kette ist also durch drei ihrer Punkte bestimmt. — Wird die Kette $k$ genannt, so bezeichnen wir die zugehörige Regelfläche mit $(k)$.

Alle anderen einfachen Ketten, auf reellen Geraden sowie auf imaginären Geraden erster Art, werden wir — wie bald gezeigt werden soll — aus den eben genannten durch Projektion gewinnen. Wir werden uns aber fürs erste mit einer imaginären Geraden zweiter Art beschäftigen.

Aus unseren Definitionen folgt, daß man jeden imaginären Punkt einer reellen Geraden $l$ durch eine orientierte, elliptische Involution von Punktpaaren von $l$ festlegen kann. Man hat nun in Übereinstimmung hiermit den Satz:

I. *Ist auf einer imaginären Geraden $m$ zweiter Art eine Kette $k$ gegeben, dann bestimmt jeder Punkt von $m$ (außerhalb $k$) eindeutig eine orientierte, elliptische Involution der Punkte[1] von $k$ — und umgekehrt.*

Dieser Satz ist nur eine andere Formulierung des Satzes X in Kap. I, § 4. — Man sieht unmittelbar, daß die genannte Abhängigkeit zwischen Punkten von $m$ und orientierten Involutionen auf $k$ gegenüber reellen Kollineationen des Raumes invariant ist.

In analoger Weise können wir die Sätze VIII—IX in Kap. I, § 4 auch in folgender Form aussprechen:

II. *Ist eine imaginäre Gerade zweiter Art vorgelegt, und sind $(A, A')$ und $(B, B')$ zwei derselben Kette angehörige Paare von Punkten, dann gibt es immer ein und nur ein Paar von Punkten, welche sowohl $(A, A')$ wie $(B, B')$ harmonisch trennen; diese Punkte trennen auch jedes andere Paar der durch $(A, A')$ und $(B, B')$ auf der genannten Kette bestimmten Involution harmonisch.*

Es seien nun $A, B, C, D$ vier Punkte einer imaginären Geraden zweiter Art, die nicht derselben Kette angehören; wir können jetzt den Sinn — oder, wie wir sagen werden — den *Raumsinn* des Wurfes $(ABCD)$ definieren.

Die Träger $a, b, c$ der drei ersten Punkte sind Leitlinien einer einfachen Regelfläche $(k)$; wie aus Satz I hervorgeht, bestimmt der vierte Punkt $D$ auf $(k)$ eine orientierte, elliptische Involution von Trägern $(g, g')$. Wir sagen nun, daß der Raumsinn des Wurfs $(ABCD)$ positiv ist, wenn die Orientierung der Involution $(g, g')$ mit dem durch $a, b, c$ in dieser Folge auf $(k)$ bestimmten Sinn übereinstimmt; im entgegengesetzten Fall wird der Raumsinn negativ genannt. Zwei Würfe haben denselben Raumsinn, wenn sie beide positiv oder beide negativ sind.

Sind $P$ und $P_1$ durch Involutionen auf $(k)$, die bis auf ihre Orientierung übereinstimmen, bestimmt, und sind $A, B, C$ drei

---

[1] D. h. der entsprechenden Träger.

beliebige Punkte der genannten Kette, dann haben die zwei Würfe $(ABCP)$ und $(ABCP_1)$ entgegengesetzten Raumsinn.

Sind $A, B, C, D$ vier Punkte einer imaginären Geraden zweiter Art, $A^*, B^*, C^*, D^*$ die vier konjugiert imaginären Punkte (auf der konjugiert imaginären Geraden), dann haben die Würfe $(ABCD)$ und $(A^*B^*C^*D^*)$ entgegengesetzten Raumsinn.

Wenn vier Punkte $A, B, C, D$ derselben Kette angehören, sagt man, daß der Wurf $(ABCD)$ *neutral* sei.

Außerdem sei bemerkt: Wenn eine reelle Kollineation eine imaginäre Gerade zweiter Art in eine andere überführt, so ändert sich der Raumsinn eines Wurfes nicht, und Kette geht in Kette über; insbesondere gehen harmonische Punktpaare wieder in harmonische Punktpaare über.

Wir werden nun die beiden Begriffe „Kette" und „Raumsinn" durch Projektion auf reelle sowie auf imaginäre Gerade erster Art überführen. Wir zeigen zuerst:

III. *Werden die Punkte zweier imaginären Geraden* $l_1$ *und* $l_2$ *zweiter Art mittels Ebenen, welche durch eine feste — reelle oder imaginäre — Gerade s gehen, perspektivisch aufeinander bezogen, dann wird Kette in Kette übergeführt, und entsprechende Würfe haben denselben Raumsinn.*

Wir sehen unmittelbar, daß diese Projektion von $l_1$ auf $l_2$ immer durch zwei andere Projektionen ersetzt werden kann, indem man eine Gerade $m$ zwischen $l_1$ und $l_2$ einschaltet und dann zuerst von $l_1$ auf $m$, danach von $m$ auf $l_2$ projiziert. Diese Gerade $m$ kann im besonderen so gewählt werden, daß sie sowohl $l_1$ wie $l_2$ schneidet. Man sieht dadurch, daß es beim Beweise des obigen Satzes zulässig ist, anzunehmen, daß $l_1$ und $l_2$ einander schneiden und also in einer imaginären Ebene $\pi$ liegen.

Diese Ebene werde von $s$ in einem Punkt $P$ mit dem Träger $p$ geschnitten; falls $P$ reell ist, bedeute $p$ eine beliebige durch $P$ gehende reelle Gerade; die Abbildung von $l_1$ auf $l_2$ kann dann auch mittels Ebenen geschehen, welche durch $p$ gehen.

Die Träger von Punkten auf $l_1$, welche $p$ schneiden, bilden die Leitlinien einer einfachen Regelfläche $(k_1)$, und die Gerade $l_1$ kann betrachtet werden als durch $(k_1)$ und eine auf dieser liegende orientierte Erzeugerinvolution mit der von $p$ ausgehenden harmonischen Darstellung $(p, a_1, b_1, c_1)$ gegeben. Analog sei $l_2$ durch die Regelfläche $(k_2)$ mit der auf ihr liegenden orientierten Erzeugerinvolution $(p, a_2, b_2, c_2)$ bestimmt.

Durch $p$ lege man drei reelle Ebenen, welche $(k_1)$ in $g_1, g_2, g_3$ und $(k_2)$ in $g_1', g_2', g_3'$ schneiden, und bestimme (Kap. I, § 3, Satz VI) die reelle Kollineation des Raumes, welche $p, a_1, b_1$ in bzw. $p, a_2, b_2$ und $g_1, g_2, g_3$ in bzw. $g_1', g_2', g_3'$ überführt.

Diese Kollineation transformiert die Fläche $(k_1)$ in die Fläche $(k_2)$ und die auf $(k_1)$ liegende Erzeugerinvolution in die auf $(k_2)$ liegende Erzeugerinvolution, d. h. die Gerade $l_1$ wird in die Gerade $l_2$ überführt.

Da drei reelle Ebenen durch $p$ sich selbst entsprechen, gilt dasselbe von allen anderen reellen Ebenen durch $p$ und daher auch von jeder imaginären Ebene durch $p$; denn jede solche ist ja durch eine Involution von reellen Ebenen mit $p$ als reeller Achse bestimmt.

Durch die obige reelle Kollineation entsprechen also die Punkte von $l_1$ und $l_2$ einander gerade wie in der Formulierung des Satzes III angegeben; hieraus folgt unmittelbar die Richtigkeit dieses Satzes.

Es sei nun $l$ eine reelle Gerade oder eine imaginäre Gerade erster Art. Ein beweglicher Punkt $M$ von $l$ werde aus einem (reellen oder imaginären) Punkt $P_1$ auf eine imaginäre Gerade $l_1$ zweiter Art in einen Punkt $M_1$ projiziert; $P_1$, $l$ und $l_1$ müssen natürlich in einer Ebene liegen. Ferner projiziere man den Punkt $M$ aus einem anderen Punkt $P_2$ auf eine andere imaginäre Gerade zweiter Art $l_2$ in den Punkt $M_2$.

Wir projizieren nun (Fig. 20)[1] die ganze Konfiguration aus einem Punkt $O$ des Raumes auf eine imaginäre Ebene $\pi$; $O$ darf selbstverständlich nicht in $\pi$ oder in einer der Ebenen $(ll_1)$ oder $(ll_2)$ liegen. Ferner sei $O$ so gewählt, daß die Projektionen von $l, l_1$ und $l_2$ auf $\pi$ imaginäre Gerade zweiter Art sind. Werden $M, M_1, M_2, l, l_1, l_2, P_1, P_2$ in bzw. $M', M_1', M_2', l', l_1', l_2', P_1', P_2'$ projiziert, so hat man infolge Satz III, daß zwei beliebige aufeinanderfolgende der Punktmengen $(M_1)$, $(M_1')$, $(M')$, $(M_2')$, $(M_2)$ so aufeinander bezogen sind, daß einer Kette wieder eine Kette entspricht, während entsprechende Würfe denselben Raumsinn haben. Dies gilt also auch für die Abbildung $(M_1, M_2)$.

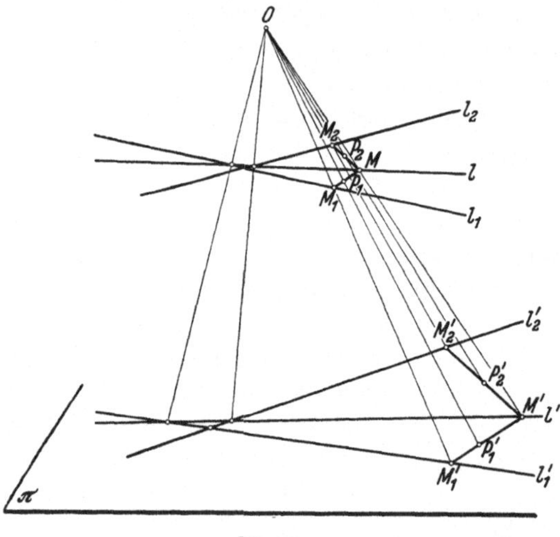

Fig. 20.

Jetzt können Ketten auf reellen sowie auf imaginären Geraden erster Art definiert werden, nämlich als Projektionen von Ketten

[1] Die Figur ist gezeichnet, wie wenn alle Elemente reell wären, obgleich man eben davon Gebrauch macht, daß sie imaginär sind. Aber die Theorie der imaginären Elemente zeigt eben, daß man solche Schlüsse projektiver Art auch durch reelle Figuren illustrieren kann.

einer imaginären Geraden zweiter Art. Wir haben nämlich soeben gezeigt: Wenn eine Menge von Punkten in einer reellen oder einer imaginären Geraden erster Art von einer Geraden $s$ aus auf eine einzige imaginäre Gerade zweiter Art in eine Kette projiziert wird, dann muß dies auch der Fall sein bei jeder anderen solchen Projektion.

In ganz analoger Weise wird der Begriff „Raumsinn" auf reelle sowie auf imaginäre Gerade erster Art überführt.

Betrachten wir besonders eine imaginäre Gerade erster Art. Jede solche Gerade kann durch Projektion einer imaginären Geraden zweiter Art aus einem reellen Punkt hergestellt werden. Um die Ketten auf imaginären Geraden erster Art näher zu untersuchen, haben wir also nur eine imaginäre Gerade zweiter Art $l$ von einem reellen Punkt $O$ auf eine reelle Ebene $\pi$ zu projizieren.

Zunächst sei $k$ eine auf $l$ liegende Kette, deren entsprechende Trägerfläche $(k)$ den Punkt $O$ enthält. Durch $O$ geht ein Erzeuger sowie eine Leitlinie (Träger) $p$ von $(k)$, welche die Ebene $\pi$ in $Q$ bzw. $P$ schneiden mögen. Die auf $(k)$ durch $l$ gegebene orientierte Erzeugerinvolution $(f, f')$ wird auf $\pi$ als diejenige orientierte Involution im Geradenbüschel mit dem Zentrum $P$ projiziert, welche die durch Projektion von $l$ entstandene imaginäre Gerade $l_1$ erster Art festlegt. Derjenige Punkt von $k$, dessen Träger $p = OP$ ist, wird in den reellen Punkt $P$ projiziert, alle anderen Punkte von $k$ gehen in imaginäre Punkte über, deren Träger durch $Q$ gehen.

Es möge nun die Fläche $(k)$ den Punkt $O$ nicht enthalten. Der durch $O$ gehende Träger $p$ schneidet wie oben $\pi$ im reellen Punkt $P$ der Geraden $l_1$. Der Kegel mit dem Scheitel $O$, welcher der Fläche $(k)$ umbeschrieben ist, möge die Ebene $\pi$ in dem Kegelschnitt $\varkappa$ schneiden. Die Punkte von $k$ werden dann aus $O$ auf $\pi$ in Punkte projiziert, deren Träger Tangenten an $\varkappa$ sind. Ist ferner $(M, M')$ die auf einer der Leitlinien von $(k)$ liegende elliptische Involution, so ist nach Kap. I, § 3, Satz I' $(pM, pM')$ die Involution von Ebenen, welche durch $p$ gehen und in bezug auf $(k)$ konjugiert sind. Diese Ebeneninvolution schneidet die Ebene $\pi$ in derjenigen Involution von Geraden durch $P$, welche die Projektion $l_1$ von $l$ bestimmt; die Geraden dieser Involution sind also in bezug auf $\varkappa$ konjugiert. Damit ist gezeigt:

IV. *In einer imaginären Geraden erster Art gibt es zwei Typen von Ketten: Enthält eine Kette den reellen Punkt $P$, so gehen die Träger aller anderen Punkte durch einen festen Punkt. Enthält die Kette den Punkt $P$ nicht, dann sind die Träger Tangenten an einen Kegelschnitt $\varkappa$; die Involution von Geraden durch $P$, welche die imaginäre Gerade festlegt, ist in diesem letzten Fall die Involution konjugierter Geraden in bezug auf $\varkappa$[1].*

---

[1] Dies bedeutet nach dem dualen Satz zu Satz V in Kap. III, § 1, daß die gegebene imaginäre Gerade — sowie auch die konjugiert imaginäre — den Kegelschnitt $\varkappa$ berührt.

Eine Kette auf der Geraden $l$ erster Art ist durch drei Punkte bestimmt; denn der Kegelschnitt $\varkappa$ ist durch drei Tangenten und die $l$ bestimmende Geradeninvolution festgelegt (vgl. den Anfang des § 1); dies ist selbstredend in Übereinstimmung mit den Verhältnissen auf einer Geraden zweiter Art (vgl. den Anfang dieses Paragraphen).

Wir werden nun die Begriffe „Kette" und „Raumsinn" durch Dualität auf Ebenenbüschel überführen.

Wir beginnen mit einem Ebenenbüschel, dessen Achse eine imaginäre Gerade zweiter Art $l$ ist. Eine Kette von Ebenen wird dann dadurch definiert, daß die reellen Achsen Leitlinien einer einfachen Regelfläche sind. Um den Raumsinn zu definieren, betrachten wir vier Ebenen $\alpha, \beta, \gamma, \delta$, welche durch $l$ gehen und nicht derselben Kette angehören; die entsprechenden reellen Achsen seien $a, b, c, d$. Indem man $d$ als Achse eines reellen Ebenenbüschels betrachtet, so wird durch $d$ nach Kap. I, § 4 (S. 27) eine orientierte Involution $(g, g')$ von Kongruenzgeraden auf der Regelfläche $\Phi = (a, b, c)$ festgelegt, und je nachdem die Orientierung dieser Involution mit der durch $a, b, c$ — in dieser Reihenfolge — bestimmten Orientierung übereinstimmt oder nicht, wird der Raumsinn des Ebenenwurfes $(\alpha\beta\gamma\delta)$ positiv oder negativ genannt.

Wir haben dann sofort den zu Satz III dualen Satz:

V. *Wird eine Punktreihe durch zwei Ebenenbüschel projiziert, deren Achsen imaginäre Gerade zweiter Art sind, dann entspricht einer Kette von Ebenen des einen Büschels eine Kette von Ebenen des anderen, und entsprechende Ebenenwürfe haben denselben Raumsinn.*

Nach diesem Satz kann man — genau wie oben — die Begriffe Kette und Raumsinn auf Ebenenbüschel überführen, deren Achsen imaginäre Gerade erster Art oder reelle Gerade sind.

Ferner hat man:

VI. *Wird ein Ebenenbüschel von einer Geraden in einer Punktreihe geschnitten, dann entspricht einer Kette von Ebenen eine Kette von Punkten, und entsprechende Ebenen- und Punktwürfe haben denselben Raumsinn.*

Nach den obigen Sätzen III und V können wir annehmen, daß das Büschel eine imaginäre Gerade zweiter Art $l$ zur Achse hat, und daß die Schnittgerade die zu $l$ konjugiert imaginäre Gerade $l^*$ ist. Es sei nun $k$ eine Kette von Ebenen durch $l$; die reellen Achsen dieser Ebenen sind Träger der durch $l$ gebildeten Kongruenz $K^I$ und liegen auf einer einfachen Regelfläche $(k)$. Die Schnittpunkte von $l^*$ mit den Ebenen von $k$ haben eben die genannten reellen Achsen als Träger; also bilden diese Punkte eine Kette.

Ferner seien $\alpha, \beta, \gamma, \delta$ vier durch $l$ gehende Ebenen; die entsprechenden reellen Achsen seien $a, b, c, d$. Diese sind Träger von vier Punkten $A, B, C, D$ der Geraden $l$ sowie auch der vier konjugiert imaginären Punkte $A^*, B^*, C^*, D^*$ auf $l^*$. Aus Kap. I, § 4, Satz XII folgt, daß die zwei Würfe $(\alpha\beta\gamma\delta)$ und $(ABCD)$ entgegengesetzten Raumsinn haben; dies gilt aber auch für die beiden Würfe $(ABCD)$ und $(A*B*C*D*)$, und hiermit ist der Satz bewiesen.

Zuletzt betrachten wir ein Geradenbüschel. Durch dieses legen wir ein beliebiges Ebenenbüschel; wir sagen dann, daß eine Gesamtheit der Geraden eine Kette bilden, wenn die entsprechenden Ebenen diese Eigenschaft haben. Ebenso wird der Raumsinn eines Geradenwurfes durch den Raumsinn des entsprechenden Ebenenwurfes festgelegt. All dieses ist nach dem obigen Satz V erlaubt.

Wenn die Ebene des Geradenbüschels reell ist, geht durch eine reelle Polarität dieser Ebene eine Kette von Punkten in eine Kette von Geraden über — und umgekehrt. Man hat hierdurch den zu Satz IV dualen Satz:

VII. *In einem Geradenbüschel, welches in einer reellen Ebene liegt und imaginäres Zentrum hat, gibt es zwei Typen von Ketten: Enthält eine Kette den reellen Träger $p$ des Büschelzentrums, so liegen die reellen Punkte aller anderen Geraden der Kette auf einer festen Geraden. Enthält die Kette die Gerade $p$ nicht, so bilden die reellen Punkte aller Geraden der Kette einen Kegelschnitt $\varkappa$; die Involution von Punkten, durch welche das Büschelzentrum festgelegt ist, ist in diesem letzten Fall die Involution konjugierter Punkte in bezug auf $\varkappa$*[1].

Man erhält eine klare Vorstellung aller in einer festen Geraden liegenden Ketten, wenn man die in diesem und den folgenden vier Kapiteln dargestellte Theorie mit der Theorie der Kreistransformationen in Verbindung bringt.

Es sei nämlich $l$ die betrachtete imaginäre Gerade zweiter Art. Ferner sei $\pi$ eine feste reelle Ebene, $P$ der Schnittpunkt von $\pi$ mit $l$ und $p$ der in $\pi$ liegende Träger von $P$. Schneiden wir nun die Träger aller Punkte von $l$ mit $\pi$, ergibt sich in $\pi$ das folgende Bild der in $l$ enthaltenen Ketten:

1. Aus den durch $P$ gehenden Ketten erhält man die reellen Geraden von $\pi$.

2. Aus den Ketten, welche $P$ nicht enthalten, ergibt sich die Gesamtheit der in $\pi$ liegenden reellen Kegelschnitte, welche durch $P$ und seinen konjugiert imaginären Punkt gehen (vgl. Kap. I, § 4, Satz II sowie auch Kap. III, § 1, Satz V).

Wenn wir später die Kreispunkte einführen (vgl. Kap. XVI, § 1—2), wird sich ergeben, daß die obigen Kegelschnitte mit den reellen Kreisen einer reellen Ebene projektiv äquivalent sind. Diese Tatsache kann man gebrauchen, um sich den Inhalt mehrerer im folgenden darzustellender Sätze und Beweise zu veranschaulichen (vgl. z. B. die Figuren

---

[1] Dies bedeutet nach Kap. III, § 1, Satz V, daß das Büschelzentrum — sowie auch sein konjugiert imaginärer Punkt — auf dem Kegelschnitt $\varkappa$ liegt.

in Kap. IV, § 2); doch ist es natürlich an dieser Stelle nicht erlaubt, begrifflichen Gebrauch hiervon zu machen.

## § 3. Sätze über Ketten.

Die einfachen Ketten, die wir hier betrachten, denken wir uns in einer festen Geraden $l$ liegend. Wir nehmen an, daß diese ein für allemal festgelegte Gerade eine imaginäre Gerade zweiter Art ist, da wir alle übrigen Fälle durch Projektion auf diesen Fall zurückführen können.

Es seien $k_1$ und $k_2$ zwei in $l$ liegende Ketten, die einen gemeinsamen Punkt $A$ haben. Eine beliebige, reelle Ebene $\pi$ durch den Träger $a$ des Punktes $A$ möge $(k_1)$ und $(k_2)$ in den Erzeugern $f_1$ und $f_2$ schneiden; diese zwei Geraden haben einen reellen Punkt $R$ miteinander gemein, der im allgemeinen nicht auf $a$ liegt; die durch $R$ gehende Kongruenzgerade $b$ liegt dann ebenso wie $a$ auf den beiden Regelflächen, und der entsprechende Punkt $B$ gehört beiden Ketten an.

Wenn für eine Lage der Ebene $\pi$ der Schnittpunkt $R$ auf $a$ liegt, berührt $\pi$ beide Flächen in demselben Punkt, nämlich $R$. Die Flächen haben dann keinen Punkt außerhalb $a$ miteinander gemein, und jede durch $a$ gehende Ebene berührt demnach die beiden Flächen in demselben Punkt, d. h. die Flächen berühren sich längs der Geraden $a$. In diesem Fall sagen wir auch, daß die Ketten $k_1$ und $k_2$ einander im Punkte $A$ berühren. Also gilt der Satz:

I. *Zwei in einer Geraden $l$ liegende Ketten, die einen gemeinsamen Punkt $A$ besitzen, haben entweder einen weiteren Punkt $B$ miteinander gemein, oder sie berühren sich in $A$.*

Eine Kette $k_1$ ist, wie wir gesehen haben, durch drei Punkte eindeutig bestimmt; man sieht aber sogleich, daß sie auch eindeutig bestimmt ist, wenn sie eine gegebene Kette $k$ in einem festen Punkt berühren und außerdem durch einen anderen Punkt gehen soll.

Wenn zwei Punkte $P$ und $P_1$ auf einer Kette $k$ durch dieselbe Involution $(M, M')$ mit entgegengesetzter Orientierung bestimmt sind, sagen wir, daß $P$ *und $P_1$ in bezug auf die Kette $k$ symmetrisch liegen.* Jede durch $P$ und $P_1$ gehende Kette schneidet dann die Kette $k$ in einem Paar $(M, M')$ der Involution, und alle diese Paare sind von $P$ und $P_1$ harmonisch getrennt (Kap. I, § 4, Satz V—X).

Es sei $k_1$ eine dieser Ketten, und sie schneide $k$ in $A$ und $A'$. Wir betrachten nun die räumliche Polarität mit $(k)$ als Fundamentalfläche; diese läßt jede Gerade von $(k)$ unverändert und führt $P$ in $P_1$ über. Die Kette $k_1$ entspricht dann sich selbst, weil ja $A$ und $A'$ fest bleiben. Die Punkte von $k_1$ verteilen sich also auf Paare, welche in bezug auf $k$ symmetrisch liegen. Also:

II. *Wenn eine Kette $k_1$ ein Paar von Punkten enthält, welche in bezug auf eine andere Kette $k$ symmetrisch liegen, dann schneidet sie $k$ in zwei*

*Punkten, und alle anderen Punkte von $k_1$ liegen paarweise symmetrisch in bezug auf $k$.*

Wir sagen in diesem Fall, daß $k_1$ *orthogonal zu $k$ ist.* Es gilt nun der Satz:

III. *Die orthogonale Lage zweier Ketten ist gegenseitig.*

Die zwei Ketten seien die obigen, wo $k_1$ zu $k$ orthogonal ist. $P$ und $P_1$ bestimmen auf $k$ eine elliptische Involution, und in dieser gibt es ein Paar von Punkten, etwa $B$ und $B'$, welche $A$ und $A'$ harmonisch trennen. Die Punkte $B$ und $B'$ werden also sowohl durch $(A, A')$ als auch durch $(P, P_1)$ harmonisch getrennt, d. h. $B$ und $B'$ liegen in bezug auf $k_1$ symmetrisch (Kap. I, § 4, Satz VII).

IV. *Berühren zwei Ketten $k_1$ und $k_2$ einander in $A$, und ist $k$ eine durch $A$ gehende Orthogonalkette zu $k_1$, dann ist sie auch orthogonal zu $k_2$.*

Die Ketten $k$ und $k_2$, welche den Punkt $A$ gemein haben, können nämlich einander in diesem Punkt nicht berühren; sie haben demnach (Satz I) einen zweiten Schnittpunkt $B$. Bei der Polarität mit $(k)$ als Fundamentalfläche wird $k_1$ sich selbst entsprechen. Dies gilt dann auch für $k_2$; denn es gibt ja nur eine einzige Kette, welche durch $B$ geht und die Kette $k_1$ in $A$ berührt.

V. *Durch zwei Punkte $P$ und $Q$, welche in bezug auf eine Kette $k$ nicht symmetrisch liegen, geht eine und nur eine Kette, welche zu $k$ orthogonal ist.*

Liegt nämlich $P$ nicht auf $k$, so ist $P$ von seinem symmetrischen Punkt $P_1$ verschieden, und die gesuchte Kette ist durch die drei Punkte $P$, $P_1$, $Q$ bestimmt. Liegen beide Punkte auf $k$, so kann man nach Satz IV diese Kette durch eine andere ersetzen, welche $k$ im Punkte $P$ berührt.

VI. *Sind $(P, P_1)$ und $(Q, Q_1)$ zwei Paare von Punkten einer Kette $k$, welche einander nicht trennen, dann gibt es eine und nur eine Kette $k_1$, in bezug auf welche sowohl $P$ und $P_1$ als auch $Q$ und $Q_1$ symmetrisch liegen. Trennen aber die Punkte einander, so gibt es keine solche Kette.*

Es seien nämlich im ersten Fall $A$ und $B$ die zwei Punkte von $k$, welche sowohl $(P, P_1)$ als $(Q, Q_1)$ harmonisch trennen. Die gesuchte Kette ist dann die durch $A$ und $B$ gehende Orthogonalkette zu $k$. — Der letzte Teil des Satzes folgt sofort aus Kap. I, § 4, Satz VI.

VII. *Wenn durch zwei Punkte $A$ und $B$ eine Kette $k$ geht, in bezug auf welche zwei andere Punkte $C$ und $D$ symmetrisch liegen, dann gibt es auch eine Kette $k_1$ durch $C$ und $D$, in bezug auf welche $A$ und $B$ symmetrische Punkte sind.*

$C$ und $D$ können nämlich durch eine elliptische Involution auf $k$ dargestellt werden, und in dieser gibt es ein Paar $(M, M')$, welches durch $A$ und $B$ harmonisch getrennt ist. Die durch $C$, $D$, $M$, $M'$ gehende Kette ist die gesuchte.

VIII. *Es gibt eine und nur eine Kette durch einen gegebenen Punkt $P$, in bezug auf welche zwei andere Punkte $A$ und $B$ symmetrisch liegen.*

Es sei nämlich $k$ eine beliebige Kette durch $A$ und $B$; der zu $P$ symmetrische Punkt in bezug auf $k$ sei $P_1$; nach Satz VII gibt es dann eine Kette durch $P$ und $P_1$, in bezug auf welche $A$ und $B$ symmetrisch liegen.

Zwei Ketten von der betrachteten Eigenschaft gibt es nicht; denn sie würden auf $k$ zwei einander trennende Paare von Punkten bestimmen, welche beide von $A$ und $B$ harmonisch getrennt sein müßten.

## III. Kapitel.

# Projektivitäten und Symmetralitäten.

## § 1. Die Projektivität.

Werden zwei Gerade perspektivisch aufeinander bezogen, dann wird, wie wir im vorigen Kapitel gesehen haben, Kette in Kette überführt, und entsprechende Würfe haben denselben Raumsinn (Kap. II, § 2, Satz III). Es liegt deshalb nahe, die projektive Beziehung in dem durch die imaginären Elemente erweiterten Raume in der folgenden Weise zu definieren:

*Zwei Elementargebilde sind projektiv, wenn jedem Element des einen Gebildes umkehrbar eindeutig ein Element des anderen entspricht, so daß Kette in Kette übergeht und außerdem entsprechende Würfe denselben Raumsinn haben.*

Entschließt man sich, den Ausdruck zu benutzen, daß neutrale Würfe denselben Raumsinn haben, hat man die kurze Definition von v. STAUDT:

*Zwei Elementargebilde sind projektiv, wenn entsprechende Würfe denselben Sinn* (Raumsinn) *haben.*

Als Typus von Elementargebilden betrachten wir bis aufs weitere eine imaginäre Gerade zweiter Art.

Es gilt nun der Satz:

I. *Zwei projektive Punktreihen sind durch drei Paare von entsprechenden Punkten eindeutig bestimmt.*

Der Beweis wird in drei aufeinanderfolgenden Schritten geführt. Wir zeigen zuerst:

1. *In jeder Beziehung, in der einer Kette wieder eine Kette entspricht, wird einem harmonischen Wurf wieder ein harmonischer Wurf zugeordnet.*

Es seien nämlich $A, B, C, D$ und $P$ fünf Punkte einer imaginären Geraden zweiter Art. Die Ketten $PAB$ und $PCD$ sowie $PBC$ und $PAD$ schneiden einander (Kap. II, § 3, Satz I) in $E$ bzw. $F$; $PBD$ und $PEF$ sowie $PAC$ und $PEF$ schneiden einander in $G$ bzw. $H$ — abgesehen von dem allen diesen Ketten gemeinsamen Punkte $P$. Durch den Träger $p$ des Punktes $P$ lege man eine reelle Ebene $\pi$; diese schneidet die Träger $a, b, \ldots h$ der Punkte $A, B, \ldots H$ in $A_1, B_1, \ldots H_1$, und man erhält (Fig. 21) ein vollständiges Vierseit, welches $E_1$ und $F_1$ als Eckpunkte und $G_1$ und $H_1$ als Diagonalpunkte hat. Die Punkt-paare $(E_1, F_1)$ und $(G_1, H_1)$ trennen also einander harmonisch, und da $\pi$ eine beliebige reelle Ebene durch $p$ ist, gilt dasselbe für die Punktpaare $(E, F)$ und $(G, H)$. Sind umgekehrt zwei harmonische Punktpaare der imaginären Ge-raden gegeben, so kann man sie immer als in der obigen Weise

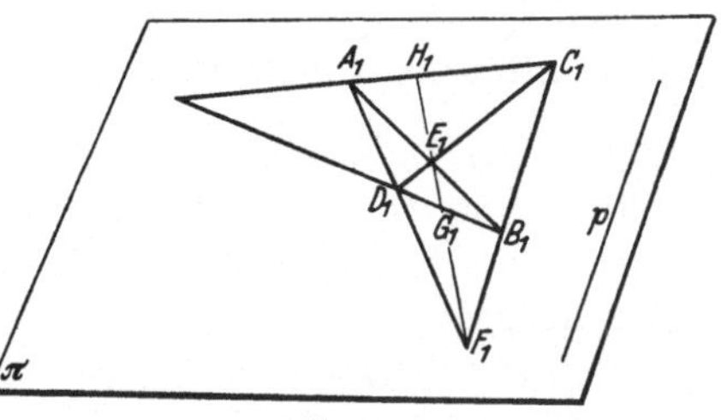

Fig. 21.

hergestellt denken. Damit ist aber Satz 1 bewiesen; denn wenn Kette in Kette übergeht, muß auch ein „vollständiges Kettenvierseit" in ein ebensolches übergehen.

2. *Eine durch die obige Definition gegebene Beziehung ist (wenn sie existiert) durch drei Paare von entsprechenden Punkten eindeutig festgelegt.*

Es seien nämlich $(A, A')$, $(B, B')$ und $(C, C')$ die drei gegebenen Paare. Einem Punkt der Kette $ABC = k$ entspricht eindeutig ein Punkt der Kette $A'B'C' = k'$. Es folgt dies unter Benutzung von 1 aus der grundlegenden Definition der Projektivität zwischen reellen Elementen.

Es sei nun $D$ ein nicht in $k$ liegender Punkt der ersten Geraden. Dieser Punkt ist durch eine orientierte, elliptische Involution von Punkten $(M, M_1)$ auf $k$ festgelegt. Der durch dieselbe, jedoch entgegen-gesetzt orientierte Involution bestimmte Punkt sei $E$; $D$ und $E$ trennen alle Paare $(M, M_1)$ harmonisch und müssen also in das eindeutig be-stimmte Paar von Punkten $D'$ und $E'$, welche alle Paare $(M', M_1')$ der entsprechenden Involution harmonisch trennen, überführt werden (Kap. II, § 2, Satz II). Da aber die Würfe $(A'B'C'D')$ und $(A'B'C'E')$ entgegengesetzten Raumsinn haben (S. 32—33), ist der dem Punkte $D$ entsprechende Punkt eindeutig bestimmt.

3. *Es gibt immer eine reelle Kollineation des Raumes, welche eine Ge-rade $l_1$ in eine andere $l_2$ überführt, so daß drei gegebene Punkte $A_1, B_1, C_1$ der ersten in drei gegebene Punkte $A_2, B_2, C_2$ der anderen übergehen.*

Die drei Träger $a_1, b_1, c_1$ sind nämlich Leitlinien einer Regelfläche $(k_1)$; die durch die Gerade $l_1$ auf $(k_1)$ bestimmte orientierte Erzeuger-involution sei durch die harmonische Darstellung $(f_1, f_2, f_1', f_2')$ fest-gestellt. In analoger Weise bestimmen $a_2, b_2, c_2$ eine Regelfläche $(k_2)$, auf welcher durch $l_2$ eine orientierte Involution mit der harmonischen Darstellung $(f_3, f_4, f_3', f_4')$ festgelegt ist.

Wir betrachten nun die räumliche Kollineation, welche $a_1, b_1, c_1, f_1, f_1', f_2$ in bzw. $a_2, b_2, c_2, f_3, f_3', f_4$ überführt (Kap. I, § 3, Satz VI). Diese Transformation hat die gewünschte Eigenschaft; außerdem führt sie Kette in Kette über, und entsprechende Würfe haben denselben Raum-sinn (vgl. den Beweis des Satzes III in Kap. II, § 2).

Die benutzte Kollineation ist freilich nicht eindeutig bestimmt; aber aus 2 folgt, daß man durch jede von ihnen dieselbe Abhängigkeit zwischen $l_1$ und $l_2$ erhält.

Hiermit ist der Satz I bewiesen.

Die in der Definition der projektiven Beziehung genannten Elementargebilde können sowohl Punktreihen als auch Ebenen- oder Geradenbüschel sein. Die Sätze III und V des Kap. II, § 2 können hier folgendermaßen ausgesprochen werden:

II. *Zwei Punktreihen, welche durch dasselbe Ebenenbüschel ausgeschnitten werden, sind projektiv.*

II′. *Zwei Ebenenbüschel, welche dieselbe Punktreihe projizieren, sind projektiv.*

Ebenso erhält man aus Satz V desselben Paragraphen:

III. *Ein Ebenenbüschel ist zu der Punktreihe, in welcher es von einer Geraden geschnitten wird, projektiv.*

Hieraus folgt ohne weiteres:

IV. *Zwei projektive Ebenenbüschel werden von zwei Geraden in projektiven Punktreihen geschnitten.*

Für Geradenbüschel gilt dasselbe; um dies einzusehen, hat man nur Ebenenbüschel durch die Geradenbüschel zu legen.

Man ist jetzt imstande, den Aufbau der Projektivgeometrie für den imaginären Raum durchzuführen, im wesentlichen in derselben Weise, wie es vorher für reelle Elemente skizziert wurde. Wir werden uns aber in diesem Buch auf die — reelle oder imaginäre — *Ebene* beschränken.

Es gelten hier viele von den früheren Sätzen und Resultaten, so z. B.

$$(1) \qquad\qquad ABCD \barwedge BADC,$$

wo $A, B, C, D$ vier ganz beliebige, reelle oder imaginäre Punkte einer Geraden sind.

Ferner kann man Involutionen, Kegelschnitte und Polaritäten bilden, und man hat insbesondere (vgl. S. 8):

V. *Auf jeder Geraden $l$, welche einen gegebenen Kegelschnitt $\varkappa$ nicht berührt, bilden die in bezug auf $\varkappa$ konjugierten Punktpaare eine Involution. Die Doppelpunkte dieser Involution[1] sind die Schnittpunkte von $l$ mit $\varkappa$.*

Aus Satz V sieht man insbesondere, daß die auf einem reellen Kegelschnitt $\varkappa$ liegenden imaginären Punkte durch orientierte elliptische Involutionen von reellen, in bezug auf $\varkappa$ konjugierten Punkten auf den außerhalb $\varkappa$ liegenden reellen Geraden bestimmt sind. Aus Kap. I, § 2, Satz XI b folgt dann, daß jeder solche Punkt auch durch eine orientierte elliptische Involution der reellen Punkte von $\varkappa$ selbst festgelegt werden kann.

Selbstverständlich gibt es auch Sätze und Deduktionen, welche nur für reelle Elemente gültig sind. Dies gilt z. B. von der Unterscheidung der Involutionen in elliptische und hyperbolische.

---

[1] Die Existenz der Doppelpunkte wird in Kap. IV, § 1 bewiesen.

## § 2. Die Symmetralität.

Wir betrachten jetzt eine beliebige Abbildung, die Kette in Kette überführt. Wir haben schon gesehen, daß bei einer solchen vier harmonischen Punkten vier harmonische Punkte entsprechen. Es seien $(A, A_1)$ und $(B, B_1)$ zwei Punktpaare derselben Kette; falls sie einander auf dieser nicht trennen, gibt es ein drittes Paar von Punkten der Kette, welche von den beiden gegebenen Paaren harmonisch getrennt sind; wenn dagegen $(A, A_1)$ und $(B, B_1)$ einander trennen, gibt es innerhalb der Kette kein solches Paar. Es folgt hieraus, daß die obenerwähnte Abbildung einander trennende Punktpaare einer Kette in ebensolche überführt.

Man hat nun:

I. *Sind zwei Gerade eindeutig so aufeinander bezogen, daß jeder Kette wieder eine Kette entspricht, dann sind entsprechende Wurfpaare entweder alle gleichsinnig oder alle ungleichsinnig.*

Um dies zu beweisen, haben wir nur zu zeigen: Hat ein einziges Paar von entsprechenden Würfen $(ABCD)$ und $(A'B'C'D')$ denselben Raumsinn, dann ist dies auch bei jedem anderen Paar der Fall. Ferner ist es zulässig anzunehmen, daß $A', B', C'$ mit bzw. $A, B, C$ zusammenfallen, weil dies ja durch projektive Transformation immer erreichbar ist.

Infolge der gemachten Annahme fällt jeder Punkt der Kette $k = ABC$ mit seinem entsprechenden zusammen. Ferner folgt aus der Invarianz der harmonischen Trennung, daß entsprechende Punkte außerhalb $k$ entweder zusammenfallen oder in bezug auf $k$ symmetrisch liegen (Kap. II, § 3). Nun fällt aber wegen der Gleichsinnigkeit von $(ABCD)$ und $(ABCD')$ der Punkt $D'$ mit $D$ zusammen, und dasselbe muß dann bei jedem anderen Paar von entsprechenden Punkten $E$ und $E'$ der Fall sein; denn auf der durch $D$ und $E$ (und $E'$) gehenden Orthogonalkette zu $k$ trennt das eine der Paare $(D, E)$ und $(D, E')$ die Schnittpunkte mit $k$, das andere nicht.

Hiermit ist Satz I bewiesen. Die erste der genannten Abhängigkeiten ist die projektive; die andere, wo entsprechende Würfe ungleichsinnig sind, nennen wir *antiprojektiv* oder *symmetral*. Für diese letzte Beziehung wird das Zeichen $\asymp$ benutzt.

Man hat nun:

II. *Eine Symmetralität ist durch drei Paare von entsprechenden Punkten eindeutig bestimmt.*

Die drei Paare seien nämlich $(A, A')$, $(B, B')$, $(C, C')$. Die nach Ausführung einer projektiven Transformation, welche $A, B, C$ in bzw. $A', B', C'$ transformiert, fehlende Resttransformation muß jeden Punkt in den symmetrischen Punkt in bezug auf die Kette $k' = A'B'C'$ überführen und ist eindeutig bestimmt. — Ferner gilt offenbar:

III. *Zwei Punktreihen, welche zu einer dritten symmetral sind, sind projektiv.*

Eine Symmetralität kann involutorisch sein; man nennt eine solche eine antiprojektive Symmetrie oder kurz eine Symmetrie.

Es seien $(A, A')$ und $(B, B')$ zwei Paare von entsprechenden Punkten in einer solchen Symmetrie, also:

$$(1) \qquad AA'BB' \,\underset{\smile}{\times}\, A'AB'B.$$

Da nach § 1, (1)

$$(2) \qquad AA'BB' \,\overline{\times}\, A'AB'B,$$

ist:

$$(3) \qquad AA'BB' \,\underset{\smile}{\times}\, AA'BB',$$

woraus folgt, daß die vier Punkte auf einer Kette liegen müssen; denn sonst würde der Raumsinn des Wurfes $(AA'BB')$ sowohl positiv als auch negativ sein. Also:

IV. *Zwei Paare von entsprechenden Punkten in einer Symmetrie gehören derselben Kette an.*

Die zwei Paare können also nicht beliebig gewählt werden. Es gilt aber der Satz:

V. *Eine Symmetrie ist durch zwei Paare von Punkten, welche derselben Kette angehören, eindeutig bestimmt.*

Es seien nämlich die zwei Paare $(A, A')$ und $(B, B')$. Nun gibt es nach Satz II eine eindeutig bestimmte Symmetralität, welche die Punkte $A, A', B$ in bzw. $A', A, B'$ überführt; diese führt $B'$ in $B$ über, denn aus (3) und (2) folgt wieder (1). Ferner ist sie eine Symmetrie, denn durch Wiederholung ergibt sich eine Projektivität mit vier Doppelpunkten, also die Identität.

VI. *Wenn zwei orientierte lineare Kongruenzen kollinear oder reziprok aufeinander bezogen werden, dann sind die Punkte der entsprechenden imaginären Geraden zweiter Art projektiv bzw. symmetral gepaart.*

Sind nämlich $(a, a')$, $(b, b')$, $(c, c')$ drei Paare von entsprechenden Geraden der beiden Kongruenzen, so kann man eine Kollineation sowie eine Reziprozität des Raumes finden, welche die eine Kongruenz in die andere und insbesondere $a, b, c$ in bzw. $a', b', c'$ überführt (Kap. I, § 3, Satz VI). Diese Kollineation und Reziprozität sind — was die Transformation der Kongruenzgeraden anbelangt — eindeutig bestimmt; denn auf den entsprechenden imaginären Geraden wird Kette in Kette überführt, und es gibt dann nach Satz I gerade zwei Möglichkeiten. Nun wissen wir, daß der Kollineation im Raume eine Projektivität der beiden imaginären Geraden entspricht, also muß der Reziprozität eine Symmetralität entsprechen.

Es sei noch bemerkt:

VII. *Wenn die Punkte einer Kette durch eine Projektivität oder Symmetralität in die Punkte einer anderen Kette überführt werden, dann sind die zwei Punktreihen projektiv.*

Denn in beiden Fällen entsprechen harmonischen Punktpaaren wieder harmonische Punktpaare.

Innerhalb eines Paares von entsprechenden Ketten kann man also eine Symmetralität von einer Projektivität nicht unterscheiden.

## IV. Kapitel.

# Doppelelemente und Doppelketten in projektiven und antiprojektiven Elementargebilden.

## § 1. Doppelpunkte und Doppelketten in einer Projektivität.

Die Frage der allgemeinen Bestimmung der Doppelpunkte in einer Projektivität — oder, was dasselbe ist, die Frage der Bestimmung der Schnittpunkte einer Geraden mit einem Kegelschnitt — war es hauptsächlich, welche zur Bildung einer Imaginärtheorie, in analytischer oder geometrischer Gestalt, den Anstoß gegeben hat.

Wir beginnen damit, die Doppelpunkte einer Involution $(A, A')$, $(B, B') \ldots$ zu bestimmen; der Träger der Punkte sei eine imaginäre Gerade zweiter Art. Es mögen zunächst die vier Punkte $A, A', B, B'$ derselben Kette $k$ angehören. In diesem Fall gibt es, wie wir wissen (Kap. II, § 2, Satz II) immer ein einziges Paar von Punkten $E$ und $F$, welche von den beiden Paaren $(A, A')$ und $(B, B')$ harmonisch getrennt sind. Diese Punkte liegen entweder auf der Kette $k$ oder aber symmetrisch in bezug auf diese. Im ersten Fall sind sie, wie unmittelbar zu sehen, Doppelpunkte der Involution. Dies ist aber auch im zweiten Fall richtig; denn sonst müßten sie durch die Involution vertauscht werden, was unmöglich ist, da in diesem Fall der Wurf $(AA'BE)$ mit $(A'AB'E)$ gleichsinnig und daher mit $(A'AB'F)$ ungleichsinnig ist. — Da $E$ und $F$ die einzigen Doppelpunkte sind, trennen sie nicht nur $(A, A')$ und $(B, B')$, sondern auch alle anderen Paare der Involution harmonisch.

Insbesondere folgt hieraus, daß eine reelle elliptische Involution auf einer reellen Geraden zwei imaginäre Doppelpunkte hat, welche durch die Involution selbst (mit ihren zwei Orientierungen) dargestellt werden.

Liegen die gegebenen Paare $(A, A')$ und $(B, B')$ nicht in derselben Kette, so kommt es darauf an, zwei Paare der Involution zu finden, welche einer und derselben Kette angehören. Es zeigt sich, daß dies immer möglich ist, und zwar so, daß das eine Paar beliebig gewählt werden kann (wobei bei der Bestimmung des zweiten Paares noch zwei Möglichkeiten bestehen).

Indem $(a, a')$, $(b, b')$ die Träger der Punkte $(A, A')$, $(B, B')$ sind, nehmen wir also an, daß $(k_1) = (a b a')$ und $(k_2) = (a b' a')$ zwei verschiedene Regelflächen sind. Diese haben keinen außerhalb $a$ und $a'$ liegenden Punkt miteinander gemein; denn die durch einen solchen Punkt gehende

Kongruenzlinie würde auf beiden Regelflächen liegen, was ja unmöglich ist. Legt man also (Fig. 22) durch einen beliebigen Erzeuger $f_1$ von $(k_1)$ eine Ebene $(b f_1) = \pi$, so schneidet diese die andere Regelfläche $(k_2)$ in einem Kegelschnitt $\varkappa$, der keinen Punkt mit $b$ gemein hat, aber $f_1$

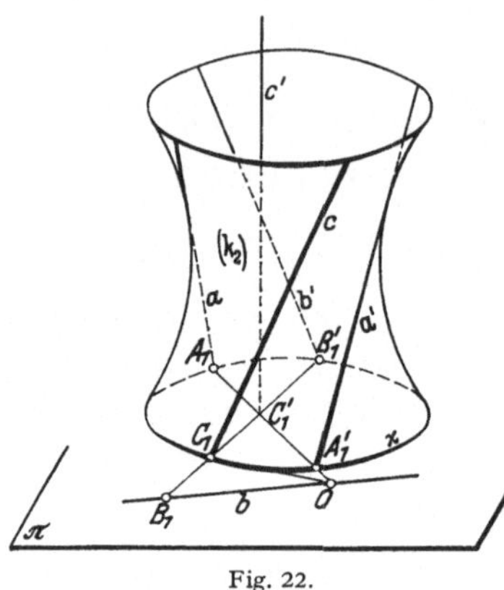

Fig. 22.

in den zwei Punkten $(a f_1) = A_1$ und $(a' f_1) = A_1'$ und $b'$ in einem Punkt $B_1'$ schneidet. Durch $(b f_1) = O$ gehen zwei reelle Tangenten an $\varkappa$, und von den Berührungspunkten dieser mit $\varkappa$ sei $C_1$ der Punkt, welcher durch $(A_1, A_1')$ von $B_1'$ getrennt ist. Die Schnittpunkte von $B_1' C_1$ mit $b$ und $f_1$ seien $B_1$ bzw. $C_1'$. Die durch $C_1'$ gehende Kongruenzgerade $c'$ liegt auf $(k_1)$ (Kap. I, § 4, Satz III); ferner liegen — nach demselben Satz — die vier Geraden $b, c, c', b'$ auf einer neuen Regelfläche $(k_3)$, und auf dieser wird $(c, c')$ durch $(b, b')$ nicht getrennt.

Man kann nun zeigen, daß $c$ und $c'$ Träger eines Paares von entsprechenden Punkten $C$ und $C'$ der gegebenen Involution sind. Ist nämlich $f_2$ der durch $C_1$ gehende Erzeuger von $k_2$, so gilt:

$$f_2(a a' b' c) \barwedge A_1 A_1' C_1' O,$$

also:

$$a a' b' c \barwedge a a' c' b \barwedge a' a b c'.$$

Dies zeigt, daß $(C, C')$ ein neues Paar der gegebenen Involution ist, und wir haben also zwei Paare $(B, B')$ und $(C, C')$ gefunden, die derselben Kette $k_3$ angehören; damit ist der letzterwähnte Fall auf den zuerst behandelten zurückgeführt. Wir haben also bewiesen:

I. *Eine Involution hat immer zwei Doppelpunkte; diese trennen jedes Paar der Involution harmonisch.*

Da $(c, c')$ und $(b, b')$ einander auf $(k_3)$ nicht trennen, liegen die zwei Doppelpunkte auf der Kette $k_3$.

Man hätte statt $C_1$ den Berührungspunkt der anderen aus $O$ gehenden Tangente wählen können. Man würde dann in derselben Weise ein Paar von Trägern $(d, d')$ erhalten haben, die mit $(b, b')$ in einer Regelfläche $(k_4)$ liegen würden, wo aber $(b, b')$ durch $(d, d')$ getrennt wären. Die Doppelpunkte liegen in diesem Fall symmetrisch in bezug auf die Kette $k_4$.

Hieran schließen sich die folgenden Sätze:

II. *Wenn es eine Kette $k$ durch $A$ und $A'$ gibt, in bezug auf welche $B$ und $B'$ symmetrisch liegen, dann gehören die Doppelpunkte der Involution der Kette $k$ an.*

Durch $B$ und $B'$ kann man nämlich nach Kap. II, § 3, Satz VII eine Kette $k_1$ legen, in bezug auf welche $A$ und $A'$ symmetrisch liegen.

Die zwei Ketten $k$ und $k_1$ sind orthogonal und schneiden sich in zwei Punkten, welche sowohl durch $(A, A')$ als auch durch $(B, B')$ harmonisch getrennt sind und also die Doppelpunkte der betrachteten Involution sein müssen.

Ebenso finden wir:

III. *Wenn $(A, A')$ und $(B, B')$ in bezug auf dieselbe Kette $k$ symmetrisch liegen, dann gehören die Doppelpunkte der Involution dieser Kette an.*

Durch $A, A', B, B'$ geht nämlich eine Kette $k_1$, die $k$ in zwei Punkten schneidet, welche sowohl durch $(A, A')$ als auch durch $(B, B')$ harmonisch getrennt werden und also die Doppelpunkte sind.

Um die Doppelpunkte einer allgemeinen Projektivität zu bestimmen, bemerken wir zuerst, daß die Sätze II a—b des Kap. I, § 4 mit ihren Beweisen unmittelbar auf das komplexe Gebiet übertragbar sind. Wir können sie folgendermaßen formulieren:

IV. *Es sei $E$ ein Doppelpunkt einer Projektivität $\pi$, und es gehe durch $\pi$ und ihre inverse $\pi^{-1}$ ein Punkt $A'$ in $A''$ bzw. $A$ über; $\pi$ ist dann und nur dann parabolisch*[1], *wenn $E$ von $A'$ durch $(A, A'')$ harmonisch getrennt ist.*

Um die Doppelpunkte einer nichtparabolischen und nichtinvolutorischen Projektivität $\pi$ zu finden, bestimmen wir wie in Kap. I, § 1 eine Involution $\pi^*$, welche in $\pi$ sich selbst entspricht. Die Doppelpunkte von $\pi^*$ müssen auch Doppelpunkte von $\pi$ sein; denn sonst bildeten sie ein involutorisches Paar, was für eine nichtinvolutorische Projektivität $\pi$ unmöglich ist. Mehrere selbstentsprechende Involutionen können nicht auftreten, weil eine nichtidentische Projektivität höchstens zwei Doppelpunkte haben kann.

Man findet nun ganz wie bei dem Beweise des Satzes VIII in Kap. I, § 1:

V. *Es werde durch eine nichtinvolutorische und nichtparabolische Projektivität $\pi$ und ihre inverse $\pi^{-1}$ ein Punkt $M'$ in $M''$ bzw. $M$ übergeführt; ferner sei $N'$ von $M'$ durch $M$ und $M''$ harmonisch getrennt. Dann bilden die Paare $(M', N')$ die einzige Involution $\pi^*$, welche in $\pi$ sich selbst entspricht.*

Wie erwähnt, sind die Doppelpunkte von $\pi^*$ auch Doppelpunkte in $\pi$; also gilt der Satz:

VI. *Eine Projektivität hat entweder einen oder zwei Doppelpunkte.*

Nach Kap. III, § 1, Satz I ist eine Projektivität durch zwei Doppelpunkte $E$ und $F$ und ein Paar $(A, A')$ von entsprechenden Punkten eindeutig bestimmt. Als ein Supplement hierzu hat man nun den Satz:

---

[1] D. h. $\pi$ hat einen und nur einen Doppelpunkt.

VI. *Eine parabolische Projektivität ist durch den Doppelpunkt E und ein Punktpaar (A, A') eindeutig festgelegt.*

Denn ist $A''$ der Punkt, welcher von $A$ durch $(E, A')$ harmonisch getrennt ist, so ist die gesuchte Projektivität durch die drei Punktpaare $(E, E)$, $(A, A')$, $(A', A'')$ bestimmt (Satz IV).

Wir wollen nun die Doppelketten in einer Projektivität bestimmen und nehmen zuerst an, daß diese Projektivität zwei getrennte Doppelpunkte $E$ und $F$ hat. Es sei $k$ eine Doppelkette; falls $E$ nicht auf $k$ liegt, bestimmt $E$ eine orientierte Involution von Punkten $(M, M')$ auf $k$, welche in der Projektivität sich selbst entspricht; der durch dieselbe, aber entgegengesetzt orientierte Involution bestimmte Punkt muß dann der andere Doppelpunkt $F$ sein. *Eine notwendige Bedingung dafür, daß k eine Doppelkette ist, ist also, daß E und F entweder in k enthalten sind oder in bezug auf k symmetrisch liegen.*

Da eine Involution aus allen Punktpaaren besteht, die von den Doppelpunkten harmonisch getrennt sind, gilt im besonderen:

VII. *In einer Involution gibt es zwei einfach unendliche Reihen von Doppelketten, nämlich einerseits alle Ketten, welche durch die Doppelpunkte gehen, andererseits alle Ketten, in bezug auf welche diese Punkte symmetrisch liegen.*

Es sei nun die betrachtete Projektivität nichtinvolutorisch. $M$ und $M'$ seien zwei entsprechende Punkte in einer Doppelkette $k$, $N$ und $N'$ zwei beliebige entsprechende Punkte. Aus

$$EFMN \barwedge EFM'N'$$

folgt aber wie in der reellen Projektivgeometrie:

$$EFMM' \barwedge EFNN'.$$

Hieraus sieht man: Gehören $E$ und $F$ der Kette $k$ an, dann liegen $E, F, N, N'$ auf einer Kette, welche offenbar Doppelkette ist. Liegen $E$ und $F$ in bezug auf $k$ symmetrisch, so gibt es ebenfalls eine Kette $k_1$ durch $N$ und $N'$, in bezug auf welche $E$ und $F$ symmetrisch liegen, und diese ist dann nach Kap. II, § 3, Satz VIII eine Doppelkette.

Doppelketten beider Arten können gleichzeitig nur bei Involutionen auftreten; denn eine Kette durch die Doppelpunkte $E$ und $F$ schneidet eine Kette, in bezug auf welche diese Punkte symmetrisch liegen, in zwei Punkten, die von $E$ und $F$ harmonisch getrennt sind (vgl. Kap. I, § 4, Satz V).

Wir haben also den Satz:

VIII. *In einer nichtinvolutorischen Projektivität mit zwei verschiedenen Doppelpunkten gibt es im allgemeinen keine Doppelkette; gibt es aber eine, dann gibt es einfach unendlich viele, nämlich entweder die Ketten durch die Doppelpunkte oder die Ketten, in bezug auf welche diese Punkte symmetrisch liegen.*

Wir gehen nun zu einer Projektivität mit einem einzigen Doppelpunkt $E$ über; $M$ sei ein beliebiger Punkt, der in $M'$ und durch Wiederholung der Transformation in $M''$ überführt wird. Die Kette $k = EMM'$ ist dann eine Doppelkette; denn die Punktpaare $(E, M')$ und $(M, M'')$ sind ja harmonisch getrennt (Satz IV) und liegen also in derselben Kette. Es gibt demnach unendlich viele Doppelketten; je zwei von ihnen berühren einander in $E$, denn ein zweiter Schnittpunkt müßte ein neuer Doppelpunkt der Projektivität sein.

Ferner sei $k_1$ eine beliebige, durch $E$ gehende Kette, welche nicht mit ihrer entsprechenden Kette $k_1'$ zusammenfällt; $k_1$ und $k_1'$ werden dann einander in $E$ berühren; wäre nämlich $P$ ein zweiter Schnittpunkt von $k_1$ und $k_1'$, so müßte $P'$ auf $k_1'$ sowie auch auf der durch $P$ gehenden Doppelkette liegen, d. h. in $P$ fallen, was ja unmöglich ist, also:

IX. *In einer Projektivität mit zusammenfallenden Doppelpunkten gibt es immer eine einfach unendliche Reihe von Doppelketten, die durch den Doppelpunkt gehen und einander in diesem Punkt berühren. Jede durch den Doppelpunkt gehende Kette berührt ihre entsprechende Kette in diesem Punkt.*

Zum Schluß werden wir kurz die gemeinsamen Punktpaare zweier Projektivitäten besprechen.

Es seien $\pi$ und $\pi_1$ zwei Projektivitäten in derselben Geraden. Die gemeinsamen Punktpaare $(A, A')$ können folgendermaßen bestimmt werden: Die Punkte $A$ sind die Doppelpunkte der Projektivität $\pi\pi_1^{-1}$, die Punkte $A'$ analog die Doppelpunkte von $\pi_1^{-1}\pi$. Es gibt also im allgemeinen zwei solche Punktpaare, wenn aber $\pi\pi_1^{-1}$ (und demnach auch $\pi_1^{-1}\pi$) parabolisch ist, nur ein einziges; dieses wird dann aber doppelt gezählt.

Sind $\pi$, $\pi_1$ und $\pi_2$ drei verschiedene Projektivitäten, und haben $(\pi, \pi_1)$ und $(\pi_1, \pi_2)$ dieselben gemeinsamen Punktpaare, dann sind diese auch die gemeinsamen Punktpaare von $(\pi, \pi_2)$. Es ist dies auch richtig, wenn die genannten gemeinsamen Punktpaare zusammenfallen; denn wenn $\pi\pi_1^{-1}$ und $\pi_1\pi_2^{-1}$ parabolisch mit demselben Doppelpunkt sind, dann ist auch ihr Produkt $\pi\pi_2^{-1}$ parabolisch mit diesem Doppelpunkt.

Fügt man zu den obigen drei Projektivitäten eine Projektivität $\pi_0$, dann haben auch je zwei der Projektivitäten $\pi\pi_0$, $\pi_1\pi_0$, $\pi_2\pi_0$ dieselben gemeinsamen Punktpaare. Denn die Punkte $A$ der gemeinsamen Paare $(A, A')$ von z. B. $\pi\pi_0$ und $\pi_1\pi_0$ sind die Doppelpunkte von $\pi\pi_0 \cdot (\pi_1\pi_0)^{-1} = \pi\pi_1^{-1}$, und sie sind also dieselben wie die von $\pi$ und $\pi_1$.

## § 2. Doppelpunkte und Doppelketten in einer Symmetralität.

Wir wollen unter den Symmetralitäten zuerst die involutorischen (die Symmetrien) in Betracht ziehen; es sei eine solche durch zwei in einer Kette $k$ liegende Punktpaare $(A, A')$ und $(B, B')$ gegeben (Kap. III, § 2, Satz V).

Um die Doppelpunkte zu bestimmen, denken wir uns zunächst, daß die Paare $(A, A')$ und $(B, B')$ einander auf $k$ nicht trennen; in diesem Fall gibt es (Kap. II, § 3, Satz VI) eine Kette $k_0$, in bezug auf welche sowohl $(A, A')$ als auch $(B, B')$ symmetrisch liegen. Die betrachtete Symmetrie ist dann offenbar eine Symmetrie in bezug auf diese Kette. Alle Punkte von $k_0$ sind Doppelpunkte; jeder andere Punkt wird in den symmetrischen Punkt in bezug auf $k_0$ übergeführt. Zwei beliebige Paare von entsprechenden Punkten liegen auf einer Kette, ohne einander auf dieser zu trennen (Kap. I, § 4, Satz VI).

Wenn dagegen die obigen Paare $(A, A')$ und $(B, B')$ einander auf $k$ trennen, dann hat die Symmetrie keinen Doppelpunkt; denn gäbe es einen solchen, etwa $E$, so hätte man auf der Kette $EAA'$ zwei Paare von entsprechenden Punkten $(E, E)$ und $(A, A')$, welche einander nicht trennten, und wir hätten den vorigen Fall, so daß auch $(A, A')$ und $(B, B')$ einander trennen müßten. Man hat also den Satz:

I. *Eine Symmetrie hat entweder keinen Doppelpunkt oder aber unendlich viele, nämlich alle Punkte einer einfachen Kette, die „Grundkette" der Transformation.*

*Im ersten Fall trennen zwei Paare von entsprechenden Punkten einander auf ihrer gemeinsamen Kette. Im zweiten Fall besteht die Transformation aus der involutorischen Zuordnung aller Punktpaare, welche in bezug auf die Grundkette symmetrisch liegen; zwei solche Paare trennen einander nicht.*

Aus Kap. III, § 2, Satz V ergibt sich sofort:

II. *Doppelketten einer Symmetrie sind alle Ketten, welche durch ein Paar von entsprechenden Punkten gehen; hierzu kommt noch die Grundkette, falls eine solche existiert.*

Wir gehen nun zu einer nichtinvolutorischen, allgemeinen Symmetralität $\bar\pi$ über. Durch Wiederholung von $\bar\pi$ erhält man eine nichtidentische Projektivität $\bar\pi^2$, welche zwei verschiedene oder zusammenfallende Doppelpunkte $E$ und $F$ hat. Im ersten Fall sind $E$ und $F$ entweder Doppelpunkte in der Symmetralität $\bar\pi$, oder aber sie bilden ein involutorisches Paar. Fallen $E$ und $F$ in einen Punkt zusammen, ist dieser Punkt auch der einzige Doppelpunkt von $\bar\pi$; also:

III. *Eine nichtinvolutorische Symmetralität hat zwei entweder verschiedene oder zusammenfallende Doppelpunkte oder aber ein involutorisches Paar.*

Man sieht leicht ein, daß alle drei Typen von Symmetralitäten wirklich existieren.

Wir werden im folgenden die Doppelketten der Symmetralität $\bar\pi$ bestimmen. Es möge $\bar\pi$ zunächst zwei nicht zusammenfallende Doppelpunkte $E$ und $F$ haben, und es sei $\bar\pi$ durch diese Punkte in Verbindung mit einem Paar $(M, M')$ von entsprechenden Punkten gegeben. Eventuelle Doppelketten müssen auch Doppelketten in $\bar\pi^2$ sein und also nach § 1, Satz VIII entweder durch $E$ und $F$ gehen, oder diese Punkte müssen symmetrisch in bezug auf sie liegen. Es sei (Fig. 23)[1] $k$ eine der evtl. existierenden, durch $E$ und $F$ gehenden Doppelketten. Fügen wir zu der gegebenen Symmetralität $\bar{\pi}$ eine Symmetrie $\bar{\pi}_0$ in bezug auf $k$, so erhalten wir eine Projektivität $\pi = \bar{\pi}\bar{\pi}_0$ mit $k$ als Doppelkette, so daß nach § 1, Satz VIII alle durch $E$ und $F$ gehenden Ketten Doppelketten in $\pi$ sind. Der zu $M'$ symmetrische Punkt $N$ in bezug auf $k$ muß demnach auf der Kette $k_1 = EFM$ liegen; ferner liegt er auf der durch $M'$ gehenden Kette $k_2$, in bezug auf welche $E$ und $F$ symmetrisch liegen (Kap. II, § 3, Satz VII—VIII);

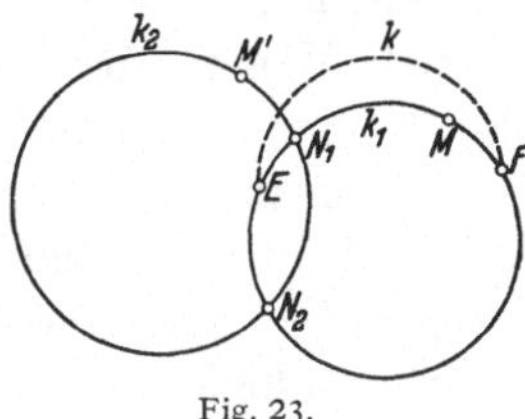
Fig. 23.

die zueinander orthogonalen Ketten $k_1$ und $k_2$ schneiden sich in zwei Punkten $N_1$ und $N_2$.

Ist nun umgekehrt $k$ die Kette durch $E$ und $F$, in bezug auf welche $M'$ und $N_1$ symmetrisch liegen, $\bar{\pi}_0$ die entsprechende Symmetrie, $\pi$ die Projektivität, welche die Doppelpunkte $E$ und $F$ hat und $M$ in $N_1$ überführt, dann ist $\bar{\pi} = \pi\bar{\pi}_0$, so daß $k$ eine Doppelkette in $\bar{\pi}$ ist. — Ersetzt man $N_1$ durch $N_2$, so erhält man eine andere Doppelkette.

Man sieht nun leicht, daß es keine Doppelketten gibt, in bezug auf welche $E$ und $F$ symmetrische Punkte sind; denn eine solche würde jede der oben betrachteten in zwei Punkten schneiden, die entweder sich selbst entsprechen oder ein involutorisches Paar bilden müßten, was ja nach Satz III unmöglich ist.

Da $\bar{\pi}$ mittels einer Symmetrie in bezug auf eine der Doppelketten in sich selbst überführt wird, sind die zwei Doppelketten zueinander orthogonal. Wir haben also gefunden:

IV. *In einer Symmetralität mit zwei getrennten Doppelpunkten $E$ und $F$ gibt es zwei Doppelketten, welche durch $E$ und $F$ gehen und orthogonal aufeinander stehen.*

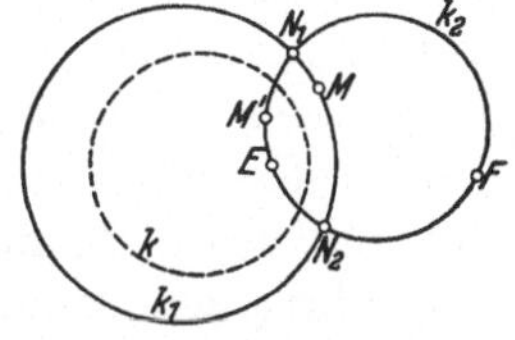
Fig. 24.

Wir gehen nun zu dem Fall über, wo $(E, F)$ ein involutorisches Paar der Symmetralität $\bar{\pi}$ ist. Wie vorher wird eine Doppelkette entweder durch $E$ und $F$ gehen oder diese Punkte als symmetrische Punkte haben. Es sei diesmal (Fig. 24) $k$ eine der evtl. existierenden Doppelketten der letztgenannten Art. Fügen wir wie oben zu $\bar{\pi}$ eine Symmetrie $\bar{\pi}_0$ in bezug auf $k$, so erhalten wir wieder eine Projektivität $\pi = \bar{\pi}\bar{\pi}_0$ mit $k$ als Doppelkette, so daß nach § 1, Satz VIII alle Ketten, in bezug auf welche $E$ und $F$ symmetrisch liegen, Doppelketten in $\pi$ sind. Der zu $M'$ in bezug auf $k$ symmetrische Punkt $N$ muß also auf derjenigen Kette $k_1$ liegen, welche durch $M$ geht und $E$ und $F$ als symmetrische Punkte

---

[1] Vgl. die Schlußbemerkungen in Kap. II, § 2.

hat. Ferner liegt $N$ auf der Kette $k_2 = EFM'$. Die zueinander orthogonalen Ketten $k_1$ und $k_2$ schneiden sich in zwei Punkten $N_1$ und $N_2$; diese Punkte trennen $(E, F)$ harmonisch; hieraus folgt, daß der eine von den Punkten $(N_1, N_2)$, etwa $N_2$, auf $k_2$ von $M'$ durch $(E, F)$ getrennt ist, der andere, $N_1$, dagegen nicht. Es gibt demnach (Kap. II, § 3, Satz VI) eine Kette $k$, in bezug auf welche sowohl $(E, F)$ als auch $(M', N_1)$ symmetrische Punkte sind, und diese ist, wie im vorigen Fall, eine Doppelkette in $\bar\pi$. Der Punkt $N_2$ gibt hier zu keiner Doppelkette Anlaß, denn nach dem soeben genannten Satz gibt es keine Kette, in bezug auf welche sowohl $(E, F)$ als auch $(M', N_2)$ symmetrisch liegen.

In Analogie mit dem vorigen Fall sieht man, daß es hier keine Doppelkette gibt, welche durch $E$ und $F$ geht; also:

V. *In einer Symmetralität mit einem involutorischen Paar* $(E, F)$ *gibt es eine und nur eine Doppelkette; E und F liegen in bezug auf diese Kette symmetrisch.*

Wir haben schließlich den Fall zu betrachten, wo die gegebene Symmetralität $\bar\pi$ nur einen einzigen Doppelpunkt $E$ hat. Eventuelle Doppelketten müssen hier innerhalb des „Büschels" $\lambda$ von einander berührenden Ketten gesucht werden, welche Doppelketten in der Projektivität $\bar\pi^2$ sind (§ 1, Satz IX).

Es sei $k$ eine solche Doppelkette (von $\bar\pi$). Fügen wir wie in den beiden vorigen Fällen zu $\bar\pi$ eine Symmetrie $\bar\pi_0$ in bezug auf $k$, so erhalten wir eine Projektivität $\pi = \bar\pi\bar\pi_0$ mit dem einzigen Doppelpunkt $E$; ein zweiter Doppelpunkt $F$ müßte nämlich nach § 1, Satz VIII auf der Doppelkette $k$ liegen, d. h. er müßte schon in $\bar\pi$ Doppelpunkt sein. Hieraus folgt, daß alle Ketten des Büschels $\lambda$ Doppelketten in $\pi$ sind; diese Ketten werden also durch $\bar\pi$ und $\bar\pi_0$ in derselben Weise involutorisch vertauscht.

Es seien $\mu$ und $\mu'$ ein Paar von solchen Ketten, welche einander in $\bar\pi$ (und also auch in $\bar\pi_0$) entsprechen; nun gibt es innerhalb $\lambda$ eine und nur eine Kette $k$, deren entsprechende Symmetrie die Kette $\mu$ in $\mu'$ überführt; man kann sie z. B. dadurch bestimmen, daß man durch $E$ eine Kette $\nu$ legt, welche zu $\mu$ und $\mu'$ orthogonal ist; der Punkt von $\nu$, welcher von $E$ durch die von $E$ verschiedenen Schnittpunkte $(\mu\nu)$ und $(\mu'\nu)$ harmonisch getrennt wird, ist dann ein Punkt von $k$.

Daß die so gefundene Kette $k$ Doppelkette in $\bar\pi$ ist, folgt sofort aus der oben genannten Eigenschaft, wonach sie die einzige Kette des Büschels $\lambda$ ist, in bezug auf welche $\mu$ und $\mu'$ symmetrisch liegen. Hiermit ist gezeigt:

VI. *Eine Symmetralität $\bar\pi$ mit einem einzigen Doppelpunkt hat eine und nur eine Doppelkette; sie geht durch den genannten Doppelpunkt von $\bar\pi$.*

Aus dem Obigen folgt, daß eine Symmetralität $\bar\pi$ immer mindestens eine Doppelkette hat; hieraus der Satz:

VII. *Die durch Iteration einer Symmetralität $\bar{\pi}$ gebildete Projektivität $\bar{\pi}^2$ hat immer Doppelketten.*

Man kann also die allgemeine Projektivität nicht durch Wiederholung einer Symmetralität herstellen.

Wir wollen die Symmetralität mit einem einzigen Doppelpunkt noch etwas näher besprechen. Für eine solche Transformation hat man den Satz:

VIII. *Es sei $k$ die Doppelkette in einer Symmetralität mit dem einzigen Doppelpunkt $E$; ferner sei $(A, A')$ ein Paar von entsprechenden, außerhalb $k$ liegenden Punkten. Dann ist der von $E$ verschiedene Schnittpunkt $S$ von $k$ mit der Kette $EAA'$ von $E$ durch $A$ und $A'$ harmonisch getrennt.*

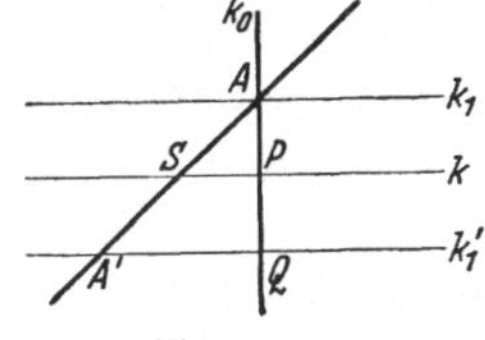

Fig. 25.

Es seien nämlich (Fig. 25[1]) $k_1$ und $k_1'$ die durch $A$ bzw. $A'$ gehenden Ketten, welche $k$ in $E$ berühren; sie entsprechen einander in der betrachteten Transformation. Ferner sei $k_0$ die durch $A$ und $E$ gehende Kette, welche zu $k$ (und demnach auch zu $k_1$ und $k_1'$) orthogonal ist; sie möge die Ketten $k$ und $k_1'$ außer in $E$ in $P$ bzw. $Q$ schneiden. Dann sind $(A, Q)$ und $(E, P)$ harmonische Punktpaare. In der Projektivität

$$EAP \ldots \barwedge EAQ \ldots$$

ist nun $k_0$ eine Doppelkette und demnach auch jede andere durch $E$ und $A$ gehende Kette. Ferner geht $k$ in $k_1'$ und demnach $S$ in $A'$ über. Also hat man (Kap. I, § 1, Satz VI'):

$$EAPQ \barwedge EASA'$$

oder auch:

$$EPAQ \barwedge ESAA',$$

so daß der letzte Wurf harmonisch ist; hiermit ist Satz VIII bewiesen.

Es gilt, wie leicht zu sehen, für Symmetralitäten kein zu § 1, Satz VI analoger Satz. Dagegen hat man:

IX. *Eine Symmetralität $\bar{\pi}$ mit dem einzigen Doppelpunkt $E$ ist durch Angabe des Büschels $\lambda$ der einander in $E$ berührenden Ketten, wozu die Doppelkette gehört, in Verbindung mit einem Paar $(A, A')$ von entsprechenden Punkten eindeutig bestimmt.*

Man findet nämlich unmittelbar zwei einander entsprechende Ketten $\mu$ und $\mu'$ des Büschels $\lambda$ und also auch die Doppelkette $k$; ferner findet man leicht die auf $k$ liegende parabolische Projektivität, wodurch $\bar{\pi}$ vollständig bestimmt ist.

---

[1] In der Theorie der Kreistransformationen einer reellen Ebene rechnet man gewöhnlich mit einem einzigen unendlich fernen Punkt. Die Figur entspricht dem Fall, wo $E$ in diesem unendlich fernen Punkt liegt.

## § 3. Zerlegung in Symmetrien.

Die Symmetrie ist die einfachste Symmetralität; wir wollen nachweisen, daß jede Symmetralität und jede Projektivität als Produkt von Symmetrien dargestellt werden kann. Man sieht unmittelbar, daß ein derartiges Produkt eine Projektivität oder eine Symmetralität ist, je nachdem die Anzahl der Faktoren paar oder unpaar ist. Es kommt nun wesentlich darauf an, den folgenden Satz zu beweisen:

I. *Eine Projektivität mit Doppelketten kann immer als Produkt von zwei Symmetrien dargestellt werden.*

Es möge zunächst die Projektivität zwei Doppelpunkte $E$ und $F$ haben; nach Kap. IV, § 1, Satz VIII bestehen die Doppelketten entweder aus den Ketten durch $E$ und $F$ oder aus den Ketten, in bezug auf welche diese Punkte symmetrisch liegen; wir beginnen mit dem ersten Fall. Es sei $k$ eine der Doppelketten, $(M, M')$ ein in dieser enthaltenes Paar von entsprechenden Punkten; außerdem sei $k_1$ eine beliebige Kette, in bezug auf welche $E$ und $F$ symmetrisch liegen, und $M_1$ der zu $M'$ in bezug auf $k_1$ symmetrische Punkt. Da $k_1$ zu $k$ orthogonal ist, ist auch $M_1$ in $k$ enthalten.

Da $(E, F)$ und $(M, M_1)$ in einer Kette liegen, kann man (Kap. III, § 2, Satz V) eine Symmetrie bestimmen, in der $(E, F)$ sowie $(M, M_1)$ entsprechende Punkte sind. Die gegebene Projektivität kann man also — kurz ausgedrückt — als Produkt der zwei Symmetrien $(M, M_1)$ und $(M_1, M')$ auffassen.

Hiernach betrachten wir den Fall, wo die Punkte $E$ und $F$ in bezug auf die Doppelketten symmetrisch liegen. Es sei wieder $k$ eine Doppelkette, $k_1$ aber eine durch $E$ und $F$ gehende Kette; $M$, $M'$ und $M_1$ haben dieselbe Bedeutung wie oben und liegen alle in $k$. Da $k$ eine durch $M$ und $M_1$ gehende Kette ist, in bezug auf welche $E$ und $F$ symmetrische Punkte sind, gibt es (Kap. II, § 3, Satz VII) eine Kette durch $E$ und $F$, in bezug auf welche $(M, M_1)$ ein Paar von symmetrischen Punkten ist. Die Projektivität kann also als Produkt der zwei Symmetrien $(M, M_1)$ und $(M_1, M')$ aufgefaßt werden.

Wenn endlich $E$ und $F$ in $E$ zusammenfallen, kann man die Transformation in zwei Symmetrien zerlegen, deren Grundketten beide durch $E$ gehen und zu den Doppelketten orthogonal sind.

Umgekehrt hat man:

II. *Eine Projektivität, welche als Produkt zweier Symmetrien dargestellt werden kann, enthält immer Doppelketten.*

Es werde nämlich ein Punkt $M$ durch die erste und die zweite Symmetrie in $M_1$ bzw. $M_2$ überführt. Die Kette $MM_1M_2$ ist dann eine Doppelkette (Kap. IV, § 2, Satz II).

Aus dem Vorhergehenden folgt unmittelbar:

III. *Jede Symmetralität kann als Produkt von drei Symmetrien erzeugt werden.*

Benutzt man nämlich die Symmetrie in bezug auf eine Doppelkette als ersten Faktor, so kommt man auf den obigen Fall zurück.

Hieraus folgt weiter:

IV. *Jede Projektivität kann als Produkt von vier Symmetrien dargestellt werden.*

## V. Kapitel.

# Einleitung in die Wurftheorie;<br>Koordinatenbestimmung.

## § 1. Die Wurfrechnung.

Ein Wurf ist seiner ursprünglichen Bedeutung nach die Konfiguration von vier Punkten einer Geraden. Wir setzen nun fest, daß zwei Würfe als „gleich" anzusehen sind, wenn die beiden Punktquadrupel projektiv sind. Statt

$$ABCD \barwedge A_1 B_1 C_1 D_1$$

schreiben wir von jetzt ab auch

$$(ABCD) = (A_1 B_1 C_1 D_1).$$

Das Wort „Wurf" erhält hierdurch eine zweite, umfassendere Bedeutung, indem ein Wurf als der Inbegriff aller mit einem gegebenen Wurf (im engeren Sinne) projektiven Punktquadrupel aufgefaßt werden kann. Einen solchen Wurf (im weiteren Sinne) bezeichnen wir durch einen einzigen kleinen Buchstaben. Eine Gleichung wie

$$w = (ABCD)$$

soll dann bedeuten, daß das Quadrupel $(ABCD)$ der Gesamtheit $w$ angehört. Sind $w$ und die drei Punkte $A$, $B$, $C$ gegeben, so ist der vierte Punkt $D$ durch die obige Gleichung eindeutig bestimmt[1].

Wir wählen nun drei feste Punkte $U$, $O$ und $E$ als *Grundpunkte* und bestimmen die neuen Elemente $A, B, \ldots, X, Y, \ldots$ durch die Würfe $a = (UOEA)$, $b = (UOEB)$, $\ldots$, $x = (UOEX)$, $y = (UOEY)$, $\ldots$

Diese Bestimmungen nennt man die von $U$, $O$ und $E$ ausgehenden *Koordinaten* oder *Parameter (Abszissen)*. Fällt im besonderen der vierte Punkt mit einem der drei anderen zusammen, wird der Wurf *uneigentlich* genannt, und wir setzen:

$$(UOEU) = \infty, \quad (UOEO) = 0, \quad (UOEE) = 4.$$

Mit diesen Koordinaten wollen wir nun operieren oder rechnen, um die Abhängigkeit von zwei oder mehreren festen oder variablen

---

[1] Die hier für Punktreihen entwickelte Wurfrechnung läßt sich unmittelbar auf andere Elementargebilde übertragen.

Punkten durch eine Gleichung zwischen den Abszissen ausdrücken zu
können. Die Definitionen sollen projektiv-invarianten Charakter haben,
und außerdem sollen die folgenden Regeln der formalen Algebra befriedigt werden:

1. Das kommutative Gesetz der Addition:

$$x + y = y + x.$$

2. Das assoziative Gesetz der Addition:

$$(x + y) + z = x + (y + z).$$

3. Das kommutative Gesetz der Multiplikation:

$$xy = yx.$$

4. Das assoziative Gesetz der Multiplikation:

$$(xy) \cdot z = x \cdot (yz).$$

5. Das distributive Gesetz der Multiplikation:

$$(x + y) \cdot z = xz + yz.$$

Um zunächst zu einer Definition der Addition zu gelangen, betrachten
wir die Gleichung:

$$x + y = a,$$

wo $a \neq \infty$ ein fester Wurf ist. Soll die Beziehung zwischen $x$ und $y$
eine projektive sein, so muß sie nach 1 involutorisch sein. Soll außerdem
— wie in der gewöhnlichen Algebra — $x = 0$ und $x = \infty$ bzw. $y = a$
und $y = \infty$ entsprechen, so muß $(O, A)$ ein Paar der genannten Involution sein, während $U$ ein Doppelpunkt ist. Die Definition lautet deshalb:

I. *Die Summe $z = x + y$ wird dadurch bestimmt, daß die Paare $(U, U)$,
$(X, Y)$, $(O, Z)$ einer Involution angehören sollen.*

Aus der Umkehrung des Satzes VII in Kap. I, § 1 entnehmen wir:

I'. *Der Punkt $Z$ kann auch durch*

$$(1) \qquad\qquad UUOY \barwedge UUXZ$$

*bestimmt werden.*

Um die Multiplikation zu definieren, bemerken wir, daß eine durch
die Gleichung

$$xy = a, \qquad\qquad (a \neq 0 \quad \text{und} \quad a \neq \infty)$$

festgelegte projektive Beziehung zwischen $x$ und $y$ nach 3 involutorisch
sein muß. Soll außerdem $x = 1$ und $x = 0$ bzw. $y = a$ und $y = \infty$ entsprechen, so folgt:

II. *Das Produkt $z = xy$ wird dadurch bestimmt, daß $(O, U)$, $(X, Y)$,
$(E, Z)$ Paare einer Involution sein sollen.*

Hieraus folgt:

$$UOEY \barwedge OUZX \barwedge UOXZ.$$

Also:

II'. *Der Punkt Z kann auch durch die Gleichung*

$$(2) \qquad (UOEY) = (UOXZ)$$

*definiert werden.*

Nach den soeben gegebenen Definitionen sind offenbar die Regeln 1 und 3 erfüllt. Ehe wir die Gültigkeit der drei anderen feststellen, betrachten wir einige spezielle Fälle der Addition und Multiplikation. Aus den Definitionen folgt sofort:

$$a + 0 = a,$$
$$a \cdot 1 = a$$

und weiter:

$$a + \infty = \infty, \qquad (a \neq \infty),$$
$$a \cdot 0 = 0, \qquad (a \neq \infty),$$
$$a \cdot \infty = \infty, \qquad (a \neq 0).$$

In den drei letzten Fällen und nur in diesen ist die in den Definitionen erwähnte Involution singulär. Wir bemerken, daß $\infty + \infty$ wie auch $0 \cdot \infty$ unbestimmt ist.

Um nun die Gültigkeit der Regeln 2, 4 und 5 zu beweisen, bemerken wir zuerst, daß in den Fällen, wo singuläre Involutionen (oder Unbestimmtheiten) vorkommen, die Gültigkeit der Regeln unmittelbar einleuchtet. Im folgenden können wir daher von diesen Fällen absehen.

Wir beginnen mit 2 und setzen:

$$x + y = a, \qquad y + z = b.$$

Man hat dann:

$$UUOY \barwedge UUXA$$

und ebenso

$$UUOY \barwedge UUZB,$$

also:

$$UUXA \barwedge UUZB,$$

d. h. $(U, U)$, $(X, B)$, $(A, Z)$ sind Paare einer Involution. Setzt man

$$a + z = s,$$

so sind auch $(U, U)$, $(A, Z)$, $(O, S)$ Paare einer Involution. Diese zwei Involutionen haben aber zwei Punktpaare miteinander gemein und sind also identisch. Die drei Paare $(U, U)$, $(X, B)$, $(O, S)$ gehören also derselben Involution an; hieraus folgt aber:

$$x + b = s,$$

und damit ist 2 bewiesen.

Wir gehen zu 4 über. Aus

$$x = (UOEX), \qquad y = (UOEY) = (UOXA)$$

folgt:
$$xy = (UOEA).$$

Diese Gleichung und
$$z = (UOEZ) = (UOAP)$$
ergibt:
$$(xy) \cdot z = (UOEP).$$

Andererseits finden wir aus
$$y = (UOXA), \quad z = (UOAP),$$
daß
$$yz = (UOXP),$$

und weiter durch Multiplikation mit $x = (UOEX)$:
$$x \cdot (yz) = (UOEP).$$

Zuletzt betrachten wir 5. Aus
$$x = (UOEX) = (UOZA), \quad y = (UOEY) = (UOZB), \quad z = (UOEZ)$$
finden wir:
$$xz = (UOEA), \quad yz = (UOEB).$$
Also ist
$$s = xz + yz = (UOES),$$

wo $(U, U), (A, B), (O, S)$ Paare einer Involution sind.

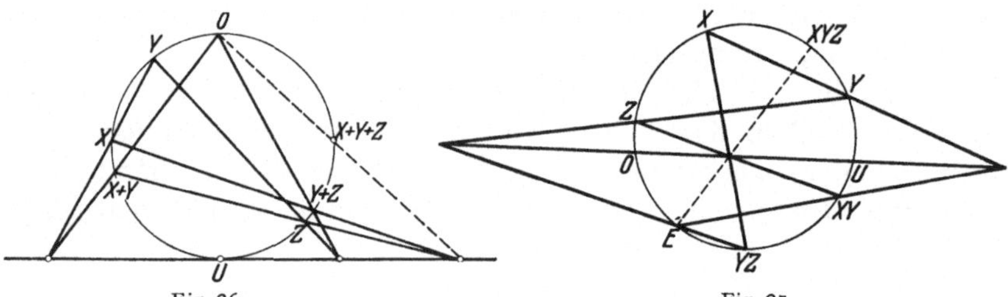

Fig. 26.                Fig. 27.

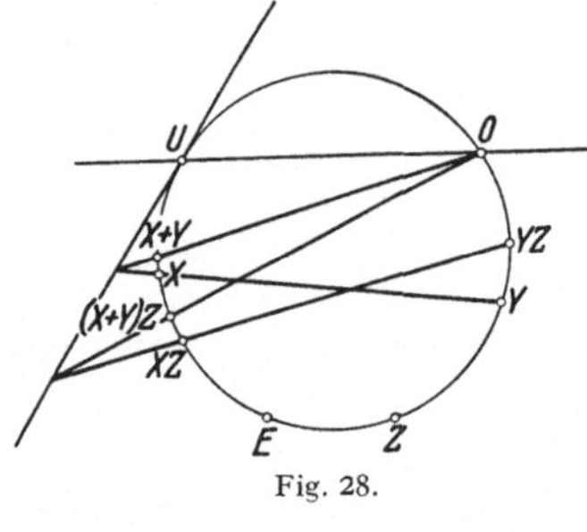

Fig. 28.

Dieselbe Involution zeigt aber auch, daß aus
$$x = (UOZA), \quad y = (UOZB)$$
folgt
$$x + y = (UOZS).$$

Da $z = (UOEZ)$, finden wir also:
$$(x + y) \cdot z = (UOES),$$

und hiermit ist 5 bewiesen.

Wir hätten die Beweise für 2, 4 und 5 auch durch Projektion der Punkte auf einen Kegelschnitt durchführen können, wie es die Figuren 26—28[1] unmittelbar zeigen. Die zwei ersten fordern nur eine Anwendung des PASCALschen Satzes. Bezüglich des Beweises von 5 bemerkt man, daß die Transformation $p' = zp$ eine Projektivität $(P, P')$ auf dem Kegelschnitt erzeugt, welche durch die Punktpaare $(U, U), (O, O), (E, Z)$ festgelegt

---

[1] Hier bedeutet z. B. $X + Y$ den Punkt, welcher mit $U, O$ und $E$ den Wurf $x + y$ bestimmt usw.

werden kann; die Konstruktion der Summe ist aber gegenüber dieser Projektivität invariant.

Die Subtraktion und die Division werden als Umkehrungen von Addition bzw. Multiplikation definiert. Die Differenz $a - b$ ist eindeutig bestimmt, wenn $a$ und $b$ nicht beide $\infty$ sind, ebenso der Quotient $a:b$, wenn nicht $a$ und $b$ entweder beide $\infty$ oder beide 0 sind.

Aus I findet man sofort:

III. *Wenn $x + y = 0$, sind $X$ und $Y$ durch $U$ und $O$ harmonisch getrennt, und umgekehrt.*

Wir schreiben in diesem Fall $y = -x$; ist insbesondere $x = (UOEE) = 1$, wird $y = (UOEE_1) = -1$, und wir haben das Resultat:

IV. *Wenn $AB$ und $CD$ harmonische Punktpaare sind, ist $(ABCD) = -1$, und umgekehrt.*

Es sei noch erwähnt:

V. *Wenn $a$ ein fester Wurf $(\neq 0$ und $\neq \infty)$ ist, dann sind die durch*
$$x' = a + x, \quad x' = a - x, \quad x' = ax, \quad x' = a:x$$
*gegebenen vier Beziehungen zwischen $x$ und $x'$ projektiv.*

Dies folgt unmittelbar aus den Definitionen der Rechnungsarten.

Wenn der Wurf $x = (UOEX)$ neutral ist, d. h. wenn $X$ in der Kette $UOE$ liegt, wollen wir im folgenden auch $x$ *reell* nennen. Ist ein solcher reeller Wurf $x \neq 0$ und $\neq \infty$, so wird er *positiv* oder *negativ* genannt, je nachdem die Sinne $UOE$ und $UOX$ übereinstimmen oder nicht. Man schreibt in den zwei Fällen: $x > 0$ bzw. $x < 0$. Man setzt $x \gtrless y$, je nachdem $x - y \gtrless 0$ ist.

VI. *Wenn $x > 0$ und $y > 0$, dann ist auch $z = x + y > 0$.*

Da nämlich eine parabolische Projektivität gleichsinnig ist, folgt aus $UUOY \doublebarwedge UUXZ$, daß $UOY$ und $UXZ$ denselben Sinn haben, also auch $UOX$ und $UXZ$, d. h. die Punkte $U, O, X, Z$ folgen in dieser Reihenfolge aufeinander. Dann haben aber auch $UOX$ und $UOZ$ denselben Sinn, was zu beweisen war.

Ebenso ist, wenn $x < 0$ und $y < 0$, auch $x + y < 0$.

VII. *Wenn $x > 0$ und $y > 0$, dann ist auch $z = xy > 0$.*

Da nämlich $UOE$ und $UOX$ denselben Sinn haben, ist die durch
$$UOEY \doublebarwedge UOXZ$$
bestimmte Projektivität gleichsinnig; also haben $UOY$ und $UOZ$ denselben Sinn.

Ebenso sieht man: Aus $x < 0$, $y < 0$ folgt $xy > 0$, und aus $x < 0$, $y > 0$ folgt $xy < 0$.

Wir wollen nun einige identische Gleichungen aufstellen. Zunächst gilt:
$$(3) \qquad (UOEX) + (UEOX) = 1,$$
also:

VIII. *Zwei Würfe, die durch Vertauschung der zwei mittleren (oder äußeren) Elemente auseinander entstehen, haben die Summe 1.*

Um dies zu zeigen, bestimmen wir einen Punkt $Y$, so daß

$$(UOEY) = (UEOX).$$

Die Paare $(U, U)$, $(O, E)$, $(X, Y)$ gehören also derselben Involution an; dies bedeutet eben, daß

$$(UOEX) + (UOEY) = (UOEE) = 1.$$

Ferner findet man aus 2:

$$(4) \qquad (UOEX) \cdot (UOXZ) = (UOEZ).$$

Ersetzt man hier $Z$ durch $E$, so erhält man:

$$(5) \qquad (UOEX) \cdot (UOXE) = 1,$$

also:

IX. *Zwei Würfe, die durch Vertauschung der zwei letzten* (oder der zwei ersten) *Elemente auseinander entstehen, haben das Produkt 1.*

Zwei Punkte $X$ und $\overline{X}$ — sowie auch die entsprechenden Würfe $(UOEX)$ und $(UOE\overline{X})$ — heißen *konjugiert imaginär*, wenn $X$ und $\overline{X}$ in bezug auf die Kette $UOE$ symmetrisch liegen[1]. Da man projektive Würfe als gleich betrachtet, sind zwei Würfe $(ABCD)$ und $(A_1B_1C_1D_1)$ konjugiert imaginär, wenn die projektive Transformation, welche $A, B, C$ in bzw. $A_1, B_1, C_1$ überführt, den Punkt $D$ in einen Punkt $D'$ transformiert, welcher der zu $D_1$ in bezug auf die Kette $A_1B_1C_1$ symmetrische Punkt ist.

Den zu $x$ konjugiert imaginären Wurf bezeichnen wir mit $\overline{x}$. Wenn $x = \overline{x}$, ist $x$ reell.

Da jede symmetrale Transformation eine Projektivität in eine Projektivität und insbesondere eine Involution in eine Involution transformiert, kann aus

$$x + y = z \qquad \text{und} \qquad xy = z$$

bzw.

$$\bar{x} + \bar{y} = \bar{z} \qquad \text{und} \qquad \bar{x}\bar{y} = \bar{z}$$

gefolgert werden. Hieraus finden wir sogleich:

X. *Summe und Produkt von zwei konjugiert imaginären Würfen sind reell.*

Denn aus

$$x + \bar{x} = z \qquad \text{und} \qquad x\bar{x} = z$$

folgt

$$\bar{x} + x = \bar{z} \qquad \text{bzw.} \qquad \bar{x}x = \bar{z},$$

so daß in beiden Fällen $z = \bar{z}$ ist.

---

[1] Die Punkte der Kette $UOE$ selbst werden dann auch als „reell" bezeichnet. Die so innerhalb einer beliebigen Geraden entstandenen Begriffe „reeller Punkt" und „konjugiert imaginäre Punkte" haben einen relativen Charakter, indem sie von den Grundpunkten $U, O, E$ abhängen; sie können als eine projektive Verallgemeinerung des elementaren Begriffes „reeller Punkt" sowie des in Kap. II, § 1 eingeführten Begriffes „konjugiert imaginäre Punkte" betrachtet werden.

Man kann noch hinzufügen:

XI. *Das Produkt $x\bar{x}$ ist positiv* (wenn $x \neq 0$ und $\neq \infty$).

Setzen wir $z = x\bar{x}$, so ist zu zeigen, daß die Folgen $UOE$ und $UOZ$ denselben Sinn haben. Nach der Definition der Multiplikation sind $(U, O)$, $(X, \bar{X})$, $(E, Z)$ Paare einer Involution; die Doppelpunkte $P$ und $Q$ dieser Involution liegen auf der Kette $k = UOE$; denn in der durch $X$ und $\bar{X}$ auf $k$ bestimmten elliptischen Involution gibt es ein Paar von Punkten, welche von $U$ und $O$ harmonisch getrennt sind, und diese Punkte sind eben die Punkte $P$ und $Q$.

Die auf der Kette $k$ durch $(U, O)$, $(X, \bar{X})$, $(E, Z)$ festgelegte Involution ist daher hyperbolisch und also ungleichsinnig, so daß die Sinne $UOE$ und $OUZ$ verschieden sind; aber dann stimmen die Sinne $UOE$ und $UOZ$ überein.

## § 2. Zerlegung eines Wurfes.

Man kann einen beliebigen Wurf durch zwei reelle Würfe festlegen; es gilt nämlich:

I. *Ist $x = (UOEX)$ ein beliebiger und $i = (UOEI)$ ein fester, nichtreeller Wurf, dann kann man immer eindeutig zwei reelle Würfe $a$ und $b$ bestimmen, so daß*

$$(1) \qquad x = a + ib.$$

Die Transformation $x' = ix$ ist nach § 1, Satz V projektiv und führt die Kette $k = UOE$ in die Kette $k_1 = UOI$ über, so daß jedem Punkt von $k_1$ ein und nur ein Punkt von $k$ entspricht. Es kommt deshalb nur darauf an, die Existenz und Eindeutigkeit der Darstellung

$$(2) \qquad x = a + b_1$$

zu beweisen, wo die entsprechenden Punkte $A$ und $B_1$ in $k$ bzw. $k_1$ liegen.

Wir nehmen an, daß $A$ und $B_1$ schon gefunden sind, und betrachten die projektive Transformation $x' = a + x$ mit dem einzigen Doppelpunkt $U$; sie führt $O$ in $A$ und $B_1$ in $X$ über (Fig. 29)[1]. Die Kette $k$

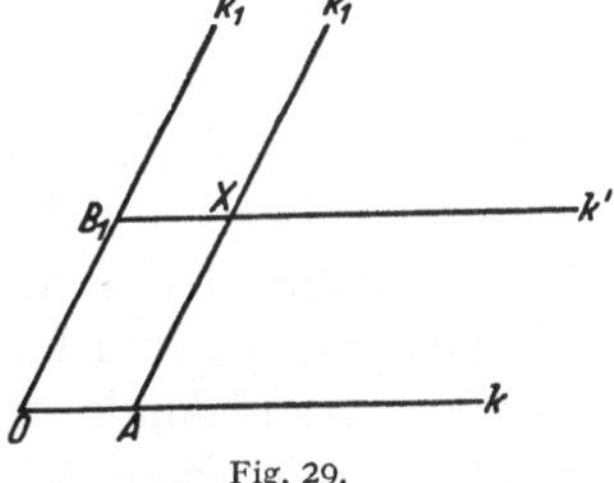


Fig. 29.

ist eine Doppelkette; nach Kap. IV, § 1, Satz IX ist dies auch für die Kette $k' = B_1XU$ der Fall, und diese zwei Ketten berühren einander in $U$; $k_1$ wird in $k_1' = AXU$ transformiert, und auch diese zwei Ketten berühren einander in $U$.

Die Ketten $k'$ und $k_1'$ sind hierdurch eindeutig bestimmt, ebenso die Schnittpunkte $A$ und $B_1$, und die entsprechenden Würfe $a$ und $b_1$ befriedigen (2). Hiermit ist Satz I bewiesen.

---

[1] Vgl. die Schlußbemerkungen in Kap. II, § 2.

Es kann, wie gesagt, $i$ als ein ganz beliebiger nichtreeller Wurf angenommen werden. Es ist aber vorteilhaft $i$ so zu wählen, daß $i^2 = -1$. Dies ist möglich, denn man hat ganz allgemein:

II. *Ist* $a = (UOEA)$ *ein beliebiger Wurf* $\neq 0$ *und* $\neq \infty$, *dann gibt es immer zwei verschiedene Würfe* $x = (UOEX)$, *so daß* $x^2 = a$.

Aus $x^2 = a$ folgt nämlich, daß $(U, O)$, $(E, A)$, $(X, X)$ Paare einer Involution sind; also muß $X$ ein Doppelpunkt in der durch die zwei ersten Paare bestimmten Involution sein.

Die Gleichung $(UOEE_1) = -1$ bestimmt einen Punkt $E_1$, der durch $E$ von $(U, O)$ harmonisch getrennt ist (§ 1, Satz IV). Für $I$ wollen wir den Punkt wählen, der durch die elliptische Involution $(U, O)$, $(E, E_1)$ auf der Kette $k$ mit dem Sinne $UOE$ bestimmt wird; dann ist $i^2 = -1$. Diese Wahl von $I$ halten wir im folgenden fest.

Dieselbe Involution mit dem entgegengesetzten Sinn bestimmt einen Punkt $I_1$; $I$ und $I_1$ liegen in bezug auf $k$ symmetrisch, also:

III. *Die Ketten* $k = UOE$ *und* $k_1 = UOI$ *sind zueinander orthogonal*.

Da $I$ und $I_1$ durch $U$ und $O$ harmonisch getrennt sind, ist die Summe der zwei konjugiert imaginären Würfe $(UOEI)$ und $(UOEI_1)$ gleich 0 (§ 1, Satz IV); also ist $(UOEI_1) = -i$, d. h. $i$ und $-i$ sind konjugiert imaginär. Hieraus folgt sofort:

IV. *Konjugiert imaginäre Würfe können in der Form* $a + ib$ *und* $a - ib$ *geschrieben werden*.

Man kann einen Wurf auch in anderer Weise zerlegen, nämlich in ein Produkt von einem positiven Wurf und einem *Einheitswurf*. Der letztere ist ein Wurf $x$, welcher der Gleichung

$$x\bar{x} = 1$$

genügt. Es gilt der Satz:

V. *Es gibt unendlich viele Einheitswürfe* $(UOEX)$, *und die dadurch bestimmten Punkte* $X$ *bilden die Kette* $EIE_1$.

Die Punkte, deren Abszissen $x$ und $y$ die Gleichung $x\bar{y} = 1$ befriedigen, bilden nämlich eine involutorische Symmetralität. Die Einheitswürfe sind durch die Doppelpunkte dieser Transformation bestimmt; hieraus folgt der Satz, weil ja $E$, $I$ und $E_1$ solche Doppelpunkte sind, und alle Doppelpunkte eine Kette bilden (Kap. IV, § 2, Satz I).

VI. *Jeder Wurf* $\neq 0$ *und* $\neq \infty$ *kann eindeutig als Produkt eines positiven Wurfes* $\mathfrak{r}$ *und eines Einheitswurfes* $e$ *geschrieben werden*.

$\mathfrak{r}$ heißt *der absolute Betrag* des betrachteten Wurfes.

Man hat nämlich:

$$x = x\bar{x} \cdot \frac{x}{\bar{x}},$$

wo der letzte Faktor wegen

$$\frac{x}{\bar{x}} \cdot \frac{\bar{x}}{x} = 1$$

ein Einheitswurf ist. Hätte man zwei solche Zerlegungen

$$x = \mathfrak{r} \cdot e = \mathfrak{r}_1 \cdot e_1,$$

so würde folgen:

$$\frac{e}{e_1} = \frac{\mathfrak{r}_1}{\mathfrak{r}}.$$

Aber der Einheitswurf $e/e_1$ kann nur dann positiv reell sein, wenn er gleich 1 ist.

VII. *Sind $A$ und $B$ reelle, $C$ und $D$ konjugiert imaginäre Punkte, dann ist $(ABCD)$ ein Einheitswurf; jeder Einheitswurf kann in dieser Weise dargestellt werden.*

Ist nämlich $x = (ABCD)$, so wird $\bar{x} = (ABDC)$, und nach Kap. V, § 1, Satz IX ist $x\bar{x} = 1$.

Es sei umgekehrt $x = (ABCD)$ ein Einheitswurf; wir können voraussetzen, daß $A$ reell und $C$ und $D$ konjugiert imaginär sind. Der zu $B$ konjugiert imaginäre Punkt sei $B_1$; dann ist $\bar{x} = (AB_1DC)$, und man findet:

$$x\bar{x} = (ABCD) \cdot (AB_1DC) = (BADC) \cdot (AB_1DC) = (BB_1DC).$$

Soll nun der letzte Wurf gleich 1 sein, dann muß $B$ mit $B_1$ zusammenfallen, d. h. reell sein.

## VI. Kapitel.

# Einleitung in die algebraische Theorie der Projektivitäten und Symmetralitäten.

## § 1. Die Projektivität.

Wir benutzen im folgenden die im vorigen Kapitel gegebene Bestimmung des Punktes $X$ einer festen Geraden durch seine Abszisse $x$, d. h. durch den Wurf $(UOEX)$; die Abszissen der Punkte $U$, $O$ und $E$ sind $\infty$, $0$ und $1$.

Wir haben gezeigt (Kap. V, § 1, Satz V), daß bei jeder der vier Transformationen

$$(1) \qquad x' = a + x, \quad x' = a - x, \quad x' = ax, \quad x' = a : x$$

$X'$ eine Punktreihe bildet, die mit der Reihe des Punktes $X$ projektiv ist. Dasselbe gilt für die Transformation

$$(2) \qquad x' = \frac{bx - d}{ax - c}, \quad ad - bc \neq 0,$$

weil diese durch Zusammensetzung von Transformationen der Formen (1) hergestellt werden kann.

Durch (2) wird die *allgemeine* projektive Transformation dargestellt; denn man kann, wie unten gezeigt werden soll, durch (2) drei gegebenen Punkten $X$ drei beliebige Punkte $X'$ zuordnen.

Zum Beweise genügt es, die drei Punkte $X'$ als $U, O$ und $E$ zu wählen. Sollen nun den Punkten $x = x_1$ und $x = x_2$ die Punkte $x' = \infty$ bzw. $x' = 0$ entsprechen, so muß (2) die Form haben:

$$x' = \frac{x - x_2}{x - x_1} \cdot k,$$

wo $k$ eine Konstante ist. Sollen außerdem $x = x_3$ und $x' = 1$ einander entsprechen, muß

$$k = \frac{x_3 - x_1}{x_3 - x_2}$$

sein, also ist

$$(3) \qquad x' = \frac{x_3 - x_1}{x_3 - x_2} : \frac{x - x_1}{x - x_2}.$$

Dieser Ausdruck hat die Gestalt (2).

Aus
$$(X_1 X_2 X_3 X) = (U O E X') = x'$$
folgt sogleich:

I. *Sind $X_1, X_2, X_3, X_4$ durch die Würfe $x_1, x_2, x_3, x_4$ von den Punkten $U, O, E$ aus bestimmt, dann ist*

$$(4) \qquad (X_1 X_2 X_3 X_4) = \frac{x_3 - x_1}{x_3 - x_2} : \frac{x_4 - x_1}{x_4 - x_2}.$$

Fällt einer der vier Punkte mit $U$ zusammen, ist die rechte Seite von (4) in bekannter Weise durch einfachere Ausdrücke zu ersetzen.

Die Transformation (2) kann auch in der Form

$$(5) \qquad x = \frac{c x' - d}{a x' - b}$$

oder auch

$$(6) \qquad a x x' - b x - c x' + d = 0$$

geschrieben werden.

Sie ist singulär, wenn

$$(7) \qquad a d - b c = 0.$$

In diesem Fall kann die linke Seite von (6) in zwei Faktoren zerlegt werden:
$$(m x - n)(p x' - q) = 0,$$
und wir sehen, daß jedem Punkt $X$ der durch $x'_0 = \frac{q}{p}$ bestimmte Punkt $X'_0$ zugewiesen wird, ausgenommen dem durch $x_0 = \frac{n}{m}$ bestimmten Punkt $X_0$, dessen entsprechender Punkt unbestimmt ist.

Die nichtidentische Transformation (6) ist *involutorisch*, wenn

$$(8) \qquad b - c = 0.$$

Sie hat im allgemeinen zwei *Doppelpunkte*, welche durch

$$(9) \qquad a x^2 - (b + c) x + d = 0$$

bestimmt werden; diese fallen zusammen, wenn

$$(10) \qquad (b + c)^2 - 4 a d = 0.$$

Die Ausdrücke
$$\Delta_1 = b - c, \qquad \Delta_2 = ad - bc$$

sind *Invarianten*[1], was man aus ihrer geometrischen Bedeutung sogleich einsieht. Man verifiziert dies auch direkt, indem man (6) mittels der Transformation

$$(11) \qquad \alpha x x' - \beta x - \gamma x' + \delta = 0$$

transformiert. Aus (11) findet man nämlich

$$x = \frac{\gamma x' - \delta}{\alpha x' - \beta};$$

ersetzt man dann in (6) $x$ und $x'$ durch $\frac{\gamma x - \delta}{\alpha x - \beta}$ bzw. $\frac{\gamma x' - \delta}{\alpha x' - \beta}$, erhält man:

$$Axx' - Bx - Cx' + D = 0,$$

wo

$$(12) \qquad \begin{cases} A = a\gamma^2 - b\gamma\alpha - c\gamma\alpha + d\alpha^2, \\ B = a\gamma\delta - b\gamma\beta - c\delta\alpha + d\alpha\beta, \\ C = a\gamma\delta - b\delta\alpha - c\gamma\beta + d\alpha\beta, \\ D = a\delta^2 - b\delta\beta - c\delta\beta + d\beta^2. \end{cases}$$

Es ergibt sich hieraus, daß

$$(13) \qquad \begin{cases} \Delta_1' = B - C = (b - c)(\alpha\delta - \beta\gamma), \\ \Delta_2' = AD - BC = (ad - bc)(\alpha\delta - \beta\gamma)^2, \end{cases}$$

wodurch die Invarianz von $\Delta_1$ und $\Delta_2$ bewiesen ist.

Auch die Diskriminante der Gleichung (9)

$$(14) \qquad \Delta = (b + c)^2 - 4ad$$

ist eine Invariante; sie läßt sich durch die vorherigen in der Form

$$(15) \qquad \Delta = \Delta_1^2 - 4\Delta_2$$

darstellen.

Mittels einer passend gewählten Transformation (11) kann man die Gleichung (6) einer Projektivität auf einfachere Formen bringen. Sind ihre Doppelpunkte verschieden, so kann man diese in $U$ und $O$ verlegen; die Gleichung (6) wird hierdurch auf die Form

$$(16) \qquad bx + cx' = 0$$

gebracht.

Für die Invariante $\Delta$ findet man in diesem Fall $\Delta = (b + c)^2$, also, wenn ein passender Wert der Wurzel $\sqrt{\Delta}$ genommen wird: $\sqrt{\Delta} = b + c$. Aus dieser Gleichung und $\Delta_1 = b - c$ findet man $b$ und $c$, und die Gleichung (16) läßt sich dann auch in der Form

$$(\Delta_1 + \sqrt{\Delta})x - (\Delta_1 - \sqrt{\Delta})x' = 0$$

---

[1] „Invariant" soll hier und im folgenden „invariant gegenüber projektiven Transformationen" bedeuten.

schreiben. Hieraus finden wir:

$$(UOXX') = \frac{x'}{x} = \frac{\varDelta_1 + \sqrt{\varDelta}}{\varDelta_1 - \sqrt{\varDelta}},$$

also:

II. *Wenn die Projektivität* (6) *zwei verschiedene Doppelpunkte E und F hat, dann ist*

$$(17) \qquad (EFXX') = \frac{\varDelta_1 + \sqrt{\varDelta}}{\varDelta_1 - \sqrt{\varDelta}}.$$

Hierbei ist die Wurzel $\sqrt{\varDelta}$ in passender Weise zu wählen; ändert man die Reihenfolge der Doppelpunkte $E$ und $F$, oder geht man zu der inversen Transformation über, so ist $\sqrt{\varDelta}$ durch die andere Wurzel von $\varDelta$ zu ersetzen.

Fallen die Doppelpunkte der Projektivität (6) zusammen, so kann man sie in $U$ verlegen; die Gleichung (9) soll hier zweimal $x = \infty$ geben, also ist $a = 0$, $b + c = 0$; (6) erhält dann die Form:

$$x' = x - d.$$

Hier ist, wie wir von vornherein wissen, $\varDelta = 0$.

Wir wollen noch eine Simultaninvariante für zwei Projektivitäten $\pi$ und $\pi_1$ mit den Gleichungen bzw.

$$(18) \qquad \begin{cases} axx' - bx - cx' + d = 0, \\ a_1 xx' - b_1 x - c_1 x' + d_1 = 0 \end{cases}$$

bilden.

Für das Produkt $\pi\pi_1$ ergibt sich die Gleichung

$$(19) \qquad (ax - c)(c_1 x' - d_1) = (bx - d)(a_1 x' - b_1)$$

oder

$$xx'(ac_1 - ba_1) - x(ad_1 - bb_1) - x'(cc_1 - da_1) + cd_1 - db_1 = 0.$$

Diese Projektivität ist nach (8) involutorisch, wenn

$$(20) \qquad \varLambda = bb_1 + cc_1 - da_1 - ad_1 = 0.$$

$\varLambda$ ist also eine Invariante, deren Verschwinden bedeutet, daß das Produkt $\pi\pi_1$ eine Involution ist.

Wenn insbesondere $\pi_1$ gleich $\pi$ ist, erhält man

$$(21) \qquad \varLambda_1 = b^2 + c^2 - 2ad;$$

das Verschwinden von $\varLambda_1$ bedeutet, daß $\pi^2$ involutorisch ist. Man findet sofort die Identität:

$$\varLambda_1 = \varDelta_1^2 - 2\varDelta_2.$$

## § 2. Ketten und Symmetralitäten.

Die einfachste antiprojektive oder symmetrale Abhängigkeit ist die Transformation, welche jeden Punkt $x$ in den konjugiert imaginären Punkt $\bar{x}$ überführt; sie wird eine *Umlegung* genannt.

Die allgemeine antiprojektive Beziehung erhält man, wenn man die allgemeine projektive Beziehung mit einer Umlegung kombiniert. Die Gleichung dieser Symmetralität ist demnach:

$$(1) \qquad a x \bar{x}' - b x - c \bar{x}' + d = 0 .$$

Wenn $a d - b c = 0$, ist, wie in § 1, die linke Seite in zwei Faktoren zerlegbar, und die Symmetralität ist singulär.

Die Gleichung (1) ist eine „*Symmetralgleichung*", womit nur ausgedrückt werden soll, daß die Gleichung außer den gewöhnlichen Operationszeichen auch das Umlegungszeichen enthält. Mit solchen Gleichungen kann man im wesentlichen wie mit gewöhnlichen Gleichungen operieren; es mag aber besonders auf die folgenden Umstände aufmerksam gemacht werden:

A. *Eine Symmetralgleichung in* $x$ *und* $\bar{x}$ *braucht gar keine Lösungen zu haben.*

Dies gilt z. B. von der Gleichung

$$(2) \qquad x \bar{x} + \mathfrak{r} = 0 ,$$

wo $\mathfrak{r}$ eine reelle positive Konstante ist.

B. *Eine Symmetralgleichung in* $x$ *und* $\bar{x}$ *kann unendlich viele Lösungen haben, ohne identisch erfüllt zu sein.*

Als Beispiel betrachte man die Gleichung

$$(3) \qquad x \bar{x} - \mathfrak{r} = 0 ,$$

wo $\mathfrak{r}$ die obige Bedeutung hat. Diese Gleichung ist durch $x = \sqrt{\mathfrak{r}} \cdot e$ befriedigt, wo $e$ ein beliebiger Einheitswurf ist.

C. *Eine Symmetralgleichung*

$$(4) \qquad F (x , \bar{x}) = 0$$

*ist gleichwertig mit*

$$(5) \qquad F (x , \bar{x}) + \alpha \bar{F} (\bar{x} , x) = 0$$

*wo* $\alpha$ *kein Einheitswurf, im übrigen aber beliebig ist.*

(Der Strich über $F$ bedeutet, daß man die Koeffizienten von $F$ umlegen soll.)

Denn aus (4) folgt ja leicht (5), und aus (5) und ihrer umgelegten Gleichung kann man wieder (4) herleiten, wenn nur $\alpha \bar{\alpha} \neq 1$.

D. *Die* (im erweiterten Sinne zu nehmenden) *Wurzeln einer Symmetralgleichung in* $x$ *und* $\bar{x}$ *verteilen sich in eigentliche Lösungen und uneigentliche Wurzelpaare.*

Hiermit meinen wir das Folgende:

Um die Werte von $x$, welche eine mit ihrer umgelegten nichtidentische Gleichung (4) befriedigen, zu finden, bestimmt man in gewöhnlicher Weise $x$ und $\bar{x}$ aus (4) und aus

$$(6) \qquad \bar{F} (\bar{x} , x) = 0 .$$

Es kommt also darauf an, die Gleichungen

$$(7) \qquad F(x, y) = 0, \qquad \bar{F}(y, x) = 0$$

in $x$ und $y$ zu lösen.

Es sei $(x_1, y_1)$ eine Lösung dieser zwei Gleichungen. Wenn $y_1 = \bar{x}_1$, nennen wir $x_1$, eine *eigentliche Lösung* der Gleichung (4). Ist dagegen $y_1 = \bar{x}_2 \neq \bar{x}_1$, dann ist

$$F(x_1, \bar{x}_2) = 0, \qquad \bar{F}(\bar{x}_2, x_1) = 0$$

und also auch

$$\bar{F}(\bar{x}_1, x_2) = 0, \qquad F(x_2, \bar{x}_1) = 0;$$

gleichzeitig mit $(x_1, \bar{x}_2)$ befriedigen also $(x_2, \bar{x}_1)$ die Gleichungen (7). Wir sprechen in diesem Fall von einem *uneigentlichen Wurzelpaar* $(x_1, x_2)$ der Gleichung (4).

Trotz des in C erwähnten Tatbestandes lautet die Bedingung, daß zwei Symmetralitäten

$$(8) \qquad \begin{cases} a x \bar{x}' - b x - c \bar{x}' + d = 0, \\ a_1 x \bar{x}' - b_1 x - c_1 \bar{x}' + d_1 = 0 \end{cases}$$

zusammenfallen:

$$(9) \qquad a : a_1 = b : b_1 = c : c_1 = d : d_1.$$

Es soll nämlich

$$\bar{x}' = \frac{b x - d}{a x - c} = \frac{b_1 x - d_1}{a_1 x - c_1}$$

für jedes $x$ richtig sein, und dies fordert das Bestehen von (9), was man z. B. einsieht, wenn man $x = 0$, $\infty$ und $d/b$ setzt.

Die Gleichung (1) stellt eine involutorische Symmetralität dar, wenn sie mit

$$a x' \bar{x} - b x' - c \bar{x} + d = 0$$

oder, was dasselbe ist, mit

$$(10) \qquad \bar{a} x \bar{x}' - \bar{c} x - \bar{b} \bar{x}' + \bar{d} = 0$$

gleichbedeutend ist. Dies erfordert

$$(11) \qquad \bar{a} : a = \bar{c} : b = \bar{b} : c = \bar{d} : d (= f).$$

Ist diese Bedingung erfüllt, so erhält man aus (1) durch Multiplikation mit $1 + f$:

$$(a + \bar{a}) x \bar{x}' - (b + \bar{c}) x - (\bar{b} + c) \bar{x}' + (d + \bar{d}) = 0.$$

Diese Gleichung stellt, wenn nicht gerade $f = -1$ ist, die Symmetralität (1) in der Form

$$(12) \qquad \mathfrak{a} x \bar{x}' - m x - \overline{m} \bar{x}' + \mathfrak{b} = 0 \,[1]$$

---

[1] Die gotischen Buchstaben werden hier und im folgenden zur Bezeichnung von *reellen* Größen verwendet.

dar. In dem ausgeschlossenen Fall ergibt sich (12) aus (1) durch Multiplikation mit $i$. Also:

I. *Die Gleichung einer Symmetrie kann immer durch Multiplikation mit einer Konstanten auf die Form (12) gebracht werden.*

Diese Gleichung kann nun durch Transformation mittels einer Projektivität weiter reduziert werden.

Zunächst sei $\mathfrak{a} \neq 0$. Transformiert man (vgl. S. 65) durch

$$x = x' + \delta,$$

so wird (12) in

$$\mathfrak{a} x \bar{x}' - \left(m - \mathfrak{a}\bar{\delta}\right)x - (\bar{m} - \mathfrak{a}\delta)\,\bar{x}' + \mathfrak{a}\delta\bar{\delta} - m\delta - \bar{m}\bar{\delta} + \mathfrak{b} = 0$$

überführt. Wählt man nun $\delta = \dfrac{\bar{m}}{\mathfrak{a}}$, so reduziert sich diese Gleichung auf

$$x\bar{x}' - \frac{1}{\mathfrak{a}^2}\,(m\bar{m} - \mathfrak{a}\mathfrak{b}) = 0\,.$$

Durch Transformation mittels

$$x = \frac{1}{\mathfrak{a}}\,\sqrt{m\bar{m} - \mathfrak{a}\mathfrak{b}} \cdot x'$$

erhält man endlich, je nachdem $m\bar{m} \gtrless \mathfrak{a}\mathfrak{b}$, die Gleichungen

$$x\bar{x}' - 1 = 0 \qquad \text{oder} \qquad x\bar{x}' + 1 = 0\,.$$

Ist dagegen $\mathfrak{a} = 0$, kann man (12) durch

$$mx(x' + 1) - \mathfrak{b} = 0$$

in $x\bar{x}' - 1 = 0$ transformieren. Also:

II. *Durch Transformation mittels einer Projektivität läßt sich die Symmetrie (12), je nachdem $m\bar{m} \gtrless \mathfrak{a}\mathfrak{b}$, in*

$$x\bar{x}' - 1 = 0 \quad \text{bzw.} \quad x\bar{x}' + 1 = 0$$

*überführen.*

Wenn $m\bar{m} = \mathfrak{a}\mathfrak{b}$, ist die Symmetrie singulär und kann in $x\bar{x}' = 0$ transformiert werden.

Die Punkte einer Kette kann man als die Doppelpunkte in einer nichtsingulären Symmetrie definieren. Aus Satz II erhält man sofort:

III. *Die Gleichung einer allgemeinen Kette kann in der Form*

$$(13) \qquad \mathfrak{a} x\bar{x} - mx - \bar{m}\bar{x} + \mathfrak{b} = 0$$

*geschrieben werden, wo $m\bar{m} > \mathfrak{a}\mathfrak{b}$. Jede solche Gleichung kann durch Transformation mittels einer Projektivität auf die Form*

$$x\bar{x} - 1 = 0$$

*gebracht werden.*

Auch sieht man, daß (13) für $m\bar{m} < \mathfrak{a}\mathfrak{b}$ keine und für $m\bar{m} = \mathfrak{a}\mathfrak{b}$ eine einzige Lösung hat.

Sollen zwei Gleichungen von der Form (13) dieselbe Kette bestimmen, so müssen die Koeffizienten proportional sein.

Wir betrachten nun wieder die Symmetralität (1). Wenn wir diese wie in § 1 (S. 65) mittels der Projektivität § 1, (11) transformieren, ergibt sich durch eine zur dortigen analoge Rechnung:

$$(14) \qquad AD - BC = (ad - bc)\,(\alpha\,\delta - \beta\gamma)\,\big(\overline{\alpha}\,\overline{\delta} - \overline{\beta}\,\overline{\gamma}\big).$$

Wir werden hierdurch zu folgender Definition geführt:

Es sei $I$ eine ganze, rationale Funktion der Koeffizienten $a, b, c, d$ sowie der umgelegten $\overline{a}, \overline{b}, \overline{c}, \overline{d}$, homogen in bezug auf die vier ersten sowie auch in bezug auf die vier letzten; $I'$ sei die entsprechende Funktion der transformierten Koeffizienten und ihrer umgelegten. Dann nennen wir $I$ eine Invariante (deutlicher „Symmetralinvariante") der Gleichung (1), wenn für jede Wahl der Projektivität § 1, (11)

$$(15) \qquad I' = I \cdot (\alpha\,\delta - \beta\gamma)^m \cdot \big(\overline{\alpha}\,\overline{\delta} - \overline{\beta}\,\overline{\gamma}\big)^m,$$

wenn also die Funktion $I$ bei Ausführung einer Transformation mit einer geraden Potenz des absoluten Betrages der Substitutionsdeterminante multipliziert wird.

Da $A, B, C, D$ linear in bezug auf $(a, b, c, d)$, $(\alpha, \beta, \gamma, \delta)$ und $(\overline{\alpha}, \overline{\beta}, \overline{\gamma}, \overline{\delta})$ sind, hat man:

IV. *Der obige Exponent $m$ ist die Hälfte des Homogenitätsgrades von $I$ in bezug auf $\big(a, b, c, d, \overline{a}, \overline{b}, \overline{c}, \overline{d}\big)$.*

Dieser Grad ist also immer gerade.

Als erstes Beispiel einer solchen Invariante haben wir schon nach (14)

$$(16) \qquad\qquad\qquad \Gamma_2 = ad - bc.$$

Um weitere zu finden, betrachten wir zwei Symmetralitäten $\overline{\pi}$ und $\overline{\pi}_1$ mit den Gleichungen

$$a x \overline{x}' - b x \;-\; c \overline{x}' \;+ d \;= 0,$$
$$a_1 x \overline{x}' - b_1 x \;-\; c_1 \overline{x}' + d_1 = 0.$$

Für das Produkt $\overline{\pi}\,\overline{\pi}_1$ finden wir in Analogie mit § 1, S. 66

$$(18) \qquad (ax - c)\,(\overline{c}_1 x' - d_1) = (bx - d)\,(\overline{a}_1 x' - b_1),$$

oder

$$(19) \quad xx'(a\overline{c}_1 - b\overline{a}_1) - x\big(a\overline{d}_1 - b\overline{b}_1\big) - x'(c\overline{c}_1 - d\overline{a}_1) + c\overline{d}_1 - d\overline{b}_1 = 0.$$

Hieraus ergibt sich eine Simultaninvariante der Symmetralitäten $\overline{\pi}$ und $\overline{\pi}_1$, nämlich

$$(20) \qquad\qquad M = b\overline{b}_1 + c\overline{c}_1 - d\overline{a}_1 - a\overline{d}_1,$$

deren Verschwinden bedeutet, daß das Produkt $\overline{\pi}\,\overline{\pi}_1$ eine Involution ist. Daß $M$ wirklich die Bedingung (15) erfüllt, verifiziert man durch eine leichte Rechnung.

Wenn insbesondere $\overline{\pi}_1$ gleich $\overline{\pi}$ ist, erhält man

$$(21) \qquad\qquad M_1 = b\overline{b} + c\overline{c} - d\overline{a} - a\overline{d}.$$

Das Verschwinden von $M_1$ bedeutet, daß $\bar{\pi}^2$ eine Involution ist. Man sieht, daß $M_1$ immer reell ist.

Bildet man die Invariante $M$ für zwei Symmetrien $\bar{\pi}$ und $\bar{\pi}_1$

$$(22) \quad \begin{cases} \mathfrak{a}\,x\bar{x}' - mx - \bar{m}\bar{x}' + \mathfrak{b} = 0, \\ \mathfrak{a}_1 x\bar{x}' - m_1 x - \bar{m}_1\bar{x}' + \mathfrak{b}_1 = 0, \end{cases}$$

so ergibt sich

$$(23) \qquad M_2 = m\bar{m}_1 + \bar{m}m_1 - \mathfrak{b}\mathfrak{a}_1 - \mathfrak{a}\mathfrak{b}_1.$$

Das Verschwinden von $M_2$ bedeutet, daß die Grundketten der Symmetrien (22) — wenn sie existieren — zueinander orthogonal sind; denn aus $\bar{\pi}\bar{\pi}_1 \cdot \bar{\pi}\bar{\pi}_1 = 1$ folgt $\bar{\pi}_1 = \bar{\pi}\bar{\pi}_1\bar{\pi}$.

Um die Doppelpunkte der Symmetralität (1) zu finden, hat man $x$ und $\bar{x}$ aus

$$(24) \qquad ax\bar{x} - bx - c\bar{x} + d = 0$$

und der umgelegten Gleichung

$$(25) \qquad \bar{a}x\bar{x} - \bar{c}x - \bar{b}\bar{x} + \bar{d} = 0$$

zu finden. Wenn die zwei Gleichungen zusammenfallen, haben wir eine involutorische Symmetralität, die schon behandelt wurde (vgl. S. 69); dieser Fall sei nun ausgeschlossen.

Elimination von $\bar{x}$ ergibt:

$$(26) \quad (\bar{a}b - a\bar{c})\,x^2 - (b\bar{b} - c\bar{c} + \bar{a}d - a\bar{d})\,x + \bar{b}d - c\bar{d} = 0.$$

Diese Gleichung hat immer zwei verschiedene oder zusammenfallende Wurzeln $x_1$ und $x_2$; es ist $x_1 = x_2$, wenn die Diskriminante

$$(27) \quad \Gamma = (b\bar{b} - c\bar{c} + \bar{a}d - a\bar{d})^2 - 4(\bar{a}b - a\bar{c})(\bar{b}d - c\bar{d})$$

verschwindet. Man verifiziert leicht, daß

$$(28) \qquad \Gamma = M_1^2 - 2\Gamma_2\bar{\Gamma}_2,$$

woraus folgt, daß $\Gamma$ der Bedingung (15) genügt und also eine Symmetralinvariante ist. $\Gamma$ ist offenbar immer reell.

Aus dem Obigen darf man nicht schließen, daß eine Symmetralität immer Doppelpunkte hat. Wenn nämlich $x_1 \neq x_2$, kann $(x_1,\ x_2)$ auch ein uneigentliches Wurzelpaar der Gleichung (24) sein (vgl. S. 68), so daß $(x_1,\ \bar{x}_2)$ sowie auch $(x_2,\ \bar{x}_1)$ die Gleichung (24) befriedigen, wenn sie für $x$ und $\bar{x}$ eingesetzt werden. Dies bedeutet aber, daß die durch $x_1$ und $x_2$ bestimmten Punkte bei der Transformation (1) einander in doppelter Weise entsprechen.

Um nun zu sehen, ob die Wurzeln in (26) Doppelpunkte sind oder ein involutorisches Punktpaar bilden, betrachte man die Diskriminante $\Gamma$.

Wenn die Symmetralität (1) zwei Doppelpunkte hat, kann man, wie bei den Projektivitäten, diese Punkte durch eine projektive Transformation in $U$ und $O$ verlegen. Die Gleichung der Symmetralität wird dann von der Form

$$(29) \qquad\qquad bx + c\bar{x}' = 0$$

sein, und die Diskriminante $\Gamma$ wird — wie aus der Definition einer Symmetralinvariante folgt — mit einem positiven Faktor multipliziert. Für (29) finden wir $\Gamma = (b\bar{b} - c\bar{c})^2$, also, wenn $b \neq c$: $\Gamma > 0$.

Wenn aber die Symmetralität ein involutorisches Paar hat, kann die Gleichung (1) in

$$(30) \qquad\qquad x\bar{x}' + d = 0$$

überführt werden, und dann wird $\Gamma = (d - \bar{d})^2$, d. h. wenn $d \neq \bar{d}$: $\Gamma < 0$. Also:

V. *Eine nichtinvolutorische Symmetralität hat zwei Doppelpunkte oder ein involutorisches Paar, je nachdem die reelle Symmetralinvariante $\Gamma$ positiv oder negativ ist.*

*Für $\Gamma = 0$ hat sie einen einzigen Doppelpunkt.*

Wenn die Symmetralität involutorisch ist, hat man ebenfalls $\Gamma = 0$.

In einer Projektivität $(M, M')$ mit zwei Doppelpunkten $E$ und $F$ sind alle Würfe $(EFMM')$ gleich (§ 1, Satz II). Für die Symmetralitäten hat man einen ähnlichen Satz, der aber verschieden ausfällt, je nachdem die Symmetralität zwei Doppelpunkte oder ein involutorisches Paar hat.

Im ersten Fall findet man:

VI. *Hat eine Symmetralität zwei Doppelpunkte $E$ und $F$, so ist der absolute Betrag $\mathfrak{r}$ des Wurfes $\mu = (EFMM')$ konstant.*

Fallen nämlich die Doppelpunkte $E$ und $F$ in $U$ bzw. $O$, dann ist die Gleichung der Symmetralität

$$bx + c\bar{x}' = 0$$

und

$$\mu = (UOXX') = \frac{x}{x'} = -\frac{c}{b} \cdot \frac{\bar{x}'}{x'},$$

also

$$\mathfrak{r}^2 = \mu\bar{\mu} = \frac{c\bar{c}}{b\bar{b}}.$$

Diese Konstante können wir leicht durch die obigen Invarianten ausdrücken; denn in dem betrachteten Fall ist

$$\Gamma = (b\bar{b} - c\bar{c})^2, \qquad \Gamma_2 = -bc.$$

Man hat nun

$$\mathfrak{r}^2 + \frac{1}{\mathfrak{r}^2} = \frac{c\bar{c}}{b\bar{b}} + \frac{b\bar{b}}{c\bar{c}} = \frac{(c\bar{c})^2 + (b\bar{b})^2}{b\bar{b}c\bar{c}} = \frac{(c\bar{c} - b\bar{b})^2}{b\bar{b}c\bar{c}} + 2,$$

also

$$(31) \qquad\qquad \mathfrak{r}^2 + \frac{1}{\mathfrak{r}^2} = \frac{\Gamma}{\Gamma_2\bar{\Gamma}_2} + 2 = \frac{M_1^2}{\Gamma_2\bar{\Gamma}_2} - 2.$$

Die Zweideutigkeit von $\mathfrak{r}^2$ entspricht dem Umstand, daß man $E$ und $F$ vertauschen kann.

Im zweiten Fall lautet der Satz:

VII. *Hat eine Symmetralität $(M, M')$ ein involutorisches Paar $(E, F)$, dann ist in der Zerlegung $\mu = (EFMM') = \mathfrak{r} \cdot e$ der Einheitswurf $e$ konstant.*

Die Gleichung der Symmetralität kann hier nämlich

$$x\,\overline{x}' + d = 0$$

geschrieben werden, und man erhält:

$$\mu = (UOXX') = \frac{x}{x'} = -\frac{d}{x'\,\overline{x}'},$$

also:

$$e^2 = \frac{\mu}{\overline{\mu}} = \frac{d}{\overline{d}}.$$

Es ist bemerkenswert, daß $e$ durch dieselbe Gleichung bestimmt wird, wie oben $\mathfrak{r}$. Man findet nämlich für $b = c = 0$:

$$\Gamma = \left(d - \overline{d}\right)^2, \qquad \Gamma_2 = d$$

und

$$e^2 + \frac{1}{e^2} = \frac{d}{\overline{d}} + \frac{\overline{d}}{d} = \frac{d^2 + \overline{d}^2}{d\,\overline{d}} = \frac{(d - \overline{d})^2}{d\,\overline{d}} + 2,$$

also

$$(32) \qquad e^2 + \frac{1}{e^2} = \frac{\Gamma^2}{\Gamma_2\,\overline{\Gamma}_2} + 2 = \frac{M_1^2}{\Gamma_2\,\overline{\Gamma}_2} - 2.$$

## § 3. Doppelketten in Projektivitäten und Symmetralitäten.

Wir wollen nun einige Fragen des Kap. IV analytisch behandeln und beginnen damit, die Doppelketten, d. h. die selbstentsprechenden Ketten in einer Projektivität zu bestimmen. Es ist hier bequem, die Gleichung der Projektivität zunächst auf ihre einfachste Form zu bringen. Diese ist, wenn die Projektivität zwei verschiedene Doppelpunkte hat:

$$(1) \qquad bx + cx' = 0,$$

wo $b$ und $c$ beide von Null verschieden sind.

In dieser Projektivität wird der Kette

$$(2) \qquad \mathfrak{a}x\overline{x} - mx - \overline{m}\,\overline{x} + \mathfrak{b} = 0$$

eine andere Kette

$$\mathfrak{a}x\overline{x} + m\,\frac{\overline{b}}{\overline{c}}\,x + \overline{m}\,\frac{b}{c}\,\overline{x} + \mathfrak{b} \cdot \frac{b\,\overline{b}}{c\,\overline{c}} = 0$$

entsprechen. Diese zwei fallen zusammen, wenn [vgl. § 2, (9)]

$$(3) \qquad \frac{\mathfrak{a}}{\mathfrak{a}} = -\frac{m\,\overline{b}}{\overline{m}\,\overline{c}} = -\frac{\overline{m}\,b}{\overline{m}\,c} = \frac{\mathfrak{b}\,b\,\overline{b}}{\mathfrak{b}\,c\,\overline{c}}.$$

Für $b = -c$ ist (1) die identische Transformation; dies sei ausgeschlossen; dann muß nach (3) entweder $\mathfrak{a} = \mathfrak{b} = 0$ oder $m = 0$ sein.

Im ersten Fall fordert (3) noch $\dfrac{b}{c} = \dfrac{\overline{b}}{\overline{c}}$, im zweiten $\dfrac{b}{c} \cdot \dfrac{\overline{b}}{\overline{c}} = 1$.

Im allgemeinen gibt es also in einer Projektivität keine Doppelkette; es gibt aber unendlich viele, wenn eine der Bedingungen

$$(4) \qquad \frac{b}{c} = \frac{\bar{b}}{\bar{c}}, \qquad \frac{b}{c} \cdot \frac{\bar{b}}{\bar{c}} = 1$$

erfüllt ist, d. h. wenn der Wurf $b/c$ entweder reell oder ein Einheitswurf ist. Im ersten Fall sind die Doppelketten durch

$$m x + \bar{m}\bar{x} = 0$$

dargestellt, gehen also alle durch die Doppelpunkte; im zweiten Fall ist die Gleichung der Doppelketten

$$\mathfrak{a} x \bar{x} + \mathfrak{b} = 0;$$

in bezug auf jede dieser Ketten liegen die zwei Doppelpunkte symmetrisch.

Nur für $b = c$ sind beide Bedingungen gleichzeitig erfüllt (da ja $b = -c$ ausgeschlossen wurde); in einer involutorischen Projektivität gibt es also zwei einfach unendliche Reihen von Doppelketten.

Hat die Projektivität nur einen Doppelpunkt, so kann ihre Gleichung in der Form

$$(5) \qquad x' = x - d$$

geschrieben werden. In dieser entspricht der obigen Kette (2) die neue Kette

$$\mathfrak{a} x \bar{x} - (m - \mathfrak{a}\bar{d})x - (\bar{m} - \mathfrak{a}d)\bar{x} + \mathfrak{a}d\bar{d} - md - \bar{m}\bar{d} + \mathfrak{b} = 0.$$

Diese fällt mit der ursprünglichen zusammen, wenn

$$\frac{\mathfrak{a}}{\mathfrak{a}} = \frac{m - \mathfrak{a}\bar{d}}{m} = \frac{\bar{m} - \mathfrak{a}d}{\bar{m}} = \frac{\mathfrak{a}d\bar{d} - md - \bar{m}\bar{d} + \mathfrak{b}}{\mathfrak{b}}.$$

Eine notwendige Bedingung für die Existenz von Doppelketten ist demnach, daß $\mathfrak{a} = 0$ sein soll; ist diese erfüllt, so erhält man zur Bestimmung der Doppelketten die einzige Gleichung

$$m d + \bar{m}\bar{d} = 0$$

oder

$$m d = i \mathfrak{r} \,^{[1]}.$$

Also gibt es in diesem Falle eine unendliche Reihe von Doppelketten, welche durch die Gleichung

$$-\frac{i\mathfrak{r}}{d} x + \frac{i\mathfrak{r}}{\bar{d}}\bar{x} + \mathfrak{b} = 0$$

dargestellt werden.

Es ist leicht, die Bedingung für das Auftreten von Doppelketten sowie für die verschiedenen Lagen dieser Ketten mittels der Invarianten

---

[1] $\mathfrak{r}$ reell, vgl. die Fußnote S. 68.

auszudrücken. Hierzu betrachten wir wieder die Gleichung (1). Es ist hier (vgl. S. 65—66):

$$-\frac{b}{c} = \frac{\varDelta_1 + \sqrt{\varDelta}}{\varDelta_1 - \sqrt{\varDelta}}.$$

Setzt man $-\dfrac{b}{c} = k$, so lassen sich die Bedingungen (4) in der Form

$$(k - \bar{k})(k\bar{k} - 1) = 0$$

zusammenfassen; diese Gleichung kann auch in der Form

$$k + \frac{1}{k} = \bar{k} + \frac{1}{\bar{k}}$$

geschrieben werden. Nun ist

$$k + \frac{1}{k} = \frac{\varDelta_1 + \sqrt{\varDelta}}{\varDelta_1 - \sqrt{\varDelta}} + \frac{\varDelta_1 - \sqrt{\varDelta}}{\varDelta_1 + \sqrt{\varDelta}} = \frac{2\varDelta_1^2 + 2\varDelta}{\varDelta_1^2 - \varDelta} = \frac{\varDelta_1^2 - 2\varDelta_2}{\varDelta_2} = \frac{\varDelta_1^2}{\varDelta_2} - 2.$$

Die Bedingung für die Existenz von Doppelketten ist, wie man sieht, daß $k + \dfrac{1}{k}$, also $\dfrac{\varDelta_1^2}{\varDelta_2}$ reell sei.

Man zeigt ohne Mühe, daß

$$\left| k + \frac{1}{k} \right| \gtrless 2,$$

je nachdem die erste oder die zweite Bedingung (4) erfüllt ist. Hieraus ergibt sich der Satz:

I. *Eine Projektivität hat dann und nur dann Doppelketten, wenn $\varDelta_1^2/\varDelta_2$ reell ist.*

*Für $\dfrac{\varDelta_1^2}{\varDelta_2} < 0$ oder $\dfrac{\varDelta_1^2}{\varDelta_2} > 4$ gehen alle Doppelketten durch die Doppelpunkte; ist dagegen $0 < \dfrac{\varDelta_1^2}{\varDelta_2} < 4$, so liegen diese Punkte in bezug auf alle Doppelketten symmetrisch.*

Es sei noch bemerkt: Für $\dfrac{\varDelta_1^2}{\varDelta_2} = 4$ ist $\varDelta = 0$ und die Projektivität parabolisch, und für $\dfrac{\varDelta_1^2}{\varDelta_2} = 0$ ist sie involutorisch.

Wir wollen nun die Doppelketten in einer Symmetralität bestimmen und beginnen mit der involutorischen, also mit der Symmetrie. Diese kann (§ 2, Satz II) durch

$$(6) \qquad\qquad x\bar{x}' - \mathfrak{r} = 0$$

dargestellt werden; je nachdem $\mathfrak{r} > 0$ oder $\mathfrak{r} < 0$, hat sie eine Grundkette oder nicht. Es sei

$$\mathfrak{a}x\bar{x} - \mathfrak{m}x - \bar{\mathfrak{m}}\bar{x} + \mathfrak{d} = 0$$

eine beliebige Kette; diese wird durch die Symmetrie (6) in

$$\mathfrak{d}x\bar{x} - \mathfrak{m}\mathfrak{r}x - \bar{\mathfrak{m}}\mathfrak{r}\bar{x} + \mathfrak{a}\mathfrak{r}^2 = 0$$

überführt. Sollen die zwei Ketten zusammenfallen, muß also

$$\frac{\mathfrak{b}}{\mathfrak{a}} = \frac{m\mathfrak{r}}{m} = \frac{\mathfrak{a}\mathfrak{r}^2}{\mathfrak{b}}$$

gelten. Hieraus findet man: Entweder $\mathfrak{b} = \mathfrak{a}\mathfrak{r}$, $m$ beliebig, oder $\mathfrak{b} = -\mathfrak{a}\mathfrak{r}$, $m = 0$. Die Doppelketten werden also durch

$$\mathfrak{a}x\bar{x} - mx - \overline{m}\bar{x} + \mathfrak{a}\mathfrak{r} = 0$$

dargestellt, wo $m$ und $\mathfrak{a}$ ($\mathfrak{a}$ reell) beliebig sind, und hierzu kommt für $\mathfrak{r} > 0$ noch die Grundkette

$$x\bar{x} - \mathfrak{r} = 0.$$

Wir wollen nun eine nichtinvolutorische Symmetralität mit zwei Doppelpunkten betrachten. Verlegt man diese in $U$ und $O$, so lautet ihre Gleichung:

$$bx + c\bar{x}' = 0,$$

wo [vgl. § 2, (11)] $b\bar{b} \neq c\bar{c}$. Soll die Kette

$$\mathfrak{a}x\bar{x} - mx - \overline{m}\bar{x} + \mathfrak{b} = 0$$

mit ihrer entsprechenden

$$\mathfrak{a}c\bar{c}x\bar{x} + \overline{m}\bar{c}bx + mc\bar{b}\bar{x} + \mathfrak{b}b\bar{b} = 0$$

zusammenfallen, so erfordert dies:

$$(7) \qquad \frac{\mathfrak{a}c\bar{c}}{\mathfrak{a}} = -\frac{\overline{m}b\bar{c}}{m} = -\frac{mc\bar{b}}{\overline{m}} = \frac{\mathfrak{b}b\bar{b}}{\mathfrak{b}}.$$

Da $b\bar{b} \neq c\bar{c}$, muß wenigstens der eine der Koeffizienten $\mathfrak{a}$ und $\mathfrak{b}$ gleich Null sein. Man sieht aber leicht, daß beide Koeffizienten verschwinden müssen, denn sonst ergäbe sich aus (7)

$$\bar{c} = -\frac{m\bar{b}}{\overline{m}}, \qquad c = -\frac{\overline{m}b}{m},$$

also $c\bar{c} = b\bar{b}$.

Man erhält dann:

$$\left(\frac{m}{\overline{m}}\right)^2 = \frac{b\bar{c}}{\bar{b}c}.$$

Beide Werte von $m/\overline{m}$ können gebraucht werden, und die zwei Doppelketten werden durch

$$(8) \qquad \sqrt{b\bar{c}} \cdot x \pm \sqrt{\bar{b}c} \cdot \bar{x} = 0$$

dargestellt.

Die Gleichung einer Symmetralität mit einem involutorischen Paar kann man immer in der Form

$$xx' + d = 0$$

schreiben, wo $d \neq \bar{d}$. Fällt die Kette

$$\mathfrak{a}x\bar{x} - mx - \overline{m}\bar{x} + \mathfrak{b} = 0$$

mit ihrer entsprechenden

$$\mathfrak{b}x\bar{x} + mdx + \overline{m}\bar{d}\bar{x} + d\bar{d}\mathfrak{a} = 0$$

zusammen, so ist:

$$\frac{\mathfrak{b}}{\mathfrak{a}} = -\frac{md}{m} = -\frac{\overline{m}\,\overline{d}}{\overline{m}} = \frac{d\,\overline{d}\,\mathfrak{a}}{\mathfrak{b}}.$$

Wegen $d \neq \overline{d}$ muß $m = 0$ sein, und man erhält:

$$\left(\frac{\mathfrak{b}}{\mathfrak{a}}\right)^2 = d\,\overline{d}.$$

Von den zwei Werten von $\sqrt{d\,\overline{d}}$ kann nur der negative eine Kette geben, d. h. es gibt hier nur eine einzige Doppelkette, nämlich

$$x\,\overline{x} - \sqrt{d\,\overline{d}} = 0.$$

Zuletzt betrachten wir die Symmetralität mit einem einzigen Doppelpunkt. Liegt dieser Punkt in $U$, so müssen die zwei ersten Koeffizienten der Gleichung (26) in § 2 gleich Null sein, ohne daß gleichzeitig auch der dritte verschwindet. Hieraus findet man durch eine kleine Überlegung die gesuchte Gleichung

$$(9) \qquad\qquad bx + c\overline{x}' + d = 0,$$

wo

$$b\,\overline{b} = c\,\overline{c}, \qquad \overline{b}\,d \neq c\,\overline{d}.$$

Die Gleichung (9) kann noch vereinfacht werden. Durch Transformation mittels

$$x = \gamma x'$$

erhält man aus (9)

$$b\gamma x + c\gamma \overline{x}' + d = 0.$$

Wird $\gamma$ so gewählt, daß $b\gamma = c\overline{\gamma}$, also $\overline{\gamma} : \gamma = b : c$ (was ja möglich ist, weil $b:c$ ein Einheitswurf ist), so erhält die Gleichung der Symmetralität die Form:

$$(10) \qquad\qquad x + \overline{x}' + d = 0,$$

wo $d \neq \overline{d}$.

Um hier die Doppelketten zu bestimmen, betrachten wir, wie oben, die Kette

$$\mathfrak{a}\,x\,\overline{x} - mx - \overline{m}\,\overline{x} + \mathfrak{b} = 0,$$

die mittels (10) in

$$\mathfrak{a}\,(\overline{x} + d)(x + \overline{d}) + m\,(\overline{x} + d) + \overline{m}\,(x + \overline{d}) + \mathfrak{b} = 0$$

oder in

$$\mathfrak{a}\,x\,\overline{x} + x\,(\mathfrak{a}d + \overline{m}) + \overline{x}\,(\mathfrak{a}\overline{d} + m) + \mathfrak{a}\,d\,\overline{d} + md + \overline{m}\,\overline{d} + \mathfrak{b} = 0$$

überführt wird. Die zwei Ketten stimmen überein, wenn

$$(11) \qquad \frac{\mathfrak{a}}{\mathfrak{a}} = -\frac{\mathfrak{a}d + \overline{m}}{m} = -\frac{\mathfrak{a}\overline{d} + m}{\overline{m}} = \frac{\mathfrak{a}\,d\,\overline{d} + md + \overline{m}\,\overline{d} + \mathfrak{b}}{\mathfrak{b}}.$$

Da die Annahme $\mathfrak{a} \neq 0$ die Gleichung $d = \bar{d}$ mit sich führt, muß notwendigerweise $\mathfrak{a} = 0$ sein. Die Proportionen (11) haben dann die Form

$$-\frac{\bar{m}}{m} = -\frac{m}{\bar{m}} = \frac{md + \bar{m}\bar{d} + \mathfrak{b}}{\mathfrak{b}}.$$

Hieraus findet man $\bar{m} = \pm m$, wonach

$$\mp \mathfrak{b} = m(d \pm \bar{d}) + \mathfrak{b}.$$

Das untere Vorzeichen ist unbrauchbar, und wir finden

$$\mathfrak{b} = -\tfrac{1}{2} m(d + \bar{d}).$$

Es gibt also eine einzige Doppelkette mit der Gleichung

$$(12) \qquad x + \bar{x} + \tfrac{1}{2}(d + \bar{d}) = 0.$$

Es ist jetzt leicht, jede symmetrale oder projektive Transformation in ein Produkt von Symmetrien zu zerlegen (vgl. Kap. IV, § 3).

Wir finden, indem wir jedesmal nur eine von den unendlich vielen Zerlegungen aufschreiben:

A. Die symmetrale Transformation

$$bx + c\bar{x}' = 0.$$

Setzt man $\dfrac{b}{c} = \mathfrak{r}e$, so kann die Transformation als Produkt der folgenden Symmetrien

$$ex + \bar{x}' = 0,$$
$$x\bar{x}' - 1 = 0,$$
$$x\bar{x}' - \mathfrak{r} = 0$$

hergestellt werden

B. Die symmetrale Transformation

$$x\bar{x}' - d = 0.$$

Setzt man $d = \mathfrak{r}e$, so findet man die Auflösung:

$$x + e\bar{x}' = 0,$$
$$x + \bar{x}' = 0,$$
$$x\bar{x}' - \mathfrak{r} = 0.$$

C. Die symmetrale Transformation

$$x + \bar{x}' + d = 0.$$

Ist $d = \mathfrak{r}e$, so findet man:

$$\bar{e}x + e\bar{x}' + \mathfrak{r} = 0,$$
$$\bar{e}x + e\bar{x}' = 0,$$
$$x + \bar{x}' = 0.$$

D. Die projektive Transformation

$$bx + cx' = 0$$

kann durch $x' = \bar{x}$ in Verbindung mit der ersten Gruppe der obengenannten Symmetrien, also durch vier Symmetrien ersetzt werden.

Nur wenn diese Projektivität Doppelketten hat, kann man mit einer kleineren Zahl von Symmetrien auskommen, nämlich

1. wenn $b:c$ reell ist, mit

$$x\bar{x}' - \mathfrak{a} = 0,$$

$$x\bar{x}' + \frac{b}{c}\mathfrak{a} = 0;$$

2. wenn $b:c$ ein Einheitswurf ist, also $b\bar{b} = c\bar{c}$, mit

$$x - \bar{x}' = 0,$$

$$\bar{b}x + \bar{c}\bar{x}' = 0.$$

E. Die Projektivität

$$x' = x + d.$$

Ist $d = \mathfrak{r}e$, so erhält man:

$$\bar{e}x + e\bar{x}' + \mathfrak{r} = 0,$$

$$\bar{e}x + e\bar{x} = 0.$$

Wir wollen zuletzt noch untersuchen, inwiefern es möglich ist, durch Transformation mittels einer Projektivität die Gleichung einer gegebenen Projektivität oder Symmetralität in eine andere mit reellen Koeffizienten zu überführen.

Wenn das erreicht ist, wird jeder reellen Abszisse eine reelle Abszisse entsprechen, und die Kette der reellen Würfe, welche durch $x - \bar{x} = 0$ bestimmt ist, wird in sich selbst überführt. Es ist also notwendig, daß eine Doppelkette existiere — was offenbar auch hinreichend ist. Hat man eine Transformation, welche die Gleichung in eine andere mit reellen Koeffizienten transformiert, so erhält man unendlich viele andere, welche dasselbe leisten, indem man die erste mit einer beliebigen anderen linearen Transformation mit reellen Koeffizienten zusammensetzt.

Da eine Symmetralität immer Doppelketten hat, gilt der Satz:

II. *Man kann durch Transformation mittels einer Projektivität stets erreichen, daß die Gleichung einer beliebigen Symmetralität reelle Koeffizienten erhält.*

Es möge erstens die Symmetralität zwei Doppelpunkte haben, und ihre Gleichung sei auf die Form

$$bx + c\bar{x}' = 0$$

gebracht. Eine der Doppelketten hat, wenn $\frac{b}{c} = \mathfrak{r}e$ gesetzt wird, die Gleichung:

$$ex + \bar{x} = 0;$$

diese geht durch
$$x = i \sqrt{\bar{e}}\, \bar{x}'$$

in $x - \bar{x} = 0$ über. Dieselbe Transformation muß auch die Symmetralität in die gesuchte Form bringen, und man erhält:

$$\mathfrak{r}^2 x - \bar{x}' = 0.$$

Hat die Symmetralität ein involutorisches Paar, und ist ihre Gleichung auf die Form
$$x\bar{x}' + d = 0$$

gebracht, wo $d = \mathfrak{r}e$ ist, so hat sie eine Doppelkette mit der Gleichung

$$x\bar{x} - \mathfrak{r} = 0.$$

Diese geht durch Transformation mittels

$$x = \frac{\sqrt{\mathfrak{r}}\,(x' - i)}{x' + i}$$

in $x - \bar{x} = 0$ über.

Dieselbe Transformation führt die Symmetralität in

$$(1 + e)\,(x\bar{x}' + 1) + i\,(1 - e)\,(x - \bar{x}') = 0$$
über.

Hiernach betrachten wir die Symmetralität

$$x + \bar{x}' + d = 0$$

mit einem einzigen Doppelpunkt. Ihre Doppelkette ist
$$x + \bar{x} + \tfrac{1}{2}\big(d + \bar{d}\big) = 0.$$
Diese geht durch

$$x\,(1 + i) + x'\,(1 - i) + \tfrac{1}{2}\big(d + \bar{d}\big) = 0$$

in $x - \bar{x} = 0$ über. Die Symmetralität wird durch dieselbe Transformation in
$$x - \bar{x}' - \tfrac{1}{2}i\big(d - \bar{d}\big) = 0$$
überführt.

Eine Projektivität mit zwei Doppelpunkten kann, wie erwähnt, im allgemeinen nicht mit reellen Koeffizienten geschrieben werden, sondern nur, wenn in der reduzierten Gleichung $bx + cx' = 0$ entweder $b\bar{c} = \bar{b}c$ oder $b\bar{b} = c\bar{c}$. Im ersten Fall genügt es, mit $c$ zu dividieren. Im zweiten geht die Gleichung durch Transformation mit

$$x = \frac{ix' - 1}{ix' + 1}$$

in
$$(b + c)\,(xx' - 1) + i\,(b - c)\,(x' - x) = 0$$

über, und diese ist, wenn durch $b + c$ dividiert wird, wegen $b\bar{b} = c\bar{c}$ eine Gleichung mit reellen Koeffizienten.

Zuletzt betrachten wir die Projektivität

$$x' = x - d.$$

Eine ihrer Doppelketten ist

$$\bar{d}x - d\bar{x} = 0.$$

Diese wird durch

$$\sqrt{\bar{d}}x - \sqrt{d}x' = 0$$

in $x - \bar{x} = 0$ überführt, und die Gleichung der Projektivität in

$$x' = x - \sqrt{d\bar{d}}.$$

## § 4. Projektive Koordinaten in der Ebene.

Ebenso wie man einen beliebigen Punkt einer Geraden von drei festen Punkten aus durch eine Abszisse bestimmen kann, so kann man auch einen beliebigen Punkt einer Ebene von vier festen Punkten derselben aus durch Koordinaten festlegen; die vier Punkte sollen voneinander unabhängig sein, d. h. es sollen keine drei von ihnen in einer Geraden liegen.

Die Koordinaten, die wir einführen werden, heißen *projektive Koordinaten*, da sie projektiv invariant sind; daß eine solche Koordinatenbestimmung von vier Punkten ausgehen muß, folgt daraus, daß man durch eine projektive Transformation vier beliebige voneinander unabhängige Punkte in vier ebensolche überführen kann.

Die festen Punkte, von welchen die Bestimmung ausgeht, seien $A_1, A_2, A_3, E$. Den letzten Punkt heben wir besonders hervor und nennen ihn *Einheitspunkt*, während die drei ersten *Grundpunkte* heißen und das *Koordinatendreieck* bestimmen. Die Seiten dieses Dreieckes $a_1, a_2, a_3$, welche bzw. $A_1, A_2, A_3$ gegenüberliegen, heißen *Grundlinien*.

Einen beliebigen, außerhalb $a_3$ liegenden Punkt $M$ kann man dann durch die zwei folgenden Würfe bestimmen:

$$\mu_1 = A_1(A_2 A_3 E M) = (a_3 a_2 e_1 m_1)$$
$$\mu_2 = A_2(A_3 A_1 E M) = (a_1 a_3 e_2 m_2),$$

wo $e_r$ und $m_r$ die Geraden sind, welche $E$ bzw. $M$ mit $A_r$ verbinden.

Um auch die Punkte von $a_3$ zu bestimmen, braucht man noch den dritten Wurf

$$\mu_3 = A_3(A_1 A_2 E M) = (a_2 a_1 e_3 m_3).$$

Diese drei Würfe sind durch die Gleichung

$$(1) \qquad \mu_1 \mu_2 \mu_3 = 1$$

verbunden. Um dies einzusehen, nehmen wir zunächst an, $M$ liege nicht auf einer der Grundlinien; dann sind alle $\mu \neq 0$ und $\neq \infty$. Die Gerade $EM$ schneide die Grundlinien $a_1, a_2, a_3$ in bzw. $B_1, B_2, B_3$; man hat dann

$$\mu_1 \mu_2 = (B_3 B_2 E M) \cdot (B_1 B_3 E M) = (B_1 B_2 E M) = \frac{1}{\mu_3},$$

woraus (1) folgt.

Geht im besonderen die Gerade $EM$ durch $A_3$, so ist $\mu_1 \mu_2 = 1, \mu_3 = 1$. Liegt $M$ auf $a_3$, aber nicht in einem Eckpunkt, so ist $\mu_1 = \infty, \mu_2 = 0$, während $\mu_3$ einen bestimmten Wert $\neq 0$ und $\neq \infty$ hat; liegt $M$ in $A_3$, so ist $\mu_1 = 0$, $\mu_2 = \infty$, und $\mu_3$ ist unbestimmt. Auch in diesen und den analogen Fällen kann (1) als erfüllt betrachtet werden.

Infolge (1) kann man nun setzen:

$$(2) \qquad \mu_1 = \frac{x_2}{x_3}, \qquad \mu_2 = \frac{x_3}{x_1}, \qquad \mu_3 = \frac{x_1}{x_2},$$

wo jedes $x \neq \infty$, und nicht alle $x$ gleichzeitig Null sind. Man sieht dann, daß $\varrho x_1, \varrho x_2, \varrho x_3$, wo $\varrho$ ($\neq 0$ und $\neq \infty$) ein gemeinsamer Faktor ist, als *homogene Koordinaten* für die Punkte der Ebene benutzt werden können.

Für Punkte auf $a_3$ ist im besonderen $x_3 = 0$; für $A_3$ ist sowohl $x_1 = 0$ als $x_2 = 0$.

Die Koordinaten einer Geraden können in dual entsprechender Weise definiert werden. Man wählt eine *Einheitsgerade $e$*, welche die Grundlinien $a_1, a_2, a_3$ in bzw. $E_1, E_2, E_3$ schneiden möge. Ist nun $m$ eine willkürliche Gerade, welche die Grundlinien in $M_1, M_2, M_3$ schneidet, so setzen wir:

$$v_1 = (A_3 A_2 E_1 M_1),$$
$$v_2 = (A_1 A_3 E_2 M_2),$$
$$v_3 = (A_2 A_1 E_3 M_3).$$

Man hat auch hier

$$(3) \qquad v_1 v_2 v_3 = 1.$$

Setzt man

$$(4) \qquad v_1 = \frac{X_2}{X_3}, \qquad v_2 = \frac{X_3}{X_1}, \qquad v_3 = \frac{X_1}{X_2},$$

so können $\varrho X_1, \varrho X_2, \varrho X_3$ als homogene Koordinaten der Geraden aufgefaßt werden.

Es ist nicht notwendig, aber bequem, die Einheitslinie $e$ als die sog. *Harmonikale* des Einheitspunktes $E$ zu wählen. Diese Harmonikale kann in folgender Weise definiert werden:

Die Gerade $A_r E$ schneide die Grundlinie $a_r$ in $E_r'$. Die Schnittpunkte $E_r$ der Grundlinien mit der Einheitslinie werden dann durch die Gleichungen

$$(A_1 A_2 E_3 E_3') = (A_2 A_3 E_1 E_1') = (A_3 A_1 E_2 E_2') = -1$$

definiert. — Daß die drei so gefundenen Punkte $E_r$ auf einer Geraden liegen, kann man leicht einsehen.

Wir wollen ferner in diesen Koordinaten ausdrücken, daß ein Punkt $M = (x_1, x_2, x_3)$ auf einer Geraden $m = (X_1, X_2, X_3)$ liegt.

Es gehe $m$ durch keinen der drei Grundpunkte; die obige Bedingung kann dann durch die Gleichung

$$(5) \qquad A_1 (M_1 M_2 M_3 M) = A_2 (M_1 M_2 M_3 M)$$

ausgedrückt werden.

Für die erste $\mu$-Koordinate des Punktes $M_1$ finden wir mittels Kap. V, § 1, Satz III, indem $e$ die Harmonikale des Punktes $E$ ist, und also $E_1$ und $E_1'$ durch $A_2$ und $A_3$ harmonisch getrennt sind (vgl. Fig. 30):

$$A_1(A_2 A_3 E_1' M_1) = - A_1(A_2 A_3 E_1 M_1) = \frac{-1}{(A_3 A_2 E_1 M_1)} = -\frac{1}{\nu_1}.$$

Die ersten $\mu$-Koordinaten der vier Punkte $M_1, M_2, M_3, M$ werden dann $-\dfrac{1}{\nu_1}$, $0$, $\infty$, $\mu_1$; in analoger Weise werden die zweiten $\mu$-Koordinaten $\infty$, $-\dfrac{1}{\nu_2}$, $0, \mu_2$.

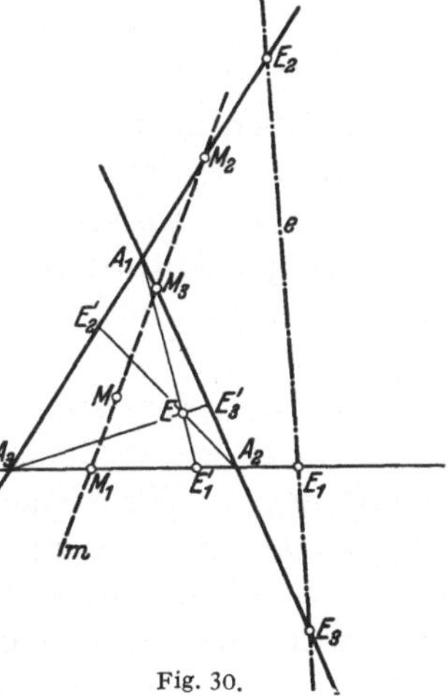

Die Gleichung (5) gibt dann mittels § 1, Satz I:

$$\frac{\mu_1 \nu_1}{1 + \mu_1 \nu_1} = 1 + \mu_2 \nu_2$$

oder

$$1 + \mu_2 \nu_2 + \mu_1 \nu_1 \mu_2 \nu_2 = 0.$$

Durch Einsetzen der Werte (2) und (4) erhält man:

$$(6) \qquad x_1 X_1 + x_2 X_2 + x_3 X_3 = 0.$$

Dies ist die *Gleichung der Geraden m* in Punktkoordinaten, und zugleich die *Gleichung des Punktes M* in Linienkoordinaten.

Fig. 30.

Geht $m$ im besonderen durch $A_3$, so ist, wie man sogleich findet, $\mu_3 \nu_3 = -1$, d. h.:

$$x_1 X_1 + x_2 X_2 = 0,$$

welche Gleichung ein spezieller Fall von (6) ist.

Es seien $\alpha = 0$ und $\beta = 0$ die Gleichungen zweier Geraden; dann stellt

$$(7) \qquad \alpha + \lambda \beta = 0$$

das durch die zwei Geraden bestimmte Büschel dar; durch Schneiden mit einer beliebigen Geraden, z. B. einer Seite des Koordinatendreiecks, sieht man, daß $\lambda$ als der Wert des von den vier Geraden

$$\beta = 0, \quad \alpha = 0, \quad \alpha + \beta = 0, \quad \alpha + \lambda \beta = 0$$

gebildeten Wurfes gedeutet werden kann.

Jedes mit (7) projektive Büschel kann daher durch

$$(8) \qquad \gamma + \lambda \delta = 0$$

dargestellt werden. Der Schnittpunkt entsprechender Strahlen beschreibt einen Kegelschnitt; die Gleichung dieser Kurve ergibt sich durch Elimination von $\lambda$ aus (7) und (8) und lautet:

$$(9) \qquad \alpha \delta = \beta \gamma.$$

*Die Gleichung des Kegelschnittes ist demnach vom zweiten Grade.*

Umgekehrt wird jede Gleichung zweiten Grades einen Kegelschnitt darstellen; denn eine solche Gleichung kann leicht auf die Form (9) gebracht werden.

## VII. Kapitel.

# Aufgaben dritten und vierten Grades.

## § 1. Über die Schnittpunkte zweier Kegelschnitte.

Aufgaben dritten und vierten Grades sind solche, deren Lösungen sich auf die Bestimmung der Schnittpunkte zweier Kegelschnitte zurückführen lassen. Bisweilen läßt sich diese Bestimmung auf das Schneiden eines Kegelschnittes mit einer Geraden (Aufgaben zweiten Grades) reduzieren, und mit wichtigen Fällen dieser Art wollen wir uns zuerst beschäftigen.

Über die Kegelschnitte werden keine speziellen Voraussetzungen gemacht; sie können imaginär sein und können auch in einer imaginären Ebene liegen. Wir können doch zur Erläuterung der Methoden reelle Figuren benutzen, wenn nur diese Methoden projektiver Natur sind (vgl. die Schlußbemerkungen in Kap. II, § 2).

Haben zwei Kegelschnitte einen gemeinsamen Punkt $A$, so werden wir im folgenden sagen, daß sie sich in $A$ schneiden bzw. berühren, je nachdem ihre Tangenten in $A$ verschieden sind oder zusammenfallen.

I. *Wenn zwei Kegelschnitte sich in drei Punkten $A$, $B$ und $C$ schneiden, dann schneiden sie sich noch in einem vierten Punkt.*

Es seien nämlich (Fig. 31) $P$ und $P_1$ die Pole der Geraden $AB$ in bezug auf $\varkappa$ und $\varkappa_1$ und $Q$ der Schnittpunkt von $PP_1$ mit $AB$; $Q$ ist von $A$ und $B$ verschieden. Es sei ferner $R$ der Punkt, welcher von $Q$ durch $A$ und $B$ harmonisch getrennt ist; $R$ ist dann der Pol von $PP_1$ sowohl in bezug auf $\varkappa$ als auch auf $\varkappa_1$. Durch eine harmonische Homologie mit $R$ als Zentrum und $PP_1$ als Achse geht jeder der Kegelschnitte in sich über. Der Punkt, welcher dem Punkt $C$ entspricht, ist der gesuchte vierte Schnittpunkt.

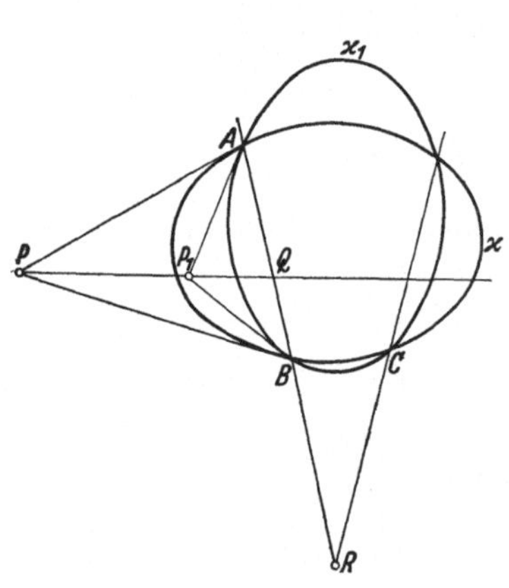

Fig. 31.

Wir nehmen nun an, daß $\varkappa$ und $\varkappa_1$ sich in zwei Punkten $A$ und $B$ schneiden. Um die weiteren Schnittpunkte zu finden, ziehe man durch $B$

eine beliebige Gerade, welche $\varkappa$ und $\varkappa_1$ außer in $B$ noch in $M$ bzw. $M_1$ schneidet. Die Projektivität $(AM, AM_1)$ hat zwei verschiedene oder zusammenfallende Doppelgerade; keine von diesen kann in die Gerade $AB$ oder in eine durch $A$ gehende Kegelschnittangente fallen. Sind die zwei Doppelgeraden verschieden, dann haben $\varkappa$ und $\varkappa_1$ außer $A$ und $B$ noch zwei Punkte $C$ und $D$ miteinander gemein; in keinem von diesen Punkten können die Kegelschnitte einander berühren, weil ein Kegelschnitt durch vier Punkte und die Tangente in einem von diesen eindeutig bestimmt ist. Wenn die Doppelgeraden zusammenfallen, gibt es außer $A$ und $B$ nur einen gemeinsamen Punkt $C$; nach Satz I berühren die zwei Kegelschnitte einander in $C$. Also:

II. *Wenn zwei Kegelschnitte sich in zwei Punkten schneiden, dann haben sie entweder zwei weitere Schnittpunkte, oder sie berühren sich in einem Punkt.*

Es seien nun $\varkappa$ und $\varkappa_1$ zwei Kegelschnitte, die in einem Punkt $A$ dieselbe Tangente $a$ haben. Durch eine Homologie[1] mit $A$ als Zentrum kann die eine Kurve in die andere überführt werden (vgl. S. 17). Je nach der Lage der Homologieachse $s$ hat man dann folgende Fälle: Wenn $s$ die Kurve $\varkappa$ in zwei Punkten $B$ und $C$ $(\neq A)$ schneidet, so sind diese Punkte auch Schnittpunkte von $\varkappa$ und $\varkappa_1$; berührt $s$ den Kegelschnitt $\varkappa$ in einem Punkt $B$ $(\neq A)$, so ist dieser Punkt auch ein Berührungspunkt der zwei Kurven. Schneidet $s$ die Kurve $\varkappa$ in $A$ und in einem weiteren Punkt $B$, so ist der Punkt $B$ ein Schnittpunkt; man sagt in diesem Fall, daß die zwei Kegelschnitte in $A$ *eine dreipunktige Berührung* haben. Fällt endlich $s$ mit der Tangente $a$ zusammen, so haben die Kegelschnitte außer $A$ keinen Punkt miteinander gemein, und man sagt, daß sie *eine vierpunktige Berührung* in $A$ haben. Also:

III. *Wenn zwei Kegelschnitte einander in einem Punkt $A$ berühren, sind vier Möglichkeiten vorhanden:*

1. *Sie haben zwei weitere Schnittpunkte.*

2. *Sie haben einen weiteren Berührungspunkt* (die Kegelschnitte haben „Doppelberührung").

3. *Sie haben in $A$ dreipunktige Berührung und schneiden einander in einem zweiten Punkt.*

4. *Sie haben in $A$ vierpunktige Berührung.*

Alle genannten Lagen zweier Kegelschnitte sind wirklich möglich. Daß alle vier Punkte getrennt liegen können, ist selbstverständlich; die Möglichkeit der anderen Fälle schließt man unmittelbar durch Anwendung einer Homologie der obengenannten Art.

Weiterhin gilt:

IV. *Wenn zwei Kegelschnitte $\varkappa$ und $\varkappa_1$ in einem Punkt $A$ dreipunktige Berührung haben, dann wird jeder durch $A$ gehende Kegelschnitt, welcher $\varkappa$*

---

[1] Eine solche existiert im imaginären Gebiet wie im reellen.

*dreipunktig in A berührt, auch den anderen Kegelschnitt $\varkappa_1$ in diesem Punkt mindestens dreipunktig berühren.*

*Haben zwei Kegelschnitte $\varkappa$ und $\varkappa_1$ in einem Punkt A eine vierpunktige Berührung, dann wird jeder Kegelschnitt, welcher in A die Kurve $\varkappa$ vierpunktig berührt, auch die andere Kurve $\varkappa_1$ in diesem Punkt vierpunktig berühren.*

Dies folgt daraus, daß das Produkt von zwei Homologien mit demselben Zentrum $A$ und den Achsen $s_1$ und $s_2$ wieder eine Homologie mit dem Zentrum $A$ ist, deren Achse $s$ durch den Schnittpunkt $(s_1 s_2)$ geht oder, wenn $s_1$ und $s_2$ dieselbe Gerade sind, mit dieser Geraden zusammenfällt.

Nach diesen Vorbereitungen definieren wir *ein Büschel von Kegelschnitten* als die Gesamtheit von Kegelschnitten, welche durch vier Punkte, die Grundpunkte des Büschels, gehen; diese Punkte können paarweise verschieden sein oder auch alle oder teilweise zusammenfallen; hierbei gibt es fünf projektiv verschiedene Möglichkeiten.

Ein Büschel ist durch zwei beliebige seiner Kurven bestimmt, und durch jeden von den Grundpunkten verschiedenen Punkt der Ebene geht eine und nur eine Kurve des Büschels. Diese Kurve kann aber in ein Geradenpaar (im besondern in zwei zusammenfallende Gerade) ausarten.

Man hat nun den Hauptsatz:

V. *Die Kegelschnitte eines Büschels schneiden eine feste Gerade, welche durch keinen der Grundpunkte geht, in Punktpaaren einer Involution.*

Für den Fall, wo die Grundpunkte paarweise verschieden sind, ist der Beweis wohl bekannt; wir betrachten nun die übrigen Fälle. Alle Kurven des Büschels haben dann in einem Punkt $A$ eine gemeinsame Tangente $a$, und jede solche Kurve kann in jede andere Kurve des Büschels durch eine Homologie mit dem festen Zentrum $A$ und einer festen Achse $s$ überführt werden.

Es sei (Fig. 32) $l$ die feste Gerade, $\varkappa_1$ ein fester Kegelschnitt des Büschels. Ein beliebiger Kegelschnitt $\varkappa$ des Büschels werde von $l$ in den Punkten $(M, M')$ geschnitten. In der Homologie, welche $\varkappa$ in $\varkappa_1$ überführt, entspricht der Geraden $l$ eine andere Gerade $l_1$ durch den festen Schnittpunkt $S = (ls)$; $l_1$ schneidet $\varkappa_1$ in den zwei Punkten $(M_1, M_1')$, welche $(M, M')$ entsprechen; die zwei Paare $(M, M')$ und $(M_1, M_1')$ werden aus $A$ durch dasselbe Geradenpaar projiziert. Wenn $\varkappa$ variiert, dreht sich $l_1$ um $S$, und die Paare $(M_1, M_1')$ bilden eine Involution auf $\varkappa_1$, und ebenso auch die Paare $(M, M')$ auf $l$.

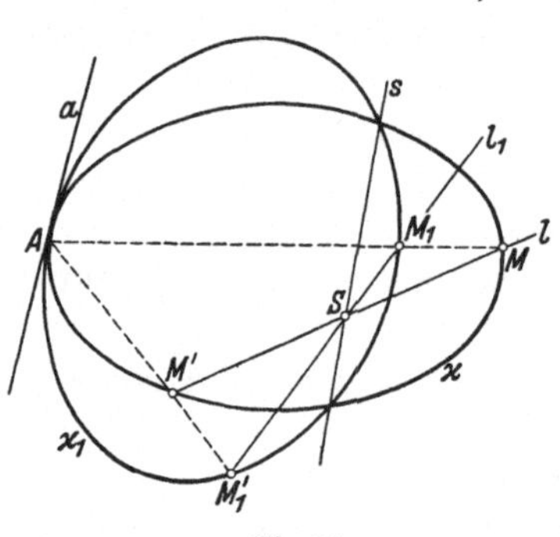


Fig. 32.

Der Satz gilt, wie man sofort sieht, auch für die ausgearteten Kurven des Büschels.

Aus diesem Satz erhält man:

VI. *Die Polaren zu einem festen Punkt P in bezug auf die Kurven eines Büschels bilden im allgemeinen ein Geradenbüschel; für spezielle Lagen von P können sie aber in eine feste Gerade fallen.*

Es sei nämlich $P_1$ ein gemeinsamer Punkt der Polaren von $P$ in bezug auf zwei Kegelschnitte des Büschels; um den Satz zu beweisen, genügt es den Satz V auf die Gerade $PP_1$ anzuwenden.

Es seien nun $P$ und $Q$ zwei Punkte allgemeiner Lage. Die zwei Büschel entsprechender Polaren sind dann projektiv gepaart; es folgt dies sofort aus Kap. I, § 2, Satz X, indem man die Büschel mit der Geraden $PQ$ schneidet. Jedes der zwei Büschel ist — nach der in dem soeben zitierten Paragraphen eingeführten Terminologie — mit den Paaren der Involution projektiv, welche durch das Kegelschnittbüschel auf $PQ$ bestimmt wird; die Involutionen, welche von dem Kegelschnittbüschel auf zwei verschiedenen Geraden ausgeschnitten werden, sind demnach projektiv.

Ist $A$ ein Grundpunkt, in welchem die Kurven $\varkappa$ einander nicht berühren, und $P$ ein beliebiger, fester Punkt, dann ist das Büschel der Tangenten in $A$ mit dem Büschel von Polaren des Punktes $P$ projektiv. Dieses schließt man aus dem Obigen, indem man zwei Punkte $P$ und $Q$ mit den entsprechenden Büscheln von Polaren betrachtet und $Q$ gegen $A$ konvergieren läßt.

Zieht man endlich durch einen Grundpunkt $A$ eine feste Gerade $l$, und ist $M$ der veränderliche Schnittpunkt von $l$ mit einem Kegelschnitt $\varkappa$ des Büschels und $P$ ein beliebiger, fester Punkt von $l$, dann ist die Reihe der Punkte $M$ mit dem Büschel der Polaren des Punktes $P$ projektiv. Denn schneidet eine Polare die Gerade $l$ in $N$, dann ist der Wurf $(AMNP)$ harmonisch.

Ist ein Kegelschnittbüschel vorgelegt, so sind nach dem Obigen die folgenden Elementargebilde projektiv:

1. Die Büschel von Polaren in bezug auf die verschiedenen Punkte der Ebene,

2. die Involutionen, welche auf den verschiedenen Geraden ausgeschnitten werden,

3. die Büschel von Tangenten in den verschiedenen Grundpunkten,

4. die Punktreihen, welche auf den verschiedenen durch einen Grundpunkt gehenden Geraden ausgeschnitten werden.

Jedes Elementargebilde, welches zu einer von diesen — und also zu allen — projektiv ist, nennt man *zu dem Büschel von Kegelschnitten projektiv*.

Wir beweisen nun:

VII. *Die Kurven $\varkappa$ eines Büschels schneiden einen festen Kegelschnitt $\mu$, welcher durch zwei Grundpunkte geht, in Punktpaaren einer Involution. Die entsprechende Reihe von Sekanten ist zu dem Büschel $(\varkappa)$ projektiv.*

Die genannten Grundpunkte seien $A$ und $B$ und $a$ ihre Verbindungs-
gerade (Fig. 33)[1]. Ferner seien $\varkappa_1$, $\varkappa_2$, $\varkappa_3$ drei Kegelschnitte des Büschels,
welche von $\mu$ außer in $A$ und $B$ in Punktpaaren geschnitten werden,
deren Verbindungslinien bzw. $p_1$, $p_2$, $p_3$ heißen mögen. Wir haben
zu zeigen, daß $p_1$, $p_2$, $p_3$ durch einen Punkt gehen.

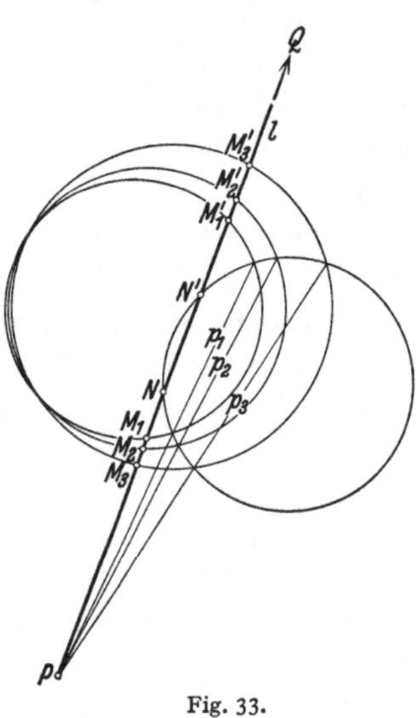

Fig. 33.

Es sei $P$ der Schnittpunkt von $p_1$
und $p_2$. Durch $P$ ziehe man eine feste
Gerade $l$, und diese möge $a$ in $Q$ und die
Kurven $\varkappa_1$, $\varkappa_2$, $\varkappa_3$ und $\mu$ in $(M_1, M_1')$,
$(M_2, M_2')$, $(M_3, M_3')$ bzw. $(N, N')$ schnei-
den. Durch Betrachtung der Büschel
$(\mu, \varkappa_1)$, $(\mu, \varkappa_2)$, $(\varkappa_1, \varkappa_2, \varkappa_3)$ sieht man, daß
$(P, Q)$, $(N, N')$, $(M_1, M_1')$ sowie $(P, Q)$,
$(N, N')$, $(M_2, M_2')$ und $(M_1, M_1')$, $(M_2, M_2')$,
$(M_3, M_3')$ Paare je einer Involution sind.
Diese drei Involutionen fallen aber offenbar zusammen.

Schneidet nun $p_3$ die Gerade $l$ in $P'$,
ergibt die Betrachtung des Büschels $(\mu, \varkappa_3)$,
daß $(P', Q)$, $(N, N')$, $(M_3, M_3')$ eine Involution bilden. Es muß daher $P'$ mit $P$
zusammenfallen, und der erste Teil des
Satzes ist bewiesen.

Es sei $P$ der gemeinsame Punkt der Schnittpunktsekanten $p_1, p_2, p_3 \ldots$
Das Büschel von Polaren von $P$ in bezug auf $\varkappa_1$, $\varkappa_2$, $\varkappa_3$ ist dann mit dem
Büschel $p_1, p_2, p_3 \ldots$ perspektiv; denn entsprechende Strahlen schnei-
den sich auf der Polaren von $P$ in bezug auf $\mu$.

Falls $\mu$ durch einen dritten Grundpunkt des Kegelschnittbüschels
geht, wird die im Satze erwähnte Involution singulär. Die projektive
Beziehung zwischen den Kurven $\varkappa$ und den Geraden $p$ besteht jedoch
auch hier, wovon man sich durch einen Grenzübergang überzeugt.

Aus Satz VII ergibt sich insbesondere:

VIII. *Gehen drei Kegelschnitte durch dieselben zwei Punkte $A$ und $B$,
dann gehen die der Geraden $AB$ gegenüberliegenden drei Schnittpunktsekanten durch denselben Punkt.*

Als Beispiel einer Aufgabe mit vier Lösungen, deren Bestimmung
sich auf Aufgaben zweiten Grades reduzieren läßt, nenne ich die folgende:

Durch drei Punkte $A$, $B$, $C$ einen Kegelschnitt zu legen, welcher mit
einem gegebenen Kegelschnitt $\varkappa$ Doppelberührung hat.

Der gegebene und der gesuchte Kegelschnitt sowie die doppeltzählende
Verbindungsgerade der Berührungspunkte gehören einem Büschel an.
Der Hauptsatz V gibt dann die folgende Konstruktion:

---

[1] Auf der Figur sind $A$ und $B$ in die Kreispunkte verlegt.

Die Geraden $AB$ und $AC$ mögen $\varkappa$ in $(M_1, M_2)$ bzw. $(N_1, N_2)$ schneiden. $R_1$ und $R_2$ seien die Doppelpunkte der Involution $(A, B)$, $(M_1, M_2)$ und $S_1$ und $S_2$ die der Involution $(A, C)$, $(N_1, N_2)$. Die Verbindungsgerade der Berührungspunkte ist dann eine der vier Geraden $R_1S_1$, $R_1S_2$, $R_2S_1$, $R_2S_2$.

Daß jede so gefundene Kurve wirklich allen Bedingungen genügt, erkennt man leicht.

## § 2. Die rein kubische Gleichung.

Die Theorie der kubischen Gleichung, zu der wir nun übergehen, stützt sich auf den folgenden Satz:

I. *Zwei in einer reellen Ebene liegende reelle Kegelschnitte, welche sich in einem reellen Punkt schneiden, haben wenigstens noch einen reellen Punkt miteinander gemein.*

Diese Aussage findet sich in allgemeinerer Form bei v. STAUDT in seiner Geometrie der Lage § 157. Ob zwar sein Beweis den Kern der Sache trifft, kann er doch kaum als bindend betrachtet werden. Ein auf Kontinuitätsbetrachtungen sich stützender Beweis findet sich bei ENRIQUES § 76, und wir begnügen uns hier, auf diesen hinzuweisen.

Um nun die allgemeine Aufgabe dritten Grades zu lösen, sucht v. STAUDT — ganz im Sinne der gewöhnlichen Algebra — diese Aufgabe auf die Lösung einer rein kubischen Gleichung zurückzuführen. Wir wollen hier dieselbe Methode anwenden und beginnen mit einer solchen Gleichung.

Diese Gleichung sei

$$(1) \qquad x^3 = a \,,$$

wo $x$ der gesuchte Wurf und $a \neq 0$ und $\neq \infty$ ist.

Ist $a$ reell und positiv, so kann (1) nicht durch einen reellen negativen Wert befriedigt werden, denn $x^3$ ist gleichzeitig mit $x$ negativ reell; es kann höchstens eine reelle positive Lösung geben, denn $x_1 > x_2$ ergibt $x_1^3 > x_2^3$.

Ist $x$ eine nichtreelle Lösung von (1) und $a$ reell, so ist auch $\bar{x}$ eine Lösung; denn aus $x^3 = a$ folgt $(\bar{x})^3 = \bar{a} = a$.

Wir betrachten nun zuerst die Gleichung

$$(2) \qquad x^3 = 1$$

für welche $x = 1$ eine Lösung ist. Um andere zu bestimmen, hat man einen von $E$ verschiedenen Punkt $X$ zu finden, so daß

$$(3) \qquad (UOEX)^3 = (UOEE) \,.$$

Wie man auch den Punkt $X$ wählt, kann man immer die Punkte $Y$ und $Z$ so finden, daß

$$(4) \qquad (UOEX) = (UOXY) = (UOYZ) \,.$$

Nach der Multiplikationsregel erhält man hieraus:

$$(UOEX)^3 = (UOEZ).$$

Eine notwendige und hinreichende Bedingung dafür, daß der Punkt $X$ die Gleichung (3) befriedige, ist also, daß $Z$ mit $E$ zusammenfällt. Aus den Gleichungen (4) erhalten wir dann:

$$UOEXY \barwedge UOXYE.$$

Hieraus entnimmt man, daß $U$ und $O$ die zwei Doppelpunkte in der durch die Paare $(E, X)$, $(X, Y)$, $(Y, E)$ bestimmten Projektivität sind. Um nun $X$ und $Y$ zu bestimmen, wähle man in einer beliebigen (z. B. reellen) Geraden drei verschiedene Punkte $E_1, X_1, Y_1$ und bestimme die Doppelpunkte $U_1$ und $O_1$ in der durch die Paare $(E_1, X_1)$, $(X_1, Y_1)$, $(Y_1, E_1)$ bestimmten Involution. Diese Doppelpunkte müssen verschieden sein; denn sonst müßten die zwei Punkte, welche $X_1$ von $(E_1, Y_1)$ und $Y_1$ von $(E_1, X_1)$ harmonisch trennen, zusammenfallen (Kap. I, § 1, Satz II a); das ist aber unmöglich. Falls nun die Punkte $X$ und $Y$ existieren, gibt es eine projektive Transformation, welche $E_1, X_1, Y_1$ in $E, X$ bzw. $Y$ überführt; diese führt die Doppelpunkte $U_1$ und $O_1$ in $U$ und $O$ über und kann deshalb durch $(U_1, U)$, $(O_1, O)$, $(E_1, E)$ oder $(U_1, O)$, $(O_1, U)$, $(E_1, E)$ bestimmt werden. Beiden Möglichkeiten entspricht eine Lösung $X$.

Die Gleichung (2) hat also außer $x = 1$ noch zwei Lösungen, welche nach dem Obigen konjugiert imaginär sind. Sie sind Einheitswürfe, denn setzt man nach Kap. V, § 2 $x = \mathfrak{r}e$, wo $\mathfrak{r} \neq 1$, so wird $x^3 \neq 1$.

Aus dem Vorhergehenden folgt, daß die Gleichung (1), wenn überhaupt eine, dann drei und nur drei verschiedene Lösungen hat. Ist nämlich $x_1$ eine Lösung, finden wir $\left(\dfrac{x}{x_1}\right)^3 = 1$, d. h.: außer $x = x_1$ hat man die zwei Lösungen $x = \varepsilon x_1$, wo $\varepsilon$ eine von 1 verschiedene Lösung der Gleichung (2) ist.

Ein beliebiger Wurf $a$ kann ferner (Kap. V, § 2, Satz VI) stets als Produkt eines positiven reellen Wurfes und eines Einheitswurfes dargestellt werden; man braucht also, um die Existenz der drei Lösungen von (1) zu beweisen, nur die zwei Fälle zu betrachten, wo $a = \bar{a}$ oder $a\bar{a} = 1$, und hier eine Lösung anzugeben.

Wir beweisen zunächst folgenden Hilfssatz[1]:

II. *Sind $U, O, E, A$ vier Punkte eines Kegelschnittes, und ist $S$ der Schnittpunkt der Tangenten in $U$ und $O$, dann ist*

$$(5) \qquad\qquad S(UOEA) = (UOEA)^2.$$

---

[1] Dieser Satz ist eine projektive Form des folgenden elementaren Satzes:

Ein Zentriwinkel in einem Kreise ist doppelt so groß, wie ein auf demselben Bogen ruhender Peripheriewinkel.

Die Gerade $EA$ (Fig. 34) schneide nämlich die Tangenten in $U$ und $O$ sowie die Gerade $UO$ in bzw. $U_1, O_1, B$. Man hat dann:

$$S(UOEA) = (U_1O_1EA) = (U_1BEA) \cdot (BO_1EA).$$

Aus

$$(U_1BEA) = U(U_1BEA) = (UOEA)$$

und

$$(BO_1EA) = O(BO_1EA) = (UOEA),$$

folgt leicht (5).

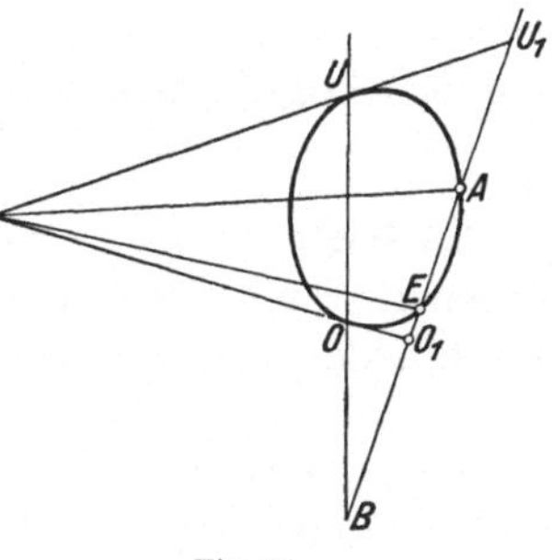
Fig. 34.

Wir denken uns nun den Kegelschnitt $\varkappa$ als eine reelle Kurve und $E$ und $A$ als reelle Punkte; wenn $U$ und $O$ ebenfalls reell sind, ist der Wurf $(UOEA)$ reell; sind dagegen $U$ und $O$ konjugiert imaginär, dann ist $(UOEA)$ ein Einheitswurf (Kap. V, § 2, Satz VII). $S$ sei, wie oben, der Schnittpunkt der Tangenten an $\varkappa$ in $U$ und $O$; dieser Punkt ist in beiden genannten Fällen reell.

Die zwei projektiven Büschel

$$S(UOE\ldots) \quad \text{und} \quad E(OUA\ldots)$$

bestimmen einen Kegelschnitt $\mu$. Wenn $U$ und $O$ reelle Punkte sind, enthält $\mu$ fünf reelle Punkte; sind dagegen $U$ und $O$ konjugiert imaginär[1],

dann enthält $\mu$, wie unmittelbar zu sehen, drei reelle und zwei konjugiert imaginäre Punkte; hieraus folgt, daß $\mu$ in beiden Fällen reell ist.

Die Kurve $\mu$ berührt die Gerade $EA$ in $E$ und wird also (Satz I) wenigstens einen weiteren reellen Punkt mit $\varkappa$ gemein haben. Für jeden Schnittpunkt $M$ von $\mu$ und $\varkappa$ hat man nach dem Hilfssatz II

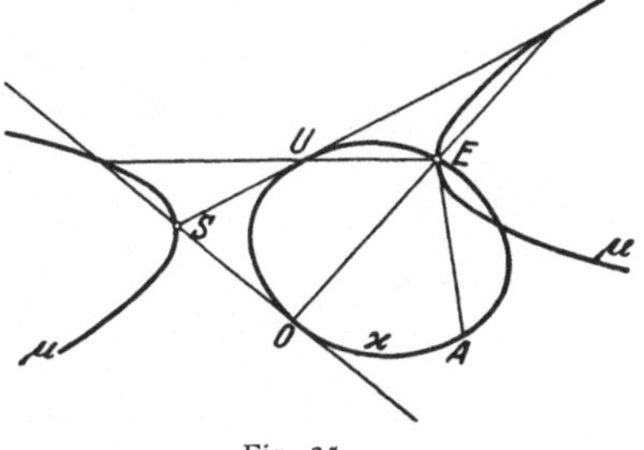
Fig. 35.

und der obengenannten Projektivität (vgl. Fig. 35):

$$(UOEM)^2 = S(UOEM) = E(OUAM) = (OUAM) = (UOMA).$$

Da aber
$$(UOEA) = (UOEM) \cdot (UOMA),$$
folgt
$$(UOEA) = (UOEM)^3.$$

Mehr als drei Schnittpunkte außer $E$ können nicht auftreten. Wenn $a\bar{a} = 1$, sind alle drei Schnittpunkte reell; es sei nämlich $M$ ein reeller Schnittpunkt (vgl. Satz I) und $P$ einer der anderen; dann ist $(UOEP) = \varepsilon \cdot (UOEM)$, also $(UOMP) = \varepsilon$, wo $\varepsilon$ eine der imaginären

---

[1] Verlegt man $U$ und $O$ in die Kreispunkte, so wird $\varkappa$ ein Kreis. Es läßt sich leicht zeigen, daß $\mu$ in diesem Fall eine gleichseitige Hyperbel ist.

Lösungen der Gleichung $x^3 = 1$ ist; also ist nach Kap. V, § 2, Satz VII der Punkt $P$ reell.

Wenn $\bar{a} = a$, ist nur der eine Schnittpunkt reell; dies folgt unmittelbar aus den einleitenden Bemerkungen.

## § 3. Kegelschnitte, welche einander in einem gegebenen Punkt schneiden.

Es seien $\varkappa$ und $\varkappa_1$ zwei Kegelschnitte, die einander in einem gegebenen Punkt $A$ schneiden; wir wollen die übrigen gemeinsamen Punkte der Kurven bestimmen.

Ist $S$ ein beliebiger, aber fester Punkt der einen Kurve $\varkappa$, und schneidet eine durch $S$ gehende Gerade diese Kurve nochmals in $M$ und die andere in $N$ und $N'$, dann bilden die Strahlenpaare $(AN, AN')$ eine Involution, welche (Kap. I, § 2, S. 16) zu dem Strahlenbüschel $S(M)$, also auch zu dem Strahlenbüschel $A(M)$ projektiv ist. Jeder $\varkappa$ und $\varkappa_1$ gemeinsame Punkt muß in einem Strahl $AM$ liegen, welcher mit dem einen Strahl des entsprechenden involutorischen Paares zusammenfällt; wir können — freilich in übertragenem Sinne — sagen, daß $AM$ in diesem Fall ein selbstentsprechender Strahl ist.

Um weiter zu kommen, brauchen wir den folgenden Hilfssatz, dessen Beweis sich auf die Resultate von § 2 stützt:

I. *Hilfssatz A* [1]. *Sind in einem Elementargebilde die Paare einer Involution und die Elemente des Gebildes projektiv verbunden, und entsprechen den Doppelelementen $U$ und $V$ der Involution die Elemente $V$ bzw. $U$, dann gibt es drei (verschiedene) selbstentsprechende Elemente.*

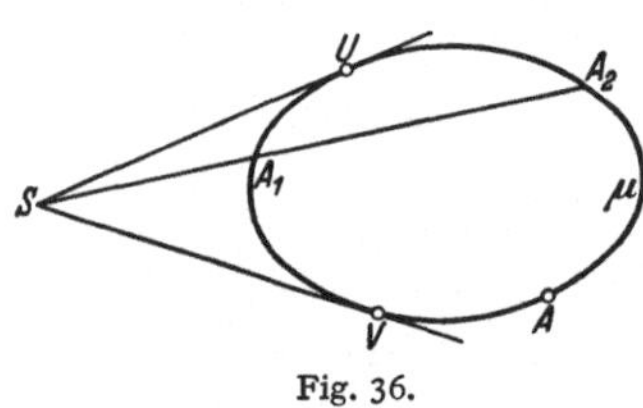


Fig. 36.

Wir denken uns als Träger des Elementargebildes einen reellen Kegelschnitt $\mu$ (Fig. 36). Der Pol der Involution sei $S$; ferner sei $A$ ein Punkt der Kurve, $(A_1, A_2)$ das entsprechende Paar. Ist nun $P$ ein selbstentsprechender Punkt, dann ist:

$$S(UVA_1P) = (VUAP) = (UVPA).$$

Nach dem Hilfssatz II des § 2 ist aber

$$S(UVA_1P) = (UVA_1P)^2;$$

also:

$$(UVA_1P)^2 = (UVPA).$$

Hieraus ergibt sich:

$$(UVA_1P)^3 = (UVA_1P) \cdot (UVPA)$$

oder

$$(UVA_1P)^3 = (UVA_1A).$$

---

[1] v. Staudt: Beiträge § 294.

Da die Gleichung $x^3 = a$ für $a \neq 0$ und $\neq \infty$ drei verschiedene Wurzeln hat, ist hiermit der Satz bewiesen.

Für die folgende Überlegung ist es entscheidend, ob ein Punkt $S$ existiert, auf welchen man den Hilfssatz anwenden kann, und im bejahenden Falle diesen zu finden.

Es gibt nun einen Fall, wo man den Punkt $S$ sogleich angeben kann, und dieser ist nach v. STAUDT der folgende:

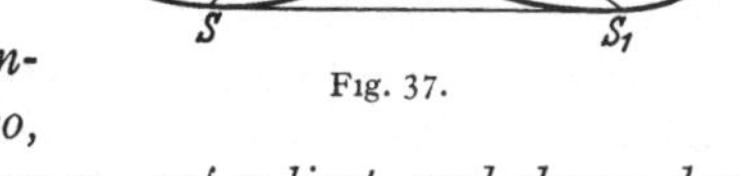

*Der erste Fall.*

*Die zwei sich in $A$ schneidenden Tangenten $a$ und $a_1$ an $\varkappa$ bzw. $\varkappa_1$ liegen so, daß der Pol $S$ von $a$ in bezug auf die Kurve $\varkappa_1$ auf $\varkappa$ liegt, und ebenso der Pol $S_1$ von $a_1$ in bezug auf $\varkappa$ auf $\varkappa_1$.*

Fig. 37.

Dieser Fall ist in Fig. 37 dargestellt. Man sieht, daß man in diesem Fall für den Punkt $S$ des Hilfssatzes einen der genannten Pole $S$ und $S_1$ wählen kann, etwa $S$. Die Doppelstrahlen der Involution sind $AS$ und $AS_1$, während die entsprechenden Strahlen $AS_1$ und $AS$ sind.

In diesem Fall haben also die Kegelschnitte außer $A$ drei verschiedene Schnittpunkte.

Als *zweiten Fall* betrachtet v. STAUDT den folgenden:

*Die zwei Kegelschnitte $\varkappa$ und $\varkappa_1$, welche im Schnittpunkt $A$ die Tangenten $a$ bzw. $a_1$ haben, liegen so, daß der Pol $F$ von $a$ in bezug auf $\varkappa_1$ auf $\varkappa$ liegt.*

Wir wollen zuerst nachweisen, daß die hier angegebene Lagenbeziehung eine *notwendige* Bedingung für die Existenz eines Punktes $S$ auf $\varkappa$ ist.

Der Punkt $S$ (Fig. 38) muß nämlich so liegen, daß die durch $S$ gehenden Tangenten an $\varkappa_1$, welche in $U_1$ und $V_1$ berühren mögen, die Kurve $\varkappa$ außer in $S$ nochmals in $V$ bzw. $U$ schneiden, so daß $V$ und $U$ in $AV_1$ bzw. $AU_1$

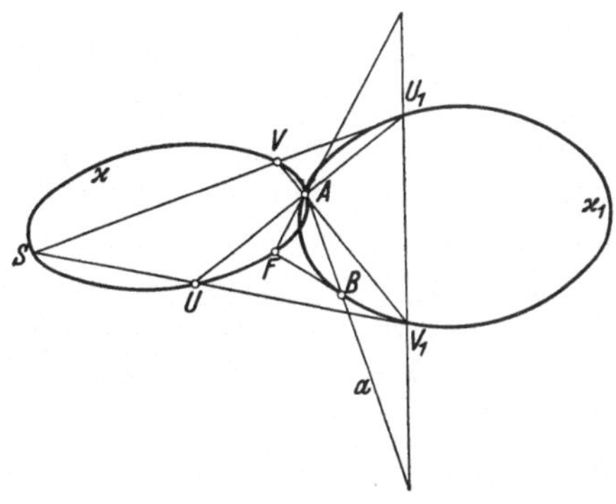

Fig. 38.

liegen. Es ist dann $AUSV$ ein in $\varkappa$ einbeschriebenes Viereck, also sind $U_1$ *und $V_1$ konjugierte Punkte in bezug auf $\varkappa$.*

Die Gesamtheit der Kegelschnitte, welche durch $S$ und $A$ gehen, in $A$ eine feste Gerade $a = AB$ berühren und $U_1$ und $V_1$ als konjugierte Punkte haben, bildet ein Büschel (vgl. Satz V des § 1). In diesem finden sich zwei Geradenpaare, nämlich $(AS, AF)$ und $(AB, SF)$. Jedes von diesen Paaren schneidet nämlich die Gerade $U_1V_1$ in zwei Punkten, die von $(U_1V_1)$ harmonisch getrennt sind — das erste, weil der Schnittpunkt von $U_1, V_1$ und $AF$ Pol der Geraden $AS$ in bezug auf $\varkappa_1$

ist, das zweite, weil der Schnittpunkt von $U_1 V_1$ und $AB$ Pol der Geraden $SF$ in bezug auf dieselbe Kurve ist.

Der Punkt $F$ ist dann der letzte Grundpunkt des betrachteten Büschels, also liegt $F$ auf $\varkappa$, was zu beweisen war.

Um nun zu beweisen, daß die oben genannte Lage der zwei Kegelschnitte für die Existenz eines Punktes $S$ auf $\varkappa$ auch *hinreichend* ist, zeigen wir:

II. *Hilfssatz B. Sind $A$ und $F$ zwei Punkte eines Kegelschnittes $\varkappa$, und ist $B$ ein Punkt der Tangente in $A$, der aber nicht mit $A$ oder mit dem Pol von $AF$ zusammenfällt, dann kann man immer zwei Punkte $R$ und $S$ auf $\varkappa$ so bestimmen, daß die Gerade $RS$ durch $B$ geht, und die Punkte $F$ und $S$ durch $A$ und $R$ harmonisch getrennt werden.*

Die Gerade $BF$ schneide nämlich den Kegelschnitt außer in $F$ in einem weiteren Punkt $C$. Auf einem beliebigen Kegelschnitt $\mu$ wähle man drei

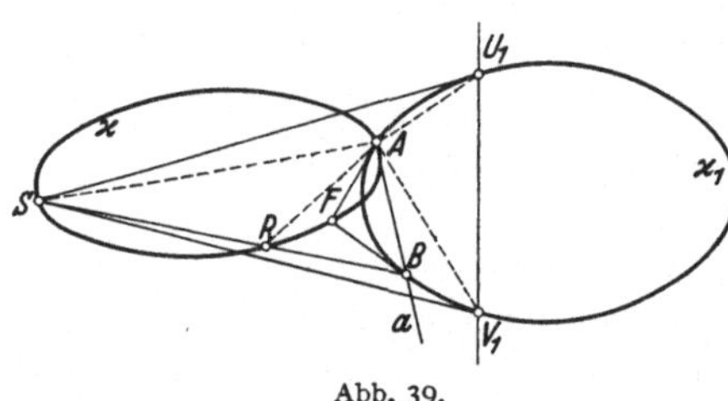

verschiedene Punkte $A_1$, $S_1$ und $R_1$; die Tangente in $A_1$ schneide die Gerade $R_1 S_1$ in $B_1$. Auf $\mu$ bestimme man den Punkt $F_1$, der von $S_1$ durch $A_1$ und $R_1$ harmonisch getrennt ist. $B_1 F_1$ schneide $\mu$ nochmals in $C_1$. Führt man durch eine projektive Transformation $\mu$ in $\varkappa$ über, so daß $A_1$, $F_1$ und $C_1$

Abb. 39.

in $A$, $F$ bzw. $C$ übergehen, dann gehen auch die Punkte $R_1$, $S_1$ in $R$, $S$ über.

Es seien nun wieder $\varkappa$ und $\varkappa_1$ die zwei Kegelschnitte mit dem gegebenen Schnittpunkt $A$, und der Pol $F$ der Tangente $a = AB$ (Fig. 39) in bezug auf $\varkappa_1$ liege auf $\varkappa$. Die Punkte $R$ und $S$ seien wie oben bestimmt; falls $S$ auf $\varkappa_1$ liegt, haben wir zwei gemeinsame Punkte der gegebenen Kurven, und wir können die Resultate von §1 anwenden; im anderen Fall soll gezeigt werden, daß der Punkt $S$ die gewünschte Eigenschaft hat.

Die Tangenten von $S$ an $\varkappa_1$ mögen in $U_1$ und $V_1$ berühren; dann sind $AF$ und $AS$ sowohl durch $AB$ und $AR$ als auch durch $AU_1$ und $AV_1$ harmonisch getrennt. Man hat also:

$$(1) \qquad A\,(U_1 V_1 F B) \; \overline{\wedge} \; A\,(V_1 U_1 F R).$$

Die Strahlen $SU_1$, $SV_1$, $SA$, $SF$ sind zu ihren Schnittpunkten mit der Geraden $AF$ und also auch zu den von diesen Punkten ausgehenden (von $AF$ verschiedenen) Tangenten an $\varkappa_1$ sowie zu den Berührungspunkten dieser Tangenten projektiv. Also gilt:

$$(2) \qquad S\,(U_1 V_1 A F) \; \overline{\wedge} \; A\,(U_1 V_1 F B) \; \overline{\wedge} \; A\,(V_1 U_1 B F).$$

Ersetzt man in der obigen Schlußreihe die Gerade $AF$ durch die Gerade $BF$, so erhält man, indem man auch von (1) Gebrauch macht:

$$(3) \qquad S\,(U_1 V_1 F B) \; \overline{\wedge} \; A\,(U_1 V_1 F B) \; \overline{\wedge} \; A\,(V_1 U_1 F R).$$

(2) und (3) ergeben zusammen:
$$S\,(U_1\,V_1\,A\,F\,B) \;\overline{\wedge}\; A\,(V_1\,U_1\,B\,F\,R).$$
Dies ist eben die Bedingung dafür, daß $S$ die gewünschte Eigenschaft hat. Die Schnittpunkte der Kegelschnitte lassen sich dann mittels des Hilfssatzes A bestimmen.

Um den Hilfssatz B benutzen zu können, müssen wir bei der obigen Bestimmung des Punktes $S$ voraussetzen, daß der Punkt $B$ weder mit dem Punkt $A$ noch mit dem Pole von $AF$ in bezug auf $\varkappa$ zusammenfällt. Der ersten von diesen Möglichkeiten entspricht, daß $\varkappa$ und $\varkappa_1$ einander im Punkte $A$ berühren, was ja hier ausgeschlossen ist. Die andere Möglichkeit führt zu dem obengenannten „ersten Fall" zurück.

*Dritter Fall.*

Nun wird nichts Spezielles über die Lage der einander in $A$ schneidenden Kegelschnitte $\varkappa$ und $\varkappa_1$ vorausgesetzt, und es ist deshalb nicht möglich, auf einer der gegebenen Kurven einen Punkt $S$ zu finden, so daß man den Hilfssatz A anwenden kann. Aber man wird dann versuchen, einen neuen Kegelschnitt $\varkappa_2$ zu finden, welcher durch alle von $A$ verschiedene gemeinsame Punkte von $\varkappa$ und $\varkappa_1$ geht und zu einer dieser, z. B. zu $\varkappa$, die im zweiten Fall beschriebene Lage hat.

Solche Kegelschnitte sind leicht zu finden. Man wähle nämlich die zwei Punkte $A_1$ und $P$ beliebig auf $\varkappa$ bzw. $\varkappa_1$ und betrachte die drei Büschel mit den Zentren $A_1$, $A$ und $P$, von welchen das erste mit dem zweiten den Kegelschnitt $\varkappa$ erzeugt, das zweite mit dem dritten den Kegelschnitt $\varkappa_1$. Das erste und das dritte werden dadurch ebenfalls projektiv aufeinander bezogen und erzeugen einen Kegelschnitt $\varkappa_2$, der durch alle die Punkte geht, welche $\varkappa$ und $\varkappa_1$ außer $A$ miteinander gemein haben.

Für $A_1$ wählen wir nun (Fig. 40) den Punkt, in welchen die Tangente in $A$ an $\varkappa_1$ die Kurve $\varkappa$ nochmals schneidet. Nach dem Hilfssatz B kann man durch $A_1$ eine Gerade ziehen, welche $\varkappa_1$ in $P$ und $Q$ schneidet, so daß $A$

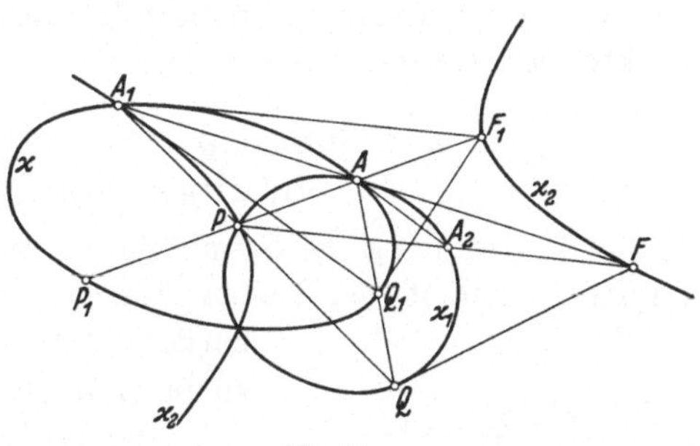

Fig. 40.

und $Q$ durch $A_2$ und $P$ harmonisch getrennt sind, wobei $A_2$ der Schnittpunkt von $\varkappa_1$ mit der in $A$ berührenden Tangente an $\varkappa$ ist. Wenn also $F$ der Pol von $AQ$ in bezug auf $\varkappa_1$ ist, geht $A_2P$ durch $F$. Sind $P_1$ und $Q_1$ die Projektionen von $P$ und $Q$ aus $A$ auf $\varkappa$, dann sind $A_1$ und $Q_1$ durch $(A, P_1)$ harmonisch getrennt, so daß die Gerade $AP_1$ durch den Pol $F_1$ von $A_1Q_1$ in bezug auf $\varkappa$ gehen muß.

Legt man nun die obenerwähnten Büschelzentren gerade in die hier genannten Punkte $A_1$, $A$ und $P$, so erhält man eine Kurve $\varkappa_2$, welche durch $P, A_1, F$ und $F_1$ geht und im Punkte $A_1$ die Gerade $A_1Q_1$ berührt.

Da der Pol $F_1$ von $A_1Q_1$ in bezug auf $\varkappa$ auf $\varkappa_2$ liegt, haben $\varkappa$ und $\varkappa_2$ die im zweiten Falle behandelte Lage; sie haben dann mindestens noch einen gemeinsamen Punkt, welcher ebenfalls auf $\varkappa_1$ liegt, und wir können die Sätze von § 1 anwenden.

Hierbei ist vorausgesetzt, daß $Q$ und $Q_1$ nicht zusammenfallen, in welchem Fall $\varkappa_2$ zerfällt; aber auch in diesem Fall hat man ja zwei gemeinsame Punkte der Kegelschnitte $\varkappa$ und $\varkappa_1$. Wir bemerken, daß in diesem Fall eine dreipunktige Berührung eintreten kann.

Wir haben also gesehen, daß zwei beliebige Kegelschnitte, welche einen gemeinsamen Punkt $A$ haben, außer diesem Punkt noch drei verschiedene oder zusammenfallende Punkte miteinander gemein haben.

Hieraus leiten wir den folgenden Satz ab:

III. *Sind in einem Elementargebilde die Paare einer Involution mit einer Reihe von Elementen projektiv verbunden, dann gibt es drei — verschiedene oder zusammenfallende — selbstentsprechende Elemente.*

Der Träger des Elementargebildes sei nämlich, wie oben, ein Kegelschnitt $\mu$. Der Pol der Involution sei $S$; ferner sei $M$ ein Punkt der Kurve und $(M_1, M_2)$ das entsprechende Paar der Involution. Ist $Q$ ein fester Punkt von $\mu$, dann ist das Geradenbüschel $S(M_1, M_2)$ zum Geradenbüschel $Q(M)$ projektiv, so daß entsprechende Strahlen einander auf einem Kegelschnitt $\nu$ schneiden. Die zwei Kegelschnitte $\mu$ und $\nu$ schneiden einander außer in $Q$ in drei Punkten, welche die selbstentsprechenden Elemente sind.

Der Hilfssatz A ist gewissermaßen ein Spezialfall des obigen Satzes; doch ist zu bemerken, daß man in jenem Fall weiß, daß die drei Doppelpunkte sicher verschieden sind.

## § 4. Die Schnittpunkte zweier Kegelschnitte in allgemeiner Lage.

Die Bestimmung der Schnittpunkte zweier beliebig liegender Kegelschnitte $\varkappa$ und $\varkappa_1$ der Ebene läßt sich auf die in § 3 gelöste Aufgabe zurückführen, indem man zuerst die Punkte zu bestimmen sucht, welche dieselbe Polare in bezug auf $\varkappa$ und $\varkappa_1$ haben.

Es sei (Fig. 41) $p$ eine Gerade, $P$ und $P_1$ die Pole derselben in bezug auf $\varkappa$ bzw. $\varkappa_1$. Die Polare von $P_1 = Q$ in bezug auf $\varkappa$ sei $q$, und der Pol von $q$ in bezug auf $\varkappa_1$ sei $Q_1$. Die Polaren des Punktes $(pq)$ sind also $PP_1$ und $P_1Q_1$. Die Polaren der Punkte von $p$ in bezug auf $\varkappa$ und $\varkappa_1$ bilden zwei projektive Büschel und erzeugen einen Kegelschnitt $\mu$, welcher durch $P$ und $P_1$ geht und die Gerade $P_1Q_1$ in $P_1$ berührt. Ebenso

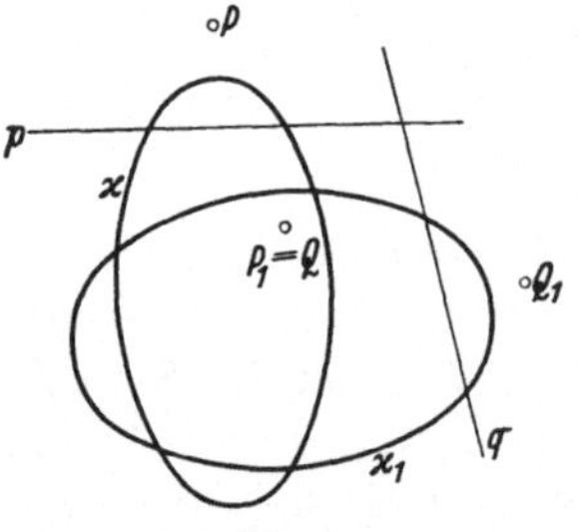


Fig. 41.

erzeugen die zwei Polaren der Punkte von $q$ einen Kegelschnitt $\mu_1$, welcher durch $P_1$ und $Q_1$ geht und die Gerade $P_1P$ in $P_1$ berührt. Wenn $P$, $P_1$ und $Q_1$ in einer Geraden liegen, so hat $(pq)$ dieselbe Polare in bezug auf $\varkappa$ und $\varkappa_1$. Sonst haben die zwei Kurven $\mu$ und $\mu_1$ den Punkt $P_1$ miteinander gemein, ohne dort einander zu berühren; sie haben also jedenfalls einen von $P_1$ verschiedenen Punkt $E$ miteinander gemein, und $E$ hat ersichtlich dieselbe Polare $e$ in bezug auf $\varkappa$ und $\varkappa_1$. Es gibt also in allen Fällen einen Punkt $E$ von dieser Eigenschaft.

Wenn nun $e$ durch $E$ geht, dann berühren $\varkappa$ und $\varkappa_1$ einander in $E$, und die hierbei möglichen Fälle sind in § 1 aufgezählt. Wenn aber $e$ nicht durch $E$ geht, dann schneidet sie jede der Kurven $\varkappa$ und $\varkappa_1$ in zwei Punkten. Fällt ein Punkt des einen Paares mit einem Punkte des zweiten Paares zusammen, dann berühren sich die Kurven in diesem Punkt; schneidet $e$ die Kurven in denselben zwei Punkten, dann berühren sie sich doppelt. Auch in diesen zwei Fällen werden wir also auf die in § 1 behandelten Fälle zurückgeführt.

Im allgemeinen schneidet aber $e$ die Kurven in vier verschiedenen Punkten; dann gibt es auf $e$ zwei Punkte $F$ und $G$, welche sowohl in bezug auf $\varkappa$ als auch in bezug auf $\varkappa_1$ konjugiert sind, und $EFG$ ist ein für beide Kurven gemeinsames *Polardrei-eck*. Eine feste, nicht durch $E$, $F$ oder $G$ gehende Gerade $l$ schneide $\varkappa$ in $(M, M')$ und $\varkappa_1$ in $(M_1, M_1')$ (Fig. 42). In der durch die zwei Geradenpaare $(EM, EM')$ und $(EM_1, EM_1')$ bestimmten Involution suchen wir das Geradenpaar $(e_1, e_2)$ auf, welches durch $EF$ und $EG$ harmonisch getrennt ist. *Die Punkte, welche diese zwei Geraden mit $\varkappa$ gemein haben, sind dann die gesuchten gemeinsamen Punkte der zwei Kurven $\varkappa$ und $\varkappa_1$.*

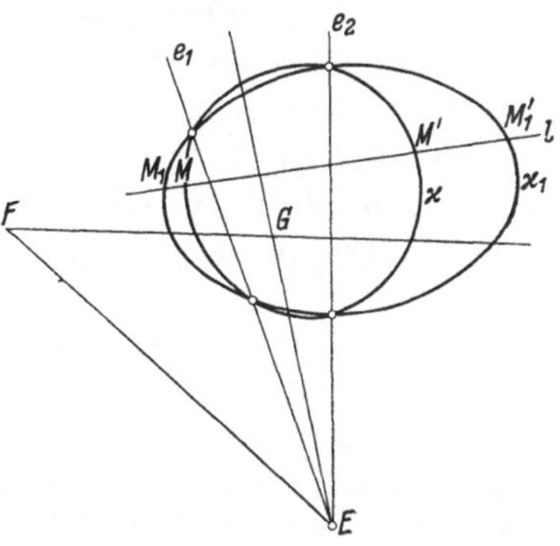

Fig. 42.

Für alle Kegelschnitte in dem durch $\varkappa$ und $(e_1, e_2)$ bestimmten Büschel ist nämlich $EFG$ ein Polardreieck (§ 1, Satz VI); eine Kurve $\varkappa_1'$ des Büschels geht durch $M_1$ und $M_1'$ (§ 1, Satz V). Sie geht außerdem durch die drei Punkte, welche dem Punkte $M_1$ in den drei harmonischen Homologien, welche durch eine Ecke und die entgegengesetzte Seite des Polardreieckes bestimmt sind, entsprechen, d. h. $\varkappa_1'$ fällt mit $\varkappa_1$ zusammen, und damit ist unsere Behauptung bewiesen.

Die Geraden $e_1$ und $e_2$ können den Kegelschnitt $\varkappa$ nicht berühren; denn in diesem Fall würden $\varkappa$ und $\varkappa_1$ — im Gegensatz zu der gemachten Voraussetzung — einen gemeinsamen Punkt auf $FG$ haben. Wenn also $e_1$ und $e_2$ verschieden sind, haben die Kegelschnitte $\varkappa$ und $\varkappa_1$ *vier verschiedene Schnittpunkte.* Fallen aber $e_1$ und $e_2$ zusammen, so berühren die Kurven sich doppelt.

Der letzte Fall tritt ein, wenn eine der Geraden $EG$ oder $EF$ Doppelgerade der obenerwähnten Involution ist. Beide Gerade können nicht diese Eigenschaft haben.

Man sieht nun, daß ein Büschel von Kegelschnitten durch zwei beliebige Kegelschnitte bestimmt ist, und daß es nur die fünf in § 1 genannten projektivisch verschiedenen Büschel gibt.

Ebenso erkennt man sogleich, daß zwei Kegelschnitte, welche einander in vier verschiedenen Punkten $A$, $B$, $C$ und $D$ schneiden, nur ein einziges gemeinsames Polardreieck haben, und daß die Ecken dieses Dreiecks die Diagonalpunkte des Vierecks $ABCD$ sind.

Wenn aber die Kegelschnitte einander doppelt berühren (mit den Berührungspunkten $A$ und $B$), dann haben sie unendlich viele gemeinsame Polardreiecke, von denen ein Eckpunkt in dem für beide Kurven gemeinsamen Pol der Geraden $AB$ liegt und die zwei anderen auf dieser Geraden liegen und durch $A$ und $B$ harmonisch getrennt werden.

Berühren die Kurven einander in $A$, während sie sich in $B$ und $C$ schneiden, dann gibt es nur ein (ausgeartetes) Polardreieck, in welchem $A$ eine doppeltzählende Ecke und der Schnittpunkt von $BC$ mit der Tangente in $A$ eine andere ist.

Berühren die Kurven sich dreipunktig in $A$, so ist dieser Punkt der einzige, welcher in bezug auf beide Kurven dieselbe Polare hat; wenn sie sich aber in $A$ vierpunktig berühren, dann hat jeder Punkt der Tangente in $A$ dieselbe Polare in bezug auf beide Kurven.

Da die Disjunktion vollständig ist, lassen sich diese Sätze umkehren.

Wir haben bewiesen, daß zwei Kegelschnitte vier verschiedene oder zusammenfallende Schnittpunkte haben. Als eine Anwendung hiervon zeigen wir das Folgende:

I. *Hat man in einem Elementargebilde zwei untereinander projektive Involutionen von Elementpaaren, dann gibt es immer vier — verschiedene oder zusammenfallende — Elemente, welche gleichzeitig entsprechenden Paaren angehören.*

Der Träger des Gebildes sei etwa ein Kegelschnitt. Die zwei Geradenbüschel mit den Polen der zwei Involutionen als Zentren sind projektiv aufeinander bezogen, und entsprechende Strahlen bestimmen einen zweiten Kegelschnitt. Die gesuchten Punkte sind die vier Schnittpunkte dieser zwei Kegelschnitte.

## § 5. Algebraische Formulierung der v. Staudtschen Lösung der kubischen Gleichung.

Es ist nicht uninteressant, die sämtlichen im vorigen gegebenen Konstruktionen algebraisch zu verfolgen. Wir wollen uns aber damit begnügen, die in § 3 als ersten und zweiten Fall behandelten Konstruktionen algebraisch zu erläutern; auf diese Weise erhält man die v. Staudtsche Lösung einer Gleichung dritten Grades.

Wir denken uns also zwei Kegelschnitte $\varkappa$ und $\varkappa_1$, welche sich in einem Punkt $A$ schneiden; die Tangenten an $\varkappa$ und $\varkappa_1$ in $A$ mögen $\varkappa_1$ und $\varkappa$ nochmals in $B$ bzw. $F$ schneiden. Als Koordinatendreieck wählen wir $AFB$; die Gleichungen der Kurven können dann in der folgenden Weise geschrieben werden:

$$(1) \quad \begin{cases} \varkappa \ : \ M x_1^2 + 2 N x_2 x_3 + 2 P x_1 x_2 = 0, \\ \varkappa_1 : \ M_1 x_2^2 + 2 N_1 x_1 x_3 + 2 P_1 x_1 x_2 = 0. \end{cases}$$

Im ersten Fall berührt $BF$ die Kurven $\varkappa$ und $\varkappa_1$ in $F$ bzw. $B$; dann ist insbesondere $P = 0$ und $P_1 = 0$, und die Gleichungen (1) lassen sich in der Form

$$(2) \quad \begin{cases} x_1^2 - a x_2 x_3 = 0, \\ x_2^2 - b x_1 x_3 = 0 \end{cases}$$

schreiben. Durch Elimination von $x_3$ erhält man:

$$(3) \qquad b x_1^3 - a x_2^3 = 0,$$

also eine rein kubische Gleichung.

Im zweiten Fall berührt $BF$ die Kurve $\varkappa_1$ in $F$, schneidet aber $\varkappa$ in $F$. Hier ist $P_1 = 0$, aber $P \neq 0$. Die Gleichungen (1) können hier ohne Einschränkung in der Form

$$(4) \quad \begin{cases} b x_1^2 - 3 a x_1 x_2 + c x_2 x_3 = 0, \\ x_2^2 - c x_1 x_3 = 0 \end{cases}$$

geschrieben werden. Elimination von $x_3$ ergibt

$$(5) \qquad b x_1^3 - 3 a x_1^2 x_2 + x_2^3 = 0,$$

wodurch die Verbindungsgeraden von $A$ mit den gesuchten Schnittpunkten bestimmt sind.

Setzt man $x_2 = \lambda x_1$, so erhält (5) die Form

$$(6) \qquad \lambda^3 - 3 a \lambda + b = 0,$$

auf welche sich bekanntlich jede kubische Gleichung bringen läßt.

Anstatt die Konstruktionen Schritt für Schritt zu verfolgen, was zwar möglich, aber etwas mühsam ist, wollen wir lieber die geometrische Lösung aus derjenigen algebraischen Lösung ableiten, wozu die v. Staudtsche Lösung den Weg völlig anweist.

Um (6) auf eine rein kubische Gleichung zu reduzieren, versuchen wir sie auf die Form

$$(7) \qquad (\lambda - \lambda_1)^3 - k (\lambda - \lambda_2)^3 = 0$$

zu bringen. Soll diese Gleichung mit (6) identisch sein, so erhält man durch Koeffizientenvergleichung:

$$(8) \qquad k = \frac{\lambda_1}{\lambda_2}, \qquad \lambda_1 \lambda_2 = a, \qquad \lambda_1 + \lambda_2 = \frac{b}{a};$$

$\lambda_1$ und $\lambda_2$ sind also Wurzeln der Gleichung

$$(9) \qquad a\lambda^2 - b\lambda + a^2 = 0 \,. \,^{[1]}$$

Hiermit ist die Lösung in algebraischer Form zu Ende gebracht, aber wir wollen daraus noch die v. STAUDTsche Konstruktion ableiten (vgl. Fig. 39).

Die Geraden $x_2 = \lambda_1 x_1$ und $x_2 = \lambda_2 x_1$ schneiden $\varkappa_1$ in $U_1 = (c, c\lambda_1, \lambda_1^2)$ bzw. $V_1 = (c, c\lambda_2, \lambda_2^2)$; für den Pol $S$ der Geraden $U_1 V_1$ in bezug auf $\varkappa_1$ findet man die Koordinaten $(2ac, bc, 2a^2)$; er liegt also auf $\varkappa$. Die Gerade $SB$ schneidet $\varkappa$ nochmals im Punkte $R = (ac, bc, 2a^2)$. Die zwei Punktpaare $(A, R)$ und $(F, S)$ trennen einander harmonisch auf $\varkappa$; denn sie werden von $A$ aus durch die Geradenpaare

$$\left.\begin{array}{l} x_2 = 0 \\ bx_1 - ax_2 = 0 \end{array}\right\} \quad \text{und} \quad \left\{\begin{array}{l} x_1 = 0 \\ bx_1 - 2ax_2 = 0 \end{array}\right.$$

projiziert, und diese sind harmonisch getrennt.

Wir sind hierdurch auf die v. STAUDTsche Konstruktion zurückgekommen.

<br>

## Zweiter Abschnitt.

# Projektivgeometrie im zweidimensionalen komplexen Gebiet.

### VIII. Kapitel.

## Projektive und antiprojektive Abhängigkeiten in der Ebene.

### § 1. Die Kollineation.

In Kap. I haben wir die reelle ebene Kollineation definiert als eine umkehrbar eindeutige Punkttransformation, welche Gerade in Gerade überführt. Wir wollen nun eine Transformation aller (reellen und imaginären) Punkte einer beliebigen (reellen oder imaginären) Ebene studieren, welche derselben Bedingung genügt, wo aber außerdem einer einfachen Kette der einen Figur wieder eine solche Kette der

---

[1] Man sieht leicht, daß im Falle $\lambda_1 = \lambda_2$, d. h. $b^2 - 4a^3 = 0$, (6) in der Form

$$\left(\lambda - \frac{b}{2a}\right)^2 \left(\lambda + \frac{b}{a}\right) = 0$$

geschrieben werden kann, und diese Umschreibung löst die Gleichung vollständig.

anderen entspricht. Nach Kap. III, § 2, Satz I sind dann entsprechende Punktreihen (sowie Geradenbüschel) entweder projektiv oder symmetral; und daraus, daß zwei perspektive Punktreihen der einen Figur wieder in zwei perspektive Punktreihen der anderen überführt werden, folgt unmittelbar, daß die Beziehung zwischen je zwei entsprechenden Punktreihen projektiv ist, sobald dieses für ein einziges Paar stattfindet. Wir haben also den Satz:

I. *In einer umkehrbar eindeutigen Punkttransformation, welche Gerade in Gerade und einfache Kette in einfache Kette überführt, sind entweder alle Paare von entsprechenden Punktreihen (und Geradenbüschel) projektiv oder alle symmetral.*

Im ersten Fall heißt die Transformation eine *Kollineation*, im anderen eine *Antikollineation*. Zu ihrer Bezeichnung benutzen wir die zwei Zeichen $\overline{\wedge}$ bzw. $\underline{\vee}$.

In diesem Paragraphen werden wir uns mit der Kollineation beschäftigen.

Mehrere Sätze lassen sich (mit ihren Beweisen) leicht in das erweiterte imaginäre Gebiet überführen. Wir nennen im besonderen:

II. *Durch zwei Paare von projektiven Strahlenbüscheln [mit den Zentren $(A, A')$ und $(B, B')$] ist eine ebene Kollineation eindeutig bestimmt, wenn in beiden Projektivitäten der Geraden $AB$ die Gerade $A'B'$ entspricht*[1].

Weiterhin als Folgerung dieses Satzes:

III. *Eine ebene Kollineation ist durch vier Paare von entsprechenden Punkten eindeutig bestimmt, wenn nicht drei Punkte derselben Figur in einer Geraden liegen*[2].

Wir wollen nun die Doppelpunkte einer Kollineation nach einer Methode von CHASLES bestimmen. Von der Homologie, wo alles leicht zu übersehen ist, sehen wir ab; also können wir voraussetzen, daß nicht jede Gerade durch ein Paar von entsprechenden Punkten eine Doppelgerade ist.

Es gehe ein Punkt $A$ in $A'$ und $A'$ durch Iteration der Transformation in $A''$ über. Es sei vorausgesetzt, daß $A$ kein Doppelpunkt und $AA'$ keine Doppelgerade ist; $A''$ liegt dann außerhalb dieser Geraden. Als Ort der Schnittpunkte von entsprechenden, durch $A$ und $A'$ gehenden Strahlen erhält man einen nichtausgearteten, durch $A$ und $A'$ gehenden Kegelschnitt $\varkappa$; die Tangente in $A'$ ist die Gerade $A'A''$. Die Strahlen durch $A'$ und $A''$ bestimmen in analoger Weise einen zweiten, durch $A'$ und $A''$ gehenden Kegelschnitt $\varkappa'$, welcher in $A'$ die Gerade $AA'$ berührt und in der Transformation dem Kegelschnitt $\varkappa$ entspricht. Die zwei Kegelschnitte schneiden einander in $A'$ und haben

---

[1] ENRIQUES: S. 138.  [2] ENRIQUES: S. 139.

also noch drei andere Punkte $E$, $F$, $G$ miteinander gemein. Diese sind die gesuchten Doppelpunkte.

Wenn die Kegelschnitte $\varkappa$ und $\varkappa'$ einander in einem Punkt $E$ zweipunktig berühren, fallen zwei der Doppelpunkte, etwa $E$ und $F$, in diesem Punkt zusammen; die gemeinsame Tangente $e$ der beiden Kurven in $E$ ist, wie man sofort sieht, eine Doppelgerade, und sie ist außer $EG$ die einzige Gerade mit dieser Eigenschaft; denn eine dritte Doppelgerade würde zu mindestens einem neuen Doppelpunkt Anlaß geben. Die zwei zusammenfallenden Doppelpunkte denken wir uns durch die Konfiguration $(E, e)$ festgelegt; die drei Doppelpunkte sind dann von der Wahl des Punktes $A$ unabhängig, wie im Falle von lauter verschiedenen Doppelpunkten.

Wenn die Kegelschnitte $\varkappa$ und $\varkappa'$ einander in einem Punkt $E$ dreipunktig berühren, fallen alle drei Doppelpunkte in diesem Punkt zusammen; die gemeinsame Tangente $e$ der Kurven ist wieder eine Doppelgerade, und sie ist in diesem Fall die einzige; denn eine andere müßte durch $E$ gehen und $\varkappa$ und $\varkappa'$ nochmals in demselben weiteren Punkt schneiden. Wie wir auch in diesem Fall die drei zusammenfallenden Doppelpunkte durch eine solche Konfiguration angeben können, daß sie für drei Punkte zählen und gleichzeitig von der Wahl der Punkte $A$, $A'$, $A''$ unabhängig sind, werden wir weiter unten sehen, indem wir diese letzte Art einer Kollineation etwas näher besprechen werden.

Die Doppelgeraden einer Kollineation mit drei verschiedenen Doppelpunkten $E$, $F$, $G$ sind die Geraden $FG$, $GE$, $EF$. Wenn alle Doppelpunkte oder zwei von ihnen zusammenfallen, fallen die Doppelgeraden, wie aus dem Obigen folgt, in dualer Weise zusammen. Die Doppelgeraden können natürlich auch durch ein Verfahren bestimmt werden, welches der obigen Methode zur Bestimmung der Doppelpunkte dual entspricht. Hieraus folgt, daß die Gerade $EG$ doppelt zu zählen ist, wenn $E$ mit $F$, aber nicht mit $G$ zusammenfällt; die zwei zusammenfallenden Geraden können durch die Gerade selbst in Verbindung mit dem Punkte $E$ festgelegt werden. Wenn $E$, $F$, $G$ alle zusammenfallen, ist auch die einzige Doppelgerade dreifach zu zählen; wie in diesem Fall die drei zusammenfallenden Doppelgeraden festzulegen sind, wird sich weiter unten ergeben.


Es sei nun $\pi$ eine Kollineation mit dem einzigen Doppelpunkt $E$ und der einzigen Doppelgeraden $e$; ferner sei $(M, M')$ ein Paar von entsprechenden Punkten und $\varkappa$ der Kegelschnitt, auf welchem entsprechende durch $M$ und $M'$ gehende Strahlen einander schneiden; $\varkappa$ geht durch $M$, $M'$ und $E$ und berührt in diesem letzten Punkt die Gerade $e$. Durch diese Angaben ist die Transformation vollständig bestimmt; denn sie kann nach Satz II durch die parabolische Projektivität innerhalb des Büschels mit dem Zentrum $E$ in Verbindung mit der Projektivität zwischen den Büscheln mit den Zentren $M$ und $M'$ als gegeben betrachtet werden.

Die letzte dieser Projektivitäten bestimmt die (parabolische) Projektivität auf der Doppelgeraden $e$ und kann offenbar, was die Bestimmung der Transformation anbelangt, durch diese ersetzt werden, wobei natürlich die Punkte $M$ und $M'$ selbst beibehalten werden. Nun kann, wie leicht zu sehen, diese parabolische Projektivität, deren Doppelpunkt in $E$ liegt, in zwei Involutionen zerlegt werden, die beide $E$ als einen Doppelpunkt haben; von den anderen Doppelpunkten $P$ und $Q$ kann der eine beliebig gewählt werden; der andere ist dann eindeutig bestimmt. Hierdurch gelingt es, die Transformation $\pi$ in ein Produkt von zwei harmonischen Homologien aufzulösen. Es mögen nämlich $PM$ und $QM'$ einander in $M^*$ schneiden. Die erste Homologie hat $P$ als Zentrum, und die Achse geht durch $E$ und durch denjenigen Punkt von $PM$, welcher durch $P$ von $M$ und $M^*$ harmonisch getrennt ist; die andere Homologie ist in analoger Weise bestimmt. Also:

IV. *Eine Kollineation mit dem einzigen Doppelpunkt $E$ und der einzigen Doppelgeraden $e$ kann in zwei harmonische Homologien zerlegt werden, deren Zentren beide auf $e$ liegen, während die beiden Achsen durch $E$ gehen. Das Zentrum der einen Homologie kann beliebig auf $e$ (doch $\neq E$) gewählt werden.*

Umgekehrt bestimmt das Produkt zweier solcher Homologien immer eine Kollineation mit $E$ als einzigem Doppelpunkt und $e$ als einziger Doppelgeraden.

Durch die Punkte $M, M^*, M', E$ und die Tangente $e$ ist ein Kegelschnitt $\lambda$ eindeutig festgelegt; dieser geht durch beide Homologien, also auch durch $\pi$ in sich über. Dasselbe gilt für jeden anderen Kegelschnitt, welcher $\lambda$ in $E$ vierpunktig berührt; denn ein Punkt von $e$ hat ja in bezug auf diese Kurven dieselbe Polare (Kap. VII, § 4, S. 98). Kein anderer Kegelschnitt kann durch $\pi$ in sich überführt werden; denn eine solche Kurve müßte durch $E$ gehen und hier $e$ berühren; falls nun die Berührung zweipunktig wäre, würden die zwei „freien" Schnittpunkte mit $\lambda$ entweder festliegen oder einander involutorisch entsprechen, was unmöglich ist; dreipunktige Berührung erweist sich in analoger Weise als unmöglich. Also:

V. *Eine Kollineation mit dem einzigen Doppelpunkt $E$ und der einzigen Doppelgeraden $e$ enthält unendlich viele invariante Kegelschnitte $\lambda$; diese bilden ein Büschel $(\lambda)$ von einander in $(E, e)$ vierpunktig berührenden Kurven.*

Es sei $\nu$ ein Kegelschnitt, welcher durch $E$ geht und die Gerade $e$ berührt; durch eine der obengenannten Homologien möge $\nu$ in $\nu_1$ übergehen; diese Kurve berührt ebenfalls die Gerade $e$ in $E$; wenn $\nu_1$ nicht mit $\nu$ zusammenfällt, müssen die beiden Kurven einander in $E$ genau dreipunktig berühren; denn außer $E$ haben sie einen und nur einen gemeinsamen Punkt (den Schnittpunkt mit der Homologieachse), und in diesem Punkt können sie einander nicht berühren. Aus Satz IV ergibt sich dann sofort:

VI. *Eine Kollineation habe den einzigen Doppelpunkt E und die einzige Doppelgerade e; dann wird ein Kegelschnitt v, welcher durch E geht und die Tangente e hat, von seiner entsprechenden Kurve v′ mindestens dreipunktig in (E, e) berührt.*

Wenn $v$ die invarianten Kegelschnitte $(\lambda)$ nur zweipunktig berührt, dann ist die Berührung von $v$ mit $v′$ genau dreipunktig; denn in diesem Fall kann man $\pi$ in zwei Homologien zerlegen, von denen die eine $v$ invariant läßt. Dagegen hat man:

VI′. *Wenn v die invarianten Kegelschnitte $(\lambda)$ dreipunktig berührt, haben v und v′ in (E, e) vierpunktige Berührung.*

Denn wäre die Berührung nur dreipunktig, dann hätten $v$ und $v′$ außer $E$ noch einen gemeinsamen Punkt, d. h. $v$ würde ein Paar von entsprechenden Punkten enthalten und demnach mit dem durch diese zwei Punkte gehenden invarianten Kegelschnitt zusammenfallen.

Die Gesamtheit von Kegelschnitten durch drei feste Punkte bildet einen Spezialfall von dem, was wir weiter unten in Kap. XVII ein Bündel nennen werden. Auch für drei zusammenfallende Punkte kann man dieser Aussage eine Bedeutung zulegen: Ein Bündel von Kegelschnitten durch drei zusammenfallende Punkte ist die Gesamtheit von Kegelschnitten, welche einander in einem festen Punkt mindestens dreipunktig berühren. Umgekehrt kann man drei zusammenfallende Punkte durch ein solches Bündel angeben.

Es sei nun ein Bündel von Kegelschnitten $\{\lambda\}$[1] durch drei zusammenfallende Punkte vorgelegt; $E$ sei der Punkt, wo die Kurven einander dreipunktig berühren, $e$ die zugehörige gemeinsame Tangente. Ferner sei $\lambda$ eine Kurve des Bündels, $A$ und $B$ zwei Punkte derselben; die Tangenten in $A$ und $B$ mögen einander in $C$ schneiden. Durch $A, B, C, E$ und die Tangente $e$ ist ein Kegelschnitt $\varkappa$ eindeutig festgelegt. Wir beweisen nun den folgenden Hilfssatz:

VII. *Wird $\lambda$ beliebig innerhalb des Bündels $\{\lambda\}$ gewählt, und A und B beliebig auf $\lambda$, und wird jedesmal in der obengenannten Weise ein Kegelschnitt $\varkappa$ bestimmt, dann bilden die Kegelschnitte $\varkappa$ wieder ein Bündel von Kurven mit dreipunktiger Berührung in (E, e). Die Bündel $\{\lambda\}$ und $\{\varkappa\}$ bestimmen einander gegenseitig*[2].

---

[1] Im folgenden werden Bündel immer durch geschweifte Klammern gekennzeichnet, während wir für Büschel die gewöhnlichen runden Klammern gebrauchen.

[2] Man kann sagen, daß die durch $\{\lambda\}$ und $\{\varkappa\}$ bestimmten Tripel von zusammenfallenden Punkten die zwei durch $(E, e)$ bestimmten zusammenfallenden Punkte miteinander gemein haben.

Einen metrischen Spezialfall des Satzes VII von besonders übersichtlichem Charakter erhält man, wenn $E$ ein unendlich ferner Punkt und $e$ die unendlich

Zum Beweise betrachten wir zunächst zwei Punktpaare $(A, B)$ und $(A_1, B_1)$ auf demselben Kegelschnitt $\lambda$ (Fig. 43); die entsprechenden Kegelschnitte der Gesamtheit $\{\varkappa\}$ seien $\varkappa$ und $\varkappa_1$. Die Punktpaare $(A, A_1)$, $(B, B_1)$, $(E, E)$ bestimmen eindeutig eine Projektivität auf $\lambda$; die entsprechende Projektivitätsachse $s$ möge $\lambda$ außer in $E$ in einem Punkt $F$ schneiden. Die Projektivität läßt sich, wie die Figur zeigt, in zwei Involutionen zerlegen, deren Pole, $P$ und $Q$, auf $s$ liegen. Diese Involutionen erzeugen zwei Homologien $H_1$ und $H_2$ der ganzen Ebene, welche $\lambda$ invariant lassen. Auch das Produkt $H_1 H_2$ läßt $\lambda$ invariant; ferner geht $\varkappa$ offenbar in $\varkappa_1$ über, und wir werden zeigen, daß $\varkappa$ und $\varkappa_1$ einander in $(E, e)$ dreipunktig berühren. Zu diesem Zweck betrachten wir

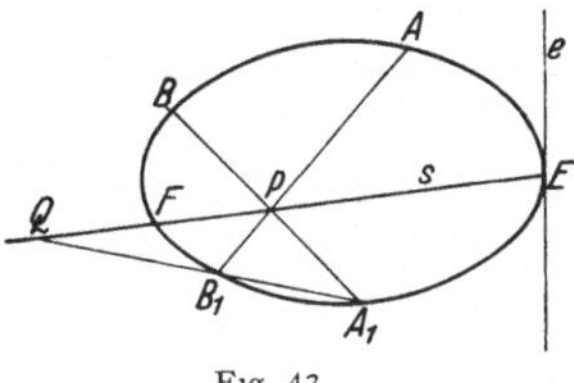



Fig. 43.

den eindeutig bestimmten Kegelschnitt $v$, welcher $\varkappa$ dreipunktig in $E$ und $\lambda$ zweipunktig in $F$ berührt; diese Kurve geht durch $H_1$ und $H_2$ und also auch durch $H_1 H_2$ in sich über und wird demnach auch $\varkappa_1$ in $E$ dreipunktig berühren; also haben auch $\varkappa$ und $\varkappa_1$ eine dreipunktige Berührung in diesem Punkt[1].

Es mögen nun $(A, B)$ und $(A_1, B_1)$ auf zwei verschiedenen Kegelschnitten $\lambda$ und $\lambda_1$ des Bündels $\{\lambda\}$ liegen; wir können voraussetzen, daß die zwei Kurven einander in $(E, e)$ genau dreipunktig berühren. Dann kann $\lambda$ in $\lambda_1$ durch eine harmonische Homologie überführt werden, deren Zentrum auf $e$ liegt und deren Achse durch $E$ geht. Der durch $(A, B)$ bestimmte Kegelschnitt $\varkappa$ geht hierdurch in einen Kegelschnitt $\varkappa^*$ über, welcher $\varkappa$ in $(E, e)$ dreipunktig berührt; die Kegelschnitte $\varkappa_1$ und $\varkappa^*$ gehen nun aus zwei Punktpaaren desselben Kegelschnittes $\lambda$ hervor und haben also nach dem soeben Bewiesenen in $(E, e)$ dreipunktige Berührung; dies gilt dann auch für $\varkappa$ und $\varkappa_1$.

Wir haben also gesehen, daß alle Kegelschnitte $\varkappa$, welche in der angegebenen Weise bestimmt werden können, einem Bündel mit drei zusammenfallenden Punkten angehören. Ist nun $\{\bar\lambda\}$ ein anderes Bündel, dessen Kurven mit den Kurven von $\{\lambda\}$ in $(E, e)$ nur zweipunktige Berührung haben, dann kann auch das neue Bündel $\{\bar\varkappa\}$ nicht mit $\{\varkappa\}$ zusammenfallen. Man sieht dies sofort, wenn man die Punkte $A$ und $B$ als die zwei von $E$ verschiedenen Schnittpunkte eines Kegel-

---

ferne Gerade ist. Ein Bündel von Kegelschnitten mit dreipunktiger Berührung in $(E, e)$ ist dann eine Gesamtheit von $\infty^2$ Parabeln mit festem Parameter. Durch Anwendung der Parabelgleichung in Parallelkoordinaten sieht man, daß der Parameter des Bündels $\{\varkappa\}$ gleich $p/2$ ist, wenn der Parameter von $\{\lambda\}$ gleich $p$ ist. Ein Büschel von Kurven mit vierpunktiger Berührung in $(E, e)$ ist eine Gesamtheit von $\infty^1$ Parabeln mit festem Parameter und gemeinsamer Achse.

[1] Ist insbesondere die Projektivität auf $\lambda$ parabolisch, hat die entsprechende Kollineation der Ebene nur den einzigen Doppelpunkt $E$ und die einzige Doppelgerade $e$; die Behauptung folgt dann sofort aus Satz VI.

schnittes $\lambda$ mit einem Kegelschnitt $\bar{\lambda}$ wählt. Hiermit ist die umkehrbar eindeutige Beziehung zwischen den Bündeln $\{\lambda\}$ und $\{\varkappa\}$ bewiesen.

Geht man von dem Bündel $\{\varkappa\}$ aus, so findet man das Bündel $\{\lambda\}$ in folgender Weise: Man wählt einen Kegelschnitt $\varkappa$ und zwei Punkte $(A, B)$ desselben. Die durch $E$ gehende Gerade, welche $e$ von $EA$ und $EB$ harmonisch trennt, möge $\varkappa$ in $C$ schneiden; dann gibt es einen Kegelschnitt durch $E$, $A$, $B$, welcher in diesen Punkten $e$, $AC$ bzw. $BC$ berührt; dieser ist eine Kurve von $\{\lambda\}$.

Wir kehren nun zu der Kollineation $\pi$ mit dem einzigen Doppelpunkt $E$ und der einzigen Doppelgeraden $e$ zurück. Ist $\lambda$ ein invarianter Kegelschnitt, $(M, M')$ ein Paar von entsprechenden Punkten desselben, und bestimmt man, ausgehend von $(M, M')$, nach der CHASLESschen Methode einen Kegelschnitt $\varkappa$, dann ist die Beziehung zwischen $\lambda$ und $\varkappa$ genau die in Satz VII angegebene. Da das Büschel aller invarianten Kegelschnitte einem Bündel $\{\lambda\}$ der obigen Art angehört, bilden auch alle Kegelschnitte $\varkappa$ ein Bündel. Also:

VIII. *Wenn eine Kollineation nur den einzigen Doppelpunkt E und die einzige Doppelgerade e hat, dann bilden alle Kegelschnitte $\varkappa$, welche nach der* CHASLES*schen Methode zur Doppelpunktsbestimmung benutzt werden können, ein Bündel mit dreipunktiger Berührung in $(E, e)$.*

*Wir setzen jetzt fest, daß die Angabe der drei zusammenfallenden Doppelpunkte der Kollineation die Angabe des Bündels $\{\varkappa\}$ bedeuten soll.*

Es sei nebenbei bemerkt, daß nach Satz VI und der darauf folgenden Bemerkung jeder Kegelschnitt $\varkappa$ genau ein Paar von entsprechenden Punkten enthält.

Man sieht nach Satz VII, daß durch drei zusammenfallende Doppelpunkte einer Kollineation die invarianten Kegelschnitte noch nicht gegeben sind, wohl aber das Bündel $\{\lambda\}$, wozu sie gehören. Sind umgekehrt die invarianten Kegelschnitte $(\lambda)$ vorgelegt, so findet man leicht die drei zusammenfallenden Doppelpunkte.

Es sei bemerkt, daß die Identifizierung der drei zusammenfallenden Doppelpunkte mit dem CHASLESschen Bündel $\{\varkappa\}$ natürlich, aber doch gewissermaßen willkürlich ist; denn in $\pi$ ist ja nach Satz VI nicht nur das Bündel $\{\varkappa\}$, sondern jedes Bündel, dessen Kurven einander in $(E, e)$ dreipunktig berühren, invariant. —

Um die Doppelgeraden von $\pi$ direkt zu bestimmen, könnte man, wie auf S. 102 erwähnt, eine zur CHASLESschen Methode duale anwenden; ausgehend von einem Paar von entsprechenden Geraden $(a, a')$ erhält man dann einen Kegelschnitt $\mu$, dessen Tangenten die Geraden $a$ und $a'$ in entsprechenden Punkten schneiden. Die Kurven $\mu$ entsprechen dem Bündel $\{\varkappa\}$ dual und bilden daher selbst ein Bündel; denn der Begriff eines Bündels von Kegelschnitten mit dreipunktiger Berührung ist selbstdual. Das Bündel $\{\mu\}$ kann zur Festlegung der drei zusammenfallenden Doppelgeraden benutzt werden. Von dem Bündel $\{\mu\}$ kann man zum Bündel $\{\lambda\}$ auf eine Weise kommen, welche der früheren von $\{\varkappa\}$ zu $\{\lambda\}$ führenden dual entspricht[1].

Wir gehen nun zu einigen Sätzen über, die für alle Kollineationen gültig sind, unabhängig davon, ob die Doppelpunkte verschieden sind oder nicht.

IX. *Eine Kollineation ist durch die Doppelpunkte E, F, G und ein Paar $(M, M')$ von entsprechenden Punkten, welche nicht auf einer Doppelgeraden liegen, eindeutig bestimmt.*

Die Doppelpunkte dürfen natürlich, wenn sie verschieden sind, nicht in einer Geraden liegen; ebenso darf, wenn $E = F$, aber $\neq G$, die Gerade $EF$ nicht durch $G$ gehen.

Wenn die Doppelpunkte alle verschieden sind, ist IX eine unmittelbare Folge von Satz III. Ist $E = F \neq G$, so ist die Kollineation nach Satz II unmittelbar herzustellen; denn man kennt ja die Projektivitäten innerhalb jedes der Büschel mit den Zentren $E$ und $G$; die zweite dieser Projektivitäten ist parabolisch.

Wenn endlich alle drei Doppelpunkte zusammenfallen, bestimmen wir im Bündel $\{\varkappa\}$ den durch $M$ und $M'$ gehenden Kegelschnitt; hierdurch ist die Projektivität zwischen den durch $M$ und $M'$ gehenden Geraden festgelegt. Die parabolische Projektivität innerhalb des durch $E$ bestimmten Geradenbüschels ist ebenfalls bekannt, und man kann wieder Satz II anwenden.

X. *Aus $EFGMP \doteqdot EFGM'P'$ folgt $EFGMM' \doteqdot EFGPP'$* oder — in anderer Formulierung:

*Zwei Kollineationen mit denselben Doppelpunkten sind vertauschbar.*

Wenn $E, F, G$ voneinander verschieden sind, folgt der Satz unmittelbar aus dem entsprechenden Satz über Projektivitäten in einer Geraden (Kap. I, § 1, Satz VI′); denn man kann aus

$$E\,(FGMP) \doteqdot E\,(FGM'P') \qquad \text{und} \qquad G\,(EFMP) \doteqdot G\,(EFM'P')$$

sogleich

$$E\,(FGMM') \doteqdot E\,(FGPP') \qquad \text{und} \qquad G\,(EFMM') \doteqdot G\,(EFPP')$$

folgern, womit der Satz bewiesen ist.

Wenn $E$ mit $F$, aber nicht mit $G$ zusammenfällt, bleibt der Beweis ebenfalls gültig; nur sind die zwei rechtsstehenden der obigen Projektivitäten parabolisch, so daß man aus Kap. I, § 1 den Satz VII′ statt des Satzes VI′ heranziehen muß.

---

[1] In dem in der letzten Fußnote S. 104 genannten Fall besteht auch das Bündel $\{\mu\}$ aus Parabeln mit festem Parameter. Ist wie dort der Parameter von $\{\lambda\}$ gleich $p$, so ist, wie man leicht einsieht, der Parameter von $\{\mu\}$ gleich $2p$; denn ein Kegelschnitt $\lambda$ und ein entsprechender Kegelschnitt $\mu$ liegen homothetisch im Verhältnis $\tfrac{1}{2}$.

Wenn aber $E, F, G$ alle zusammenfallen, muß der Beweis geändert werden. Die zwei Kollineationen, deren Vertauschbarkeit zu beweisen ist, seien $\pi$ und $\pi_1$. Die erste führe $M$ in $M'$ über, die andere $M$ und $M'$ in $P$ bzw. $P'$; es ist zu beweisen, daß $\pi$ den Punkt $P$ in $P'$ transformiert.

Haben die beiden Kollineationen dasselbe Büschel von invarianten Kegelschnitten, so folgt der Satz sofort daraus, daß zwei parabolische Projektivitäten in einem Elementargebilde und mit demselben Doppelpunkt vertauschbar sind (Kap. I, § 1, Satz VII'). Es mögen also die Büschel der invarianten Kegelschnitte von $\pi$ und $\pi_1$ verschieden sein; jeder invariante Kegelschnitt von $\pi$ hat dann mit jedem invarianten

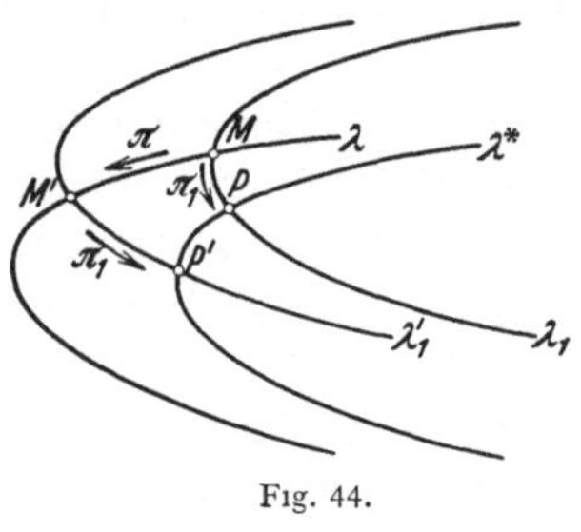
Fig. 44.

Kegelschnitt von $\pi_1$ in $E$ dreipunktige Berührung. Die gemeinsame Tangente sei $e$.

Es sei (Fig. 44)[1] $\lambda$ der durch $M$ und $M'$ gehende, in $\pi$ invariante Kegelschnitt; ferner seien $\lambda_1$ und $\lambda_1'$ die durch $(M, P)$ bzw. $(M', P')$ gehenden, in $\pi_1$ invarianten Kegelschnitte; $\lambda_1$ und $\lambda_1'$ haben in $(E, e)$ vierpunktige Berührung (Satz V); da die Kollineation $\pi$ den Punkt $M$ in $M'$ überführt, folgt nun aus Satz VI', daß sie auch $\lambda_1$ in $\lambda_1'$ transformiert. Endlich sei $\lambda^*$ der durch $P$ und $P'$ gehende Kegelschnitt, in welchen $\lambda$ durch $\pi_1$ übergeht; $\lambda$ und $\lambda^*$ haben also (Satz VI') in $(E, e)$ vierpunktige Berührung, und da $\lambda$ in $\pi$ invariant ist, folgt, daß auch $\lambda^*$ diese Eigenschaft hat. Dann ist aber $P'$ der Punkt, welcher in $\pi$ dem Punkte $P$ entspricht, was zu beweisen war.

XI. *Das Produkt zweier Kollineationen $\pi$ und $\pi_1$ mit denselben Doppelpunkten $E, F, G$ ist, sofern sie keine Homologie ist, wieder eine Kollineation mit diesen Doppelpunkten.*

Dies ist selbstverständlich, wenn die drei Doppelpunkte alle verschieden sind. Auch wenn $E$ mit $F$, aber nicht mit $G$ zusammenfällt, ist dies beinahe unmittelbar einzusehen; ein dritter Doppelpunkt müßte nämlich auf der Geraden $e$ liegen, welche mit $E$ die zwei zusammenfallenden Doppelpunkte bestimmt; dies ist aber unmöglich, weil das Produkt zweier parabolischen Projektivitäten mit demselben Doppelpunkt $E$ entweder die Identität oder eine parabolische Projektivität mit $E$ als Doppelpunkt ist.

Wenn $E, F, G$ alle zusammenfallen, läßt sich der Beweis folgendermaßen führen: Daß die Produktkollineation $\pi\pi_1$ unter der angenommenen Voraussetzung nur dieselben Doppelelemente $E$ und $e$ wie die einzelnen Faktoren haben kann, ist klar, weil sowohl die Punkte auf $e$, wie die Geraden durch $E$ parabolisch transformiert werden. Die invarianten Kegelschnitte der beiden Kollineationen gehören demselben Bündel $\{\lambda\}$ an. Es gehe ein Punkt $M$ durch $\pi$ in $M'$ und dieser

---

[1] Vgl. die letzte Fußnote S. 104.

Punkt durch $\pi_1$ in $M^*$ über; der durch $M$ und $M^*$ gehende Kegelschnitt $\lambda$ des Bündels $\{\lambda\}$ ist dann in $\pi\pi_1$ invariant; denn er geht in einen Kegelschnitt $\lambda^*$ durch $M^*$ über, welcher nach Satz VI' $\lambda$ in $E$ vierpunktig berührt. Hieraus folgt sofort der zu beweisende Satz; da nämlich die invarianten Kegelschnitte von $\pi, \pi_1$ und $\pi\pi_1$ demselben Bündel angehören, haben die drei Transformationen auch dasselbe CHASLESsche Bündel $\{\varkappa\}$.

Es seien nun $\pi$ und $\pi_1$ zwei (verschiedene) Kollineationen und $A$ ein Punkt, der durch $\pi$ und $\pi_1$ in denselben Punkt $A'$ überführt wird. Die Punkte $A$ können dann als die Doppelpunkte der Kollineation $\pi\pi_1^{-1}$ und die entsprechenden Punkte $A'$ als die Doppelpunkte der Kollineation $\pi_1^{-1}\pi$ bestimmt werden.

Die Multiplizität eines gemeinsamen Paares $(A, A')$ wird definitionsgemäß durch die Multiplizität des Doppelpunktes $A$ in $\pi\pi_1^{-1}$ (oder $A'$ in $\pi_1^{-1}\pi$) festgelegt. Auch die früheren Angaben von zwei oder drei zusammenfallenden Punkten (durch einen Punkt und eine damit inzidente Gerade oder ein Bündel von Kegelschnitten mit dreipunktiger Berührung) lassen sich hier anwenden: Ein doppelt zählendes, gemeinsames Punktpaar von $\pi$ und $\pi_1$ wird durch $(A, a)$, $(A', a')$ festgelegt, wo $(A, a)$ zwei zusammenfallende Doppelpunkte in $\pi\pi_1^{-1}$ und $(A', a')$ die entsprechenden, zusammenfallenden Doppelpunkte in $\pi_1^{-1}\pi$ bebedeuten; ein dreifach zählendes, gemeinsames Punktpaar wird durch $\{\varkappa\}$, $\{\varkappa'\}$ angegeben, wo $\{\varkappa\}$ und $\{\varkappa'\}$ die CHASLESschen Bündel von $\pi\pi_1^{-1}$ bzw. $\pi_1^{-1}\pi$ sind. Das Resultat dieser Festsetzungen können wir in folgender Weise kurz als Satz formulieren:

XII. *Zwei Kollineationen $\pi$ und $\pi_1$ haben drei* (nicht notwendig verschiedene) *oder unendlich viele Punktpaare miteinander gemein.*

Der letzte Fall trifft ein, wenn $\pi\pi_1^{-1}$ (und demnach auch $\pi_1^{-1}\pi$) eine Homologie ist.

Ferner hat man:

XIII. *Wenn die Kollineationen $\pi$ und $\pi_1$ dieselben drei — nicht notwendig verschiedenen — gemeinsamen Elemente $(A, A')$ wie $\pi_1$ und $\pi_2$ haben, dann bilden diese auch die gemeinsamen Elemente der Kollineationen $\pi$ und $\pi_2$ — oder diese Transformationen haben unendlich viele Elemente miteinander gemein.*

Haben nämlich $\pi\pi_1^{-1}$ und $\pi_1\pi_2^{-1}$ dieselben drei Doppelpunkte, dann sind diese Punkte auch die Doppelpunkte von $\pi\pi_2^{-1}$ (Satz XI), wenn diese letzte Transformation keine Homologie ist.

XIV. *Wenn je zwei der Kollineationen $\pi$, $\pi_1$ und $\pi_2$ dieselben gemeinsamen Elemente $(A, A')$ haben, dann gilt dasselbe für die Kollineationen $\pi\pi_0$, $\pi_1\pi_0$, $\pi_2\pi_0$, wo $\pi_0$ eine beliebige Kollineation ist.*

Denn wegen $\pi\pi_0 \cdot (\pi_1\pi_0)^{-1} = \pi\pi_1^{-1}$ und der zwei analogen Gleichungen, sind die Punkte $A$ für beide Tripel (inklusive Multiplizität) dieselben.

## § 2. Die Reziprozität.

Die reelle Reziprozität wurde in Kap. I besprochen. Wir betrachten nun eine umkehrbar eindeutige Transformation der durch die imaginären Elemente erweiterten Ebene, welche folgende Eigenschaften hat:

Einem Punkt und einer Geraden der einen Figur entsprechen eine Gerade bzw. ein Punkt der anderen; wenn eine Gerade sich um einen Punkt dreht, dann durchläuft der entsprechende Punkt die entsprechende Gerade; und eine einfache Kette von Punkten wird in eine einfache Kette von Geraden überführt.

Wie im vorigen Paragraphen findet man auch hier, daß entweder jede Punktreihe zu dem entsprechenden Geradenbüschel projektiv oder aber symmetral ist. *Im ersten Fall heißt die Transformation eine Reziprozität oder Korrelation, im zweiten eine Antireziprozität oder Antikorrelation.*

Wir behandeln zunächst die Reziprozität.

Man erhält leicht die folgenden zwei Sätze, welche den Sätzen II und III des § 1 völlig analog sind:

I. *Sind zwei gerade Punktreihen a und b auf zwei Geradenbüschel (mit den Zentren A bzw. B) projektiv bezogen, so daß in beiden Beziehungen dem Schnittpunkte (ab) die Gerade A B entspricht, dann ist hierdurch eindeutig eine Reziprozität bestimmt*[1].

II. *Eine Reziprozität ist eindeutig bestimmt, wenn vier gegebenen Punkten der einen Figur vier gegebene Gerade der anderen entsprechen sollen; nur dürfen nicht drei der gegebenen Punkte auf einer Geraden liegen und nicht drei der gegebenen Geraden durch einen Punkt gehen*[2].

Wir betrachten nun zwei Reziprozitäten $\Sigma$ und $\Sigma_1$; die Punkte $A$, denen dieselbe Gerade $a'$ in $\Sigma$ und $\Sigma_1$ entspricht, können als die Doppelpunkte der Kollineation $\Sigma\Sigma_1^{-1}$ bestimmt werden und die genannten Geraden $a'$ als die Doppelgeraden der Kollineation $\Sigma_1^{-1}\Sigma$. Doppelt und dreifach zählende gemeinsame Elemente $(A, a')$ werden ganz wie am Schluß des § 1 erklärt. Wir haben dann:

III. *Zwei Reziprozitäten* $\Sigma = (M, m')$ *und* $\Sigma_1 = (M, m'_1)$ *haben drei* (nicht notwendig verschiedene) *oder unendlich viele Punkt-Geradeelemente* $(A, a')$ *miteinander gemein.*

Der zweite Fall tritt ein, wenn $\Sigma\Sigma_1^{-1}$ (und demnach auch $\Sigma_1^{-1}\Sigma$) eine Homologie ist.

Was oben gesagt ist, kann man im besonderen anwenden, wenn die zwei Reziprozitäten invers (aber nicht involutorisch) sind. Die Punkte und Geraden der obenerwähnten Elemente $(A, a')$ sind dann die Doppelpunkte und Doppelgeraden der Kollineation $\Sigma^2$ und werden *Hauptpunkte* und *Hauptgerade* von $\Sigma$ genannt. *Die Hauptpunkte und Hauptgeraden entsprechen einander in* $\Sigma$ *in involutorischer Weise.*

---

[1] ENRIQUES: S. 138.    [2] ENRIQUES: S. 139.

Hinsichtlich des in Satz III erwähnten letzten Falles zeigen wir:

IV. *Wenn es in einer nichtinvolutorischen Reziprozität eine gerade Reihe von Hauptpunkten — und also ein Büschel von Hauptgeraden — gibt, dann liegt jeder dieser Hauptpunkte in der entsprechenden Hauptgeraden, und die Reziprozität läßt sich — auf unendlich viele Weisen — in eine Polarität und eine Kollineation zerlegen, welche durch Wiederholung eine Homologie ergibt.*

Um dies zu beweisen, bemerken wir zuerst, daß außer den soeben erwähnten Hauptpunkten auch das Zentrum $E$ des Büschels ein (isolierter) Hauptpunkt ist; die entsprechende Hauptgerade ist der Träger $e$ der Punktreihe. Andere Hauptelemente kann es nicht geben.

Ferner zeigen wir, daß es keine durch $E$ gehende Hauptgerade gibt, welche den entsprechenden Hauptpunkt nicht enthält. Es sei nämlich $a$ (Fig. 45) eine solche Gerade, $A'$ der entsprechende Hauptpunkt. Ferner sei $B$ ein beliebiger, fester Punkt auf $a$; die entsprechende Gerade $b'$ geht durch $A'$, aber sie enthält nicht den Punkt $B$, weil dann $(B, b')$ ein Hauptelement wäre. Die Strahlen durch $B$ sind auf die Punkte der Geraden $b'$ projektiv bezogen; es muß demnach mindestens einen durch $B$ gehenden Strahl $m$ geben, welcher durch seinen entsprechenden Punkt $M'$ geht; $m$ ist von $BA'$ verschieden; sie schneide $e$ im Punkte $N$, dessen entsprechende Gerade $n' = EM'$ ist. Dem Punkte $M' = (mn')$ entspricht dann die Gerade $M'N = m$, d. h. $(m, M')$ wäre ein Hauptelement, was unmöglich ist.

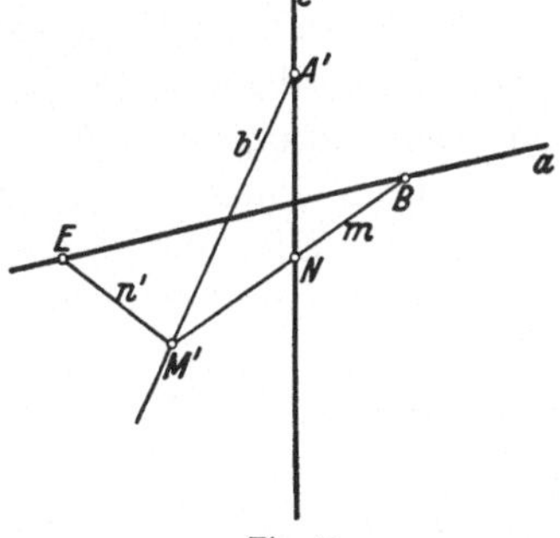

Fig. 45.

Der Beweis ist, wie man unmittelbar sieht, ganz unabhängig davon, ob $E$ auf $e$ liegt oder nicht.

Es liegt also jeder Punkt von $e$ in der entsprechenden Hauptgeraden; wir betrachten nun einen beliebigen Kegelschnitt $\varkappa$, welcher $E$ und $e$ als Pol und Polare hat; es seien $F$ und $G$ die Schnittpunkte von $\varkappa$ mit $e$. Ferner sei $(m, M')$ ein Element der Reziprozität; $M'$ liegt auf der Geraden, welche $E$ mit dem Schnittpunkte $(em)$ verbindet. Ist $M^*$ der Pol von $m$ in bezug auf $\varkappa$, dann sind $EM'$ und $EM^*$ konjugierte Gerade in bezug auf diese Kurve. Die gegebene Reziprozität kann dann als das Produkt der folgenden Transformationen hergestellt werden:

a) Eine Polarität in bezug auf $\varkappa$,

b) eine Kollineation mit den Doppelpunkten $E, F, G$ und $(M^*, N')$ als entsprechenden Punkten.

Denn diese Transformation führt $e, EF, EG, m$ in bzw. $E, F, G, M'$ über; außerdem entspricht jeder Geraden durch $E$ ihr Schnittpunkt mit $e$ in involutorischer Weise.

Man sieht, daß die genannte Kollineation durch Wiederholung eine Homologie mit dem Zentrum $E$ und der Achse $e$ ergibt.

Es seien nun $E, F, G$ drei verschiedene Hauptpunkte einer Reziprozität, welche nicht in einer Geraden liegen. Von vornherein gibt es dann die folgenden Möglichkeiten:

1. Jedem der Punkte entspricht seine Gegenseite im Dreieck; die Transformation ist dann involutorisch und bildet ein *Polarsystem* oder eine *Polarität*[1]; alle Punkte sind Hauptpunkte.

2. Jedem Punkt entspricht eine anliegende Seite. Dieser Fall ist aber unmöglich; denn wird $E$ in $EF$ und $F$ in $FG$ übergeführt, so muß der Geraden $EF$ der Punkt $F$ entsprechen, so daß die Beziehung zwischen Hauptpunkten und Hauptgeraden nichtinvolutorisch wäre.

3. Einem der Hauptpunkte, z. B. $E$, entspricht die Gegenseite $FG$, während den anderen Hauptpunkten anliegende Seiten entsprechen. In diesem Fall wollen wir $E$ *prinzipalen Hauptpunkt* und $F$ und $G$ sekundäre Hauptpunkte nennen. Insbesondere können hier alle Punkte der Geraden $FG$ Hauptpunkte sein (vgl. Satz IV) oder, wie oben, alle Punkte der Ebene (Polarität).

Gibt es in einer Reziprozität nur zwei Hauptpunkte, wo also der eine doppelt zu zählen ist ($E = F$ und $\neq G$), dann hat die Reziprozität auch nur zwei Hauptgerade ($EG$ und „$EF$"). Es gibt hier zwei Möglichkeiten:

4. Dem Punkte $G$ (dem prinzipalen Hauptpunkt) entspricht die Gegenseite $EF$, und $E$ die Gerade $EG$.

5. Den Punkten $E$ und $G$ entsprechen die Geraden $EF$ bzw. $EG$; dies erweist sich wie oben als unmöglich.

6. Fallen endlich alle drei Hauptpunkte zusammen, so gibt es nur einen (prinzipalen) Hauptpunkt und eine durch diesen gehende Hauptgerade.

Alle die obigen Fälle, die sich nicht schon bisher als unmöglich erwiesen haben, lassen sich realisieren. Einige von ihnen sind schon bekannt; die Existenz der anderen geht aus den folgenden Entwicklungen hervor.

Man hat den Satz:

V. *Eine Reziprozität ist durch drei Hauptelemente* $(E, e)$, $(F, f)$, $(G, g)$, *welche nicht alle zusammenfallen, in Verbindung mit einem Element* $(M, m')$ *eindeutig bestimmt, sofern $M$ nicht auf einer Hauptgeraden liegt und $m'$ nicht durch einen Hauptpunkt geht.*

Sind alle Hauptelemente verschieden[2], so ist Satz V eine unmittelbare Folge von II; wenn dagegen zwei Hauptelemente wie $(E, e)$ und $(F, f)$ zusammenfallen[3], kann der Beweis folgendermaßen geführt werden:

---

[1] ENRIQUES: § 51.

[2] Wir setzen voraus, daß sie wie in den Fällen 1. oder 3. liegen.

[3] Wir setzen voraus, daß sie wie im Fall 4. liegen.

Es möge (Fig. 46) die von $e$ verschiedene, durch $G$ gehende Gerade $p$ die Gerade $g$ in $P$ schneiden; der der Geraden $p$ entsprechende Punkt $P'$ liegt auf $g$. $P'$ muß dann von $P$ verschieden sein; denn sonst wäre $(P, p)$ ein neues Hauptelement. Die Beziehung zwischen $P$ und $P'$ ist also eine parabolische Projektivität mit $E$ als Doppelpunkt.

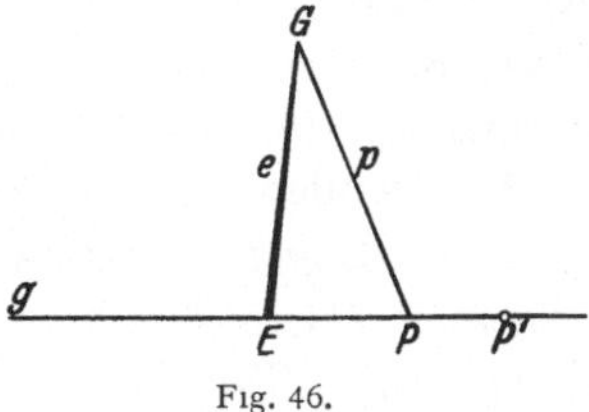
Fig. 46.

Es sei nun $(M, m')$ ein beliebiges Element der Reziprozität. Nach dem soeben Bewiesenen kennt man dann die projektive Beziehung zwischen dem Geradenbüschel mit dem Zentrum $G$ und der Punktreihe $g$. Ferner ist die Projektivität zwischen dem Geradenbüschel mit dem Zentrum $E$ und der Punktreihe $e$ festgelegt, und man kann Satz I anwenden.

Im vorigen Paragraphen haben wir gesehen, daß eine Kollineation durch die Doppelpunkte und ein Paar von entsprechenden Punkten eindeutig bestimmt war, auch in dem Fall, wo die Doppelpunkte alle zusammenfallen. *Ein analoger Satz für Reziprozitäten mit drei zusammenfallenden Hauptelementen ist, wie wir bald sehen werden, nicht gültig.*

Wir werden nun die Reziprozitäten dieser Art näher studieren. Es sei $\Sigma$ eine solche Reziprozität; die drei zusammenfallenden Hauptpunkte seien, wie in § 1 besprochen, durch ein Bündel $\{\varkappa\}$ mit dreipunktiger Berührung gegeben; der Berührungspunkt sei $E$, die zugehörige Tangente $e$; $\{\varkappa\}$ ist das CHASLESsche Bündel der Kollineation $\Sigma^2$.

Aus $\{\varkappa\}$ können wir, wie in § 1, ein Bündel $\{\lambda\}$ herstellen, innerhalb dessen das Büschel $(\lambda)$ von in $\Sigma^2$ invarianten Kegelschnitten sich befindet. Das Büschel $(\lambda)$ wird durch $\Sigma$ auf sich selbst projektiv bezogen, und diese Projektivität ist entweder die Identität oder eine Involution; denn durch ihre Wiederholung ergibt sich ja die Identität. Es gibt demnach außer dem ausgearteten Kegelschnitt, der aus der doppelt zu zählenden Geraden $e$ gebildet ist, einen anderen, nicht ausgearteten, $\lambda_0$, der in $\Sigma$ invariant ist (d. h. die Punkte der Kurve gehen durch $\Sigma$ in die Tangenten derselben über).

Es sei nun $\Sigma_0$ die Polarität in bezug auf $\lambda_0$. Wir betrachten dann die Kollineation

$$(1) \qquad \pi = \Sigma \Sigma_0 .$$

Da $\lambda_0$ in $\Sigma$ invariant ist, sind $\Sigma$ und $\Sigma_0$ offenbar vertauschbar, und man erhält: $\pi^2 = \Sigma^2$. Die Transformation $\pi^2$ hat also drei zusammenfallende Doppelpunkte, welche durch $\{\varkappa\}$ festgelegt sind. Dann muß auch $\pi$ drei zusammenfallende Doppelpunkte haben, und diese sind dieselben wie die von $\pi^2$ (§ 1, Satz XI). Aus (1) findet man:

$$(2) \qquad \Sigma = \pi \Sigma_0 ,$$

also:

VI. *Jede Reziprozität mit drei zusammenfallenden Hauptelementen hat einen und nur einen invarianten Kegelschnitt $\lambda_0$. Sie läßt sich in eine Kollineation $\pi$ mit den Hauptpunkten als Doppelpunkten und $\lambda_0$ als einem invarianten Kegelschnitt und eine Polarität $\Sigma_0$ in bezug auf $\lambda_0$ zerlegen; $\pi$ und $\Sigma_0$ sind vertauschbar.*

Wir wollen nun zeigen:

VII. *Es gibt unendlich viele Reziprozitäten mit drei in $(E, e)$ zusammenfallenden Hauptelementen und einem Paar $(M, m')$ von entsprechenden Elementen. Wird außerdem die dem Schnittpunkte $Q' = (e\,m')$ entsprechende, durch $E$ gehende Gerade $q''$ gegeben, dann ist die Transformation eindeutig bestimmt.*

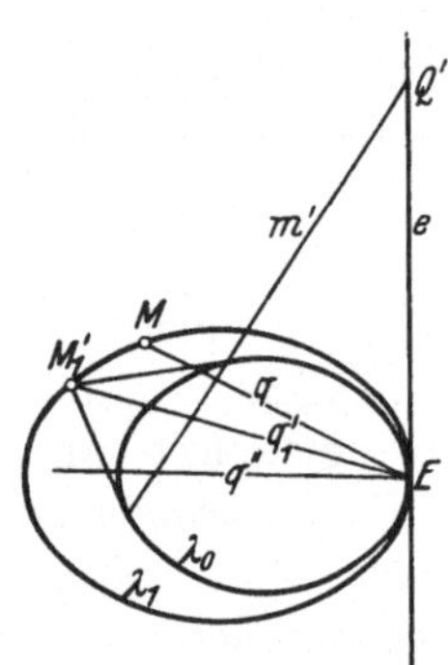
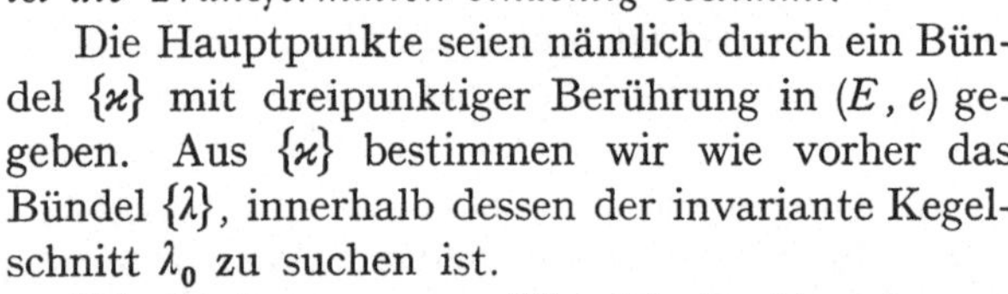
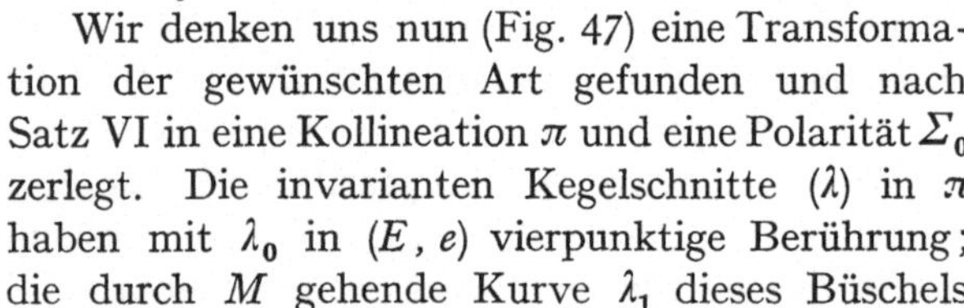
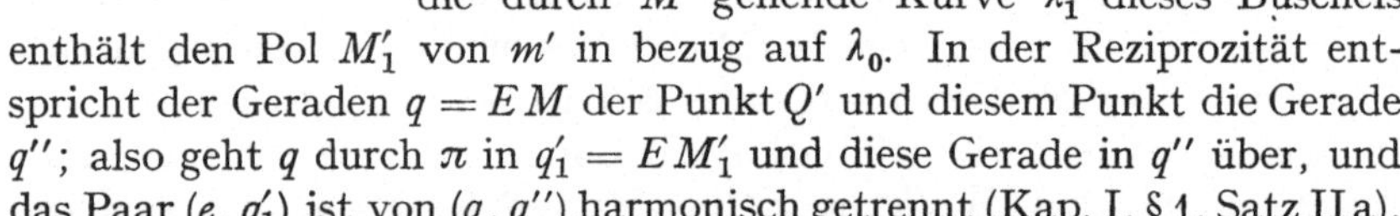

Fig. 47.

Die Hauptpunkte seien nämlich durch ein Bündel $\{x\}$ mit dreipunktiger Berührung in $(E, e)$ gegeben. Aus $\{x\}$ bestimmen wir wie vorher das Bündel $\{\lambda\}$, innerhalb dessen der invariante Kegelschnitt $\lambda_0$ zu suchen ist.

Wir denken uns nun (Fig. 47) eine Transformation der gewünschten Art gefunden und nach Satz VI in eine Kollineation $\pi$ und eine Polarität $\Sigma_0$ zerlegt. Die invarianten Kegelschnitte $(\lambda)$ in $\pi$ haben mit $\lambda_0$ in $(E, e)$ vierpunktige Berührung; die durch $M$ gehende Kurve $\lambda_1$ dieses Büschels enthält den Pol $M_1'$ von $m'$ in bezug auf $\lambda_0$. In der Reziprozität entspricht der Geraden $q = EM$ der Punkt $Q'$ und diesem Punkt die Gerade $q''$; also geht $q$ durch $\pi$ in $q_1' = EM_1'$ und diese Gerade in $q''$ über, und das Paar $(e, q_1')$ ist von $(q, q'')$ harmonisch getrennt (Kap. I, § 1, Satz II a).

Hieraus ergibt sich die folgende eindeutige Bestimmung der Transformation: Durch $E$ lege man die Gerade $q_1'$, welche von $e$ durch $(q, q'')$ harmonisch getrennt ist. Es gibt nun innerhalb $\{\lambda\}$ ein eindeutig bestimmtes Büschel $(\lambda)$ — mit vierpunktiger Berührung in $(E, e)$ —, dessen Kurven $Q'$ und $q_1'$ als Pol und Polare haben; innerhalb $(\lambda)$ bestimme man den durch $M$ gehenden Kegelschnitt $\lambda_1$. Die Pole von $m'$ in bezug auf die Kurven $(\lambda)$ liegen alle auf $q_1'$, und es gibt eine einzige unter diesen Kurven, $\lambda_0$, so daß der Pol von $m'$ auf $\lambda_1$ liegt (also in $M_1'$). Die Kollineation $\pi$ wird dann durch das Büschel $(\lambda)$ von invarianten Kegelschnitten und das Punktpaar $(M, M_1')$ festgelegt, und $\Sigma_0$ ist die Polarität in bezug auf $\lambda_0$.

Man verifiziert leicht, daß die Reziprozität $\Sigma = \pi\Sigma_0$ den Bedingungen genügt.

Des weiteren nennen wir den Satz:

VIII. *Wenn die Reziprozitäten $\Sigma$ und $\Sigma_1$ dieselben drei — nicht notwendig verschiedenen — gemeinsamen Elemente wie $\Sigma_1$ und $\Sigma_2$ haben,* *dann bilden diese Elemente auch die gemeinsamen Elemente der zwei Reziprozitäten $\Sigma$ und $\Sigma_2$, oder diese Transformationen haben unendlich viele Elemente miteinander gemein.*

Haben nämlich $\Sigma\Sigma_1^{-1}$ und $\Sigma_1\Sigma_2^{-1}$ dieselben drei Doppelpunkte, dann sind diese Punkte auch die Doppelpunkte von $\Sigma\Sigma_2^{-1}$ (§ 1, Satz XI), sofern diese Transformation keine Homologie ist.

IX. *Wenn die Reziprozitäten $\Sigma$, $\Sigma_1$ und $\Sigma_2$ paarweise dieselben gemeinsamen Elemente $(A, a')$ haben, dann gilt das Analoge für die Kollineationen $\Sigma\Sigma_0$, $\Sigma_1\Sigma_0$, $\Sigma_2\Sigma_0$, wo $\Sigma_0$ eine beliebige Reziprozität ist.*

Dies folgt in Analogie mit dem Beweis des Satzes XIV in § 1 daraus, daß die Gleichung $\Sigma\Sigma_0 \cdot (\Sigma_1\Sigma_0)^{-1} = \Sigma\Sigma_1^{-1}$ und ihre zwei analogen gelten.

## IX. Kapitel.

# Die zweidimensionale Kette.

## § 1. Die geometrische Behandlung der zweidimensionalen Kette.

Auf der Geraden spielen gewisse Punktgesamtheiten, die wir einfache Ketten genannt haben, eine besondere Rolle. Eine solche Kette wird z. B. aus den reellen Punkten einer reellen Geraden gebildet. In der Ebene kann man in analoger Weise Gesamtheiten von Punkten hervorheben.

Gegeben seien vier Punkte $A$, $B$, $C$, $D$ der Ebene, von welchen keine drei in einer Geraden liegen; wir definieren dann:

*Die Gesamtheit der Punkte P, für welche die Würfe $A(BCDP)$ und $B(ACDP)$ reell sind, bildet eine zweidimensionale Kette $k^{II}$.*

Durch eine — reelle oder imaginäre — Kollineation oder Antikollineation geht eine zweidimensionale Kette in eine ebensolche über. Im besonderen können die Punkte $A$, $B$, $C$, $D$ durch eine solche Kollineation immer in vier reelle Punkte einer reellen Ebene überführt werden (Kap. VIII, § 1, Satz III)[1]; die entsprechende Kette besteht offenbar aus allen reellen Punkten dieser Ebene. Also gelten die folgenden Sätze I—IV:

I. *Durch vier Punkte der Ebene, von welchen keine drei in einer Geraden liegen, geht eine und nur eine zweidimensionale Kette.*

Man sieht, daß die vier in der Definition erwähnten Punkte beliebige Punkte der Kette sind.

II. *Eine Gerade, welche zwei Punkte einer $k^{II}$ enthält, hat mit der $k^{II}$ alle Punkte einer einfachen Kette gemein.*

---

[1] Die in Kap. VIII gegebene Definition der kollinearen Abhängigkeit läßt sich ebensogut anwenden, wenn die zwei Figuren in verschiedenen Ebenen liegen. Der Satz III ist auch in diesem Falle gültig.

Ein Beispiel einer solchen Kollineation zwischen zwei Ebenen hat man — wie im reellen — in der zentrischen Projektion.

Man sagt in diesem Fall, daß die Gerade der Kette $k^{II}$ *adjungiert* sei.

III. *Durch jeden Punkt P der Ebene außerhalb $k^{II}$ geht eine und nur eine Gerade p, welche der Kette adjungiert ist.*

Der Punkt $P$ kann durch eine Involution von Punkten auf jener einfachen Kette bestimmt werden, welche $p$ mit $k^{II}$ gemein hat.

Durch einen Punkt der Kette $k^{II}$ gehen unendlich viele adjungierte Gerade, und diese bilden eine einfache Kette von Geraden.

Ferner:

IV. *Eine in der Ebene liegende Gerade, welche nicht mit der Kette $k^{II}$ adjungiert ist, hat mit dieser einen und nur einen Punkt gemein.*

Denn jede in einer reellen Ebene liegende imaginäre Gerade hat einen reellen Punkt.

Die Punkte einer zweidimensionalen Kette und die derselben adjungierten Geraden sind zwei duale Gebilde; dies gilt nämlich für die reellen Punkte und die reellen Geraden einer reellen Ebene.

Eine $k^{II}$ kann außer durch vier Punkte auch in anderer Weise bestimmt werden.  Man hat:

V. *Eine zweidimensionale Kette ist eindeutig bestimmt durch*

1. *drei Punkte*, welche nicht in einer Geraden liegen, *und eine adjungierte Gerade*, oder

2. *drei adjungierte Gerade*, welche nicht durch denselben Punkt gehen, *und einen Punkt*, oder

3. *vier adjungierte Gerade*, von welchen keine drei durch einen Punkt gehen.

In allen Fällen findet man nämlich leicht vier Punkte der gesuchten Kette.

Durch zwei Punkte $A$ und $B$ und zwei adjungierte Gerade $a$ und $b$ ist im allgemeinen keine $k^{II}$ bestimmt; wenn aber $A$, $B$, $(AB, a)$ und $(AB, b)$ vier Punkte einer einfachen Kette sind, dann bestimmen $a$, $b$, $A$ und $B$ unendlich viele $k^{II}$. —

Es sei $p$ eine der Kette $k^{II}$ adjungierte Gerade und $k$ die einfache Kette, welche $p$ und $k^{II}$ miteinander gemein haben. Wenn zwei Punkte durch dieselbe, aber entgegengesetzt orientierte Involution der Punkte von $k$ gegeben sind, also in bezug auf $k$ symmetrisch liegen (Kap. II, § 3), sagen wir, daß diese Punkte auch *in bezug auf $k^{II}$ symmetrisch liegen*. Wenn die Kette $k^{II}$ aus allen reellen Punkten einer reellen Ebene besteht, sind symmetrische Punkte dasselbe wie konjugiert imaginäre Punkte.

In dualer Weise definieren wir zwei in bezug auf $k^{II}$ symmetrisch liegende Gerade.  Die Punkte zweier solcher Geraden liegen paarweise symmetrisch in bezug auf $k^{II}$.

VI. Gegeben seien vier Punkte $A$, $B$, $C$, $D$, von welchen keine drei auf einer Geraden liegen. *Es gibt dann eine und nur eine Kette $k^{II}$, die durch A und B geht und in bezug auf welche C und D symmetrisch liegen.*

Man bestimme nämlich in der Geraden $CD$ diejenige einfache Kette $k_1$, die durch den Schnittpunkt von $AB$ und $CD$ geht, und in bezug auf welche $C$ und $D$ symmetrisch liegen (Kap. II, § 3, Satz VIII). Zwei Punkte dieser Kette bestimmen zusammen mit $A$ und $B$ die gesuchte Kette $k^{II}$.

Auf diese Bestimmung einer $k^{II}$ läßt sich die folgende zurückführen:

VII. Gegeben seien vier Punkte $A$, $B$, $C$, $D$, von welchen keine drei auf einer Geraden liegen. *Es gibt dann eine und nur eine Kette $k^{II}$, in bezug auf welche sowohl $A$ und $B$ als auch $C$ und $D$ symmetrisch liegen.*

Die genannte Kette muß nämlich durch die Punkte $(AC, BD)$ und $(AD, BC)$ gehen.

Man hat ferner:

VIII. Gegeben seien drei Punkte $A$, $B$, $C$, welche nicht auf einer Geraden liegen, und eine Gerade $d$, welche durch keinen der Punkte geht. *Es gibt dann eine und nur eine Kette $k^{II}$, die durch $A$ geht, in bezug auf welche $B$ und $C$ symmetrisch liegen und die $d$ als adjungierte Gerade hat.*

Die Geraden $AB$ und $AC$ schneiden nämlich $d$ in zwei Punkten, welche in bezug auf die gesuchte Kette symmetrisch liegen.

Dagegen hat man, wie leicht zu sehen:

IX. *Durch zwei adjungierte Gerade und zwei symmetrische Punkte ist entweder keine oder es sind unendlich viele $k^{II}$ bestimmt.*

Des weiteren haben wir:

X. *Die Beziehung, welche jeden Punkt in den symmetrischen Punkt in bezug auf eine feste Kette $k^{II}$ überführt, ist eine spezielle Antikollineation* (eine sog. „Symmetrie in bezug auf $k^{II}$").

Um dies einzusehen, haben wir nach der Definition in Kap. VIII, § 1 nur zu zeigen, daß entsprechende Punktreihen untereinander symmetral sind. Wir betrachten demnach die Geradenbüschel, welche zwei solche Punktreihen aus einem beliebigen Punkt der Kette $k^{II}$ projizieren. Wird nun die Kette durch eine Projektivität in die reellen Punkte einer reellen Ebene transformiert, so gehen die Büschel in zwei andere über, welche aus paarweise konjugiert imaginären Geraden bestehen, so daß ihre Beziehung symmetral ist (vgl. den Anfang des Kap. VI, § 2).

Wir wollen nun die gemeinsamen Punkte zweier in derselben Ebene liegenden zweidimensionalen Ketten $k^{II}$ und $k_1^{II}$ bestimmen. Wir können voraussetzen, daß die Ebene reell ist und daß $k_1^{II}$ aus den reellen Punkten dieser Ebene besteht.

Es sei $A$ ein beliebiger imaginärer Punkt von $k^{II}$. Durch $A$ gehen unendlich viele zu $k^{II}$ adjungierte Gerade, welche eine einfache Kette von Geraden bilden. Der Ort der reellen Punkte dieser Geraden ist nach Kap. II, § 2, Satz VII ein reeller Kegelschnitt $\varkappa$; wenn insbesondere eine der Geraden reell ist, zerfällt $\varkappa$ in diese und eine andere Gerade.

Ersetzt man $A$ durch einen anderen imaginären Punkt $B$ von $k^{II}$, so erhält man in derselben Weise einen zweiten reellen Kegelschnitt $\mu$; $\varkappa$ und $\mu$ haben den auf $AB$ liegenden reellen Punkt $C$ miteinander gemein. Sie haben daher noch einen oder drei gemeinsame reelle Punkte; ein beliebiger von diesen gehört den beiden zweidimensionalen Ketten an, weil er reell und Schnittpunkt zweier der Kette $k^{II}$ adjungierten Geraden ist.

Im besonderen können sowohl $\varkappa$ als auch $\mu$ in ein Geradenpaar zerfallen, und ferner kann eine Gerade des ersten Paares mit einer Geraden des zweiten zusammenfallen. In diesem Fall haben $k^{II}$ und $k_1^{II}$ alle Punkte einer einfachen Kette miteinander gemein und außerdem noch einen isolierten Punkt, der aber auch in der einfachen Kette liegen kann.

Betrachten wir noch besonders den Fall, wo $\varkappa$ und $\mu$ außer $C$ einen reellen Punkt und zwei konjugiert imaginäre Punkte $P$ und $\bar{P}$ miteinander gemein haben. Die Geraden $AP$ und $A\bar{P}$ liegen symmetrisch in bezug auf die obige Kette von Geraden, welche durch $A$ gehen; also liegen sie auch symmetrisch in bezug auf $k^{II}$; dies gilt in analoger Weise für die Geraden $BP$ und $B\bar{P}$; also liegen auch die Punkte $P$ und $\bar{P}$ symmetrisch in bezug auf $k^{II}$.

Da die zweidimensionale Kette ein selbstduales Gebilde ist, werden zwei solche Ketten im allgemeinen entweder eine oder drei adjungierte Gerade miteinander gemein haben; wenn deren drei existieren, sind ihre Schnittpunkte gemeinsame Punkte der Ketten, und umgekehrt.

Wir fassen die oben gefundenen Resultate in dem folgenden Satz zusammen:

XI. *Zwei zweidimensionale Ketten derselben Ebene haben im allgemeinen einen Punkt und eine adjungierte Gerade oder drei Punkte und drei adjungierte Gerade miteinander gemein. Wenn sie nur einen* (nicht mehrfach zu zählenden) *Punkt miteinander gemein haben, dann gibt es zwei Punkte — und auch zwei Gerade —, welche in bezug auf die beiden Ketten symmetrisch liegen.*

*Haben die zwei Ketten mehr als drei Punkte gemein, dann bestehen die gemeinsamen Punkte aus allen Punkten einer einfachen Kette und einem isolierten Punkt. Der isolierte Punkt kann im besonderen auf der einfachen Kette liegen.*

Eine Kette $k_1^{II}$ kann in bezug auf eine andere Kette $k^{II}$ selbstsymmetrisch sein; eine solche erhält man, wenn man $k_1^{II}$ durch zwei Paare von Punkten $(A, A')$ und $(B, B')$ legt, welche in bezug auf $k^{II}$ symmetrisch liegen und nicht derselben Geraden angehören (Satz X). Man sagt dann, daß $k_1^{II}$ zu $k^{II}$ *orthogonal* ist. Man kann nun zeigen, daß diese Lage gegenseitig ist, d. h. es gilt:

XII. *Wenn eine Kette $k_1^{II}$ zu einer anderen $k^{II}$ orthogonal ist, dann ist auch die letztere zur ersteren orthogonal.*

Ist nämlich $k_1^{II}$ durch die zwei obengenannten Paare $(A, A')$ und $(B, B')$ bestimmt, dann ist die Gerade $AA'$ sowohl zu $k^{II}$ wie zu $k_1^{II}$ adjungiert und hat also mit ihnen zwei einfache Ketten $k$ und $k_1$ gemein. Von diesen ist $k_1$ zu $k$ orthogonal (Kap. II, § 3, Satz II); dann ist aber auch $k$ zu $k_1$ orthogonal (Kap. II, § 3, Satz III), d. h., man kann in $k$ zwei Punkte finden, welche in bezug auf $k_1$ und also auch in bezug auf $k_1^{II}$ symmetrisch liegen. Ebenso kann man in $BB'$ zwei Punkte finden, die in bezug auf $k_1^{II}$ symmetrisch sind und zugleich in $k^{II}$ liegen, und damit ist der Satz bewiesen.

XIII. *Zwei Orthogonalketten haben immer eine einfache Kette miteinander gemein.*

Diese ist, wenn $A, A', B, B'$ die obige Bedeutung haben, die einfache Kette, welche eine der gegebenen Ketten mit derjenigen Geraden gemein hat, die $(AB, A'B')$ mit $(AB', A'B)$ verbindet. Der isolierte Punkt ist der Punkt $(AA', BB')$; dieser ist der gemeinsame Schnittpunkt aller Geraden, welche zwei Punkte der einen Kette, die in bezug auf die andere symmetrisch liegen, verbinden.

Wir wollen nun die Gesamtheit (Kongruenz) von Trägern der Punkte einer zweidimensionalen Kette $k^{II}$ bestimmen, die in einer imaginären Ebene $\pi$ liegt und im besonderen die Gesamtheit der Regelflächen $(k)$ charakterisieren, welche den in adjungierten Geraden zweiter Art liegenden einfachen Ketten $k$ entsprechen. Zunächst wollen wir den allgemeinen Fall betrachten und nehmen an:

*Die reelle Achse $u$ von $\pi$ ist der Kette $k^{II}$ nicht adjungiert, und der auf $u$ liegende Punkt von $k^{II}$ ist nicht reell.*

Es gibt in diesem Fall unendlich viele imaginäre Gerade erster Art, welche zu $k^{II}$ adjungiert sind, nämlich durch jeden reellen Punkt von $u$ genau eine; es sei $l$ eine solche und $\alpha$ die reelle Ebene, welche $l$ enthält. Die Gesamtheit dieser Ebenen hüllt eine Fläche (Torse) $\Phi$ ein.

Es sei nun $m$ eine adjungierte Gerade zweiter Art; sie enthält eine einfache Kette $k$ von $k^{II}$; die entsprechende Regelfläche sei $(k)$. Dann muß jede Ebene $\alpha$ jede Regelfläche $(k)$ berühren; denn $\alpha$ enthält den Träger von $(k)$, welcher dem Schnittpunkt $(lm)$ entspricht. Jede Regelfläche $(k)$ ist also $\Phi$ eingeschrieben.

Die Fläche $\Phi$ ist durch zwei beliebige der Regelflächen $(k_1)$ und $(k_2)$ bestimmt, was leicht einzusehen ist: Die Regelflächen $(k_1)$ und $(k_2)$ haben nämlich einen Träger $a$ miteinander gemein, welcher dem Schnittpunkt $A$ der Ketten $k_1$ und $k_2$ entspricht. Jede nicht durch $a$ gehende gemeinsame Tangentenebene von $(k_1)$ und $(k_2)$ enthält zwei Träger und schneidet demnach die Ebene $\pi$ in einer der Kette $k^{II}$ adjungierten Geraden erster Art.

Es sei $P$ ein beliebiger, reeller Punkt des Raumes. Durch Betrachtung der durch $P$ gehenden, den Flächen $(k_1)$ und $(k_2)$ umbeschriebenen

Regelflächen erkennt man, daß im allgemeinen durch $P$ (außer $Pa$) drei gemeinsame Tangentenebenen der beiden Trägerflächen gehen. Die Torse $\Phi$ ist also von dritter Klasse.

Es seien ferner $\beta_1$ und $\beta_2$ zwei $\Phi$ nicht berührende, reelle Ebenen allgemeiner Lage. Es gibt dann eine einzige Trägerfläche $(k)$ mit $\beta_1$ und $\beta_2$ als Tangentenebenen, denn jede dieser Ebenen enthält den Träger eines Punktes von $k^{II}$; $(k)$ ist wie oben gezeigt der Fläche $\Phi$ einbeschrieben. Es gibt aber nur eine einzige, $\Phi$ einbeschriebene Regelfläche, für welche $\beta_1$ und $\beta_2$ Tangentenebenen sind[1]. Also:

XIV. *Die reellen Ebenen der adjungierten Geraden erster Art hüllen eine Torse $\Phi$ dritter Klasse ein. Die Trägerflächen $(k)$ sind mit den $\Phi$ eingeschriebenen Regelflächen identisch; $\Phi$ ist durch zwei dieser Trägerflächen eindeutig bestimmt.*

Man kann auch zeigen, daß die Träger die Doppeltangenten an $\Phi$ sind[2].

Es sind noch eine Reihe von speziellen Fällen zu betrachten:

A. *Alle reellen Punkte der Achse $u$ gehören der Kette $k^{II}$ an.*

Jede von $u$ verschiedene, adjungierte Gerade ist in diesem Fall imaginär erster Art, so daß zwei beliebige Träger einander schneiden. Also:

XV. *Alle Träger der imaginären Punkte der betrachteten Kette $k^{II}$ gehen durch einen festen Punkt.*

Eine Kette dieser Art erhält man, wenn man die reellen Punkte einer reellen Ebene aus einem reellen Punkt auf eine imaginäre Ebene projiziert.

B. *Die Achse $u$ ist der Kette adjungiert, ohne daß alle ihre reellen Punkte der Kette angehören.*

Es seien $l_1$ und $l_2$ zwei imaginäre Gerade zweiter Art, welche der Kette $k^{II}$ adjungiert sind und die Achse $u$ in verschiedenen Punkten schneiden; ihr Schnittpunkt sei $A$. Die Träger der entsprechenden einfachen Ketten bilden zwei Regelflächen, welche zwei gemeinsame Träger haben, nämlich außer $u$ noch den Träger des Punktes $A$; sie gehören deshalb einer linearen Kongruenz an. Da der Träger jedes der Kette angehörigen Punktes auf einer Regelfläche liegt, welche drei Leitlinien in der genannten linearen Kongruenz hat, gilt:

XVI. *Die Träger der betrachteten Kette $k^{II}$ bilden eine lineare Kongruenz.*

Je nachdem auf $u$ zwei (evtl. zusammenfallende) oder keine reelle Punkte von $k^{II}$ liegen, hat die Kongruenz zwei reelle (evtl. zusammenfallende) Ordnungslinien oder keine.

---

[1] Diese Tatsache ist dual zu dem bekannten Satz, daß die durch eine Raumkurve dritter Ordnung gehenden Flächen zweiter Ordnung ein Bündel bilden (vgl. Th. Reye: Geometrie der Lage, III, Leipzig 1910, S. 136).

[2] Die Berührungspunkte sind nicht immer reell; sie können auch konjugiert imaginär sein.

C. *Die Achse u hat einen reellen Punkt O mit der Kette $k^{II}$ gemein, ohne zu ihr adjungiert zu sein.*

In diesem Fall gehen durch $O$ unendlich viele zu $k^{II}$ adjungierte Gerade $l$ erster Art, welche eine einfache Kette von Geraden bilden. Die Schnittpunkte der Geraden $l$ mit einer beliebigen, festen Geraden $m$ erster Art der betrachteten imaginären Ebene bilden eine einfache Kette; die Träger der Punkte dieser Kette sind die Tangenten eines reellen Kegelschnittes, welcher in der durch $m$ gehenden reellen Ebene $\mu$ liegt (Kap. II, § 2, Satz IV). Die Träger der Punkte von $k^{II}$ liegen alle in den berührenden Ebenen der Kegelfläche zweiten Grades, welche den genannten Kegelschnitt aus $O$ projiziert.

In jeder solchen berührenden Ebene $\alpha$ bilden die Punkte von $k^{II}$ ebenfalls eine einfache Kette, aber hier gehört der reelle Punkt $O$ der Kette an; deshalb müssen die Träger durch einen festen Punkt $A$ gehen (Kap. II, § 2, Satz IV). Alle solche Punkte $A$ liegen in der obengenannten Ebene $\mu$. Entsprechen den zwei Lagen $m_1$ und $m_2$ der Geraden $m$ die Ebenen $\mu_1$ und $\mu_2$, liegen die Punkte $A$ sowohl in $\mu_1$ als in $\mu_2$, also in der Geraden $(\mu_1\mu_2)$; diese ist der Träger des Punktes $(m_1m_2)$ und deshalb eine Tangente der Kegelfläche. Also:

XVII. *Die Träger der Punkte von $k^{II}$ berühren einen Kegel zweiten Grades und schneiden eine feste Tangente derselben.* (In der durch diese Tangente $t$ gehenden Berührungsebene der Kegelfläche sind nur die Kegeltangenten durch den Berührungspunkt von $t$ Träger.)

Eine Kette der letzten Art erhält man, wenn man die reellen Punkte einer reellen Ebene $\alpha$ aus einem imaginären Punkte $P$ auf eine imaginäre Ebene $\beta$ projiziert; der obengenannte reelle Punkt $O$ wird als der Schnittpunkt von $\alpha$ mit der reellen Achse von $\beta$ bestimmt.

Umgekehrt kann man sich jede Kette $k^{II}$ der Art C in dieser Weise erzeugt denken. Es sei nämlich $p$ die Gerade, welche von allen Trägern geschnitten wird, $P$ der entsprechende Punkt, $A$, $B$ und $C$ drei andere Punkte der Kette $k^{II}$. Ferner sei $Q$ ein beliebiger, von $P$ verschiedener imaginärer Punkt von $p$. Die Ebenen $pA$, $pB$, $pC$ sind alle reell; also sind die Geraden $QA$, $QB$, $QC$ alle imaginär erster Art und enthalten die reellen Punkte $A'$, $B'$ bzw. $C'$. Projiziert man nun die reellen Punkte der Ebene $\mu = A'B'C'$ aus $Q$ auf die Ebene von $k^{II}$, erhält man eine Kette, welche durch die vier Punkte $P$, $A$, $B$, $C$ geht und demnach mit $k^{II}$ identisch ist.

Als Beispiel einer Anwendung dieser Ausführungen können wir die Frage beantworten:

*Welches ist die kleinste Anzahl von aufeinander folgenden zentrischen Projektionen, durch welche sich vier imaginäre Punkte einer imaginären Ebene in vier reelle Punkte einer reellen Ebene überführen lassen?*

Durch eine einzige Projektion ist dies im allgemeinen nicht erreichbar; denn die durch die gegebenen Punkte bestimmte Kette müßte dann von der Art A oder C sein.

Man kann aber immer durch *eine* Projektion erreichen, daß eine beliebige Kette einer imaginären Ebene $\pi$ in eine Kette von der Art C in einer anderen Ebene $\pi_1$ transformiert wird. Man braucht nur das (reelle oder imaginäre) Projektionszentrum in dem Träger $m$ eines Punktes $M$ der Kette — aber außerhalb $\pi$ — und die reelle Achse von $\pi_1$ durch einen reellen Punkt von $m$ zu wählen. Durch zwei aufeinanderfolgende Projektionen kann man also immer das Verlangte leisten.

Hierbei waren aber die benutzten Projektionszentren im allgemeinen imaginär. Man kann aber fragen: *Wie viele Projektionen sind nötig, wenn sämtliche Zentren reell sein sollen?* Wir wollen zeigen, daß man dann mit drei Projektionen auskommen kann.

Durch Projektion aus einem reellen Punkt kann man nämlich wie oben eine Kette $k_1^{II}$ von der Art C herstellen. Die Träger der Punkte von $k_1^{II}$ schneiden alle eine Gerade $p$ und berühren einen Kegel zweiten Grades. Man lege nun eine reelle Berührungsebene $\alpha$ an den Kegel, welche $p$ in $P$ schneiden möge. Die Projektion von $k_1^{II}$ aus $P$ auf eine imaginäre Ebene $\pi_2$, deren Achse in $\alpha$ liegt, ergibt dann eine Kette von der Art A. Diese Kette kann schließlich aus einem passenden reellen Punkt in die Kette der reellen Punkte einer beliebigen reellen Ebene projiziert werden.

## § 2. Die algebraische Theorie der zweidimensionalen Kette.

Eine Kette $k^{II}$ wollen wir algebraisch definieren als Ort der Schnittpunkte entsprechender Strahlen in zwei antiprojektiven Strahlenbüscheln, wobei die Verbindungslinie der Zentren sich selbst entspricht. Diese Definition werden wir jedoch weiter unten durch eine Nebenbedingung ergänzen, um die volle Übereinstimmung mit der früheren geometrischen Definition herzustellen (vgl. S. 115).

In gewöhnlichen homogenen Koordinaten seien die Gleichungen der Büschel (vgl. Kap. VI, § 4):

$$\lambda(a_1 x_1 + a_2 x_2 + a_3 x_3) + (b_1 x_1 + b_2 x_2 + b_3 x_3) = 0,$$
$$\bar{\lambda}(a_1 x_1 + a_2 x_2 + a_3 x_3) + (c_1 x_1 + c_2 x_2 + c_3 x_3) = 0$$

oder kürzer:

$$(1) \qquad \lambda\alpha + \beta = 0, \quad \bar{\lambda}\alpha + \gamma = 0.$$

Elimination von $\lambda$ ergibt

$$(2) \qquad \alpha\bar{\gamma} - \bar{\alpha}\beta = 0$$

als allgemeine Gleichung der Kette $k^{II}$.

Diese Gleichung ist durch jeden Punkt der Geraden $\alpha = 0$ erfüllt. Indessen erhält man, wenn $\alpha \neq 0$, aus (2) und ihrer umgelegten Gleichung:

$$(3) \qquad \gamma\bar{\gamma} - \beta\bar{\beta} = 0.$$

*Wir setzen nun fest, nur solche Punkte von $\alpha = 0$ als der Kette angehörig zu betrachten, welche die Nebenbedingung (3) erfüllen.*

Da (3) aussagt, daß $\gamma : \beta$ ein Einheitswurf $e$ ist, werden die der Kette $k^{II}$ zugezählten Punkte von $\alpha = 0$ durch die einfache Kette von Geraden $\gamma = e\beta$ auf $\alpha = 0$ ausgeschnitten, d. h. sie bilden eine einfache Kette von Punkten. Im besonderen sieht man, daß die zwei Büschelzentren $\alpha = 0$, $\beta = 0$ und $\alpha = 0$, $\gamma = 0$ der Kette nicht angehören.

Die Geraden $\beta = 0$ und $\gamma = 0$ können durch ein beliebiges anderes Paar von entsprechenden Geraden der zwei antiprojektiven Büschel ersetzt werden. Durch $\beta_1 = 0$, $\gamma_1 = 0$, wo

$$(4) \qquad \beta_1 = \mu\alpha + \beta, \qquad \gamma_1 = \bar{\mu}\alpha + \gamma,$$

ist nach (1) ein solches Paar bestimmt. Führen wir

$$(5) \qquad \beta = \beta_1 - \mu\alpha, \qquad \gamma = \gamma_1 - \bar{u}\alpha$$

in (2) ein, so finden wir

$$(6) \qquad \alpha\bar{\gamma}_1 - \bar{\alpha}\beta_1 = 0,$$

während (3) durch dieselbe Substitution (5) mit Hilfe von (2) und ihrer umgelegten in

$$(7) \qquad \gamma_1\bar{\gamma}_1 - \beta_1\bar{\beta}_1 = 0$$

übergeht.

Die Gleichungen (6) und (7) haben dieselbe Form wie (2) und (3) und stellen wieder die Kette $k^{II}$ dar; diese ist also — auch was die Punkte auf $\alpha = 0$ anbelangt — von der speziellen Wahl des Paares $(\beta, \gamma)$ unabhängig.

Die Gleichung der Kette kann noch in anderer Weise geschrieben werden. Aus (2) und (3) erhält man

$$\alpha\bar{\gamma} - \bar{\alpha}\beta + k(\gamma\bar{\gamma} - \beta\bar{\beta}) = 0,$$

wo $k$ eine beliebige Konstante $(\neq \infty)$ ist. Dies kann auch

$$(8) \qquad (\alpha + \bar{k}\beta + k\gamma)\bar{\gamma} - (\bar{\alpha} + k\bar{\beta} + \bar{k}\bar{\gamma})\beta = 0$$

geschrieben werden. Führen wir die Abkürzung

$$(9) \qquad \alpha_1 = \alpha + \bar{k}\beta + k\gamma$$

ein, so erhält man aus (8)

$$(10) \qquad \alpha_1\bar{\gamma} - \bar{\alpha}_1\beta = 0.$$

Umgekehrt kann man von (10), wo $\alpha_1$ die Bedeutung (9) hat, mittels (3) wieder zu (2) zurückkehren.

Die Gleichungen (10) und (3) geben also eine neue Darstellung der Kette $k^{II}$; sie sagen aus, daß diese auch durch die antiprojektiven Büschel

$$\lambda\alpha_1 + \beta = 0, \qquad \bar{\lambda}\alpha_1 + \gamma = 0$$

definiert werden kann. Die entsprechenden Zentren $P$ und $Q$ sind durch $\alpha_1 = 0$, $\beta = 0$ und $\alpha_1 = 0$, $\gamma = 0$ oder

$$(11) \qquad \alpha + k\gamma = 0, \qquad \beta = 0 \qquad \text{und} \qquad \alpha + \bar{k}\beta = 0, \qquad \gamma = 0$$

bestimmt.

Variiert man die Darstellung der Kette mittels (4) und (5), so erhält man außer (11) andere Büschelzentren. Führt man in (11) mittels (4) $\mu\alpha + \beta$ und $\bar{\mu}\alpha + \gamma$ statt $\beta$ und $\gamma$ ein, so findet man, daß für beliebige, aber verschiedene Werte von $\lambda_1$ und $\lambda_2$ die durch

$$(12) \qquad \begin{cases} \lambda_1\alpha + \beta = 0, \\ \bar{\lambda}_2\alpha + \gamma = 0 \end{cases} \quad \text{und} \quad \begin{cases} \lambda_2\alpha + \beta = 0, \\ \bar{\lambda}_1\alpha + \gamma = 0 \end{cases}$$

bestimmten Punkte entsprechende Büschelzentren sind. Man hat dann sofort:

I. *Die Kette $k^{II}$ kann auf unendlich viele Weisen durch zwei antiprojektive Geradenbüschel dargestellt werden; das eine Zentrum, P, kann in einem beliebigen Punkt der Ebene außerhalb $k^{II}$ gewählt werden; das andere, Q, ist dann eindeutig bestimmt.*

Daß die Wahl von $P$ den Punkt $Q$ eindeutig bestimmt, ist sofort klar; denn hätte ein Büschelzentrum $P$ zwei entsprechende Zentren $Q$, würde man zwei projektive (sogar perspektive) Büschel haben, die einander in $k^{II}$ schnitten, was ja unmöglich ist.

Die Gleichungen (12) zeigen ferner, daß $P$ beliebig außerhalb $k^{II}$ und außerhalb $\alpha = 0$ gewählt werden kann; sie stellen alle Paare von Büschelzentren dar, welche nicht auf $\alpha = 0$ liegen. Nun kann man aber eine neue Darstellung von $k^{II}$ wählen, wo $\alpha = 0$ durch eine andere Gerade ersetzt ist; also ist Satz I vollständig bewiesen.

Aus Satz I entnimmt man:

II. *Durch jeden Punkt P außerhalb $k^{II}$ geht eine einzige Gerade, welche eine einfache Kette mit $k^{II}$ gemein hat; sie verbindet P mit dem entsprechenden Büschelzentrum Q.*

Denn dies gilt ja von den ursprünglichen Büschelzentren.

Die genannte Gerade wird *adjungiert zu $k^{II}$* genannt; jede andere durch $P$ gehende Gerade hat mit $k^{II}$ einen einzigen Punkt gemein.

Die Gerade, welche die beiden durch (12) bestimmten Büschelzentren verbindet, hat die Gleichung

$$(13) \qquad \left(\lambda_1\bar{\lambda}_1 - \lambda_2\bar{\lambda}_2\right)\alpha + \left(\bar{\lambda}_1 - \bar{\lambda}_2\right)\beta + \left(\lambda_1 - \lambda_2\right)\gamma = 0.$$

Durch Variation von $\lambda_1$ und $\lambda_2$ $(\lambda_1 \neq \lambda_2)$ erhält man alle von $\alpha = 0$ verschiedenen adjungierten Geraden. Man findet dann:

III. *Die adjungierten Geraden der betrachteten $k^{II}$ sind durch*

$$14) \qquad \mathfrak{r}\,\alpha + \bar{k}\beta + k\gamma = 0$$

*dargestellt, wo $\mathfrak{r}$ reell ist.*

Denn für $k = 0$ gibt (14) $\alpha = 0$, und für $k \neq 0$ läßt sich (14) leicht — sogar auf unendlich viele Weisen — auf die Form (13) bringen.

Alle Geraden (14), welche der Kette $k^{II}$ adjungiert sind, bilden eine sog. zweidimensionale Kette von Geraden; es ist leicht, die Gleichung dieser in Linienkoordinaten zu finden. In entwickelter Form lautet (14)

$$\left(\mathfrak{r}\,a_1 + \bar{k}\,b_1 + k\,c_1\right)x_1 + \left(\mathfrak{r}\,a_2 + \bar{k}\,b_2 + k\,c_2\right)x_2 + \left(\mathfrak{r}\,a_3 + \bar{k}\,b_3 + k\,c_3\right)x_3 = 0.$$

Die Linienkoordinaten sind demnach durch

$$(15) \qquad \begin{cases} \varrho X_1 = \mathfrak{r}\,a_1 + \bar{k}\,b_1 + k\,c_1, \\ \varrho X_2 = \mathfrak{r}\,a_2 + \bar{k}\,b_2 + k\,c_2, \\ \varrho X_3 = \mathfrak{r}\,a_3 + \bar{k}\,b_3 + k\,c_3 \end{cases}$$

bestimmt. Wir suchen nun die Bedingung, welche $(X_1, X_2, X_3)$ befriedigen müssen, damit man aus den Gleichungen (15) Lösungen $\varrho$, $\mathfrak{r}$ und $k$ finden kann, wo $\mathfrak{r}$ und $k$ nicht beide gleich Null sind, und also auch $\varrho \neq 0$.

Die Determinante der Koeffizienten auf der rechten Seite in (15) sei $\varDelta$; es ist sicher $\varDelta \neq 0$, weil die drei Geraden $\alpha = 0$, $\beta = 0$ und $\gamma = 0$ nicht durch denselben Punkt gehen. Die Unterdeterminanten von $\varDelta$ sollen wie gewöhnlich mit entsprechenden großen Buchstaben bezeichnet werden. Die Gleichungen (15) sind dann mit den folgenden

$$\varrho\,(A_1 X_1 + A_2 X_2 + A_3 X_3) = \mathfrak{r}\varDelta,$$
$$\varrho\,(B_1 X_1 + B_2 X_2 + B_3 X_3) = \bar{k}\varDelta,$$
$$\varrho\,(C_1 X_1 + C_2 X_2 + C_3 X_3) = k\varDelta$$

oder kürzer, mit

$$(16) \qquad \begin{cases} \varrho A = \mathfrak{r}\varDelta, \\ \varrho B = \bar{k}\varDelta, \\ \varrho \varGamma = k\varDelta \end{cases}$$

gleichwertig.

Aus diesen Gleichungen bilde man

$$\varrho\bar{\varrho}A\,\overline{\varGamma} = \mathfrak{r}\bar{k}\varDelta\,\overline{\varDelta},$$
$$\varrho\bar{\varrho}\overline{A}B = \mathfrak{r}\bar{k}\varDelta\,\overline{\varDelta},$$

woraus

$$(17) \qquad A\,\overline{\varGamma} - \overline{A}\,B = 0$$

folgt. Des weiteren findet man aus den beiden letzten Gleichungen (16), daß $\Gamma : B$ ein Einheitswurf sein muß, also:

$$(18) \qquad \Gamma\overline{\Gamma} - B\overline{B} = 0.$$

Für Gerade mit $A \neq 0$ folgt diese Bedingung schon aus (17).

Die gefundenen notwendigen Bedingungen (17) und (18) für $X_1$, $X_2$, $X_3$ sind auch hinreichend. Es sei nämlich zunächst $A \neq 0$; man kann dann $\mathfrak{r} = 1$ und daher $\varrho = \dfrac{\varDelta}{A}$ setzen; die zwei letzten Gleichungen (16) geben dann $\bar{k} = B : A$ und $k = \Gamma : A$, welche Werte nach (17) konjugiert imaginär sind. Ist dagegen $A = 0$, so findet man auch $\mathfrak{r} = 0$; setzt man $\varrho = \sqrt{\overline{B}} \cdot \sqrt{\overline{\Gamma}} \cdot \varDelta$, so ergeben die zwei letzten Gleichungen (16)

$$\bar{k} = B \cdot \sqrt{\overline{B}} \cdot \sqrt{\overline{\Gamma}}, \qquad k = \Gamma \cdot \sqrt{\overline{B}} \cdot \sqrt{\overline{\Gamma}},$$

welche nach (18) konjugiert sind.

Die Kette $k^{II}$ ist also durch die Gleichung (17) mit der Nebenbedingung (18) in Linienkoordinaten dargestellt. Die Analogie mit den Gleichungen (2) und (3) ist vollständig; also ist eine zweidimensionale Kette ein selbstduales Gebilde.

Eine Kette $k^{II}$ können wir auch in ganz anderer Weise darstellen. Aus (2) und ihrer umgelegten erhält man nämlich

$$(19) \qquad \begin{cases} \alpha(\bar\beta + \bar\gamma) - \bar\alpha(\beta + \gamma) = 0, \\ \alpha(\bar\beta - \bar\gamma) + \bar\alpha(\beta - \gamma) = 0, \end{cases}$$

und diese zwei Gleichungen sind mit (2) gleichwertig. Sie sagen aus, daß entweder $\alpha = 0$ oder $\dfrac{\beta + \gamma}{\alpha}$ reell und $\dfrac{\beta - \gamma}{\alpha}$ rein imaginär ist, und sie können demnach durch

$$(20) \qquad \begin{cases} \mathfrak{r}_1 \alpha + \phantom{i}\mathfrak{t}_1(\beta + \gamma) = 0, \\ \mathfrak{r}_2 \alpha + i\,\mathfrak{t}_2(\beta - \gamma) = 0, \end{cases}$$

wo $(\mathfrak{r}_1, \mathfrak{t}_1)$ und $(\mathfrak{r}_2, \mathfrak{t}_2)$ zwei homogene reelle Parameter sind, ersetzt werden. Die Kette ist also durch diese zwei Gleichungen mit der Nebenbedingung (3) festgelegt.

Man sieht nun leicht, daß die Gleichungen

$$(21) \qquad \begin{cases} \mathfrak{r}_1 \alpha + \mathfrak{t}_1 \xi = 0, \\ \mathfrak{r}_2 \alpha + \mathfrak{t}_2 \eta = 0, \end{cases}$$

wo $\alpha = 0$, $\xi = 0$ und $\eta = 0$ nicht durch denselben Punkt gehen, zusammen mit der Bedingung

$$(22) \qquad \xi\bar\eta - \bar\xi\eta = 0$$

eine Kette darstellen; denn durch Vergleichung mit (20) findet man

$$(23) \qquad \beta + \gamma = \xi, \qquad i(\beta - \gamma) = \eta,$$

woraus

$$(24) \qquad \beta = \tfrac{1}{2}(\xi - i\eta), \qquad \gamma = \tfrac{1}{2}(\xi + i\eta)$$

folgt. Die Bedingung (22) geht mittels (23) in (3) über.

Als Beispiel nennen wir:

Sind $x = 0$, $y = 0$ zwei reelle Gerade einer reellen Ebene, und ist $u = 0$ die unendlich ferne Gerade, dann stellen die Gleichungen

$$(25) \qquad \begin{cases} \mathfrak{r}_1 u + \mathfrak{t}_1 x = 0, \\ \mathfrak{r}_2 u + \mathfrak{t}_2 y = 0 \end{cases}$$

mit der Nebenbedingung

$$(26) \qquad x\bar{y} - \bar{x}y = 0$$

die Gesamtheit der reellen Punkte der Ebene dar. Statt (25) können wir auch die einzige Gleichung

$$(27) \qquad u(\bar{x} - i\bar{y}) - \bar{u}(x - iy) = 0$$

setzen. Hieraus folgt die Übereinstimmung der geometrischen und algebraischen Definition einer $k^{II}$; denn beide sind ja projektiv invariant.

Doch machen wir auf den folgenden, schon berührten Umstand aufmerksam: Diese Übereinstimmung ist nur durch einen Kunstgriff hergestellt worden, welcher darin besteht, daß der algebraischen Definition die Nebenbedingung (3) zugefügt wurde. Ohne diese stimmt die Definition der Kette $k^{II}$ als Ort der Schnittpunkte entsprechender Strahlen in zwei antiprojektiven Strahlenbüscheln — wo also jedem Punkt von $k^{II}$ eindeutig ein Parameterwert $\lambda$ beigelegt ist und die ganze Verbindungsgerade der Büschelzentren eigentlich als einziges Element aufzufassen ist — mit der geometrischen Definition nicht überein.

Die Gleichung (27) können wir auch in der Form

$$(28) \qquad \begin{cases} \lambda u + (x - iy) = 0, \\ \bar{\lambda}u + (x + iy) = 0 \end{cases}$$

schreiben. Die Zentren dieser antiprojektiven Büschel sind $(1, -i, 0)$ und $(1, i, 0)$; diese liegen in bezug auf die einfache Kette der reellen Punkte von $u = 0$ und also (§ 1) in bezug auf $k^{II}$ symmetrisch. *Für eine $k^{II}$ sind also entsprechende Büschelzentren und symmetrische Punkte identische Begriffe.*

Wir wollen nun die gemeinsamen Punkte zweier zweidimensionalen Ketten analytisch bestimmen. Die eine sei gegeben durch die zwei Büschel

$$(29) \qquad \begin{cases} \lambda\alpha + \beta = 0, \\ \bar{\lambda}\alpha + \gamma = 0, \end{cases}$$

die andere durch

$$(30) \qquad \begin{cases} m\alpha + n\beta + p\gamma + \mu(m_1\alpha + n_1\beta + p_1\gamma) = 0, \\ m\alpha + n\beta + p\gamma + \bar{\mu}(m_2\alpha + n_2\beta + p_2\gamma) = 0. \end{cases}$$

Für bestimmte Werte von $\lambda$ und $\mu$ werden diese Geraden durch evtl. gemeinsame Punkte der zwei Ketten gehen.

Die drei ersten Geraden gehen durch denselben Punkt, wenn

$$\begin{vmatrix} m + \mu m_1 & \lambda & \bar{\lambda} \\ n + \mu n_1 & 1 & 0 \\ p + \mu p_1 & 0 & 1 \end{vmatrix} = 0,$$

woraus

$$(31) \qquad \mu = - \frac{m - n\lambda - p\bar{\lambda}}{m_1 - n_1\lambda - p_1\bar{\lambda}}$$

folgt. Ersetzt man die dritte Gerade durch die vierte, erhält man

$$(32) \qquad \bar{\mu} = - \frac{m - n\lambda - p\bar{\lambda}}{m_2 - n_2\lambda - p_2\bar{\lambda}}.$$

Aus (31) und (32) erhält man zur Bestimmung von $\lambda$:

$$(33) \quad \left(m - n\lambda - p\bar{\lambda}\right)\left(\bar{m}_2 - \bar{n}_2\bar{\lambda} - \bar{p}_2\lambda\right) - \left(\bar{m} - \bar{n}\bar{\lambda} - \bar{p}\lambda\right)\left(m_1 - n_1\lambda - p_1\bar{\lambda}\right) = 0.$$

Diese Gleichung und ihre umgelegte ergeben eine Gleichung vierten Grades in $\lambda$. Die Wurzeln sind, wie früher bemerkt (Kap. VI, § 2), entweder eigentliche Lösungen oder Wurzelpaare. Der durch

$$(34) \qquad m - n\lambda - p\bar{\lambda} = 0$$

im allgemeinen eindeutig bestimmte Wert von $\lambda$ gibt eine eigentliche Wurzel; dieser entspricht nach (31) $\mu = 0$, so daß der entsprechende Punkt im allgemeinen nicht der Kette (30) angehört, sondern nur, wenn zugleich die Nebenbedingung erfüllt ist.

Die drei anderen Werte von $\lambda$ sind entweder alle eigentliche Lösungen, oder der eine ist eigentlich, während die zwei anderen ein Wurzelpaar bilden. Im letzten Fall sei $(\lambda_1, \lambda_2)$ dieses Paar. Dann liegen die Punkte

$$(35) \qquad \begin{cases} \lambda_1\alpha + \beta = 0, \\ \bar{\lambda}_2\alpha + \gamma = 0 \end{cases} \quad \text{und} \quad \begin{cases} \lambda_2\alpha + \beta = 0, \\ \bar{\lambda}_1\alpha + \gamma = 0, \end{cases}$$

welche ja nach (12) symmetrisch in bezug auf die Kette (29) sind, auch symmetrisch in Bezug auf (30). Denn setzen wir

$$\mu_1 = - \frac{m - n\lambda_1 - p\bar{\lambda}_2}{m_1 - n_1\lambda_1 - p_1\bar{\lambda}_2}, \qquad \mu_2 = - \frac{m - n\lambda_2 - p\bar{\lambda}_1}{m_1 - n_1\lambda_2 - p_1\bar{\lambda}_1},$$

so besagt (33), daß die zwei Geraden (30) durch den ersten Punkt (35) gehen, wenn man für $\mu$ und $\bar{\mu}$ bzw. $\mu_1$ und $\bar{\mu}_2$ setzt, und durch den zweiten Punkt, wenn $\mu$ und $\bar{\mu}$ gleich $\mu_2$ bzw. $\bar{\mu}_1$ gesetzt werden. Aber dann liegen — ebenfalls nach (12) — die Punkte (35) auch in bezug auf die Kette (30) symmetrisch.

# X. Kapitel.

## Antiprojektivitäten in der Ebene.

### § 1. Die Antikollineation.

Die Antikollineation wurde schon im Kap. VIII, § 1 definiert. Daß solche Antikollineationen wirklich existieren, wissen wir schon; denn eine Symmetrie in bezug auf eine zweidimensionale Kette (Kap. IX, § 1, Satz X) ist ein Beispiel einer solchen Transformation.

Wir haben sofort:

I. *Eine Antikollineation ist durch vier Paare von entsprechenden Punkten* $(A, A')$, $(B, B')$, $(C, C')$, $(D, D')$ *eindeutig bestimmt, wenn keine drei Punkte derselben Figur in einer Geraden liegen.*

Es gibt nämlich nach Kap. VIII, § 1, Satz III eine Kollineation, welche $A, B, C, D$ in bzw. $A', B', C', D'$ überführt; fügen wir hierzu eine Symmetrie in bezug auf die durch $A', B', C', D'$ bestimmte Kette, so ist die so entstehende Transformation von der gesuchten Art. Es kann nicht zwei verschiedene solche Antikollineationen $\bar{\pi}$ und $\bar{\pi}_1$ geben; denn das Produkt $\bar{\pi}\bar{\pi}_1^{-1}$ wäre eine nichtidentische Kollineation mit den Doppelpunkten $A, B, C, D$.

Eine Antikollineation kann involutorisch sein und wird dann durch zwei Paare $(A, A')$, $(B, B')$, welche nicht in einer Geraden liegen, eindeutig bestimmt. Man hat:

II. *Eine involutorische Antikollineation ist eine Symmetrie in bezug auf eine zweidimensionale Kette.*

Man kann nämlich eine zweidimensionale Kette $k^{II}$ bestimmen, in bezug auf welche $A$ und $A'$ sowie $B$ und $B'$ symmetrisch liegen (Kap. IX, § 1, Satz VII); die durch $k^{II}$ bestimmte Symmetrie muß mit der Antikollineation zusammenfallen, weil sie mit derselben zwei Paare gemein hat. —

Eine Symmetrie hat unendlich viele Doppelpunkte, welche eine zweidimensionale Kette bilden. Wir wollen nun die Doppelpunkte in einer nichtinvolutorischen Antikollineation $\bar{\pi}$ bestimmen.

Ein Doppelpunkt in $\bar{\pi}$ muß auch ein Doppelpunkt in $\bar{\pi}^2$ sein; diese Transformation ist aber eine Kollineation, welche drei verschiedene oder zusammenfallende Doppelpunkte $E, F, G$ hat, sofern sie keine Homologie ist. Ist nun z. B. der Punkt $F$ kein Doppelpunkt in $\bar{\pi}$, muß er mit einem der anderen, etwa $G$, ein involutorisches Paar bilden. Sind also $E, F, G$ verschiedene Punkte, dann hat man folgende zwei Möglichkeiten: Entweder sind alle drei Punkte Doppelpunkte oder nur der eine, während die zwei anderen ein involutorisches Paar bilden.

Beide Möglichkeiten können auftreten. Es sei nämlich $k^{II}$ eine durch $E, F, G$ gehende Kette und $\pi$ eine Kollineation mit den Doppelpunkten

$E, F, G$, welche die genannte Kette invariant läßt und durch Wiederholung keine Homologie erzeugt. Durch das Produkt von $\pi$ und einer Symmetrie in bezug auf $k^{II}$ ist dann die erste Möglichkeit realisiert. Ersetzt man $k^{II}$ durch eine andere Kette, die durch $E$ geht und in bezug auf welche $F$ und $G$ symmetrisch liegen, so kann man in analoger Weise eine Antikollineation herstellen, in der $E$ ein Doppelpunkt und $(F, G)$ ein involutorisches Paar ist. Im ersten Fall sind alle drei Verbindungsgeraden $EF$, $EG$, $FG$ Doppelstrahlen, im letzten ist $FG$ eine Doppelgerade, während $EF$ und $EG$ einander involutorisch entsprechen.

Fallen $E, F, G$ ganz oder teilweise zusammen, so sind sie stets Doppelpunkte in $\bar{\pi}$.

Wenn $\bar{\pi}^2$ eine Homologie ist, müssen sowohl die Achse $u$ wie das Zentrum $U$ dieser Homologie Doppelelemente in $\bar{\pi}$ sein; wenn nämlich z. B. $u$ durch $\bar{\pi}$ in eine andere Gerade $u'$ überführt würde, dann müßten die Punkte von $u$ und $u'$ einander in $\bar{\pi}$ gegenseitig entsprechen, so daß auch die Punkte von $u'$ Doppelpunkte in $\bar{\pi}^2$ wären, und dies ist ja unmöglich.

Die Punkte von $u$ werden durch $\bar{\pi}$ sowohl antiprojektiv als involutorisch gepaart; es gibt also in $u$ entweder keine Doppelpunkte oder unendlich viele, welche eine einfache Kette bilden (Kap. IV, § 2, Satz I). Man hat also:

III. *Eine nichtinvolutorische Antikollineation hat im allgemeinen entweder drei (verschiedene oder zusammenfallende) Doppelpunkte oder einen einzigen Doppelpunkt in Verbindung mit einem involutorischen Paar. Speziell kann sie außer einem isolierten Doppelpunkt noch unendlich viele involutorische Paare haben, welche eine Gerade bilden; in diesem Fall kann es insbesondere innerhalb dieser Geraden eine einfache Kette von Punkten geben, welche alle Doppelpunkte sind.*

Sind zwei Antikollineationen $\bar{\pi}$ und $\bar{\pi}_1$ vorgelegt, so kann man — wie bei den Kollineationen — die gemeinsamen Punktpaare $(A, A')$ der beiden Transformationen dadurch bestimmen, daß die Punkte $A$ Doppelpunkte der Kollineation $\bar{\pi}\bar{\pi}_1^{-1}$, die Punkte $A'$ Doppelpunkte der Kollineation $\bar{\pi}_1^{-1}\bar{\pi}$ sind.

## § 2. Die Antireziprozität.

Die Antireziprozität wurde im Kap. VIII, § 2 definiert. Z. B. erhält man eine solche Antireziprozität, wenn man einer Reziprozität eine Symmetrie in bezug auf eine zweidimensionale Kette hinzufügt; umgekehrt kann jede Antireziprozität in dieser Weise hergestellt werden.

Zwei Gebilde, welche derselben dritten antireziprok sind, sind unter sich kollinear.

Betrachtet man nur Gebilde innerhalb einer zweidimensionalen Kette, dann sind die reziproke und die antireziproke Abhängigkeit voneinander nicht zu unterscheiden.

Analog zum früheren findet man:

I. *Eine Antireziprozität ist durch vier Punkt-Geradeelemente eindeutig bestimmt, wenn keine drei der Geraden durch einen Punkt gehen und keine drei der Punkte in einer Geraden liegen.*

Ferner:

II. *Zwei Antireziprozitäten $\bar{\Sigma} = (M, m')$ und $\bar{\Sigma}_1 = (M, m_1')$ haben im allgemeinen drei gemeinsame Elemente $(A, a')$, können aber auch unendlich viele Elemente miteinander gemein haben.*

Die Punkte $A$ sind die Doppelpunkte der Kollineation $\bar{\Sigma}\bar{\Sigma}_1^{-1}$, die Geraden $a'$ die Doppelgeraden der Kollineation $\bar{\Sigma}_1^{-1}\bar{\Sigma}$. Im besonderen kann $\bar{\Sigma}\bar{\Sigma}_1^{-1}$ (und demnach auch $\bar{\Sigma}_1^{-1}\bar{\Sigma}$) eine Homologie sein.

Ist $\bar{\Sigma}_1$ invers zu $\bar{\Sigma}$, dann erhält man die „*Hauptelemente*" von $\bar{\Sigma}$, welche aus *Hauptpunkten* und *Hauptgeraden* bestehen. Hauptpunkte und Hauptgerade entsprechen einander in $\bar{\Sigma}$ in involutorischer Weise.

Wir wollen im folgenden nur den Fall betrachten, wo es in $\bar{\Sigma}$ drei verschiedene Hauptpunkte gibt, welche nicht in einer Geraden liegen. Die entsprechenden Hauptgeraden sind dann die Seiten in dem durch die Hauptpunkte $E, F, G$ gebildeten Dreieck.

Man sieht dann (genau wie bei der gewöhnlichen Reziprozität), daß es nur folgende zwei Möglichkeiten gibt:

1. Jedem Eckpunkt des Dreiecks entspricht die Gegenseite.

2. Nur einem Eckpunkt, etwa $E$, entspricht die Gegenseite $e$, während jedem der anderen Eckpunkte $F$ und $G$ eine anliegende Seite entspricht.

Wenn eine Antireziprozität involutorisch ist, wird sie *Antipolarität* genannt. Ein Punkt und die entsprechende Gerade werden als Pol und Polare bezeichnet, und wir sprechen wie früher von Polardreiecken. In einem solchen entspricht jedem Eckpunkt die gegenüberliegende Seite (vgl. den Fall 1 oben).

Eine gewöhnliche Reziprozität ist involutorisch, sobald sie ein Polardreieck enthält, und man kann noch ein Element $(M, m')$ (in nicht spezieller Lage) beliebig wählen. Es ist dies bei den Antireziprozitäten etwas anders; man hat:

III. *Ist ABC ein Polardreieck in einer Antipolarität, und entspricht in dieser einem Punkt P allgemeiner Lage die Gerade p, dann ist p der durch A, B, C und P bestimmten Kette $k^{II}$ adjungiert.*

Jede der Geraden $AB, BC, CA$ sowie $PA, PB$ und $PC$ ist nämlich $k^{II}$ adjungiert, weil sie zwei Punkte mit derselben gemein hat. Es sei $AP = q$; der entsprechende Punkt $Q$ ist der Schnittpunkt von $p$ mit $BC$. Die Gerade $q$ schneidet $BC$ in einem Punkt $Q_1$ von $k^{II}$, so daß $B, C$ und $Q_1$ derjenigen einfachen Kette $k$ angehören, welche $k^{II}$ mit der Geraden $BC$ gemein hat. Aber auch $Q$ gehört dieser Kette $k$ an, weil $(B, C)$ und $(Q, Q_1)$ als zwei Paare einer Symmetrie innerhalb der Geraden $BC$ in derselben einfachen Kette liegen (Kap. III, § 2, Satz IV). Die Schnittpunkte von $p$ mit den Seiten des Dreieckes $ABC$ gehören also $k^{II}$ an; folglich ist $p$ der Kette $k^{II}$ adjungiert.

Umgekehrt hat man:

IV. *Entspricht in einer Antireziprozität jedem Eckpunkt eines Dreieckes $ABC$ die Gegenseite, und gibt es ein Paar $(P, p)$ in allgemeiner Lage, so daß $p$ derjenigen zweidimensionalen Kette $k^{II}$ adjungiert ist, welche durch $A$, $B$, $C$ und $P$ bestimmt ist, dann ist die Antireziprozität involutorisch.*

Durch das Polardreieck $ABC$ und das Paar $(P, p)$ wird nämlich eine Polarität $\Sigma$ bestimmt, in welcher die Kette $k^{II}$ sich selbst dual entspricht. Fügt man zu dieser die Symmetrie $\bar{\Sigma}_0$ in bezug auf $k^{II}$, so erhält man eine involutorische Antireziprozität $\Sigma\bar{\Sigma}_0$, welche mit der gegebenen zusammenfallen muß, denn eine Antireziprozität ist ja durch vier Elemente allgemeiner Lage eindeutig bestimmt.


# XI. Kapitel.

# Einleitung in die algebraische Theorie der Projektivitäten und Antiprojektivitäten in der Ebene.

## § 1. Die Kollineation und die Antikollineation.

In gewöhnlichen projektiven Dreieckskoordinaten wird die allgemeine Kollineation $\pi$ durch die linearen Gleichungen

$$(1) \quad \begin{cases} \varrho\, x_1' = a_{11}\, x_1 + a_{12}\, x_2 + a_{13}\, x_3\,, \\ \varrho\, x_2' = a_{21}\, x_1 + a_{22}\, x_2 + a_{23}\, x_3\,, \\ \varrho\, x_3' = a_{31}\, x_1 + a_{32}\, x_2 + a_{33}\, x_3\,, \end{cases}$$

wo die Determinate $\varDelta = |\, a_{rs}\,| \neq 0$, dargestellt. Dies können wir in folgender Weise einsehen:

Die Eckpunkte des Koordinatendreieckes seien $A_1 = (1, 0, 0)$, $A_2 = (0, 1, 0)$, $A_3 = (0, 0, 1)$, der Einheitspunkt sei $E$; durch Angabe der entsprechenden Punkte $A_1'$, $A_2'$, $A_3'$, $E'$ ist eine Kollineation eindeutig bestimmt. Die Gleichungen $\alpha_1 = 0$, $\alpha_2 = 0$, $\alpha_3 = 0$ von $A_2'A_3'$, $A_3'A_1'$, bzw. $A_1'A_2'$ können so gewählt werden, daß $E'$ durch $\alpha_1 = \alpha_2 = \alpha_3$ dargestellt ist.

Die Geraden $x_1 = 0$, $x_2 = 0$, $x_1 - x_2 = 0$ werden dann in $\alpha_1 = 0$, $\alpha_2 = 0$ bzw. $\alpha_1 - \alpha_2 = 0$ überführt und, da entsprechende Würfe einander gleich sind, wird der Geraden $x_1 - \lambda x_2 = 0$ die Gerade $\alpha_1 - \lambda \alpha_2 = 0$ zugeordnet. Der Punkt $(x_1, x_2, x_3)$ wird demnach in $(\alpha_1, \alpha_2, \alpha_3)$ überführt, wo $x_1$, $x_2$ und $x_3$ in die Linearformen einzuführen sind. Dann haben aber die Transformationsformeln eben die Gestalt (1).

Umgekehrt sieht man sofort, daß die Gleichungen (1) immer eine Kollineation darstellen, wenn nur $\varDelta \neq 0$ ist.

Die Doppelpunkte der Kollineation (1) werden aus den Gleichungen

$$(2) \quad \begin{cases} (a_{11} - \varrho)\,x_1 + a_{12}\,x_2 + a_{13}\,x_3 = 0\,, \\ a_{21}\,x_1 + (a_{22} - \varrho)\,x_2 + a_{23}\,x_3 = 0\,, \\ a_{31}\,x_1 + a_{32}\,x_2 + (a_{33} - \varrho)\,x_3 = 0 \end{cases}$$

bestimmt. Die entsprechenden Werte von $\varrho$ sind durch

$$(3) \qquad \varDelta(\varrho) = \begin{vmatrix} a_{11} - \varrho & a_{12} & a_{13} \\ a_{21} & a_{22} - \varrho & a_{23} \\ a_{31} & a_{32} & a_{33} - \varrho \end{vmatrix} = 0$$

gegeben. Einer Lösung $\varrho = \varrho_1$ von (3) entspricht entweder ein einziger Doppelpunkt oder unendlich viele, welche eine Gerade erfüllen, je nachdem für $\varrho = \varrho_1$ die Gleichungen (2) sich auf zwei oder auf eine einzige reduzieren (d. h. je nachdem eine Unterdeterminante $\neq 0$ oder alle gleich 0 sind). Alle Lösungen $\varrho$ in (3) sind $\neq 0$.

Wir wollen nun mittels einer linearen Transformation mit den Gleichungen

$$(4) \qquad x_r = \sum p_{rs}\,y_s \qquad (r, s = 1, 2, 3; \quad \varGamma = |\,p_{rs}\,| \neq 0)$$

zu einem anderen Koordinatensystem $(y_1, y_2, y_3)$ übergehen. Wir führen demnach links und rechts in (1) durch

$$(5) \qquad x_r' = \sum p_{rs}\,y_s' \qquad \text{bzw.} \qquad x_r = \sum p_{rs}\,y_s$$

die neuen Koordinaten ein und erhalten

$$(6) \qquad \varrho \sum p_{rs}\,y_s' = a_{r1} \sum p_{1s}\,y_s + a_{r2} \sum p_{2s}\,y_s + a_{r3} \sum p_{3s}\,y_s.$$

Hieraus könnten wir die $y_s'$ finden und die Gleichungen auf eine zu (1) analoge Form

$$(7) \qquad \varrho\,y_r' = \sum b_{rs}\,y_s$$

bringen; wir werden jedoch die Gleichungen (6) beibehalten. Um im neuen Koordinatensystem die Doppelpunkte zu bestimmen, setzen wir in (6) $y_s' = y_s$ und eliminieren die $y_s$. Es ergibt sich dann eine Determinante, welche das Produkt von $\varGamma = |\,p_{rs}\,|$ und $\varDelta(\varrho)$ ist. Also haben wir:

I. *Die Gleichung $\varDelta(\varrho) = 0$ ist gegenüber Koordinatentransformationen der Form (5) invariant*[1].

---

[1] Die einzelne Wurzel von $\varDelta(\varrho) = 0$ hat vom projektiven Gesichtspunkte aus keine invariante Bedeutung, nur das Verhältnis zweier solchen; die Invarianz der Gleichung $\varDelta(\varrho) = 0$ (also auch deren Wurzeln) gegenüber den benutzten Koordinatentransformationen ist nur eine Folge geeigneter Normierung. Wir könnten nämlich die linken Seiten von (5) mit zwei verschiedenen, nicht verschwindenden Proportionalitätsfaktoren versehen, ohne den geometrischen Inhalt der Koordinatentransformation zu ändern. Hierbei erhielten die Wurzeln von $\varDelta(\varrho) = 0$ einen gemeinsamen Faktor.

Wir versuchen jetzt ein Koordinatensystem zu finden, in dem die Gleichungen (1) möglichst einfache Form annehmen. Aus (1) bilden wir die lineare Kombination

$$\varrho\,(\lambda_1 x_1' + \lambda_2 x_2' + \lambda_3 x_3') = x_1\,(\lambda_1 a_{11} + \lambda_2 a_{21} + \lambda_3 a_{31})$$
$$+ x_2\,(\lambda_1 a_{12} + \lambda_2 a_{22} + \lambda_3 a_{32}) + x_3\,(\lambda_1 a_{13} + \lambda_2 a_{23} + \lambda_3 a_{33}) \,.$$

Wir wollen nun die $\lambda_r$ so bestimmen, daß die Gleichungen

$$\frac{\lambda_1 a_{11} + \lambda_2 a_{21} + \lambda_3 a_{31}}{\lambda_1} = \frac{\lambda_1 a_{12} + \lambda_2 a_{22} + \lambda_3 a_{32}}{\lambda_2} = \frac{\lambda_1 a_{13} + \lambda_2 a_{23} + \lambda_3 a_{33}}{\lambda_3}\,(= \alpha)$$

erfüllt sind. Hieraus findet man:

$$(8)\qquad\left\{\begin{array}{l} \lambda_1\,(a_{11} - \alpha) + \lambda_2 a_{21} + \lambda_3 a_{31} = 0\,,\\[4pt] \lambda_1 a_{12} + \lambda_2\,(a_{22} - \alpha) + \lambda_3 a_{32} = 0\,,\\[4pt] \lambda_1 a_{13} + \lambda_2 a_{23} + \lambda_3\,(a_{33} - \alpha) = 0\,. \end{array}\right.$$

Durch Vergleich mit (2) erkennt man, daß $\alpha$ aus $\varDelta(\alpha) = 0$ zu bestimmen ist; jeder Lösung von $\alpha$ entspricht ein Wertsystem von $(\lambda_1 : \lambda_2 : \lambda_3)$ — oder unendlich viele. Jede auf diese Weise bestimmte Gerade

$$\lambda_1 x_1 + \lambda_2 x_2 + \lambda_3 x_3 = 0$$

ist offenbar eine Doppelgerade der Transformation (1); also gibt es immer wenigstens eine solche.

Wir gehen nun durch eine Koordinatentransformation der Form (4) zu einem neuen Koordinatensystem $(y_1, y_2, y_3)$ über, wo die $y_1$-Achse eine der gefundenen Doppelgeraden ist; die beiden anderen Achsen seien vorläufig beliebig gewählt. Die Gleichungen (1) werden dann:

$$(9)\qquad\left\{\begin{array}{l} \varrho\, y_1' = \alpha_1 y_1\,,\\[4pt] \varrho\, y_2' = b_{21} y_1 + b_{22} y_2 + b_{23} y_3\,,\\[4pt] \varrho\, y_3' = b_{31} y_1 + b_{32} y_2 + b_{33} y_3\,, \end{array}\right.$$

wo $\alpha = \alpha_1$ eine Wurzel von $\varDelta(\alpha) = 0$ ist.

Wir bilden nun eine lineare Kombination der beiden letzten Gleichungen (9):

$$\varrho\,(\mu_2 y_2' + \mu_3 y_3') = y_1\,(\mu_2 b_{21} + \mu_3 b_{31}) + y_2\,(\mu_2 b_{22} + \mu_3 b_{32})$$
$$+ y_3\,(\mu_2 b_{23} + \mu_3 b_{33})$$

und können analog zum obigen einen Wert $\mu_2 : \mu_3$ so bestimmen, daß

$$\frac{\mu_2 b_{22} + \mu_3 b_{32}}{\mu_2} = \frac{\mu_2 b_{23} + \mu_3 b_{33}}{\mu_3}\,.$$

Führt man die entsprechende Gerade $\mu_2 y_2 + \mu_3 y_3 = 0$ als Achse $z_2 = 0$ ein (und schreibt $z_1$ statt $y_1$), so gehen die Gleichungen (9) in

$$(10)\qquad\left\{\begin{array}{l} \varrho\, z_1' = \alpha_1 z_1\,,\\[4pt] \varrho\, z_2' = c_{21} z_1 + \alpha_2 z_2\,,\\[4pt] \varrho\, z_3' = c_{31} z_1 + c_{32} z_2 + \alpha_3 z_3 \end{array}\right.$$

über, wobei $z_3 = 0$ noch beliebig ist und die Koeffizienten $\alpha_1, \alpha_2, \alpha_3$ die Wurzeln von $\Delta(\alpha) = 0$ sind. Die geometrische Bedeutung des letzten Schrittes ist offenbar die, daß $z_2 = 0$ und die ihr entsprechende Gerade die Doppelgerade $z_1 = 0$ in demselben Punkt schneiden, mit anderen Worten, daß $(0, 0, 1)$ ein Doppelpunkt ist. Also:

II. *Jede Kollineation kann in der Form* (10) *geschrieben werden. Diese Gestalt der Transformationsgleichungen ist damit gleichbedeutend, daß* $z_1 = 0$ *eine Doppelgerade und* $(0, 0, 1)$ *ein Doppelpunkt ist.*

*Es sei nun* $\alpha_1 \neq \alpha_2$. Aus den zwei ersten Gleichungen (10) bilden wir

$$\varrho\,(\lambda z_1' + z_2') = (\lambda\alpha_1 + c_{21})z_1 + \alpha_2 z_2$$

und können in diesem Fall $\lambda$ so bestimmen, daß

$$\frac{\lambda\alpha_1 + c_{21}}{\lambda} = \frac{\alpha_2}{1}.$$

Die zugehörige Gerade $\lambda z_1 + z_2 = 0$ ist eine Doppelgerade; wählt man sie als die zweite Koordinatenachse, so erhält die Transformation die Form:

$$(11) \qquad \begin{cases} \varrho z_1' = \alpha_1 z_1\,, \\ \varrho z_2' = \alpha_2 z_2\,, \\ \varrho z_3' = c_{31} z_1 + c_{32} z_2 + \alpha_3 z_3\,. \end{cases}$$

Sind $\alpha_1, \alpha_2, \alpha_3$ alle verschieden, bilden wir aus den Gleichungen (11) die lineare Kombination

$$\varrho\,(\lambda z_1' + \mu z_2' + z_3') = (\lambda\alpha_1 + c_{31})z_1 + (\mu\alpha_2 + c_{32})z_2 + \alpha_3 z_3;$$

hieraus lassen sich $\lambda$ und $\mu$ derart bestimmen, daß

$$\frac{\lambda\alpha_1 + c_{31}}{\lambda} = \frac{\mu\alpha_2 + c_{32}}{\mu} = \frac{\alpha_3}{1}.$$

Dann ist $\lambda z_1 + \mu z_2 + z_3 = 0$ eine dritte Doppelgerade; wir wählen diese als die dritte Koordinatenachse und haben den Satz:

III. *Wenn* $\Delta(\alpha) = 0$ *drei verschiedene Lösungen* $\alpha_1, \alpha_2, \alpha_3$ *hat, so läßt sich die Transformation* (1) *auf die Form*

$$(12) \qquad \varrho x_1' = \alpha_1 x_1\,, \qquad \varrho x_2' = \alpha_2 x_2\,, \qquad \varrho x_3' = \alpha_3 x_3$$

*bringen. Sie hat drei verschiedene Doppelgerade (und Doppelpunkte); die Form* (12) *bedeutet, daß die Seiten des Koordinatendreiecks die Doppelgeraden sind.*

*Es sei nun* $\alpha_1 \neq \alpha_2$, *aber* $\alpha_2 = \alpha_3$. Wir bilden dann aus (11) die Kombination

$$\varrho\,(\lambda z_1' + z_3') = (\lambda\alpha_1 + c_{31})z_1 + c_{32} z_2 + \alpha_2 z_3$$

und können $\lambda$ so bestimmen, daß

$$\frac{\lambda\alpha_1 + c_{31}}{\lambda} = \frac{\alpha_2}{1}.$$

Wählt man dann $\lambda z_1 + z_3 = 0$ als dritte Achse, so erhält man in (11) die Reduktion $c_{31} = 0$, und man findet sofort den Satz:

IV. *Ist $\alpha_1 \neq \alpha_2 = \alpha_3$, läßt sich die Transformation* (1) *auf die Form*
$$(13) \qquad \varrho\,x_1' = \alpha_1 x_1\,, \qquad \varrho\,x_2' = \alpha_2 x_2\,, \qquad \varrho\,x_3' = c_{32} x_2 + \alpha_2 x_3$$
*bringen. Diese Form bedeutet, daß die Geraden* $x_1 = 0$ *und* $x_2 = 0$ *Doppelgerade und die Punkte* $(0, 0, 1)$ *und* $(1, 0, 0)$ *Doppelpunkte sind. Wenn* $c_{32} \neq 0$, *sind sie die einzigen; ist dagegen* $c_{32} = 0$, *stellt* (13) *eine Homologie mit* $x_1 = 0$ *als Achse und dem nicht auf ihr liegenden Punkt* $(1, 0, 0)$ *als Zentrum dar.*

Zuletzt soll der Fall, wo $\alpha_1 = \alpha_2 = \alpha_3$ besprochen werden. Aus (10) findet man:

V. *Ist* $\alpha_1 = \alpha_2 = \alpha_3$, *so läßt sich die Transformation in der Form*
$$(14) \quad \varrho\,x_1' = \alpha_1 x_1\,, \qquad \varrho\,x_2' = c_{21} x_1 + \alpha_1 x_2\,, \qquad \varrho\,x_3' = c_{31} x_1 + c_{32} x_2 + \alpha_1 x_3$$
*schreiben. Diese Form bedeutet, daß die Gerade* $x_1 = 0$ *eine Doppelgerade und* $(0, 0, 1)$ *ein Doppelpunkt ist, und daß sie im allgemeinen die einzigen Doppelelemente sind. Falls aber* $c_{21} = 0$ *oder* $c_{32} = 0$, *ist die Transformation eine Homologie, deren Zentrum auf der Achse liegt.*

Die letzte Bemerkung kann folgendermaßen präzisiert werden: Ist $c_{21} = 0$, so liegt das Zentrum der Homologie in $(0, 0, 1)$, und die Achse ist eine durch diesen Punkt gehende Gerade. Für $c_{32} = 0$ ist die Achse die Gerade $x_1 = 0$, und das Zentrum ein auf ihr liegender Punkt.

Wir wollen jetzt die in Kap. VIII, § 1 besprochenen invarianten Kegelschnitte einer Kollineation mit einem einzigen Doppelpunkt und einer einzigen Doppelgeraden analytisch bestimmen. Der Übersichtlichkeit halber[1] gehen wir zu inhomogenen Koordinaten über und setzen $x_1 = 1$, $x_2 = y$, $x_3 = x$. Die Gleichungen (14) werden dann, indem $\varrho = \alpha_1$ gesetzt wird:
$$(15) \qquad \begin{cases} x' = x + c_{32}\,y + c_{31}\,, \\ y' = y + c_{21}\,, \end{cases}$$
wo $c_{21} \neq 0$, $c_{32} \neq 0$.

Ein Kegelschnitt, welcher die Doppelgerade im Doppelpunkt berührt, wird durch
$$(16) \qquad y^2 = p x + q y + r$$
dargestellt. Setzt man in (16) für $x$ und $y$ die rechten Seiten von (15) ein, so ergibt sich:
$$(17) \qquad y^2 = p x + y\,(p\,c_{32} + q - 2 c_{21}) + p\,c_{31} + q\,c_{21} + r - c_{21}^2\,.$$

Die Gleichungen (16) und (17) stimmen überein, wenn
$$(18) \qquad p\,c_{32} - 2 c_{21} = 0\,, \qquad p\,c_{31} + q\,c_{21} - c_{21}^2 = 0\,.$$

Aus (18) werden, da $c_{21}$ und $c_{32}$ nicht verschwinden, $p$ und $q$ eindeutig festgelegt, während $r$ beliebig ist, und damit haben wir die $\infty^1$ aus Kap. VIII, § 1 bekannten, einander vierpunktig berührenden Kegelschnitte gefunden.

---

[1] Vgl. auch die letzte Fußnote Kap. VIII, § 1, S. 104.

Durch die Konstante $p$ ist das in Kap. VIII, § 1 mit $\{\lambda\}$ bezeichnete Bündel und damit auch das CHASLESsche Bündel $\{\varkappa\}$ festgelegt. Wir können dann die obigen Formeln (12), (13), (14) in Übereinstimmung mit Kap. VIII, § 1, Satz IX bringen. In (12) und (13) gibt es nämlich auf der rechten Seite drei homogene Parameter ($\alpha_1 : \alpha_2 : \alpha_3$ und $\alpha_1 : \alpha_2 : c_{32}$), welche durch Angabe von einem Paar $(M, M')$ von entsprechenden Punkten eindeutig festgelegt werden können. In (14) gibt es freilich vier homogene Parameter $\alpha_1 : c_{21} : c_{31} : c_{32}$; wenn aber die drei zusammenfallenden Doppelpunkte in der S. 106 festgesetzten Weise gegeben sind, ist die Konstante $p$ in der ersten Gleichung (18) bestimmt, so daß auch hier ein Paar $(M, M')$ ausreicht, um die Transformation vollständig festzulegen.

Die Formeln (14) stellen in einfachster Weise alle Transformationen mit dem Doppelpunkt $(0, 0, 1)$ und der Doppelgeraden $x_1 = 0$ dar, für die $\Delta(\alpha) = 0$ drei zusammenfallende Wurzeln hat. *Wenn man aber nur eine einzige Transformation dieser Art betrachtet, läßt sich die Reduktion der Gleichungen* (14) *noch einen Schritt weiter führen.* Aus den beiden letzten dieser Gleichungen bilden wir nämlich

$$(19) \qquad \varrho\,(\lambda x_2' + x_3') = (\lambda c_{21} + c_{31})\,x_1 + (\lambda \alpha_1 + c_{32})\,x_2 + \alpha_1 x_3 \,.$$

Ist nun $c_{21} \neq 0$, so können wir $\lambda$ so wählen, daß

$$\lambda c_{21} + c_{31} = 0 \,.$$

Die Gleichung (19) wird dann

$$\varrho\,(\lambda x_2' + x_3') = c_{32} x_2 + \alpha_1\,(\lambda x_2 + x_3) \,.$$

Man sieht hieraus: Wenn man statt $x_3 = 0$ die Gerade $\lambda x_2 + x_3 = 0$ als dritte Koordinatenachse wählt, dann werden die Transformationsgleichungen von der Form (14) mit $c_{31} = 0$.

Wenn $c_{21} = 0$, wählen wir statt $x_2 = 0$ (oder $x_1 = 0$) die Gerade $c_{31} x_1 + c_{32} x_2 = 0$ als eine neue Koordinatenachse und haben dann dieselbe Reduktion wie oben. Also:

VI. *Jede Transformation der Form* (14) *läßt sich, wenn das Koordinatensystem noch spezieller gewählt wird, auf die Form*

$$(20) \qquad \varrho x_1' = \alpha_1 x_1 \,, \qquad \varrho x_2' = c_{21} x_1 + \alpha_1 x_2 \,, \qquad \varrho x_3' = c_{32} x_2 + \alpha_1 x_3$$

*reduzieren.*

Für verschiedene Transformationen (14) kann im allgemeinen nicht dasselbe spezielle Koordinatensystem benutzt werden.

Wir wollen auch überlegen, wann die betrachteten Transformationen involutorisch sind. Dies ist im Falle (12) unmöglich; denn wenn $\alpha_1$, $\alpha_2$, $\alpha_3$ paarweise verschieden sind, kann man nicht $\alpha_1^2 = \alpha_2^2 = \alpha_3^2$ haben. Dagegen ist (13) involutorisch, wenn $\alpha_1 = -\alpha_2$, $c_{32} = 0$; (14) ist nur involutorisch, wenn $c_{21} = c_{31} = c_{32} = 0$.

Die einzige nichtidentische involutorische Kollineation ist also die harmonische Homologie.

Eine antikollineare Transformation wird durch

$$(21) \qquad \varrho\,\overline{x}_1' = a_{11}x_1 + a_{12}x_2 + a_{13}x_3$$

und die zwei analogen Gleichungen, wo $\varDelta = |a_{rs}| \neq 0$, bestimmt. Eine Iteration ergibt eine Kollineation, welche durch

$$(22) \quad \left\{ \begin{aligned} \sigma x_1'' = (\overline{a}_{11}a_{11} &+ \overline{a}_{12}a_{21} + \overline{a}_{13}a_{31})x_1 + (\overline{a}_{11}a_{12} + \overline{a}_{12}a_{22} + \overline{a}_{13}a_{32})x_2 \\ &+ (\overline{a}_{11}a_{13} + \overline{a}_{12}a_{23} + \overline{a}_{13}a_{33})x_3 \end{aligned} \right.$$

und zwei analoge Gleichungen dargestellt ist. Schreibt man diese Gleichungen in der Form

$$(23) \qquad \sigma x_1'' = A_{11}x_1 + A_{12}x_2 + A_{13}x_3$$

usw., so erhält man die Doppelpunkte der genannten Kollineation, indem man $\sigma$ aus

$$(24) \qquad \begin{vmatrix} A_{11} - \sigma & A_{12} & A_{13} \\ A_{21} & A_{22} - \sigma & A_{23} \\ A_{31} & A_{32} & A_{33} - \sigma \end{vmatrix} = 0$$

bestimmt.

Wir beschäftigen uns hier mit den folgenden zwei Fällen:

A. Es gibt in der Antikollineation drei verschiedene Doppelpunkte, welche nicht in einer Geraden liegen. Werden sie als Grundpunkte des Koordinatendreiecks gewählt, so wird die Transformation

$$(25) \qquad \varrho\,\overline{x}_1' = \alpha_1 x_1\,, \qquad \varrho\,\overline{x}_2' = \alpha_2 x_2\,, \qquad \varrho\,\overline{x}_3' = \alpha_3 x_3\,.$$

Sind $\alpha_1\overline{\alpha}_1$, $\alpha_2\overline{\alpha}_2$ und $\alpha_3\overline{\alpha}_3$ alle verschieden, so gibt es nach Satz III nur die drei genannten Doppelpunkte. Wenn aber zwei der Produkte einander gleich sind, ist die iterierte Transformation eine Homologie (Satz IV). Wenn endlich $\alpha_1\overline{\alpha}_1 = \alpha_2\overline{\alpha}_2 = \alpha_3\overline{\alpha}_3$, ist (25) eine Symmetrie. Die Gleichungen dieser Symmetrie können offenbar

$$(26) \qquad \varrho\,\overline{x}_1' = \varepsilon_1 x_1\,, \qquad \varrho\,\overline{x}_2' = \varepsilon_2 x_2\,, \qquad \varrho\,\overline{x}_3' = \varepsilon_3 x_3$$

geschrieben werden, wo $\varepsilon_1, \varepsilon_2, \varepsilon_3$ Einheitswürfe sind.

B. Es gibt einen Doppelpunkt und ein involutorisches Paar, so daß die drei Punkte nicht in einer Geraden liegen. Die Gleichungen können dann in der Form

$$(27) \qquad \varrho\,\overline{x}_1' = \alpha_1 x_2\,, \qquad \varrho\,\overline{x}_2' = \alpha_2 x_1\,, \qquad \varrho\,\overline{x}_3' = \alpha_3 x_3$$

geschrieben werden. Sind $\alpha_1\overline{\alpha}_2, \alpha_2\overline{\alpha}_1, \alpha_3\overline{\alpha}_3$ alle verschieden, so gibt es nur den einen Doppelpunkt $(0, 0, 1)$ und das eine involutorische Paar $(1, 0, 0)$ und $(0, 1, 0)$. Sind zwei der Produkte einander gleich, so ist wie oben die iterierte Transformation eine Homologie. Ebenso ist, wenn $\alpha_1\overline{\alpha}_2 = \alpha_2\overline{\alpha}_1$

$= \alpha_3 \bar{\alpha}_3$, die Transformation (27) eine Symmetrie, deren Gleichungen also auch in der Form

$$(28) \qquad \varrho \bar{x}_1' = \lambda x_2, \qquad \varrho \bar{x}_2' = \frac{1}{\lambda} x_1, \qquad \varrho \bar{x}_3' = \varepsilon_3 x_3$$

geschrieben werden können, wo $\lambda$ beliebig, $\varepsilon_3$ aber ein Einheitswurf ist.

Die Grundkette der Symmetrie (26) wird durch

$$(29) \qquad \varepsilon_3 \bar{x}_1 x_3 - \varepsilon_1 \bar{x}_3 x_1 = 0, \qquad \varepsilon_3 \bar{x}_2 x_3 - \varepsilon_2 \bar{x}_3 x_2 = 0, \qquad \varepsilon_2 \bar{x}_1 x_2 - \varepsilon_1 \bar{x}_2 x_1 = 0$$

bestimmt. Diese drei Gleichungen sind voneinander abhängig, aber keine von ihnen kann entbehrt werden. Die beiden ersten Gleichungen können auch durch die einzige

$$(30) \qquad x_3 (\varepsilon_3 \bar{x}_1 + k \varepsilon_3 \bar{x}_2) - \bar{x}_3 (\varepsilon_1 x_1 + k \varepsilon_2 x_2) = 0$$

ersetzt werden, wenn nur $k \varepsilon_2 \neq \bar{k} \varepsilon_1$; aus (30) und ihrer umgelegten lassen sich nämlich die beiden anderen ableiten. Die Grundkette der Symmetrie (26) kann dann durch (30) mit der letzten Gleichung (29) als Nebenbedingung (vgl. Kap. IX, § 2) dargestellt werden.

Die Grundkette der Symmetrie (28) ergibt sich einfacher als

$$\varepsilon_3 \bar{x}_1 x_3 - \lambda x_2 \bar{x}_3 = 0$$

mit der Nebenbedingung

$$x_1 \bar{x}_1 - \lambda \bar{\lambda} x_2 \bar{x}_2 = 0.$$

## § 2. Die Reziprozität und die Antireziprozität.

In Analogie zum vorhergehenden Paragraphen findet man als die allgemeine Darstellung einer Reziprozität $\Sigma$:

$$(1) \qquad \begin{cases} \varrho X_1' = a_{11} x_1 + a_{12} x_2 + a_{13} x_3, \\ \varrho X_2' = a_{21} x_1 + a_{22} x_2 + a_{23} x_3, \\ \varrho X_3' = a_{31} x_1 + a_{32} x_2 + a_{33} x_3. \end{cases} \qquad (\varDelta = |a_{rs}| \neq 0)$$

Setzt man diese Ausdrücke in

$$X_1' x_1' + X_2' x_2' + X_3' x_3' = 0$$

ein, so erhält man eine neue Darstellung durch die einzige Gleichung

$$(2) \qquad \sum a_{rs} x_r' x_s = 0, \qquad (r, s = 1, 2, 3)$$

durch welche jedem Punkt $x$ und ebenso jedem Punkt $x'$ eine Gerade zugeordnet wird.

Soll die Transformation involutorisch sein, so daß einem Punkt dieselbe Gerade entspricht, gleichgültig, ob dieser als ein Punkt $x$ oder ein Punkt $x'$ aufgefaßt wird, dann müssen die Gleichungen

$$(3) \qquad \begin{cases} a_{11} x_1 + a_{12} x_2 + a_{13} x_3 = \mu (a_{11} x_1 + a_{21} x_2 + a_{31} x_3), \\ a_{21} x_1 + a_{22} x_2 + a_{23} x_3 = \mu (a_{12} x_1 + a_{22} x_2 + a_{32} x_3), \\ a_{31} x_1 + a_{32} x_2 + a_{33} x_3 = \mu (a_{13} x_1 + a_{23} x_2 + a_{33} x_3), \end{cases}$$

wo $\mu$ ein Proportionalitätsfaktor ist, für alle $x$ richtig sein. Dies erfordert $a_{rs} = \mu a_{sr}$ für alle $r$ und $s$. Ist einer der Koeffizienten $a_{11}, a_{22}, a_{33} \neq 0$, so wird also $\mu = 1$. Wenn diese drei Koeffizienten alle Null sind, betrachtet man einen anderen, $a_{rs}$, der $\neq 0$ ist. Aus

$$a_{rs} - \mu a_{sr} = 0, \qquad a_{sr} - \mu a_{rs} = 0$$

ergibt sich dann $\mu^2 = 1$, d. h. $\mu = \pm 1$. Nun ist aber $\mu = -1$ ausgeschlossen, weil eine schiefsymmetrische Determinante unpaarer Ordnung gleich Null ist; also ist auch in diesem Fall $\mu = +1$, und die Bedingungen, daß (1) — oder (2) — eine Polarität darstelle, sind

$$(4) \qquad\qquad a_{rs} = a_{sr}. \qquad\qquad (r, s = 1, 2, 3)$$

Die Punkte, welche in diesem Fall in ihrer entsprechenden Geraden liegen, bilden den Kegelschnitt

$$(5) \qquad\qquad \sum a_{rs} x_r x_s = 0. \qquad\qquad (a_{rs} = a_{sr})$$

Bekanntlich ist die Gerade, welche einem Punkt $x$ entspricht [also (2) mit den $x'$ als laufenden Koordinaten], die Polare von $x$ in bezug auf (5).

Wir wollen nun die Hauptpunkte in einer nichtinvolutorischen Reziprozität aufsuchen. Diese Punkte sind die Doppelpunkte der Kollineation $\Sigma^2$ (Kap. VIII, § 2); wir können sie aber leichter dadurch bestimmen, daß sie die Gleichungen (3) befriedigen müssen. Dies gibt zur Bestimmung von $\mu$:

$$(6) \qquad \varDelta(\mu) = \begin{vmatrix} a_{11} - \mu a_{11} & a_{12} - \mu a_{21} & a_{13} - \mu a_{31} \\ a_{21} - \mu a_{12} & a_{22} - \mu a_{22} & a_{23} - \mu a_{32} \\ a_{31} - \mu a_{13} & a_{32} - \mu a_{23} & a_{33} - \mu a_{33} \end{vmatrix} = 0.$$

Wenn hieraus $\mu$ gefunden ist, können die Koordinaten der gesuchten Hauptpunkte aus den Gleichungen (3) bestimmt werden. Man hat dann auch sofort die Hauptgeraden; ihre Linienkoordinaten ergeben sich, wenn man in die Linearformen (3) rechts — oder links — die Koordinaten der Doppelpunkte einführt.

Wir wollen die nichtinvolutorischen Reziprozitäten näher betrachten und beginnen mit dem allgemeinen Fall, wo es drei verschiedene Hauptpunkte gibt, welche nicht in einer Geraden liegen; wir wählen diese Punkte als Grundpunkte des Koordinatensystems.

Die Hauptpunkte und Hauptgeraden können nach Kap. VIII, § 2 in zweifacher Weise zusammengehören. Im dortigen Falle 1. ist die Transformationsgleichung

$$(7) \qquad\qquad a_{11} x_1 x_1' + a_{22} x_2 x_2' + a_{33} x_3 x_3' = 0,$$

welche eine Polarität darstellt.

In dem anderen, mit 3. bezeichneten Fall sei $(0, 0, 1)$ der prinzipale Hauptpunkt; die Transformationsgleichung (2) ist dann

$$(8) \qquad\qquad a_{12} x_1 x_2' + a_{21} x_2 x_1' + a_{33} x_3 x_3' = 0.$$

Sowohl in (7) wie in (8) müssen alle Koeffizienten $\neq 0$ sein.

Wenn insbesondere $a_{12} = a_{21}$, stellt (8) wieder eine Polarität dar. Um den Fall $a_{12} \neq a_{21}$ näher zu untersuchen, bilden wir

$$(9) \qquad \Delta(\mu) = -(a_{12} - \mu a_{21})(a_{21} - \mu a_{12})(a_{33} - \mu a_{33}) = 0.$$

Setzt man die aus (9) bestimmten Werte von $\mu$ nach und nach in (3) ein, so findet man, daß (8) im allgemeinen nur die drei Ecken des Koordinatendreiecks als Hauptpunkte hat. Nur wenn $a_{12} = -a_{21}$, werden alle Punkte von $x_3 = 0$ Hauptpunkte.

Es seien nun $(1, 0, 0)$ und $(0, 0, 1)$ die einzigen Hauptpunkte, $x_2 = 0$ und $x_3 = 0$ die entsprechenden Hauptgeraden — in Übereinstimmung mit dem Falle 4. in Kap. VIII, § 2. Drückt man aus, daß die genannten Punkte und Geraden Hauptelemente sind, so ergibt sich aus (2):

$$(10) \qquad a_{12} x_1 x_2' + a_{21} x_2 x_1' + a_{22} x_2 x_2' + a_{33} x_3 x_3' = 0,$$

wo alle Koeffizienten $\neq 0$ sein müssen, wenn die Transformation weder singulär (d. h. $\Delta = 0$) noch mit (7) identisch sein soll.

Um nun auszudrücken, daß die genannten Hauptelemente die einzigen sind, bilden wir wie oben $\Delta(\mu)$ und erhalten wieder die Formel (9). In diesem Fall sollen zwei der Wurzeln zusammenfallen, woraus man findet: $a_{12} = \pm a_{21}$; das obere Vorzeichen gibt eine Polarität und ist demnach hier unbrauchbar; für das untere zeigt sich durch Heranziehen der Gleichungen (3), daß die Transformation die gewünschte Eigenschaft hat. Die Transformationen mit den einzigen Hauptpunkten $(1, 0, 0)$ und $(0, 0, 1)$ und den entsprechenden Hauptgeraden $x_2 = 0$ und $x_3 = 0$ sind also:

$$(11) \qquad a_{12}(x_1 x_2' - x_2 x_{1|}') + a_{22} x_2 x_2' + a_{33} x_3 x_3' = 0.$$

Endlich sei $(1, 0, 0)$ der einzige Hauptpunkt und $x_2 = 0$ die entsprechende Gerade. Verlangt man zunächst nur, daß die genannten Elemente Hauptelemente sein sollen, aber nicht notwendigerweise die einzigen, so wird (2) zu

$$(12) \quad a_{12} x_1 x_2' + a_{21} x_2 x_1' + a_{22} x_2 x_2' + a_{23} x_2 x_3' + a_{32} x_3 x_2' + a_{33} x_3 x_3' = 0,$$

wo alle Koeffizienten bis auf $a_{23}$ oder $a_{32} \neq 0$ sein müssen, wenn die Transformation weder singulär sein noch mit einer der schon behandelten zusammenfallen soll.

Die Determinante $\Delta(\mu)$ wird auch in diesem Fall durch (9) dargestellt; es sollen nun alle drei Wurzeln zusammenfallen, woraus $a_{12} = a_{21}$ folgt. Betrachtet man unter dieser Voraussetzung die Gleichungen (3), so ergibt sich folgendes: Die Transformationen mit dem einzigen Hauptpunkt $(1, 0, 0)$ und der einzigen Hauptgeraden $x_2 = 0$ werden durch

$$(13) \quad a_{12}(x_1 x_2' + x_2 x_1') + a_{22} x_2 x_2' + a_{23} x_2 x_3' + a_{32} x_3 x_2' + a_{33} x_3 x_3' = 0$$

mit $a_{23} \neq a_{32}$ dargestellt; $a_{23} = a_{32}$ gibt eine Polarität.

Die Gleichungen (8) und (11) zeigen, daß es $\infty^2$ Reziprozitäten mit drei gegebenen Hauptelementen gibt, welche nicht alle zusammenfallen. Durch Angabe von einem neuen Element $(M, m')$ wird die Transformation eindeutig festgelegt — in Übereinstimmung mit Kap. VIII, § 2, Satz V.

Betrachten wir nun (13). Sind drei zusammenfallende Hauptelemente — in der in Kap. VIII, § 2 eingeführten Bedeutung — bekannt, so hat man eine Gleichung zwischen den fünf homogenen Koeffizienten in (13). *Es gibt also $\infty^3$ Reziprozitäten mit drei gegebenen zusammenfallenden Hauptelementen.* Dies stimmt mit Kap. VIII, § 2, Satz VII überein.

Die Punkte, welche in den verschiedenen Fällen auf ihrer entsprechenden Geraden liegen, ergeben sich sofort aus den Gleichungen (8), (11) und (13), wenn man in diesen $x' = x$ setzt. Man erhält bzw.:

$$(a_{12} + a_{21})\, x_1 x_2 + a_{33} x_3^2 = 0,$$
$$a_{22} x_2^2 + a_{33} x_3^2 = 0,$$
$$2 a_{12} x_1 x_2 + (a_{23} + a_{32})\, x_2 x_3 + a_{22} x_2^2 + a_{33} x_3^2 = 0.$$

Im ersten Fall erhält man, wenn $a_{12} \neq -a_{21}$, einen nicht ausgearteten Kegelschnitt; wenn dagegen $a_{12} = -a_{21}$, eine doppeltzählende Gerade. Im zweiten Fall erhält man zwei verschiedene Gerade, im dritten einen nicht ausgearteten Kegelschnitt — alles in Übereinstimmung mit dem, was wir in Kap. XVII, § 3, S. 204 geometrisch zeigen werden.

Eine Antireziprozität $\overline{\Sigma}$ wird durch

$$(14) \qquad \varrho \overline{X}_1' = a_{11} x_1 + a_{12} x_2 + a_{13} x_3$$

und zwei analoge Gleichungen oder auch durch die einzige Gleichung

$$(15) \qquad \sum a_{rs} \overline{x}_r' x_s = 0,$$

wo $\varDelta = |a_{rs}| \neq 0$, bestimmt.

Die Hauptpunkte können durch Iteration der Transformation gefunden werden (vgl. S. 138).

Die zu (15) inverse Transformation ist

$$(16) \qquad \sum \overline{a}_{sr} \overline{x}_r' x_s = 0.$$

Die Antireziprozität (15) ist also involutorisch (d. h. eine Antipolarität), wenn

$$(17) \qquad \overline{a}_{sr} = \mu\, a_{rs},$$

wo $\mu$ ein Proportionalitätsfaktor ist.

Die Gleichung (15) läßt sich in diesem Falle auf eine reduzierte Form bringen. Ist $\mu \neq -1$, so erhält man aus (15) durch Multiplikation mit $1 + \mu$ die mit (15) äquivalente Gleichung

$$(18) \qquad \sum b_{rs} \overline{x}_r' x_s = 0,$$

wo

$$(19) \qquad \bar{b}_{sr} = b_{rs}.$$

Ist $\mu = -1$, geht (18) aus (15) durch Multiplikation mit $i$ hervor. Also:

I. *Die notwendige und hinreichende Bedingung dafür, daß die Antireziprozität (15) eine Antipolarität darstelle, ist, daß die Gleichung (15) durch Multiplikation mit einer Konstanten auf die Form (18) gebracht werden kann, wo die Koeffizienten $b_{rs}$ die Gleichungen (19) befriedigen.*

Der Ort der Punkte in einer Antipolarität, welche in ihren entsprechenden Geraden liegen, nennen wir eine *Hyperkonik*. Wir haben dann sofort:

II. *Jede Hyperkonik kann durch eine in $\bar{x}_r$ und $x_s$ bilineare Gleichung*

$$(20) \qquad \sum b_{rs}\bar{x}_r x_s = 0$$

*dargestellt werden, wo die Koeffizienten $b_{rs}$ (19) befriedigen.*

Es möge nun die Antireziprozität $\varSigma$ ein Polardreieck $ABC$ haben. Werden die Eckpunkte $A, B, C$ als Grundpunkte des Koordinatensystems gewählt, so nimmt die Gleichung (15) die einfache Form

$$(21) \qquad a_{11}\bar{x}_1' x_1 + a_{22}\bar{x}_2' x_2 + a_{33}\bar{x}_3' x_3 = 0$$

an. Diese Transformation ist nicht immer eine Antipolarität; die Bedingung hierfür ist nach Satz I die, daß sich (21) in der Form

$$(22) \qquad \mathfrak{b}_{11}\bar{x}_1' x_1 + \mathfrak{b}_{22}\bar{x}_2' x_2 + \mathfrak{b}_{33}\bar{x}_3' x_3 = 0$$

schreiben läßt, wo die Koeffizienten reell sind. Die entsprechende Hyperkonik ist in diesem Fall

$$(23) \qquad \mathfrak{b}_{11}\bar{x}_1 x_1 + \mathfrak{b}_{22}\bar{x}_2 x_2 + \mathfrak{b}_{33}\bar{x}_3 x_3 = 0.$$

Wir denken uns nun die Antireziprozität $\varSigma$ durch ein Polardreieck $ABC$ und ein Element $(P, p')$ gegeben. Wir wollen dann die Lage von $(P, p')$ analytisch so bestimmen, daß $\varSigma$ eine Antipolarität wird.

Die Punkte $A, B, C$ werden als Grundpunkte und der Punkt $P$ als Einheitspunkt gewählt; die durch $A, B, C, P$ bestimmte zweidimensionale Kette besteht dann aus allen Punkten mit reellen Koordinaten. Die Transformation sei durch (21) gegeben, so daß die Gleichung der Geraden $p'$

$$(24) \qquad \bar{a}_{11}x_1' + \bar{a}_{22}x_2' + \bar{a}_{33}x_3' = 0$$

wird. Die notwendige und hinreichende Bedingung dafür, daß die Antireziprozität eine Antipolarität sei, ist nun nach dem Obigen, daß (24) sich mit reellen Koeffizienten schreiben läßt, d. h. daß sie der Kette $(ABCP)$ adjungiert ist. Wir sind also wieder auf die Sätze III und IV des Kap. X, § 2 geführt worden.

Während eine Hyperkonik eine dreidimensionale Punktmannigfaltigkeit ist, bilden die Punkte einer nichtinvolutorischen Antireziprozität, welche in ihren entsprechenden Geraden liegen (die „*Ordnungspunkte*" der Transformation) eine im allgemeinen zweidimensionale Mannigfaltigkeit. Für die Transformation (15) wird die Gleichung der Ordnungspunkte

$$(25) \qquad \sum a_{rs} \bar{x}_r x_s = 0 \,,$$

wo die Koeffizienten $a_{rs}$ außer $|a_{rs}| \neq 0$ keinen Bedingungen unterworfen sind.

Eine Punktmannigfaltigkeit der Form (25) erhält man z. B., wenn man entsprechende Strahlen zweier antiprojektiven Büschel $\alpha + \lambda \beta = 0$, $\gamma + \bar{\lambda} \delta = 0$ allgemeiner Lage miteinander schneidet (vgl. S. 83).

Wir nennen zuletzt den Satz:

III. *Die Punkte, welche zwei Hyperkoniken miteinander gemein haben, sind die Ordnungspunkte einer nichtinvolutorischen Antireziprozität.*

Es seien nämlich die zwei Hyperkoniken

$$(26) \qquad \sum b_{rs} \bar{x}_r x_s = 0 \qquad \text{und} \qquad \sum c_{rs} \bar{x}_r x_s = 0 \,,$$

wo

$$(27) \qquad \bar{b}_{sr} = b_{rs} \qquad \text{und} \qquad \bar{c}_{sr} = c_{rs} \,.$$

Aus (26) bilden wir

$$(28) \qquad \sum b_{rs} \bar{x}_r x_s + \lambda \sum c_{rs} \bar{x}_r x_s = 0 \,.$$

Diese Gleichung ist von der Form (25); sie ist mit den beiden Gleichungen (26) äquivalent, wenn nur $\lambda$ nicht reell ist. Denn die umgelegte Gleichung zu (28)

$$\sum \bar{b}_{rs} x_r \bar{x}_s + \bar{\lambda} \sum \bar{c}_{rs} x_r \bar{x}_s = 0$$

läßt sich mittels (27) auch

$$(29) \qquad \sum b_{rs} \bar{x}_r x_s + \bar{\lambda} \sum c_{rs} \bar{x}_r x_s = 0$$

schreiben, und aus (28) und (29) folgen dann unter der genannten Bedingung für $\lambda$ unmittelbar die beiden Gleichungen (26).


XII. Kapitel.

# Doppelketten in Kollineationen und Antikollineationen.

## § 1. Geometrische Bestimmung der Doppelketten.

Im folgenden werden wir die zweidimensionalen Doppelketten einer gegebenen Kollineation $\pi$ bestimmen. Ist $k^{II}$ eine solche Doppelkette, so werden zwei Punkte, welche in bezug auf $k^{II}$ symmetrisch liegen, durch $\pi$ in ebensolche Punkte übergehen. Diejenigen Doppelpunkte von $\pi$, welche nicht in $k^{II}$ enthalten sind, müssen demnach paarweise symmetrisch in bezug auf diese Kette liegen. Ebenso werden die Doppelgeraden, welche $k^{II}$ nicht adjungiert sind, paarweise symmetrisch in bezug auf $k^{II}$ sein.

Zunächst habe $\pi$ drei (und nur drei) verschiedene Doppelpunkte $E$, $F$ und $G$; eine Doppelkette $k^{II}$ wird dann entweder alle diese Punkte enthalten oder nur den einen, während die zwei anderen in bezug auf $k^{II}$ symmetrisch liegen.

Es seien $(P, P')$ und $(Q, Q')$ zwei Punktpaare in $\pi$. Aus

$$(1) \qquad EFGPQ \barwedge EFGP'Q'$$

folgt (Kap. VIII, § 1, Satz X):

$$(2) \qquad EFGPP' \barwedge EFGQQ'.$$

Wenn also $(P, P')$ in einer Doppelkette einer der genannten Arten liegt, dann gehört $(Q, Q')$ einer Doppelkette derselben Art an. Denn eine zweidimensionale Kette ist durch vier Punkte oder durch zwei Punkte und ein Paar von symmetrischen Punkten eindeutig bestimmt (Kap. IX, § 1, Satz I und VI). Man hat also:

I. *Es gibt in einer Kollineation mit drei (und nur drei) verschiedenen Doppelpunkten im allgemeinen keine Doppelketten; gibt es aber eine, dann gibt es unendlich viele; alle Doppelketten sind von derselben Art, und durch jedes Paar von entsprechenden Punkten geht eine.*

In einer nichthomologischen Kollineation können die beiden Arten der obengenannten Reihen von Doppelketten nicht gleichzeitig auftreten. Wenn nämlich durch ein Paar $(P, P')$ von entsprechenden Punkten eine Doppelkette $k^{II}$ geht, welche $E$, $F$, $G$ enthält, und eine andere $k_1^{II}$, die $E$ enthält, und in bezug auf welche $F$ und $G$ symmetrisch liegen, so sind die zwei Ketten zueinander orthogonal (S. 118); denn $k^{II}$ enthält die Punkte $(FP, GP')$ und $(FP', GP)$, welche ebenso wie $F$ und $G$ in bezug auf $k_1^{II}$ symmetrisch liegen. Da der isolierte gemeinsame Punkt der zwei Ketten auf $FG$ liegt (vgl. Kap. IX, § 1, Satz XIII), müssen die anderen gemeinsamen Punkte $E$, $P$, $P'$ in einer einfachen Kette, also auch in einer Geraden liegen, d. h. die Kollineation wäre in diesem Falle eine Homologie.

Betrachtet man umgekehrt eine Homologie mit dem Zentrum $E$ und der Achse $e$, welche $E$ nicht enthält, so sieht man wie oben, daß eine Doppelkette $k^{II}$ notwendig $E$ enthalten und $e$ als adjungierte Gerade haben muß. Sind $P$ und $P'$ entsprechende Punkte innerhalb $k^{II}$, dann ist auch die Gerade $EPP'$ adjungiert, so daß der Schnittpunkt $S$ dieser Geraden mit $e$ der Kette $EPP'$ angehören und der Wurf $(ESPP')$ also reell sein muß. *Die betrachtete Homologie enthält also im allgemeinen keine Doppelkette; wenn aber der „charakteristische" Wurf reell ist, gibt es offenbar unendlich viele:* Jede Kette $k^{II}$, welche durch $E$, einen beliebigen Punkt $P$ allgemeiner Lage und zwei beliebige in $e$ liegende Punkte geht, ist eine Doppelkette.

Es mögen nun in einer nichthomologischen Kollineation die Doppelpunkte $F$ und $G$ in $F$ zusammenfallen. Eine Doppelkette muß dann notwendigerweise durch $E$ und $F$ gehen und $e = FG$ als adjungierte Gerade haben. Genau wie oben kann man aus (1) die Beziehung (2) ableiten. Da eine Kette durch drei Punkte und eine adjungierte Gerade eindeutig bestimmt ist (Kap. IX, § 1, Satz V), folgt hieraus, daß *die Transformation wie oben im allgemeinen keine Doppelkette hat, wenn aber eine, dann unendlich viele.*

Ganz anders verhält es sich, wenn alle drei Doppelpunkte in $E$ zusammenfallen. Es gilt nämlich in diesem Falle:

II. *Eine Kollineation mit drei zusammenfallenden Doppelpunkten enthält unendlich viele Doppelketten, nämlich durch jedes Paar von entsprechenden Punkten allgemeiner Lage genau eine.*

Dies zeigen wir so: jede Doppelkette muß durch den einzigen Doppelpunkt $E$ gehen und die einzige Doppelgerade $e$ als adjungierte Gerade haben. Es sei $(P, P')$ ein Paar von entsprechenden Punkten, $P''$ der aus $P'$ durch Iteration der Transformation erzeugte Punkt. Eine Doppelkette durch $(P, P')$ muß den Schnittpunkt $A = (e, PP')$ sowie den entsprechenden Punkt $A' = (e, P'P'')$ enthalten. Nun ist aber durch $(A, A', P, P')$ eine Kette $k^{II}$ eindeutig festgelegt. Diese geht auch durch den aus $A'$ durch Iteration erzeugten Punkt $A''$, denn die vier Punkte $E, A, A', A''$ bilden einen harmonischen Wurf. Ferner ist die Gerade $EP''$ adjungiert, weil sie mit den drei adjungierten Geraden $e$, $EP$, $EP'$ einen harmonischen Geradenwurf bildet. Ebenso ist die Gerade $A'P'$ adjungiert, so daß auch der Punkt $P''$ der Kette $k^{II}$ angehört; also ist $k^{II}$ eine Doppelkette.

Es erübrigt noch, die Doppelketten in einer Homologie, deren Zentrum $E$ auf der Achse $e$ liegt, zu bestimmen. Jede solche Doppelkette muß, wie im obigen Fall, durch $E$ gehen und $e$ als adjungierte Gerade haben. Man sieht unmittelbar, daß in diesem Falle jede $k^{II}$, welche zwei beliebige entsprechende Punkte $P$ und $P'$ der Ebene sowie zwei beliebige Punkte von $e$ enthält, eine Doppelkette ist; dies folgt daraus, daß der Wurf $(EPP'P'')$ harmonisch ist. *Es gibt also in diesem Fall unendlich viele Doppelketten.*

Wir gehen nun zu einer Antikollineation über. Wenn sie involutorisch und daher eine Symmetrie in bezug auf eine Grundkette ist, geht — außer der Grundkette — jede $k^{II}$, welche zu dieser Grundkette orthogonal ist, in sich über.

Wir betrachten nun eine Antikollineation $\bar{\pi}$, deren Quadrat keine Homologie ist. Sie möge zunächst drei verschiedene Doppelpunkte haben. Eine eventuelle Doppelkette muß auch eine Doppelkette in $\bar{\pi}^2$ sein und deshalb dem Vorhergehenden zufolge entweder durch alle drei Doppelpunkte $E, F, G$ gehen oder nur durch den einen, während die beiden anderen symmetrisch in bezug auf sie liegen. Eine Kette der ersteren Art hat mit $EF$ sowie mit $EG$ eine einfache Kette gemein. Durch die Transformation $\bar{\pi}$ geht jede dieser Geraden, z. B. $EF$, so in sich über, daß dabei zwei verschiedene Doppelpunkte $E$ und $F$ auftreten. Es gibt demnach (Kap. IV, § 2, Satz IV) in $EF$ zwei durch $E$ und $F$ gehende einfache Ketten $k_1$ und $k_2$, in $EG$ zwei andere durch $E$ und $G$ gehende Ketten $k_1^*$ und $k_2^*$, welche in sich transformiert werden. Da eine zweidimensionale Kette durch zwei einfache Ketten, welche einen Punkt miteinander gemein haben, vollständig bestimmt ist, gibt es vier Ketten, welche durch $\bar{\pi}$ in sich übergehen, nämlich diejenigen, welche durch $(k_1, k_1^*)$, $(k_2, k_1^*)$, $(k_1, k_2^*)$, $(k_2, k_2^*)$ bestimmt sind. Da $k_1$ und $k_2$ sowie $k_1^*$ und $k_2^*$ orthogonal sind, werden auch je zwei der gefundenen zweidimensionalen Ketten zueinander orthogonal sein. Außer diesen kann keine andere durch $E, F, G$ gehende Kette Doppelkette sein; dagegen wären noch Doppelketten möglich, welche z. B. durch $E$ gehen, während $F$ und $G$ symmetrisch liegen. Diese neuen Ketten würden dann auch in der Kollineation $\bar{\pi}^2$ Doppelketten sein, und dann müßte, wie früher bewiesen, $\bar{\pi}^2$ gegen die gemachte Voraussetzung eine Homologie sein. Also:

III. *Eine Antikollineation, deren Quadrat keine Homologie ist und die drei verschiedene Doppelpunkte hat, enthält vier zweidimensionale Doppelketten, von welchen je zwei zueinander orthogonal sind.*

Fallen zwei der Doppelpunkte, etwa $E$ und $F$, zusammen, so ist die Transformation innerhalb der Geraden $EF$ eine Symmetralität mit dem einzigen Doppelpunkt $E$, und es gibt demnach in dieser Geraden nur eine (durch $E$ gehende) einfache Doppelkette (Kap. IV, § 2, Satz VI). In der Geraden $EG$ gibt es, wie oben, zwei solche. Also:

IV. *Fallen in einer Antikollineation, deren Quadrat keine Homologie ist, zwei der Doppelpunkte zusammen, so gibt es zwei zweidimensionale Doppelketten, und diese sind zueinander orthogonal.*

Es mögen nun alle drei Doppelpunkte in $E$ zusammenfallen; die einzige Doppelgerade sei $e$. Wie oben ist die Transformation innerhalb $e$ eine Symmetralität mit dem einzigen Doppelpunkt $E$, und es gibt demnach innerhalb $e$ genau eine (durch $E$ gehende) einfache Doppelkette $k$. In analoger Weise ist die Transformation des Geradenbüschels mit dem Zentrum $E$ eine Symmetralität mit der einzigen Doppelgeraden $e$, und es gibt demnach innerhalb des genannten Büschels eine einzige ($e$ enthaltende) Doppelkette $m$ von Geraden. Eine zweidimensionale Doppelkette der betrachteten Antikollineation $\bar{\pi}$ muß offenbar innerhalb der Gesamtheit der zweidimensionalen Ketten gesucht werden, welche $k$ enthalten und die Geraden von $m$ als adjungierte Gerade haben.

Wir betrachten einen Augenblick diese Gesamtheit und zeigen, daß durch jeden Punkt $P$, dessen Verbindungsgerade mit $E$ der Kette $m$

angehört, genau eine zur Gesamtheit gehörige $k^{II}$ geht. Es seien nämlich $A$ und $B$ zwei Punkte von $k$; auf den Geraden $PA$ und $PB$ werden durch $m$ zwei einfache Ketten von Punkten ausgeschnitten, wodurch die genannte $k^{II}$ eindeutig bestimmt ist; diese werde mit $k_P^{II}$ bezeichnet. — Man sieht sofort: Wenn $P_1$ und $P_2$ zwei Punkte sind, welche auf verschiedenen Geraden von $m$ liegen, so ist die notwendige und hinreichende Bedingung des Zusammenfallens der Ketten $k_{P_1}^{II}$ und $k_{P_2}^{II}$ die, daß der Schnittpunkt $(e, P_1P_2)$ der Kette $k$ angehört.

Es möge nun (Fig. 48) ein Punkt $P$ der obigen Art durch $\bar\pi$ in $P'$ und dieser Punkt weiter in $P''$ übergehen. Die Geraden $EP$, $EP'$, $EP''$

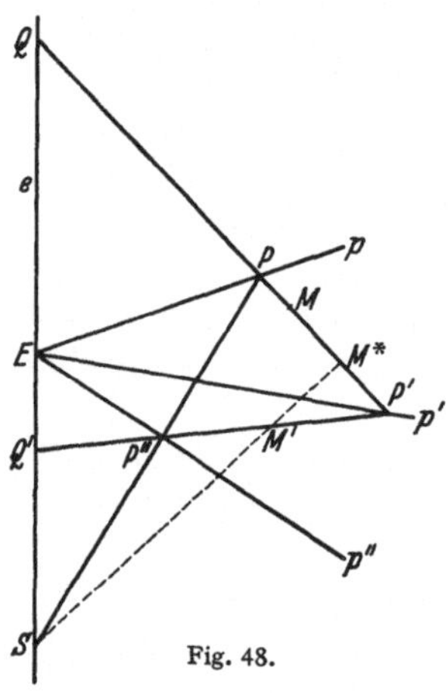
Fig. 48.

mögen kurz bzw. $p$, $p'$, $p''$ heißen. Innerhalb der Kette $m$ wird durch $\bar\pi$ eine parabolische Projektivität erzeugt, und demnach trennen die Paare $(e, p')$ und $(p, p'')$ einander harmonisch. Ferner sei $Q$ der Schnittpunkt von $e$ mit der Geraden $PP'$; der $Q$ entsprechende Punkt ist $Q' = (e, P'P'')$. Falls $Q$ (also auch $Q'$) auf $k$ liegen, ist schon $k_P^{II}$ eine Doppelkette. Es sei nun dies nicht der Fall; dann wird die einfache Kette $EQQ'$ die Kette $k$ außer in $E$ in einem Punkt $S$ schneiden, welcher von $E$ durch $Q$ und $Q'$ harmonisch getrennt ist (Kap. IV, § 2, Satz VIII). Nun schneidet aber, wie die Figur zeigt, die Gerade $PP''$ die Gerade $e$ eben in dem Punkt, welcher von $E$ durch $Q$ und $Q'$ harmonisch getrennt ist, d. h. $PP''$ geht durch $S$. Nach dem Obigen ist dann $k_P^{II}$ mit $k_{P''}^{II}$ identisch, d. h. $k_P^{II}$ und $k_{P'}^{II}$ entsprechen einander in $\bar\pi$ gegenseitig.

Die Kette $m$ schneidet auf der Geraden $PQ$ eine einfache Kette von Punkten aus. Es sei $M$ ein beliebiger Punkt dieser Kette, $M'$ der entsprechende Punkt auf $P'Q'$, und es möge $SM'$ die Gerade $PQ$ in $M^*$ schneiden. Da jede $k^{II}$ der betrachteten Gesamtheit genau einen Punkt mit $PQ$ gemein hat, ist $k_M^{II}$ dann und nur dann eine Doppelkette, wenn $M^*$ mit $M$ zusammenfällt. Die Beziehung zwischen $M$ und $M^*$ ist aber eine Involution, deren einer Doppelpunkt in $Q$ liegt; also haben wir:

V. *Eine Antikollineation mit drei zusammenfallenden Doppelpunkten enthält genau eine zweidimensionale Doppelkette.*

Diese Doppelkette kann nach dem Obigen folgendermaßen bestimmt werden: Es sei $(P, P')$ ein beliebiges Paar von entsprechenden Punkten, deren Verbindungsgeraden mit $E$ der Kette $m$ angehören; es möge ferner die Gerade $PP'$ die Doppelgerade $e$ in $Q$ schneiden, und es sei $R$ der Punkt, welcher von $Q$ durch $P$ und $P'$ harmonisch getrennt ist. Die gesuchte Doppelkette ist dann $k_R^{II}$.

Um die Doppelketten zu bestimmen, wenn die Antikollineation $\bar{\pi}$ einen Doppelpunkt und ein involutorisches Paar $(F, G)$ hat, schlagen wir einen anderen Weg ein. Wir suchen die eventuellen Doppelketten, welche durch $E$ gehen und in bezug auf welche $F$ und $G$ symmetrisch liegen. Es sei $k^{II}$ eine solche Kette. Eine beliebige, feste, durch $F$ gehende Gerade $p$ muß dann einen (noch nicht bekannten) Punkt $P$ mit $k^{II}$ gemein haben. Der Geraden $p$ entspricht in $\bar{\pi}$ eine durch $G$ gehende Gerade $p'$, dieser wiederum eine durch $F$ gehende Gerade $p''$. Entspricht ferner dem Punkte $P$ der Punkt $P'$ (auf $p'$), so wird dieser in $k^{II}$ liegen. Die Gerade $GP$ nennen wir $r$, die entsprechende, $FP'$, heiße $r'$. Werden nun $FG$, $GE$ und $EF$ mit $e$, $f$ bzw. $g$ bezeichnet, so hat man, da $F$ und $G$ symmetrische Punkte in bezug auf $k^{II}$ sind:

$$(egpr') \,\smile\, (efrp')$$

und ferner:
$$(efrp') \,\smile\, (egr'p'') \,.$$

Hieraus folgt:
$$(egpr') \,\frown\, (egr'p'') \,\frown\, (gep''r') \,,$$

d. h. $r'$ ist ein Doppelstrahl in der durch die Paare $(e, g)$, $(p, p'')$ bestimmten Involution. Aus $r'$ läßt sich $r$ bestimmen, und der Schnittpunkt von $r$ mit $p$ ergibt $P$. Die obigen Beziehungen, in umgekehrter Ordnung genommen, zeigen, daß eine Kette, welche durch $E$ und $P$ geht und $F$ und $G$ als symmetrische Punkte hat, auch $P'$ enthalten muß und demnach eine Doppelkette ist. Außer den hierdurch bestimmten zwei Ketten könnte es noch Doppelketten geben, welche durch alle drei Punkte $E, F, G$ gehen; dann würde aber die durch Iteration erzeugte Kollineation $\bar{\pi}^2$ eine Homologie sein.

Da es nur zwei Doppelketten gibt, müssen diese notwendigerweise zueinander orthogonal sein. Man hat also:

VI. *Eine Antikollineation, deren Quadrat keine Homologie ist und die einen Doppelpunkt und ein involutorisches Paar hat, enthält zwei zweidimensionale Doppelketten, welche zueinander orthogonal sind.*

Zuletzt sind noch die Antikollineationen $\bar{\pi}$ zu behandeln, welche durch Iteration eine Homologie erzeugen. Das Homologiezentrum sei $E$, die Homologieachse $e$. Dann ist $E$ auch in $\bar{\pi}$ ein Doppelpunkt und $e$ eine Doppelgerade, und außerdem ist die Transformation innerhalb $e$ eine involutorische Symmetralität, also eine eindimensionale Symmetrie.

Zunächst möge $E$ nicht auf $e$ liegen. Wenn die Symmetrie innerhalb $e$ eine Grundkette $k_0$ besitzt, geht durch zwei beliebige Punkte $A$ und $B$ von $k_0$ nach Kap. II, § 3, Satz V noch eine eindeutig bestimmte einfache Doppelkette $k$. In der Geraden $EA$ liegen (Kap. IV, § 2, Satz IV) zwei einfache Doppelketten $k_1$ und $k_2$, aber auch nicht mehr, denn die Transformation von $EA$ in sich kann nur dann involutorisch sein, wenn die Transformation $\bar{\pi}$ selbst involutorisch ist. Verbindet man $k$ (und die feste $k_0$) mit jeder der Ketten $k_1$ und $k_2$, so erhält man zweidimensionale Doppelketten; es gibt also deren unendlich viele. — Wenn es in $e$ keine Grundkette $k_0$ gibt, betrachte man ein involutorisches Paar $(F, G)$ von $e$. Ganz wie beim Beweise des Satzes VI können wir dann zwei Doppelketten bestimmen. Da $F$ beliebig in $e$ gewählt werden kann, gibt es also wieder unendlich viele.

Nun möge $E$ auf $e$ liegen. In diesem Fall existiert sicher die obige Grundkette $k_0$; ebenso gibt es innerhalb des Geradenbüschels mit dem Zentrum $E$ eine der Kette $k_0$ dual entsprechende Doppelkette $k_0^*$ von Geraden, welche alle Doppelgerade in $\bar\pi$ sind. Innerhalb jeder solchen Geraden gibt es eine einfache Doppelkette $k$. Verbindet man die verschiedenen Ketten $k$ mit den in $e$ liegenden und durch $E$ gehenden einfachen Doppelketten, so ergeben sich zweidimensionale Doppelketten von $\bar\pi$. Wir haben also bewiesen:

VII. *Jede Antikollineation, welche durch Iteration eine Homologie erzeugt, enthält unendlich viele zweidimensionale Doppelketten.*

Wir haben früher gesehen, daß es in einer Kollineation im allgemeinen keine Doppelketten gibt. Dagegen gibt es, wie wir jetzt bewiesen haben, in allen Antikollineationen mindestens eine Doppelkette. Die durch Iteration einer allgemeinen Antikollineation erzeugte Kollineation muß deshalb eine spezielle sein (vgl. Kap. IV, § 2, Satz VIII).

## § 2. Algebraische Bestimmung der Doppelketten.

Um die zweidimensionalen Doppelketten in einer Kollineation algebraisch zu bestimmen, könnte man die Gleichung einer Kette aufstellen und verlangen, daß sie gegenüber der Transformation invariant wäre. Wir wollen indessen etwas anders verfahren; wenn nämlich eine Kette $k^{II}$ in sich übergeht, dann gilt dasselbe von der durch die Kette erzeugten Symmetrie; wir werden deshalb diese Symmetrien aufsuchen; ihre Grundketten sind die gesuchten $k^{II}$.

Der Kürze halber wollen wir uns im folgenden auf den im Kap. XI, § 1, Satz III besprochenen nichtausgearteten Fall beschränken; die Gleichungen der gegebenen Kollineation sind

$$(1) \qquad \varrho x_1' = \alpha_1 x_1, \qquad \varrho x_2' = \alpha_2 x_2, \qquad \varrho x_3' = \alpha_3 x_3,$$

wo $\alpha_1, \alpha_2, \alpha_3$ alle verschieden sind.

Eine Doppelkette muß (vgl. § 1) entweder durch alle drei Doppelpunkte gehen oder durch den einen, während die zwei anderen in bezug auf sie symmetrisch liegen. Im ersten Falle ist die entsprechende Symmetrie [Kap. XI, § 1, (26)]:

$$(2) \qquad \sigma \bar y_1' = \varepsilon_1 y_1, \qquad \sigma \bar y_2' = \varepsilon_2 y_2, \qquad \sigma \bar y_3' = \varepsilon_3 y_3,$$

wo $\varepsilon_1, \varepsilon_2, \varepsilon_3$ Einheitswürfe sind.

Diese Symmetrie (2) geht mittels (1) in

$$(3) \qquad \tau \cdot \frac{\bar y_1'}{\bar\alpha_1} = \varepsilon_1 \cdot \frac{y_1}{\alpha_1}$$

und die zwei analogen Gleichungen über. Sollen diese mit (2) zusammenfallen, so muß

$$(4) \qquad \bar{\alpha}_1 : \alpha_1 = \bar{\alpha}_2 : \alpha_2 = \bar{\alpha}_3 : \alpha_3$$

sein, d. h. die Größen $\alpha_1, \alpha_2, \alpha_3$ müssen reelle Verhältnisse haben. Ist diese Bedingung erfüllt, so geht jede Symmetrie (2) in sich über.

Eine Symmetrie, deren Grundkette durch $(0, 0, 1)$ geht, während $(1, 0, 0)$ und $(0, 1, 0)$ symmetrisch in bezug auf sie liegen, ist [Kap. XI, § 1, (28)] durch

$$(5) \qquad \sigma \bar{y}_1' = \lambda y_2 , \qquad \sigma \bar{y}_2' = \frac{1}{\lambda} y_1 , \qquad \sigma \bar{y}_3' = \varepsilon_3 y_3$$

gegeben, wo $\lambda$ beliebig und $\varepsilon_3$ ein Einheitswurf ist.

Diese Transformation (5) geht mittels (1) in

$$(6) \qquad \tau \cdot \frac{\bar{y}_1'}{\bar{\alpha}_1} = \lambda \cdot \frac{y_2}{\alpha_2} , \qquad \tau \cdot \frac{\bar{y}_2'}{\bar{\alpha}_2} = \frac{1}{\lambda} \cdot \frac{y_1}{\alpha_1} , \qquad \tau \cdot \frac{\bar{y}_3'}{\bar{\alpha}_3} = \varepsilon_3 \cdot \frac{y_3}{\alpha_3}$$

über.

Diese fällt mit (6) zusammen, wenn

$$(7) \qquad \bar{\alpha}_1 : \alpha_2 = \bar{\alpha}_2 : \alpha_1 = \bar{\alpha}_3 : \alpha_3 ,$$

d. h. wenn die Verhältnisse $\alpha_1 : \alpha_3$ und $\alpha_2 : \alpha_3$ konjugiert imaginär sind. Jede Symmetrie (5) geht dann in sich selbst über.

Wenn (4) oder (7) erfüllt sind, gibt es also unendlich viele Doppelketten. Beide Arten von Doppelketten können nur für $\alpha_1 = \alpha_2$ simultan . auftreten, welchen Fall wir ja ausgeschlossen haben. Also:

I. *Die Kollineation* (1) *hat im allgemeinen keine Doppelketten. Sind aber zwei Verhältnisse der Koeffizienten (z. B. $\alpha_1 : \alpha_3$ und $\alpha_2 : \alpha_3$) entweder reell oder konjugiert imaginär, so gibt es unendlich viele Doppelketten.*

Wir werden nun die Doppelketten in einer Antikollineation bestimmen, wollen aber nur die zwei wichtigsten Fälle besprechen. Der erste ist [Kap. XI, § 1, (25)]

$$(8) \qquad \varrho \bar{x}_1' = \alpha_1 x_1 , \qquad \varrho \bar{x}_2' = \alpha_2 x_2 , \qquad \varrho \bar{x}_3' = \alpha_3 x_3 ,$$

wo $\alpha_1 \bar{\alpha}_1, \alpha_2 \bar{\alpha}_2, \alpha_3 \bar{\alpha}_3$ alle verschieden sind. In diesem Fall gibt es drei und nur drei verschiedene Doppelpunkte.

Wir bestimmen wie oben die Symmetrien, deren Grundketten die gesuchten Doppelketten sind. Die Grundkette muß auch hier entweder durch alle drei Doppelpunkte gehen oder nur durch den einen, während die zwei anderen symmetrisch liegen. Im ersten Fall ist die entsprechende Symmetrie durch (2) dargestellt, und sie wird mittels (8) in

$$(9) \qquad \tau \cdot \frac{y_1'}{\bar{\alpha}_1} = \varepsilon_1 \cdot \frac{\bar{y}_1}{\alpha_1}$$

und zwei analoge Gleichungen oder, anders geschrieben, in

$$(10) \qquad \tau \cdot \frac{\bar{y}_1'}{\alpha_1} = \frac{y_1}{\varepsilon_1 \bar{\alpha}_1}$$

und zwei analoge Gleichungen überführt. Soll diese Transformation mit (2) zusammenfallen, muß

$$(11) \qquad \frac{\varepsilon_1^2 \bar\alpha_1}{\alpha_1} = \frac{\varepsilon_2^2 \bar\alpha_2}{\alpha_2} = \frac{\varepsilon_3^2 \bar\alpha_3}{\alpha_3}$$

gelten.

Zerlegen wir die Koeffizienten in (8) in

$$(12) \qquad \alpha_1 = \mathfrak{r}_1 e_1, \qquad \alpha_2 = \mathfrak{r}_2 e_2, \qquad \alpha_3 = \mathfrak{r}_3 e_3,$$

so ergeben die Gleichungen (11), da es ja nur auf die Verhältnisse $\varepsilon_1 : \varepsilon_2 : \varepsilon_3$ ankommt:

$$(13) \qquad \varepsilon_1 = \pm e_1, \qquad \varepsilon_2 = \pm e_2, \qquad \varepsilon_3 = e_3.$$

Dies gibt vier verschiedene Möglichkeiten. Die entsprechenden Symmetrien werden:

$$(14) \qquad \sigma \bar{y}_1' = \pm e_1 y_1, \qquad \sigma \bar{y}_2' = \pm e_2 y_2, \qquad \sigma \bar{y}_3' = e_3 y_3.$$

Die Grundketten dieser Symmetrien, also die gesuchten Doppelketten, ergeben sich, wenn man in (14) $y' = y$ setzt. Da jede der Symmetrien (14), wie man leicht sieht, durch Transformation mit jeder der anderen in sich übergeht, sind je zwei der gefundenen Doppelketten zueinander orthogonal.

Wir haben noch bezüglich der Transformation (8) die Möglichkeit in Betracht zu ziehen, daß eine Doppelkette nur durch den einen Doppelpunkt geht, während die zwei anderen symmetrisch liegen. Die entsprechende Symmetrie mag dann durch (5) gegeben sein; sie geht mittels (8) in

$$(15) \qquad \tau \cdot \frac{\bar{y}_1'}{\alpha_1} = \bar\lambda \cdot \frac{y_2}{\bar\alpha_2}, \qquad \tau \cdot \frac{\bar{y}_2'}{\alpha_2} = \frac{1}{\lambda} \cdot \frac{y_1}{\bar\alpha_1}, \qquad \tau \cdot \frac{\bar{y}_3'}{\alpha_3} = \frac{y_3}{\varepsilon_3 \bar\alpha_3}$$

über. Diese fällt mit (5) zusammen, wenn

$$(16) \qquad \frac{\lambda \bar\alpha_2}{\bar\lambda \alpha_1} = \frac{\lambda \bar\alpha_1}{\bar\lambda \alpha_2} = \frac{\varepsilon_3^2 \bar{}_3}{\alpha_3}.$$

Nach Voraussetzung ist $\alpha_1 \bar\alpha_1 \neq \alpha_2 \bar\alpha_2$, und es gibt demnach keine Doppelketten dieser Art. Also:

II. *Eine Antikollineation mit drei und nur drei verschiedenen Doppelpunkten hat vier Doppelketten; diese gehen alle durch die drei Doppelpunkte und sind paarweise zueinander orthogonal.*

Wir gehen nun zu der Antikollineation mit einem einzigen Doppelpunkt und einem einzigen involutorischen Paar über. Ihre Gleichungen seien [Kap. XI, § 1, (27)]:

$$(17) \qquad \varrho \bar{x}_1' = \alpha_1 x_2, \qquad \varrho \bar{x}_2' = \alpha_2 x_1, \qquad \varrho \bar{x}_3' = \alpha_3 x_3,$$

wo $\alpha_1 \bar\alpha_2$, $\alpha_2 \bar\alpha_1$, $\alpha_3 \bar\alpha_3$ paarweise verschieden sind.

Die Symmetrie (2) geht mittels dieser Transformation in

$$(18) \qquad \tau \cdot \frac{\bar{y}_2'}{\alpha_2} = \frac{y_2}{\varepsilon_1 \alpha_2}, \qquad \tau \cdot \frac{\bar{y}_1'}{\alpha_1} = \frac{y_1}{\varepsilon_2 \bar\alpha_1}, \qquad \tau \cdot \frac{\bar{y}_3'}{\alpha_3} = \frac{y_3}{\varepsilon_3 \bar\alpha_3}$$

über. Diese stimmt mit (2) überein, wenn

$$(19) \qquad \frac{\varepsilon_1 \varepsilon_2 \bar{\alpha}_1}{\alpha_1} = \frac{\varepsilon_1 \varepsilon_2 \bar{\alpha}_2}{\alpha_2} = \frac{\varepsilon_3^2 \bar{\alpha}_3}{\alpha_3}.$$

Dies ist aber unmöglich, weil ja nach Voraussetzung $\alpha_1 \bar{\alpha}_2 \neq \alpha_2 \bar{\alpha}_1$.

Wir versuchen es demnach mit der Symmetrie (5). Diese geht durch (17) in

$$(20) \qquad \tau \cdot \frac{\bar{y}_2'}{\alpha_2} = \bar{\lambda} \cdot \frac{y_1}{\bar{\alpha}_1}, \qquad \tau \cdot \frac{\bar{y}_1'}{\alpha_1} = \frac{1}{\lambda} \cdot \frac{y_2}{\bar{\alpha}_2}, \qquad \tau \cdot \frac{\bar{y}_3'}{\alpha_3} = \frac{y_3}{\varepsilon_3 \bar{\alpha}_3}$$

über. Zur Bestimmung von $\lambda$ und $\varepsilon_3$ erhält man:

$$(21) \qquad \frac{\lambda^2 \bar{\alpha}_2}{\alpha_1} = \frac{\bar{\alpha}_1}{\bar{\lambda}^2 \alpha_2} = \frac{\varepsilon_3^2 \bar{\alpha}_3}{\alpha_3}.$$

Setzt man, wie oben,

$$(22) \qquad \alpha_1 = \mathfrak{r}_1 e_1, \qquad \alpha_2 = \mathfrak{r}_2 e_2, \qquad \alpha_3 = \mathfrak{r}_3 e_3,$$

so findet man, da es ja wieder nur auf die Verhältnisse ankommt:

$$(23) \qquad \lambda = \sqrt{e_1 e_2} \cdot \frac{\sqrt{\mathfrak{r}_1}}{\sqrt{\mathfrak{r}_2}}, \qquad \bar{\lambda} = \frac{1}{\sqrt{e_1 e_2}} \cdot \frac{\sqrt{\mathfrak{r}_1}}{\sqrt{\mathfrak{r}_2}}, \qquad \varepsilon_3 = e_3.$$

Die zwei Wurzeln $\sqrt{\mathfrak{r}_1}$ und $\sqrt{\mathfrak{r}_2}$ können positiv gewählt werden. In den Ausdrücken für $\lambda$ und $\bar{\lambda}$ soll derselbe — aber beliebig gewählte — Wert der Wurzel $\sqrt{e_1 e_2}$ gebraucht werden.

Es gibt also zwei selbstentsprechende Symmetrien; ihre Gleichungen sind

$$(24) \qquad \sigma \bar{y}_1' = \sqrt{e_1 e_2} \cdot \frac{\sqrt{\mathfrak{r}_1}}{\sqrt{\mathfrak{r}_2}} \cdot y_2, \qquad \sigma \bar{y}_2' = \sqrt{e_1 e_2} \cdot \frac{\sqrt{\mathfrak{r}_2}}{\sqrt{\mathfrak{r}_1}} \cdot y_1, \qquad \sigma \bar{y}_3' = e_3 y_3.$$

Jeder Wert von $\sqrt{e_1 e_2}$ ergibt eine der Symmetrien. Die entsprechenden Doppelketten ergeben sich, wenn man in (24) $y' = y$ setzt. Man verifiziert leicht, daß die eine der Symmetrien (24) durch Transformation mit der anderen in sich übergeht, so daß die gefundenen Doppelketten zueinander orthogonal sind. — Wir haben also:

III. *Eine Antikollineation mit nur einem Doppelpunkt $E$ und einem involutorischen Paar $(F, G)$ enthält zwei Doppelketten; diese sind zueinander orthogonal; beide gehen durch $E$, während $F$ und $G$ in bezug auf beide symmetrisch liegen.*

Mit der Bestimmung der Doppelketten ist auch die Frage erledigt, ob die gegebene Beziehung nach Transformation mittels einer passend gewählten linearen Transformation sich mit reellen Koeffizienten schreiben läßt. Eine beliebige zweidimensionale Kette läßt sich nämlich immer durch eine projektive Transformation in die Kette der reellen Punkte einer reellen Ebene transformieren. Man hat deshalb dem früheren zufolge (vgl. § 1):

IV. *Eine Kollineation läßt sich nur in speziellen Fällen, eine Anti-kollineation dagegen immer mit reellen Transformationskoeffizienten darstellen.*

Wenn eine lineare Transformation der betrachteten Eigenschaft gefunden ist, so hat man sofort unendlich viele, nämlich alle diejenigen, welche sich aus der ersten durch Hinzufügung reeller linearer Transformationen ableiten lassen. Wir betrachten unten nur solche lineare Transformationen als verschieden, welche nicht durch reelle Transformation ineinander übergeführt werden können.

Bei der Bestimmung dieser Übergangstransformationen halten wir uns an die früher erwähnten allgemeinen Fälle. Es gibt dann immer ein sich selbst entsprechendes Dreieck, und dieses wird als Koordinatendreieck gewählt.

Wir beginnen mit der Symmetralität; sie habe zunächst drei Doppelpunkte. Ihre Gleichungen seien

$$(25) \qquad \varrho \bar{x}_1' = \alpha_1 x_1, \qquad \varrho \bar{x}_2' = \alpha_2 x_2, \qquad \varrho \bar{x}_3' = \alpha_3 x_3,$$

wo

$$(26) \qquad \alpha_1 = \mathfrak{r}_1 e_1, \qquad \alpha_2 = \mathfrak{r}_2 e_2, \qquad \alpha_3 = \mathfrak{r}_3 e_3.$$

Jede Koordinatenachse ist eine Doppelgerade und wird durch eine eindimensionale Symmetralität in sich transformiert. Diese Transformationen lassen sich, wie am Schluß des Kap. VI, § 3 ausgeführt wurde, mit reellen Koeffizienten schreiben, und wir finden in dieser Weise die lineare Transformation

$$(27) \qquad \sigma y_1' = \sqrt{e_1}\, y_1, \qquad \sigma y_2' = \sqrt{e_2}\, y_2, \qquad \sigma y_3' = \sqrt{e_3}\, y_3;$$

welche (25) in

$$(28) \qquad \varrho \bar{x}_1' = \mathfrak{r}_1 x_1, \qquad \varrho \bar{x}_2' = \mathfrak{r}_2 x_2, \qquad \varrho \bar{x}_3' = \mathfrak{r}_3 x_3$$

überführt, wo die Koeffizienten reell sind.

Da jede der Wurzeln $\sqrt{e_1}, \sqrt{e_2}, \sqrt{e_3}$ zweideutig ist, gibt (27) vier verschiedene Möglichkeiten, die alle brauchbar sind.

Es habe nun die Symmetralität einen Doppelpunkt und ein involutorisches Paar. Die Gleichungen seien

$$(29) \qquad \varrho \bar{x}_1' = \alpha_1 x_2, \qquad \varrho \bar{x}_2' = \alpha_2 x_1, \qquad \varrho \bar{x}_3' = \alpha_3 x_3,$$

wo die Koeffizienten wieder wie in (26) zerlegt gedacht seien.

Die Gerade $x_3 = 0$ ist eine Doppelgerade, und die innerhalb dieser bestimmte Symmetralität läßt sich — wieder durch den Schluß des Kap. VI, § 3 — in eine Symmetralität mit reellen Koeffizienten überführen. Dies geschieht mittels der Projektivität

$$(30) \qquad \sigma y_1 = \sqrt{\mathfrak{r}_1}\, (y_1' - i y_2'), \qquad \sigma y_2 = \sqrt{\mathfrak{r}_2}\, (y_1' + i y_2').$$

Fügen wir $\sigma y_3 = \sqrt{\dfrac{e_1 + e_2}{e_3}}\, y_3'$ hierzu, d. h. benutzen wir die lineare Transformation der Ebene

$$(31) \qquad \sigma y_1 = \sqrt{\mathfrak{r}_1}\, (y_1' - i y_2'), \qquad \sigma y_2 = \sqrt{\mathfrak{r}_2}\, (y_1' + i y_2'), \qquad \sigma y_3 = \sqrt{\dfrac{e_1 + e_2}{e_3}}\, y_3',$$

so wird (29) in

$$
(32)\quad
\begin{cases}
\varrho\,\bar{x}_1' = \tfrac{1}{2}\sqrt{\mathfrak{r}_1}\,\sqrt{\mathfrak{r}_2}\,\{(e_1 + e_2)\,x_1 + i\,(e_1 - e_2)\,x_2\}, \\[4pt]
\varrho\,\bar{x}_2' = \tfrac{1}{2}\sqrt{\mathfrak{r}_1}\,\sqrt{\mathfrak{r}_2}\,\{-i\,(e_1 - e_2)\,x_1 + (e_2 + e_2)\,x_2\}, \\[4pt]
\varrho\,\bar{x}_3' = \mathfrak{r}_3\,(e_1 + e_2)\,x_3
\end{cases}
$$

überführt. Da $i\,(e_1 - e_2):(e_1 + e_2)$ reell ist, werden nach Division mit $e_1 + e_2$ alle Koeffizienten der rechten Seite in (32) reell.

Es gibt zwei verschiedene Transformationen (31), entsprechend den zwei Werten von $\sqrt{\dfrac{e_1 + e_2}{e_3}}$.

Zuletzt betrachten wir die zwei speziellen Fälle einer Kollineation, wo es eine Doppelkette gibt.

Der erste Fall, wo die Koeffizienten $\alpha_1,\ \alpha_2,\ \alpha_3$ nach (4) reelle Verhältnisse haben, erfordert keine nähere Besprechung; im zweiten gilt (7):

$$
(33)\qquad \frac{\alpha_1}{\bar{\alpha}_2} = \frac{\alpha_2}{\bar{\alpha}_1} = \frac{\alpha_3}{\bar{\alpha}_3}.
$$

Setzen wir $\alpha_3 = \mathfrak{r}_3 e_3$, und transformieren wir (1) mittels

$$
(34)\quad
\begin{cases}
\sigma y_1 = y_1' - i y_2', \\[3pt]
\sigma y_2 = y_1' + i y_2', \\[3pt]
\sigma y_3 = y_3',
\end{cases}
$$

so können wir das Resultat folgendermaßen schreiben:

$$
(35)\quad
\begin{cases}
\varrho\,x_1' = \dfrac{1}{2e_3}\,\{(\alpha_1 + \alpha_2)\,x_1 - i\,(\alpha_1 - \alpha_2)\,x_2\}, \\[8pt]
\varrho\,x_2' = \dfrac{1}{2e_3}\,\{i\,(\alpha_1 - \alpha_2)\,x_1 + (\alpha_1 + \alpha_2)\,x_2\}, \\[8pt]
\varrho\,x_3' = \mathfrak{r}_3 x_3,
\end{cases}
$$

wo die Koeffizienten reell sind, da $\dfrac{\alpha_1 + \alpha_2}{e_3}$ und $\dfrac{i\,(\alpha_1 - \alpha_2)}{e_3}$ nach (33) diese Eigenschaft haben.

Dritter Abschnitt.

# Metrik in projektiver Auffassung.

## XIII. Kapitel.

### Einführung in die Metrik.

### § 1. Das absolute Polarsystem.

In den vorigen Abschnitten waren reelle und imaginäre Elemente gleichberechtigt. In diesem Abschnitt wird es sich besonders um reelle Elemente handeln; Punkte oder Gerade, welche imaginär sind, sollen immer als solche angegeben werden.

Um nun Strecken, Winkel usw. durch Zahlengrößen zu charakterisieren, ist es zunächst notwendig, eine Regel anzugeben, wonach zwei geometrische Figuren derselben Art als gleich groß zu betrachten sind oder nicht. Dies Ziel wird erreicht, indem man eine Gesamtheit von Transformationen wählt, welche definitionsgemäß die Größen nicht ändern; diese Transformationen werden *Fundamentaltransformationen* genannt.

Die Fundamentaltransformationen können natürlich bis zu einem gewissen Grad beliebig gewählt werden; doch wollen wir die folgenden, sehr natürlichen Forderungen aufstellen:

I. *Die Fundamentaltransformationen sollen eine Gruppe bilden, welche insbesondere die Identität E enthält.*

Ist dies erfüllt, haben zusammenfallende Figuren dieselbe Größe, und zwei Figuren, welche mit derselben dritten gleich groß sind, haben auch untereinander dieselbe Größe.

II. *Die Fundamentaltransformationen sollen projektive Transformationen sein.*

Hierzu kommt noch die folgende wesentliche Forderung:

III. *Sind A und B zwei Punkte und a und b zwei durch A bzw. B gehende orientierte Gerade, dann gibt es zwei und nur zwei Fundamentaltransformationen, welche A in B und gleichzeitig a in b (inklusive Orientierung) überführen.*

Die Forderung III soll auch gelten, wenn die zwei Punkte oder die zwei Gerade (oder beide gleichzeitig) zusammenfallen.

Wir wollen nun die zwei Fundamentaltransformationen betrachten, welche einen Punkt $A$ und eine durch diesen gehende, orientierte Gerade $a$ in sich überführen. Die eine ist nach Forderung I die Identität, die andere werde $S_a$ genannt. $S_a$ ist involutorisch; denn sonst hätte man außer $E$ zwei Fundamentaltransformationen $S_a$ und $S_a^{-1}$, wo $A$ und $a$ in sich selbst übergehen, was nach III unmöglich ist. Die Transformation der Punkte innerhalb $a$ muß die Identität sein; denn sonst wäre sie eine hyperbolische Involution, und diese kehrt die Orientierung der Geraden $a$ um.

Die Fundamentaltransformation $S_a$, die wir hier eine *Symmetrie* in bezug auf $a$ nennen wollen, ist also eine harmonische Homologie mit dieser Geraden als Achse. Das zugehörige Homologiezentrum liegt außerhalb der Geraden $a$; es wird *der absolute Pol* der Geraden $a$ genannt. Jede durch ein Paar von entsprechenden Punkten gehende Gerade wird durch $S_a$ in sich selbst überführt und geht also durch den absoluten Pol. — Wir zeigen nun:

IV. *Wenn eine Gerade b durch den absoluten Pol einer Geraden a geht, dann geht auch a durch den absoluten Pol von b.*

Die Transformation $S_a S_b S_a$ führt nämlich jeden Punkt von $b$ in sich selbst über. Man hat demnach:

$$(1) \qquad\qquad S_a S_b S_a = S_b,$$

denn die Transformation auf· der linken Seite von (1) kann nicht die Identität sein. Nun läßt sich die Gleichung (1) auch in der Form

$$(2) \qquad S_b S_a S_b = S_a$$

schreiben; dies sagt aus, daß die Symmetrie $S_a$ durch Transformation mit $S_b$ in sich selbst übergeht, und dies gilt dann auch für ihre Achse $a$; also geht $a$ durch den absoluten Pol von $b$, was zu beweisen war.

Man sagt in diesem Fall, daß $a$ und $b$ aufeinander *senkrecht* stehen $(a \perp b)$.

Wie oben angeführt, gibt es zu jeder Geraden einen bestimmten (außerhalb ihr liegenden) absoluten Pol. Umgekehrt können wir zeigen, daß auch jeder Punkt $P$ eine bestimmte absolute Polare hat. Es sei nämlich $a$ eine beliebige, durch $P$ gehende Gerade mit dem absoluten Pol $A$; ferner sei $B$ der absolute Pol der Geraden $b = PA$. Die Gerade $AB$ ist dann nach Satz IV die absolute Polare von $P$. Man hat dann:

V. *Die Geraden und ihre absoluten Pole bilden ein (nichtausgeartetes) reelles Polarsystem, „das absolute Polarsystem".*

Es gilt ferner:

VI. *Jede Fundamentaltransformation führt das absolute Polarsystem in sich über.*

Es sei nämlich $T$ eine beliebige Fundamentaltransformation, $a$ und $a'$ ein Paar von entsprechenden Geraden. Die Transformation $T^{-1} S_a T$ läßt alle Punkte der Geraden $a'$ ungeändert; also ist

$$(3) \qquad T^{-1} S_a T = S_{a'}.$$

Dann geht aber auch der absolute Pol von $a$ in den absoluten Pol von $a'$ über, womit VI bewiesen ist.

Dem absoluten Polarsystem entspricht ein Kegelschnitt $\Omega$, in bezug auf welchen entsprechende Punkte und Gerade Pole und Polaren sind. Also:

VII. *Es gibt einen (nichtausgearteten) reellen oder imaginären Kegelschnitt $\Omega$, welcher durch alle Fundamentaltransformationen in sich selbst übergeht. Senkrechte Gerade sind konjugierte Gerade in bezug auf $\Omega$.*

Wir haben also gesehen: Sollen die Forderungen I—III für die ganze Ebene erfüllt sein, dann muß es ein in bezug auf die Fundamentaltransformationen invariantes, reguläres Polarsystem mit zugehörigem, invariantem Fundamentalkegelschnitt $\Omega$ geben. $\Omega$ muß ferner imaginär sein, denn sonst hätte man sowohl $\Omega$ schneidende als $\Omega$ nichtschneidende reelle Gerade, was nach der Forderung III unmöglich ist. Daß umgekehrt ein imaginärer Kegelschnitt mit einem reellen Polarsystem eine Gruppe von Fundamentaltransformationen bestimmt, welche den Forderungen I—III genügen, werden wir in § 2 sehen.

Wir werden im folgenden auch reguläre Polarsysteme mit reellem Fundamentalkegelschnitt sowie singuläre Polarsysteme mit ausgeartetem Fundamentalkegelschnitt in Betracht ziehen und versuchen, Teilgebiete $\Sigma$ der Ebene zu finden, innerhalb welcher die Forderungen I—III erfüllt sind. Es wird dann, wie oben, jede Gerade von $\Sigma$ einen absoluten Pol haben, aber dieser kann sehr wohl außerhalb $\Sigma$ liegen.

Die singulären Polarsysteme, die wir anfänglich zulassen werden, können wir am leichtesten durch die Art des Fundamentalkegelschnittes $\Omega$ charakterisieren:

| Punktort: | Geradenort: |
|---|---|
| 1. eine doppelt zählende reelle gerade Punktreihe, | zwei konjugiert imaginäre Geradenbüschel; |
| 2. eine doppelt zählende reelle gerade Punktreihe, | zwei reelle Geradenbüschel; |
| 3. zwei konjugiert imaginäre gerade Punktreihen, | ein doppelt zählendes reelles Geradenbüschel; |
| 4. zwei reelle gerade Punktreihen, | ein doppelt zählendes reelles Geradenbüschel; |
| 5. eine doppelt zählende reelle gerade Punktreihe, | ein doppelt zählendes reelles Geradenbüschel. |

Wir werden schon an dieser Stelle eine neue Forderung angeben, die aus Gründen, welche wir bald (§ 2) besprechen werden, sehr natürlich ist:

Die durch einen beliebigen festen Punkt gehenden Paare von konjugierten Geraden in bezug auf $\Omega$ bilden eine (reguläre oder singuläre) Involution. *Wir verlangen, daß diese Involution für alle Punkte des betrachteten Gebietes $\Sigma$ regulär und elliptisch sein soll.* Dann müssen die vier letzten der obigen fünf Fälle ausgeschlossen werden, und es erübrigt insgesamt, die folgenden drei Fälle zu betrachten:

A. $\Omega$ ist nicht ausgeartet und reell (hyperbolische Geometrie),

B. $\Omega$ ist nicht ausgeartet und imaginär, das zugehörige Polarsystem aber reell (elliptische Geometrie),

C. $\Omega$ ist als Punktort eine doppelt zählende reelle gerade Punktreihe, als Geradenort ein Paar von konjugiert imaginären Geradenbüscheln (euklidische Geometrie).

## § 2. Länge und Winkel.

Wir beginnen mit der hyperbolischen Geometrie, wo $\Omega$ reell und nicht ausgeartet ist. Hier müssen alle äußeren Punkte ausgeschlossen werden; denn durch einen solchen Punkt gehen sowohl Gerade, welche $\Omega$ schneiden, als Gerade, welche $\Omega$ nicht schneiden, was mit der Forderung III des § 1 nicht vereinbar ist.

Wir müssen deshalb das Gebiet auf das Innere des Kegelschnittes $\Omega$ einschränken. Eine solche Begrenzung ist übrigens auch eine Folge der am Schluß des § 1 aufgestellten neuen Forderung.

Die inneren Punkte werden in der hyperbolischen Geometrie auch *eigentliche Punkte* genannt; die Punkte von $\Omega$ heißen *Grenzpunkte* oder *absolute Punkte*, die äußeren Punkte auch *uneigentliche Punkte*. Ebenso spricht man von einer eigentlichen Geraden, einer Grenzgeraden (absoluten Geraden) oder einer uneigentlichen Geraden, je nachdem die Gerade in das innere Gebiet eindringt, $\Omega$ berührt oder ganz im Äußeren verläuft. Eine eigentliche Gerade enthält zwei Grenzpunkte. Die Orientierung einer solchen Geraden ist offenbar mit der Angabe der Reihenfolge dieser Grenzpunkte $U$ und $V$ gleichwertig; wir setzen fest, daß wir $U$ und $V$ den negativen bzw. den positiven Grenzpunkt nennen, wenn die Orientierung innerhalb $\Omega$ von $U$ nach $V$ läuft.

Man sieht nun leicht, daß die Gesamtheit der eigentlichen Punkte und Geraden alle Forderungen von § 1 erfüllt, wenn wir als Fundamentaltransformationen die Gruppe derjenigen projektiven Transformationen wählen, welche $\Omega$ in sich überführen. Insbesondere für die Forderung III ergibt sich der Beweis folgendermaßen: Es seien $A$ und $A'$ zwei eigentliche Punkte, $a$ und $a'$ zwei durch $A$ bzw. $A'$ gehende orientierte Gerade mit den positiven Grenzpunkten $V$ bzw. $V'$. Die paarweise konjugiert imaginären Tangenten durch $A$ und $A'$ an $\Omega$ mögen in $(P, Q)$ bzw. $(P', Q')$ berühren. Durch

$$APQV \barwedge A'P'Q'V' \qquad \text{und} \qquad APQV \barwedge A'Q'P'V'$$

sind zwei Kollineationen der Ebene bestimmt, welche $\Omega$ in sich überführen; diese sind die gesuchten Fundamentaltransformationen.

Wir wollen nun Maßzahlen für die Länge von Strecken einführen; es soll dies so geschehen, daß folgende Bedingungen erfüllt sind:

a) Wenn zwei Strecken nach § 1 gleich groß sind (d. h. durch Fundamentaltransformation ineinander überführbar sind), dann sollen sie bei entsprechenden Orientierungen auch dieselbe Maßzahl haben;

b) Wenn drei Punkte $A$, $B$, $C$ in einer Geraden liegen, dann soll für eine feste Orientierung dieser Geraden

$$AB + BC = AC$$

gelten.

Es sei $a$ eine beliebige, orientierte, eigentliche Gerade; negativer und positiver Grenzpunkt seien die Punkte $U$ bzw. $V$. Auf $a$ wählen wir zwei Punkte $O$ und $E$, so daß die Punkte $U, O, E, V$ in dieser Reihenfolge aufeinander folgen. Die Strecke $OE$ wird Einheit genannt. Wir können nun $OE = EE_2$ abtragen, d. h. den Punkt $E_2$ so festlegen, daß $(VUOE) = (VUEE_2)$ oder (Kap. V, § 1, Satz II'):

$$(1) \qquad (VUOE)^2 = (VUOE_2).$$

Durch mehrmaliges Abtragen können wir die Punktfolge

$$(2) \qquad O, E, E_2, E_3 \ldots E_n, \ldots$$

bestimmen. Diese Punkte erhält man durch Iteration derjenigen Projektivität $\pi$, welche durch

$$(3) \qquad VUO\ldots \barwedge VUE\ldots$$

gegeben ist. Nach Kap. I, § 1, Satz X *konvergiert die Folge* (2) *gegen den positiven Grenzpunkt* $V$.

Ebenso kann das Abtragen nach der anderen Seite ausgeführt werden, und wir erhalten die Folge

$$(4) \qquad O, E_{-1}, E_{-2}, \ldots E_{-n}, \ldots,$$

welche durch Iteration von $\pi^{-1}$ hervorgeht und gegen $U$ konvergiert.

Durch

$$(5) \qquad (VUOX) = (VUXE)$$

oder $(VUOX) = (UVEX)$ sind zwei Punkte $X$ bestimmt, nämlich die Doppelpunkte der durch $(U, V)$ und $(O, E)$ bestimmten Involution; einer von diesen liegt innerhalb der Strecke $UV$ und wird mit $E_{\frac{1}{2}}$ bezeichnet; er liegt zwischen $O$ und $E$. Den Übergang von $E$ zu $E_{\frac{1}{2}}$ nennen wir Halbierung von $OE$.

Durch mehrmaliges Abtragen von $OE_{\frac{1}{2}}$ nach beiden Seiten erhalten wir die Gesamtheit der Punkte $E_{\frac{n}{2}}$, wo $n$ eine beliebige ganze Zahl ist. Ist $n$ paar, so findet sich der Punkt schon in einer der Reihen (2) oder (4).

Der durch $p$-malige Halbierung entstandene Punkt wird mit $E_{\frac{1}{2^p}}$ bezeichnet. Durch mehrmaliges Abtragen von $OE_{\frac{1}{2^p}}$ nach beiden Seiten ergeben sich Punkte, welche wir mit $E_{\frac{n}{2^p}}$ bezeichnen. Die zwei Punkte $E_{\frac{n}{2^p}}$ und $E_{\frac{m}{2^q}}$ sind identisch, wenn $\frac{n}{2^p} = \frac{m}{2^q}$; die Korrespondenz zwischen Punkten und Indizes ist also umkehrbar eindeutig. Die Punktmannigfaltigkeit $E_{\frac{n}{2^p}}$ ($n$ und $p$ ganze Zahlen, $p \geqq 0$) soll *die von OE ausgehende Hauptgruppe* genannt werden.

Man hat sogleich

$$(6) \qquad (VUOE_\alpha) \cdot (VUOE_\beta) = (VUOE_{\alpha+\beta}),$$

wenn $\alpha$ und $\beta$ Zahlen von der Form $\frac{n}{2^p}$ sind. Man braucht nur, um dies zu sehen, $\alpha$ und $\beta$ auf einen gemeinsamen Nenner zu bringen. Ferner sieht man, daß einer Folge von Punkten $E_\alpha$ in natürlicher Reihenfolge eine monotone Folge von Parameterwerten $\alpha$ entspricht, und umgekehrt.

*Sind $E_\alpha$ und $E_\beta$ Punkte der Hauptgruppe, so setzen wir die Länge $E_\alpha E_\beta$ $= \beta - \alpha$.* Dann sind die Forderungen a) und b) für die Punkte der Hauptgruppe erfüllt. Was b) anbelangt, ist dies ganz einleuchtend; die Richtigkeit von a) ist sofort ersichtlich, wenn man die vorkommenden Parameterwerte auf denselben Nenner bringt.

Durch wiederholte Halbierung der Einheitsstrecke entsteht die Folge

$$(7) \qquad E, E_{\frac{1}{2}}, E_{\frac{1}{4}}, \ldots E_{\frac{1}{2^p}}, \ldots$$

*Diese Folge konvergiert gegen O.* Denn sie ist monoton und hat also einen Grenzpunkt $S$. Dieser Punkt muß aber mit $O$ zusammenfallen; denn sonst hätte man eine Strecke $OS$, mit welcher man durch mehrmalige Verdopplung, also auch durch beliebig wiederholtes Abtragen nie über $E$ hinaus kommen könnte, was ja unmöglich ist.

Wir können nun zeigen, daß *die Hauptgruppe $G$ auf der Strecke $UV$ überall dicht liegt,* d. h. daß es in jedem Intervall $AB$ der genannten Strecke Punkte der Hauptgruppe gibt. Um dies einzusehen, tragen wir die Einheitsstrecke $OE$ von $A$ in der Richtung nach $B$ ab und halbieren sie so oft, bis wir einen Punkt $A_1$ innerhalb $AB$ gefunden haben. Dies ist nach dem Obigen immer möglich. Die Strecke $AA_1$ tragen wir nach beiden Seiten von $A$ aus unbegrenzt oft ab und erhalten die Punktfolge

$$(8) \qquad \ldots A_{-2}, A_{-1}, A, A_1, A_2, \ldots$$

Es sei $E_\alpha$ ein ganz beliebiger Punkt von $G$; er liegt in einem der durch (8) bestimmten Intervalle. Durch wiederholtes Abtragen von $AA_1$ kann man dann — von $E_\alpha$ ausgehend — einen Punkt von $G$ finden, der innerhalb $AA_1$, also auch innerhalb $AB$ liegt, was zu beweisen war.

Wir betrachten nun einen beliebigen Punkt $P$ des Segmentes $UV$. Durch $P$ wird die Hauptgruppe $G$ auf zwei Teilmengen verteilt und daher auch die Menge der Zahlen $\dfrac{n}{2^p}$. Hierdurch wird eine reelle Zahl $x$ eindeutig festgelegt, und wir können $P$ mit $E_x$ bezeichnen. Verschiedenen Punkten $P$ entsprechen dann verschiedene Zahlen $x$; denn zwischen zwei beliebigen Punkten gibt es, wie wir gesehen haben, immer Punkte der Hauptgruppe. Einer Folge von Punkten in natürlicher Ordnung entspricht eine monotone Folge von Zahlen. Umgekehrt entspricht auch jeder reellen Zahl $y$ ein Punkt $Q$; wir können nämlich die Strecke $UV$ in zwei Punktmengen teilen: Die Punkte $E_x$ mit $x \leqq y$ und die Punkte $E_x$ mit $x > y$. Diese Teilung bestimmt nach dem Stetigkeitsaxiom[1] einen Punkt $Q$; dieser Punkt entspricht $y$.

*Wir haben also eine umkehrbar eindeutige Zuordnung der Punkte der Strecke $UV$ zu den reellen Zahlen.* Ferner hat man in Analogie zu (6)

$$(9) \qquad (VUOE_x) \cdot (VUOE_y) = (VUOE_{x+y}).$$

Denn das Produkt auf der linken Seite ist gleich einem Wurf $(VUOE_z)$, so daß $\alpha + \beta < z$, wenn $\alpha < x, \beta < y$, und $\alpha + \beta > z$, wenn $\alpha > x$, $\beta > y$, wo $\alpha$ und $\beta$ Parameter von Punkten der Hauptgruppe sind; also ist $z = x + y$.

---

[1] ENRIQUES: S. 66.

*Wir setzen nun für beliebige Punkte $E_x$ und $E_y$ des Segmentes $UV$ die Länge $E_x E_y = y - x$.* Dann ist, wie unmittelbar ersichtlich, die Forderung b) erfüllt. Ferner ist nach (9)

$$(VUOE_x) \cdot (VUOE_{y-x}) = (VUOE_y).$$

Hieraus findet man:

$$(VUOE_{y-x}) = (VUE_x E_y).$$

Man sieht dann leicht ein, daß auch die Forderung a) erfüllt ist.

Es ist zu bemerken, daß die Maßzahl einer beliebigen Strecke dieselbe bleibt, wenn man statt $OE$ eine andere Einheit $O'E'$ von derselben Länge benutzt. Dies folgt unter Benutzung der Projektivität, welche $O'E'$ in $OE$ überführt, aus a).

Mit Rücksicht auf (9) setzen wir rein formal

$$(10) \qquad (VUOE_x) = e^{\frac{2x}{k}},$$

wo $k$ eine beliebige, positive Konstante ist, oder, was dasselbe bedeuten soll:

$$(11) \qquad x = \tfrac{1}{2}k \log (VUOE_x),$$

wo die Gleichungen (10) und (11) als Einführung der Exponentialfunktion und der Logarithmusfunktion betrachtet werden können. Es gelten dann nach (9) die gewöhnlichen Funktionalgleichungen

$$(12) \qquad e^{\lambda+\mu} = e^\lambda \cdot e^\mu, \qquad \log(\sigma\tau) = \log\sigma + \log\tau.$$

Wie üblich bezeichnen wir $\dfrac{e^\lambda + e^{-\lambda}}{2}$ mit $\operatorname{Cos}\lambda$ und $\dfrac{e^\lambda - e^{-\lambda}}{2}$ mit $\operatorname{Sin}\lambda$.

Aus (12) in Verbindung mit (10) und (11) ergibt sich für die Länge $\delta$ zweier beliebiger Punkte $P$ und $Q$ der Geraden $a$:

$$(13) \qquad (VUPQ) = e^{\frac{2\delta}{k}}, \qquad \delta = \tfrac{1}{2}k \log (VUPQ).$$

Die Formeln (13) geben die hyperbolische Längenmessung in gewöhnlicher Form. Wir können sie aber auch auf andere Weise schreiben. Es sei $\mu$ ein innerhalb $\Omega$ liegender Kegelschnitt, welcher $\Omega$ in $U$ und $V$ doppelt berührt (eine Abstandslinie der Geraden $a$, vgl. Kap. XIV, § 1), und es sei $A$ der Pol von $a$ in bezug auf $\mu$ (und $\Omega$). Ferner seien $P_1$ und $Q_1$ Schnittpunkte von $\mu$ mit $AP$ bzw. $AQ$, welche auf demselben Bogen $UV$ von $\mu$ liegen. Nach Kap. VII, § 2, Satz II ist dann

$$(VUPQ) = (VUP_1Q_1)^2,$$

und wir haben also, da $e^{\frac{\delta}{k}}$ und $(VUP_1Q_1)$ positiv sind:

$$14) \qquad (VUP_1Q_1) = e^{\frac{\delta}{k}}, \qquad \delta = k \log (VUP_1Q_1).$$

Hat man auf einer einzigen orientierten Geraden $a$ eine Einheit gewählt, dann läßt sich diese mittels einer Fundamentaltransformation auf eine andere orientierte Gerade $a_1$ überführen. Nun läßt sich ja $a$ durch mehrere Fundamentaltransformationen in $a_1$ überführen; aber man erhält nach dem Obigen für jede bestimmte Strecke von $a_1$ immer dieselbe Maßzahl. Wir können somit alle Strecken des betrachteten Gebietes widerspruchslos mit Maßzahlen versehen.

Wir gehen nun zur Winkelmessung über; nur Winkel, deren Scheitel eigentliche Punkte sind, kommen in Betracht. Die Schenkel eines solchen Winkels denken wir uns zunächst als nichtorientiert. Dagegen wollen wir eine bestimmte Orientierung für den Scheitel, d. h. einen bestimmten Umlaufssinn um diesen Punkt fixiert denken.

Wir betrachten einen festen, orientierten Punkt $A$ und wollen zuerst eine Maßbestimmung für Winkel mit diesem Punkt als Scheitel angeben. Die zwei konjugiert imaginären Tangenten durch $A$ an $\Omega$ (die absoluten Geraden durch $A$) seien $u$ und $v$; sie sind durch die elliptische Involution (mit ihren zwei Orientierungen) von konjugierten Geraden durch $A$ gegeben. Es sei $u$ die „erste" absolute Gerade, d. h. die Tangente, für die die Orientierung der Involution mit der Orientierung von $A$ übereinstimmt.

Es seien nun $o$ und $l$ zwei beliebige konjugierte Gerade durch $A$. Dieses Geradenpaar teilt die projektive Ebene in zwei Gebiete $[ol]_1$ und $[ol]_2$; $[ol]_1$ sei das Gebiet, welches von der Geraden $o$ beschrieben wird, wenn sie um $A$ in der durch die Orientierung von $A$ bestimmten Richtung gedreht wird, bis sie zum erstenmal mit $l$ zusammenfällt.

Wir bestimmen nun eine durch $A$ gehende Gerade $x$, so daß

$$(15) \qquad\qquad (vuol) = (vuox)^2 .$$

Es gibt zwei solche; sie sind die Doppelstrahlen der durch $(u, v)$ und $(o, l)$ bestimmten Involution; eine von diesen liegt im Gebiet $[ol]_1$, und sie werde mit $l_{\frac{1}{2}}$ bezeichnet [„Halbieren des Winkels $(ol)$"]; die andere bezeichnen wir mit $l_{\frac{3}{2}}$. Durch mehrmaliges Abtragen von $\left(ol_{\frac{1}{2}}\right)$ von $o$ aus erreicht man $l_{\frac{1}{2}}, l, l_{\frac{3}{2}}$ und dann wieder $o, l_{\frac{1}{2}}, l, l_{\frac{3}{2}}$ usw. Die Gerade $o$ kann demnach passend auch mit $l_{2s}$ bezeichnet werden, $l_{\frac{1}{2}}$ auch mit $l_{\frac{1}{2}+2s}$ usw., wo $s$ eine beliebige ganze Zahl ist.

Durch mehrmaliges Halbieren und Abtragen erhält man in analoger Weise eine Geradenmannigfaltigkeit $l_{\frac{n}{2^p}}$ ($n$ und $p$ ganze Zahlen, $p \geqq 0$), die von $ol$ ausgehende Hauptgruppe von Geraden. Für festes $p$ und $0 \leqq n < 2^{p+1}$ bilden diese Geraden für wachsende $n$ eine monotone Folge, für $2^{p+1} \leqq n < 2^{p+2}$ ergeben sich für wachsende $n$ genau dieselben Geraden in derselben Reihenfolge usw. Die Gerade $l_{\frac{n}{2^p}}$

ist also mit $l_{\frac{n}{2^p}+2s}$ identisch ($s$ beliebig ganz). Sind $l_\alpha$ und $l_\beta$ Gerade der Hauptgruppe, so hat man in Analogie zu (6):

$$(16) \qquad (v\,u\,o\,l_\alpha) \cdot (v\,u\,o\,l_\beta) = (v\,u\,o\,l_{\alpha+\beta})\,.$$

*Für Gerade der Hauptgruppe definieren wir nun:*

$$(17) \qquad \sphericalangle\,(l_\alpha l_\beta) = \frac{\pi}{2}\,(\beta - \alpha + 2s)\,.$$

Dann gelten für solche Gerade die zu a) und b) dualen Forderungen, die letzte jedoch mit der Einschränkung, daß statt des Gleichheitszeichens das Kongruenzzeichen modulo $\pi$ zu setzen ist. Insbesondere ist $\sphericalangle\,(o\,l) = \frac{\pi}{2} + s\pi$.

Wie früher erkennt man, daß die Folge

$$l,\, l_{\frac{1}{2}},\, l_{\frac{1}{4}},\, \ldots l_{\frac{1}{2^p}},\, \ldots$$

gegen $o$ konvergiert und die Hauptgruppe im Geradenbüschel mit dem Zentrum $A$ überall dicht liegt. Man kann demnach jeder Geraden $p$ eine Serie von Parameterwerten $x + 2s$ zuordnen, und die Gerade kann mit $l_x$ oder allgemeiner mit $l_{x+2s}$ bezeichnet werden. Verschiedene Gerade haben verschiedene Parameterserien. Es gilt wieder:

$$(18) \qquad (v\,u\,o\,l_x) \cdot (v\,u\,o\,l_y) = (v\,u\,o\,l_{x+y})\,.$$

*Wir definieren nun für beliebige Gerade durch $A$:*

$$(19) \qquad \sphericalangle\,(l_x l_y) = \frac{\pi}{2}\,(y - x + 2s)\,.$$

Die zu a) und b) dualen Forderungen sind dann in derselben Weise wie innerhalb der Hauptgruppe erfüllt. Das Winkelmaß ist periodisch mit der Periode $\pi$.

Wir setzen hier:

$$(20) \qquad (v\,u\,o\,l_x) = e^{2ix}, \qquad x = \frac{1}{2i}\log\,(v\,u\,o\,l_x)\,.$$

Die auf diese Weise eingeführte Exponentialfunktion ist periodisch mit der Periode $2\pi i$, und die logarithmische Funktion ist für jedes Argument nur bis auf ein Multiplum von $2\pi i$ festgelegt. Es gelten wieder die Funktionalgleichungen (14), die letzte jedoch nur als Kongruenz modulo $2\pi i$.

Ferner hat man, wenn $p$ und $q$ zwei beliebige, durch $A$ gehende Gerade, sind und $\sphericalangle\,(p\hat{q}) = \varphi$ ist:

$$(21) \qquad (v\,u\,p\,q) = e^{2i\varphi}, \qquad \varphi = \frac{1}{2i}\log\,(v\,u\,p\,q)\,.$$

Wie gewöhnlich bezeichnen wir $\dfrac{e^{i\lambda} + e^{-i\lambda}}{2}$ mit $\cos\lambda$ und $\dfrac{e^{i\lambda} - e^{-i\lambda}}{2i}$ mit $\sin\lambda$.

Wir wollen nun die Winkelmessung verfeinern, indem wir die Orientierung der Schenkel berücksichtigen.

Es sei $A$ der oben betrachtete Scheitel; die absoluten Geraden $u$ und $v$ mögen $\Omega$ in $U$ bzw. $V$ berühren. Ferner sei $\varkappa$ ein beliebiger, aber fester Kegelschnitt, welcher $\Omega$ in den Punkten $U$ und $V$ doppelt berührt und innerhalb $\Omega$ liegt (ein hyperbolischer Kreis mit dem Zentrum $A$, vgl. Kap. XIV, § 1); durch den gegebenen Umlauf um $A$ wird auch ein bestimmter „positiver" Umlaufsinn auf $\varkappa$ festgelegt. Ferner sei $a$ eine beliebige, durch $A$ gehende Gerade, welche $\varkappa$ in den Punkten $S$ und $T$ schneidet; wenn $a$ orientiert ist, und diese Orientierung innerhalb $\varkappa$ von $S$ nach $T$ läuft, bezeichnen wir $S$ und $T$ als den negativen bzw. den positiven Schnittpunkt von $a$ mit $\varkappa$.

Es mögen nun die obigen Geraden $o$ und $l$ orientiert sein, und die positiven Schnittpunkte mit $\varkappa$ seien $O$ bzw. $L$. Durch

$$(VUOL) = (VULL_2)$$

ist ein Punkt $L_2$ von $\varkappa$ eindeutig bestimmt, und dieser ist offenbar der zweite Schnittpunkt von $AO$ mit $\varkappa$, denn die entsprechende Projektivität der Ebene vertauscht die Geraden $o$ und $l$. Durch Iteration geht $L_2$ in den zweiten Schnittpunkt $L_3$ von $AL$ mit $\varkappa$ über, und durch nochmalige Iteration kehrt dieser Punkt wieder nach $O$ zurück.

Durch
$$(VUOL) = (VUOX)^2$$

werden wie oben zwei Punkte von $\varkappa$ festgelegt; derjenige Punkt, welcher zuerst getroffen wird, wenn sich ein Punkt, von $O$ ausgehend, in positiver Richtung auf $\varkappa$ bewegt, wird mit $L_{\frac{1}{2}}$ bezeichnet; $L_{\frac{1}{2}}$ ist der eine Schnittpunkt von $l_{\frac{1}{2}}$ mit $\varkappa$. Durch Fortsetzung erhalten wir eine Hauptgruppe $L_{\frac{n}{2^p}}$ von Punkten auf $\varkappa$, und hierdurch weiter eine Darstellung eines beliebigen Punktes von $\varkappa$ als $L_{x+4s}$ ($s$ beliebig ganz). $L_x$ ist der eine Schnittpunkt von $l_x$ mit $\varkappa$.

Sind nun $L_x$ und $L_y$ die positiven Schnittpunkte zweier durch $A$ gehenden orientierten Geraden, so setzen wir den entsprechenden Winkel

$$(22) \qquad \sphericalangle (L_x A L_y) = \frac{\pi}{2} (y - x + 4s) .$$

Die zu a) und b) dualen Forderungen sind dann wieder erfüllt, die letzte jedoch nur modulo $2\pi$.

Dieses Winkelmaß ist periodisch mit der Periode $2\pi$; die Reihe (22) ist in der Reihe (17) enthalten. In Übereinstimmung mit Kap. VII, § 2, Satz II setzen wir:

$$(23) \qquad (VUOL_x) = e^{ix}, \qquad x = \frac{1}{i} \log (VUOL_x) .$$

Sind $p$ und $q$ zwei orientierte Gerade durch $A$, deren positive Schnittpunkte mit $\varkappa$ bzw. $P$ und $Q$ sind, so erhalten wir für $\sphericalangle (PAQ) = \varphi$:

$$(24) \qquad (VUPQ) = e^{i\varphi}, \qquad \varphi = \frac{1}{i} \log (VUPQ) .$$

Der Kegelschnitt $\varkappa$ kann auf unendlich viele Weisen gewählt werden; zwei verschiedene Kegelschnitte $\varkappa_1$ und $\varkappa_2$ bestimmen aber dieselbe Winkelmessung, was man mittels einer Homologie mit $A$ als Zentrum und der gemeinsamen Polaren desselben in bezug auf $\varkappa_1$ und $\varkappa_2$ als Achse einsieht. Insbesondere kann man für $\varkappa$ den Fundamentalkegelschnitt $\Omega$ selbst wählen.

Durch Fundamentaltransformationen kann die Winkelmessung auf Winkel mit beliebigem Scheitel überführt werden.

Es sei noch bemerkt, daß man in der hyperbolischen Geometrie die Orientierungen der verschiedenen Punkte miteinander vergleichen kann, indem man sie mit einer festen Orientierung von $\Omega$ in Verbindung setzt. Man sagt, daß zwei Punkte dieselbe Orientierung haben, wenn ihre Umläufe, auf $\Omega$ projiziert, denselben Umlauf ergeben. — Einen Umlaufssinn auf $\Omega$ zu wählen, heißt auch „die hyperbolische Ebene zu orientieren".

Aus den obigen Ausführungen sieht man, daß die Bedeutung der am Schluß des § 1 eingeführten Forderung darin liegt, daß das Winkelmaß periodisch wird — daß man also durch mehrmaliges Abtragen eines Winkels ganz um den Scheitel herumkommen kann. Die erwähnte Forderung wurde eben gestellt, weil man auf dieses anschauliche Moment nicht verzichten will.

Wir gehen nun zum zweiten Fall über, wo $\Omega$ imaginär, das zugehörige Polarsystem aber reell ist („elliptische Geometrie").

Die Fundamentaltransformationen sind wieder die reellen projektiven Transformationen, welche $\Omega$ in sich selbst überführen, und diese Transformationen erfüllen in diesem Fall alle Forderungen des § 1 innerhalb der ganzen projektiven Ebene. Insbesondere ergibt sich die Richtigkeit der Forderung III ganz wie in der hyperbolischen Geometrie.

Jede reelle Gerade $a$ enthält hier zwei konjugiert imaginäre absolute Punkte $U$ und $V$. Diese können nicht, wie in der hyperbolischen Geometrie, durch fortgesetztes Abtragen approximiert werden; gleichwohl kann ihre Reihenfolge mit der Orientierung von $a$ in Verbindung gesetzt werden, und zwar folgendermaßen: $U$ und $V$ sind durch eine elliptische Involution (mit ihren zwei Orientierungen) von konjugierten Punktpaaren in bezug auf $\Omega$ festgelegt; derjenige Punkt, etwa $U$, für den die Orientierung der Involution mit der Orientierung von $a$ übereinstimmt, werde als der erste absolute Punkt bezeichnet.

Ein Punkt $A$ wird wie in der hyperbolischen Geometrie durch einen bestimmten Umlaufsinn in dem entsprechenden Geradenbüschel orientiert, und diese Orientierung kann zur Festsetzung der Reihenfolge der durch $A$ gehenden absoluten Geraden benutzt werden. Die Orientierungsprozesse für Punkte und Gerade sind in der elliptischen Geometrie völlig dual.

Wir gehen nun zur Einführung der Metrik über. Für die Winkelmessung verläuft die Sache ganz wie in der hyperbolischen Geometrie, und wir erhalten, wenn $\sphericalangle\,(pq) = \varphi$ gesetzt wird, die zwei Formelpaare:

$$(25) \qquad (vupq) = e^{2\,i\varphi}, \qquad \varphi = \frac{1}{2\,i}\log\,(vupq)$$

und

$$(26) \qquad (VUPQ) = e^{i\varphi}, \qquad \varphi = \frac{1}{i}\log\,(VUPQ)$$

mit den Perioden $\pi$ bzw. $2\pi$ für $\varphi$. Als Kurve $\varkappa$ kann jeder reelle Kegelschnitt gebraucht werden, welcher die imaginäre Kurve $\Omega$ in $U$ und $V$ doppelt berührt.

Die Streckenmessung verläuft hier anders als in der hyperbolischen Geometrie; wir führen sie dual zur Winkelmessung ein. Der einzige Unterschied ist, daß wir statt (19)

$$(27) \qquad E_x E_y = k \cdot \frac{\pi}{2}\,(y - x + 2s)$$

setzen, wo $k$ eine beliebige positive Konstante ist. Der Abstand zwischen konjugierten Punkten in bezug auf $\Omega$ wird dann $k\left(\dfrac{\pi}{2} + p\pi\right)$.

Die zu (25) analogen Formeln werden dann mit $AB = \delta$:

$$(28) \qquad (VUAB) = e^{\frac{2\,i\delta}{k}}, \qquad \delta = \frac{k}{2\,i}\log\,(VUAB)\,.$$

Wir können hier auch das Längenmaß verfeinern, indem wir einen reellen Kegelschnitt $\mu$ zu Hilfe nehmen, der $\Omega$ in $U$ und $V$ doppelt berührt (elliptischer Kreis mit Zentrum in dem absoluten Pol von $AB$, vgl. Kap. XV, § 1). $A$ und $B$ liegen außerhalb $\mu$; es ergeben sich dann die zu (26) analogen Formeln

$$(29) \qquad (vuab) = e^{\frac{i\delta}{k}}, \qquad \delta = \frac{k}{i}\log\,(vuab)\,.$$

In (28) und (29) bedeuten $U$ und $V$ den ersten bzw. den zweiten absoluten Punkt der Geraden $AB$, $u$ und $v$ die Tangenten an $\Omega$, welche in $U$ bzw. $V$ berühren, $a$ und $b$ die „positiven Tangenten" von $A$ und $B$ an $\mu$ (wo der Begriff „positive Tangente" zum früher eingeführten Begriff „positiver Schnittpunkt" dual ist).

In der hyperbolischen Geometrie konnten wir eine bestimmte Orientierung auf dem reellen $\Omega$ festlegen und dadurch die Orientierungen der verschiedenen Punkte miteinander vergleichen. Dies ist in der elliptischen Geometrie, wo $\Omega$ imaginär ist, nicht möglich, in Übereinstimmung damit, daß in der elliptischen Geometrie eine Gerade die Ebene nicht in zwei getrennte Gebiete teilt.

Wir gehen schließlich zum dritten Fall über, wo $\Omega$ als Geradenort in zwei Punkte (Geradenbüschel) $I$ und $J$ ausartet („euklidische Geometrie"). Die reelle Verbindungsgerade $IJ$ werde mit $u$ bezeichnet („unendlich ferne Gerade"). Als Gebiet der eigentlichen Punkte nehmen wir hier die ganze Ebene mit Ausnahme von $u$; dann ist die am Schluß des § 1 aufgestellte Forderung erfüllt. Als Gruppe der Fundamentaltransformationen können wir hier nicht die Gruppe der reellen projektiven Transformationen, welche das Punktpaar $(I, J)$ invariant lassen, brauchen, denn diese Gruppe befriedigt nicht die Forderung III des § 1. Dagegen läßt sich, wie wir beweisen werden, eine Untergruppe der genannten Gruppe bestimmen, welche alle Forderungen I—III erfüllt.

Zu diesem Zweck wollen wir erst eine Metrik einführen. Dieses geschieht hier am leichtesten für Winkel. Es seien $(ab)$ und $(cd)$ zwei Winkel; die Schnittpunkte von $u$ mit den Geraden $a, b, c, d$ seien bzw. $A, B, C, D$. Wir sagen dann, daß $(ab) = (cd)$, wenn

$$30) \qquad (JIAB) = (JICD).$$

Die Gruppe der Transformationen innerhalb $u$, welche die Gleichheit festlegt, wird von den Projektivitäten, welche die Punkte $I$ und $J$ invariant lassen, gebildet. Die Winkelmessung der ganzen Ebene wird demnach formal identisch mit einer Streckenmessung auf $u$ von der Art, die wir schon in der elliptischen Geometrie behandelt haben. Sie wird, wie wir ja auch verlangt haben, periodisch.

Die Angabe einer Streckenmessung (auf den von $u$ verschiedenen Geraden) ist schwieriger. Es sei $a$ eine solche Gerade, ihr Schnittpunkt mit $u$ sei $U$. Als Transformationen innerhalb $a$, welche die Längenmaße invariant lassen sollen, wählen wir die Gruppe der parabolischen Projektivitäten auf $a$ mit $U$ als Doppelpunkt. Fixieren wir dann eine Einheit $OE$ auf $a$, so können wir diese mittels der parabolischen Projektivität

$$UUO \ldots \barwedge UUE \ldots$$

nach beiden Seiten beliebig oft abtragen und den entsprechenden Punkten $E_n$ die Parameter $n$ zuordnen. Nach Kap. I, § 1, Satz XI konvergieren beide Folgen

$$E, E_2, E_3, \ldots \qquad \text{und} \qquad E_{-1}, E_{-2}, E_{-3}, \ldots$$

gegen $U$. Ebenso kann man den Punkt $E_{\frac{1}{2}}$ als den Punkt festlegen, welcher von $U$ durch $O$ und $E$ harmonisch getrennt ist. Die durch fortgesetztes Halbieren entstehende Folge

$$E, E_{\frac{1}{2}}, E_{\frac{1}{4}}, \ldots E_{\frac{1}{2^p}}, \ldots$$

konvergiert gegen $O$.

Man erhält in dieser Weise wieder eine Hauptgruppe $E_{\frac{n}{2^p}}$ ($n$ und $p$ ganze Zahlen, $p \geqq 0$), welche wie in den früheren Fällen die Gerade überall dicht erfüllt. Statt (6) erhält man hier (Kap. V, § 1, Satz I und I'):

$$(31) \qquad (UOEE_\alpha) + (UOEE_\beta) = (UOEE_{\alpha+\beta}),$$

wo $\alpha$ und $\beta$ Zahlen von der Form $\dfrac{n}{2^\nu}$ sind. Wir definieren

$$E_\alpha E_\beta = \beta - \alpha;$$

dann sind die Forderungen a) und b) innerhalb der Hauptgruppe erfüllt.

Wie vorher werden die übrigen Punkte der Geraden durch das Kontinuitätspostulat bestimmt. Es gilt dann für beliebige Punkte von $a$:

$$(32) \qquad (UOEE_x) + (UOEE_y) = (UOEE_{x+y}).$$

Die für die Hauptgruppe gegebene Definition wird zu

$$E_x E_y = y - x$$

erweitert, und die Forderungen a) und b) sind dann für alle Punkte der Geraden $a$ befriedigt. Das Abstandsmaß ist von der Lage der auf $a$ gewählten Einheit unabhängig.

Man kann nun zeigen, daß für beliebige $x$ und $y$

$$(33) \qquad (UOEE_y) = (UOE_x E_{xy})$$

gilt.

Die Richtigkeit dieser Gleichung ist nämlich leicht einzusehen, wenn $x$ fest und $y$ von der Form $\dfrac{n}{2^\nu}$ ist; denn die Projektivität mit den Doppelpunkten $U$ und $O$, welche $E$ in $E_x$ überführt, transformiert auch $E_y$ in $E_{xy}$. Hieraus folgt aber in ähnlicher Weise wie mehrmals früher die Richtigkeit von (33) für beliebiges $y$.

Die Gleichung (33) läßt sich auch in der Form

$$(34) \qquad (UOEE_x) \cdot (UOEE_y) = (UOEE_{xy})$$

schreiben. Diese zeigt in Verbindung mit (32), daß man mit den Würfen $(UOEE_x)$ in ganz derselben Weise wie mit den Zahlen $x$ rechnet; wir können demnach die Würfe mit den entsprechenden Zahlen identifizieren und

$$(35) \qquad (UOEE_x) = x$$

schreiben. Die in Kap. V, § 1 gegebene Wurfrechnung wird dann mit der gewöhnlichen Zahlenrechnung identisch. So hat man z. B.

$$(36) \qquad (E_x E_y E_z E_t) = \frac{z-x}{z-y} : \frac{t-x}{t-y}.$$

Was bisher von dem Längenmaß gesagt wurde, war im wesentlichen zu den früheren Fällen analog. Die wirklichen Schwierigkeiten treten erst ein, wenn man die Skala — also die Einheit — von $a$ auf eine andere Gerade $b$ überführen will. Zunächst möge der Schnittpunkt $(ab)$ in einen auf $u$ liegenden Punkt $U$ fallen („parallele Gerade"). Durch eine Homologie mit $u$ als Achse und einem auf $u$ liegenden Punkt $V$ $(\neq U)$ als Zentrum läßt sich $a$ in $b$, also die Einheit von $a$ in eine Einheit von $b$ überführen (,,Parallelverschiebung''). Es gibt unendlich viele Parallelverschiebungen, welche $a$ in $b$ überführen; sind aber $\pi_1$ und $\pi_2$ zwei solche, so hat man

$$\pi_2 = \pi_1 \cdot \pi^*,$$

wo $\pi^*$ eine Parallelverschiebung ist, welche $b$ in sich transformiert. Demnach werden die durch $\pi_1$ und $\pi_2$ auf $b$ bestimmten Einheiten gleich groß, denn die durch $\pi^*$ innerhalb $b$ erzeugte Transformation ist ja eine parabolische Projektivität mit $U$ als Doppelpunkt. — Sind ferner $\pi_1$ und $\pi_2$ Parallelverschiebungen, welche $a$ in $b$ bzw. $c$ überführen, dann ist $\pi_1^{-1}\pi_2$ eine Parallelverschiebung, welche $b$ in $c$ transformiert. Eine auf $a$ gewählte Einheit läßt sich also widerspruchslos auf alle zu $a$ parallele Geraden überführen.

Es sei nun $\varkappa$ ein fester, durch $I$ und $J$ gehender, reeller Kegelschnitt. Der Pol von $u$ in bezug auf $\varkappa$ sei $O$; er liegt innerhalb $\varkappa$. Auf jeder durch $O$ gehenden orientierten Geraden wählen wir als Einheit die Strecke von $O$ nach dem positiven Schnittpunkt (vgl. S. 165) der Geraden mit $\varkappa$. Nachdem also der Kegelschnitt $\varkappa$ gewählt ist, sind auf allen durch den Pol $O$ gehenden orientierten Geraden und damit auf allen orientierten Geraden überhaupt (mit Ausnahme von $u$) die Einheiten festgelegt.

Als Gruppe der Fundamentaltransformationen wählen wir nun in der Gruppe aller Transformationen, welche $(I, J)$ invariant lassen, diejenige Untergruppe $\Phi$, deren Transformationen für passend gewählte Orientierungen der entsprechenden Geraden die Längen aller Strecken ungeändert lassen.

Damit sind die Forderungen I und II des § 1, wie unmittelbar ersichtlich, erfüllt; es soll bewiesen werden, daß auch III erfüllt ist. Es seien $A$ und $A'$ zwei Punkte und $a$ und $a'$ zwei durch $A$ bzw. $A'$ gehende orientierte Gerade. Durch eine Parallelverschiebung $\pi$ kann $A$ in $O$ überführt werden; dieselbe Transformation möge $a$ in eine Gerade $b$ überführen. Durch eine zweite Parallelverschiebung $\pi_1$ kann $A'$ in $O$ (und $a'$ in $b'$) transformiert werden. Es seien $OE_1$ und $OE_2$ die auf $a'$ bzw. $b'$ liegenden Einheiten. Durch

$$I J E_1 \ldots \barwedge I J E_2 \ldots$$

ist eine Projektivität auf $\varkappa$ und damit auch eine Kollineation $K$ in der ganzen Ebene eindeutig festgelegt. In dieser entspricht die Gerade $u$ sich selbst, ebenso der Pol $O$. Auf allen durch $O$ gehenden Geraden wird eine Einheit in eine Einheit überführt, aber dies gilt dann auch für beliebige Gerade; denn ein Viereck, welches aus zwei Paaren von parallelen Geraden gebildet ist (ein ,,Parallelogramm''), geht in ein ebensolches über. — Die Kollineation $K$ ist also eine Fundamentaltransformation.

Durch
$$IJE_1 \ldots \, \overline{\wedge} \, JIE_2 \ldots$$

wird eine zweite Kollineation $K^*$ mit analogen Eigenschaften festgelegt.

Damit haben wir zwei Fundamentaltransformationen gefunden, nämlich $\pi K \pi_1^{-1}$ und $\pi K^* \pi_1^{-1}$, welche beide $(A, a)$ in $(A', a')$ überführen. Weitere Fundamentaltransformationen dieser Art kann es nicht geben; es seien nämlich $B$ und $B'$ zwei Punkte auf $a$ bzw. $a'$, so daß $AB = A'B'$; dann gibt es nur eine Kollineation, welche $A, B, I, J$ in bzw. $A', B', I, J$ und ebenso nur eine, welche $A, B, I, J$ in bzw. $A', B', J, I$ überführt.

Damit ist bewiesen, daß die Forderung III des § 1 erfüllt ist. Daß die betrachteten Fundamentaltransformationen die Größen der Winkel (jedenfalls abgesehen vom Vorzeichen) nicht ändern, ist klar.

Es soll noch bewiesen werden:

*Die gefundene Gruppe $\Phi$ von Fundamentaltransformationen ist von der Wahl des durch $I$ und $J$ gehenden Kegelschnittes $\varkappa$ unabhängig.*

Wir haben also zu zeigen, daß man, wenn man statt $\varkappa$ einen anderen durch $I$ und $J$ gehenden Kegelschnitt $\varkappa_1$ benutzt, eine mit $\Phi$ identische Gruppe $\Phi_1$ von Fundamentaltransformationen erhält.

Daß die Parallelverschiebungen dieselben sind, ist klar. Es sei nun $T$ eine beliebige andere Transformation von $\Phi$; sie kann nach dem Obigen

$$T = \pi K \pi_1^{-1}$$

geschrieben werden, wo $K$ eine Kollineation ist, welche $\varkappa$ in sich selbst überführt.

Geht nun insbesondere $\varkappa_1$ aus $\varkappa$ durch eine Parallelverschiebung $\pi_0$ hervor, so hat man
$$T = \pi \pi_0 \cdot K_1 \cdot \pi_0^{-1} \pi_1^{-1},$$

wo $K_1$ eine Kollineation ist, welche $\varkappa_1$ in sich selbst überführt. $T$ gehört also auch der Gruppe $\Phi_1$ an, so daß $\Phi$ in $\Phi_1$ ganz enthalten ist. Ebenso umgekehrt; also sind die zwei Gruppen identisch.

Hiernach genügt es, den Fall zu betrachten, wo die Gerade $u$ denselben Pol $O$ in bezug auf $\varkappa$ und $\varkappa_1$ hat. In diesem Fall überführt, wie wir leicht einsehen können, jede Kollineation $K$, welche $u$ und $\varkappa$ invariant läßt, auch $\varkappa_1$ in sich selbst; denn eine Projektivität auf $\varkappa$, deren Projektivitätsachse $u$ ist, läßt sich in zwei Involutionen zerlegen, deren Pole auf $u$ liegen; also kann auch die Kollineation $K$ aus zwei harmonischen Homologien zusammengesetzt werden, deren Zentren auf $u$ liegen, während die Achsen durch $O$ gehen. Demnach führt $K$ die Kurve $\varkappa_1$ in sich über. Jede Transformation $T$ der Gruppe $\Phi$ gehört dann wieder $\Phi_1$ an, und die zwei Gruppen sind auch in diesem Fall identisch. Damit ist der obige Satz bewiesen.

Aus den obigen Entwicklungen folgt, daß die Kegelschnitte durch $I$ und $J$ identisch sind mit den Kurven, welche als Ort der Punkte definiert werden können, die einen gegebenen Abstand (Radius) von einem festen Punkt (Zentrum) haben. Diese Kurven werden Kreise genannt; das Zentrum ist der Pol der unendlich fernen Geraden $u$.

Auch in der euklidischen Geometrie kann man ein verfeinertes Winkelmaß einführen. Zu diesem Zweck lege man einen Kreis $\varkappa$ um den Scheitel $A$ als Zentrum. Die positiven Schnittpunkte der Schenkel mit $\varkappa$ seien $P$ und $Q$. Man wird dann ganz wie früher auf die folgenden Formeln geführt:

$$(37) \qquad (JIPQ) = e^{i\varphi}, \qquad \varphi = \frac{1}{i}\log(JIPQ).$$

## XIV. Kapitel.

## Die hyperbolische Geometrie.

### § 1. Elementare hyperbolische Geometrie.

In der hyperbolischen Geometrie sind die Fundamentaltransformationen definiert als diejenigen Kollineationen, welche einen reellen Kegelschnitt $\Omega$ (die „Fundamentalkurve") in sich transformieren. Nur eigentliche Punkte und Gerade kommen in Betracht (Kap. XIII, § 2), und wir werden häufig diese schlechthin Punkte und Gerade nennen, wenn kein Mißverständnis möglich ist. Durch mehrmaliges Abtragen einer beliebigen Länge auf einer Geraden von einem eigentlichen Punkt aus kommt man nie zu einem uneigentlichen Punkt. Diese könnte man deshalb auch „unzugänglich" nennen.

Es seien $A$ und $A'$ zwei Punkte, $a$ und $a'$ zwei durch $A$ bzw. $A'$ gehende orientierte Gerade. Da die Forderung III des Kap. XIII, § 1 erfüllt ist, gibt es genau zwei Fundamentaltransformationen, welche $(A, a)$ in $(A', a')$ transformieren, und wir haben früher (S. 159) gesehen, wie diese zu bestimmen sind. Die eine geht aus der anderen durch Hinzufügung einer Symmetrie in bezug auf $a'$ hervor (vgl. Kap. XIII, § 1). Im einen Fall ist deshalb die Projektivität auf $\Omega$ gleichsinnig, im anderen ungleichsinnig. Nun nennen wir eine Fundamentaltransformation eine *Kongruenztransformation* oder eine *Symmetrietransformation*, je nachdem die entsprechende Projektivität auf $\Omega$ gleichsinnig oder ungleichsinnig ist; wir haben also gezeigt:

I. *Es gibt eine Kongruenztransformation und eine Symmetrietransformation, welche $(A, a)$ in $(A', a')$ überführt.*

Zwei Figuren, welche durch eine Kongruenz- bzw. eine Symmetrietransformation ineinander überführt werden können, heißen kongruent bzw. symmetrisch.

Eine Kongruenztransformation, welche einen Punkt $O$ ungeändert läßt, nennt man eine *Drehung* um $O$. In der projektiven Ebene liegt dann auch eine uneigentliche Gerade fest, nämlich die absolute Polare von $O$. Die Projektivität auf $\Omega$ hat zwei konjugiert imaginäre Doppelpunkte; umgekehrt erzeugt jede solche Projektivität eine Drehung.

Eine Kongruenztransformation, welche eine Gerade $p$ in sich selbst überführt, nennt man eine *Verschiebung* längs $p$. In der projektiven Ebene liegt dann auch der uneigentliche Pol zu $p$ fest. Bei einer Verschiebung hat die Projektivität auf $\Omega$ zwei reelle Doppelpunkte — und umgekehrt.

Wenn endlich die genannte Projektivität parabolisch ist, bleibt innerhalb $\Omega$ weder ein Punkt noch eine Gerade fest; wir sprechen dann von einer *Grenzdrehung* (oder Grenzverschiebung).

Aus dem Obigen folgt:

II. *Eine Figur kann in jede zu ihr kongruente durch eine Drehung, eine Verschiebung oder eine Grenzdrehung überführt werden.*

Eine ungleichsinnige Projektivität auf $\Omega$ hat immer zwei reelle Doppelpunkte. Also:

III. *Eine Figur kann in jede zu ihr symmetrische durch eine Symmetrie in bezug auf eine Gerade und eine Verschiebung längs dieser Geraden überführt werden.*

Die Gerade ist die Verbindungslinie der erwähnten Doppelpunkte.

Die Einbettung der hyperbolischen Ebene in die projektive ergibt eine Reihe von weiteren Sätzen.

Zwei Gerade heißen parallel, wenn sie einander auf $\Omega$ schneiden. Wir haben dann:

IV. *Wenn zwei nichtparallele Gerade keinen Punkt miteinander gemein haben, dann haben sie eine gemeinsame Normale.*

Diese ist die Polare des uneigentlichen Schnittpunktes. Wir können auch sagen:

V. *Alle Gerade, welche durch einen uneigentlichen Punkt gehen, haben eine gemeinsame Normale — und umgekehrt.*

Weiter:

VI. *In der projektiven Ebene ist der Ort der Punkte, welche von einem festen Punkt A einen gegebenen Abstand haben, ein Kegelschnitt, welcher mit dem Fundamentalkegelschnitt $\Omega$ in den konjugiert imaginären Schnittpunkten mit der absoluten Polare a von A Doppelberührung hat.*

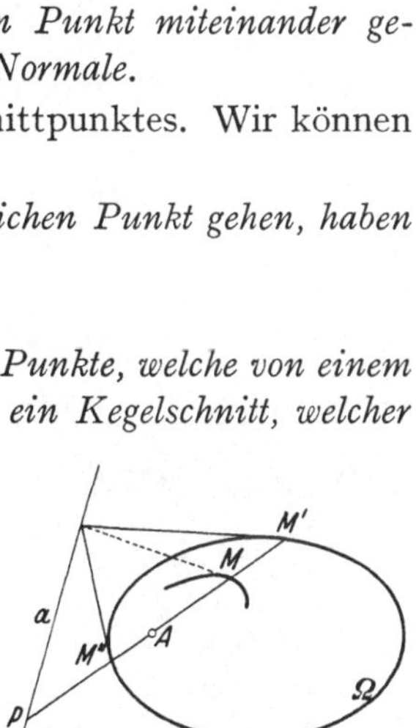

Es schneide nämlich (Fig. 49) eine beliebige Gerade $m$ durch $A$ den genannten Ort in $M$ und einem zweiten Punkt, die Kurve $\Omega$ in $M'$ und $M''$ und die Polare $a$ in $P$. Dreht sich nun $m$ um $A$, so ist der Wurf $(M'M''AM)$

Fig. 49.

wegen der Konstanz des Radius konstant, also auch $(AM'M''M)$; ebenso $(APM'M'')$ als harmonischer Wurf, also auch $(AM'PM'')$. Dann ist auch das Produkt $(AM'PM)$ und also $(APMM')$ konstant.

Dies zeigt, daß die betrachtete Kurve durch eine Homologie mit $A$ als Zentrum und $a$ als Achse aus $\Omega$ hervorgeht, wodurch der Satz bewiesen ist.

Die Kurve wird hyperbolischer Kreis mit dem Zentrum $A$ und dem Radius $AM$ genannt. Die projektive Auffassung zeigt sogleich, daß die Tangente in $M$ auf dem Radius $AM$ senkrecht steht (vgl. Fig. 49).

Im obigen Falle ist auch der Wurf $(M'M''MP)$ konstant, und dies gilt auch, wenn $a$ eigentlich und $A$ uneigentlich sind. Demnach gilt:

VII. *Der Ort der Punkte, welche von einer festen Geraden a einen gegebenen Abstand haben, ist ein Kegelschnitt, welcher die Fundamentalkurve $\Omega$ in deren reellen Schnittpunkten mit a berührt.*

Die Tangente dieser „Abstandskurve" ist normal zum senkrechten Abstand von $a$.

Als Übergangsform zwischen den hyperbolischen Kreisen und den Abstandskurven hat man die *Horozyklen*, d. h. die Kegelschnitte, welche $\Omega$ vierpunktig berühren.

Wir bemerken noch:

VIII. *Die drei Höhen eines Dreieckes gehen durch einen Punkt.*

Dies ist nur eine andere Ausdrucksweise des Satzes IX in Kap. I, § 2, wonach zwei konjugierte Dreiecke eines Kegelschnittes perspektiv sind.

Die Begriffe „innerhalb" und „außerhalb" bezüglich Kreisen und Polygonen können leicht auf die hyperbolische Ebene übertragen werden, und man kann, ganz wie in der gewöhnlichen Geometrie, eine große Reihe von entsprechenden Sätzen aufstellen und Konstruktionen ausführen; z. B. kann man durch Kreise den Mittelpunkt einer gegebenen Strecke finden, sowie von einem Punkt $B$ die Senkrechte auf eine Gerade $a$ konstruieren, sowohl wenn $B$ auf $a$ als auch wenn er nicht auf $a$ liegt.

Wir werden an dieser Stelle noch die Ausführbarkeit zweier für die hyperbolische Geometrie eigentümlichen Konstruktionen nachweisen, indem wir nur von eigentlichen Punkten und Geraden Gebrauch machen. Die erste und wichtigste ist die folgende:

*Durch einen nicht auf einer Geraden a liegenden Punkt B die zwei zu a parallelen Geraden a' und a'' zu konstruieren.*

Die Grenzpunkte der Geraden $a$ seien $U$ und $V$ (Fig. 50); die gesuchten Geraden sind dann $a' = UB$ und $a'' = VB$; der zweite Grenzpunkt von $a'$ und $a''$ sei $V'$ bzw. $U'$.

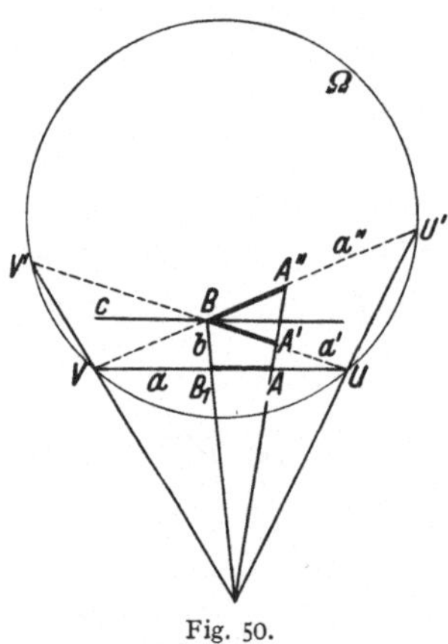
Fig. 50.

Man konstruiert die Gerade $BB_1 = b \perp a$ und dann die Gerade $c \perp b$ durch $B$. Außerdem fälle man von einem beliebigen Punkt $A$ der Geraden $a$ aus die Senkrechte auf $c$; sie schneide $a'$ und $a''$ in $A'$ bzw.

$A''$. Die Geraden $a'$ und $a''$ liegen in bezug auf $b$ und daher auch in bezug auf $c$ symmetrisch; also ist $BA' = BA''$. Wir können aber zeigen, daß diese zwei Strecken auch gleich $B_1A$ sind. Hieraus folgt dann sofort eine Konstruktion der Punkte $A'$ und $A''$, wodurch die gesuchten Parallelen gefunden sind.

Die erwähnte Gleichheit zeigt man am leichtesten, indem man den Kegelschnitt $\Omega$ benutzt. Die Geraden $UU'$, $VV'$, $B_1B$, $AA''$ gehen alle durch denselben Punkt, nämlich den absoluten Pol der Geraden $c$. Die drei Würfe $(VUAB_1)$, $(VU'A''B)$ und $(V'UA'B)$ sind dann perspektiv, woraus sofort $AB_1 = A''B = A'B$ folgt.

Es würde zu weit führen, dies durch elementare Betrachtungen zu begründen.

Wir gehen nun zu der zweiten Hauptkonstruktion über:

*Für zwei gegebene, einander nichtschneidende (und nichtparallele) Gerade $a$ und $b$ ist die gemeinsame Normale zu bestimmen.*

Durch einen beliebigen Punkt von $a$ ziehe man die zwei Parallelen $b'$ und $b''$ zu $b$ und bestimme die Gerade $c$, welche von $a$ durch $b'$ und $b''$ harmonisch getrennt ist; sie schneidet $b$ in einem Punkt $Q$ der gesuchten Normalen. Ebenso findet man den Schnittpunkt $R$ von $a$ mit dieser Normalen, und man hat dann nur $Q$ mit $R$ zu verbinden. Die Richtigkeit der Konstruktion folgt sofort daraus, daß $QR$ die absolute Polare des Schnittpunktes $(ab)$ ist.

Eine einfache Überlegung zeigt, daß eine Gerade, welche sowohl zu $a$ als zu $b$ parallel sein soll, entweder durch den Mittelpunkt $S$ von $QR$ oder durch den (uneigentlichen) Punkt, welcher von $S$ durch $(Q, R)$ harmonisch getrennt ist, gehen muß.

## § 2. Winkelsumme und Flächenmaß.

Eine der Fragen, die seinerzeit Anlaß zur Entwicklung einer nicht-euklidischen Geometrie gegeben haben, ist die Frage, ob der Satz von der Winkelsumme eines Dreiecks — der ja in engster Verbindung mit dem Parallelenaxiom steht — sich aus den übrigen für die Entwicklung der Elementargeometrie notwendigen Voraussetzungen ableiten läßt.

Dies ist, wie wir jetzt wissen, nicht der Fall. Man kann nämlich beweisen, daß in der hyperbolischen Geometrie die Winkelsumme

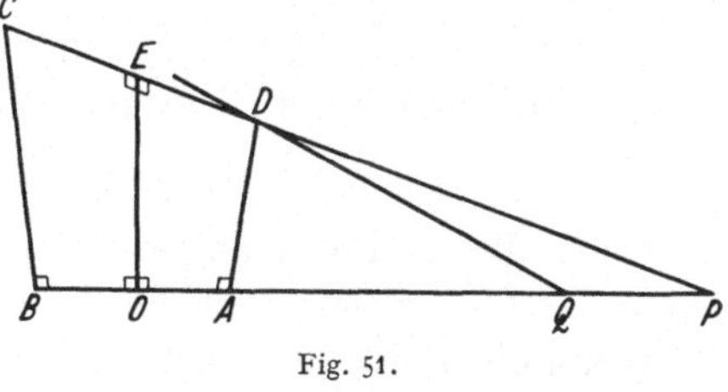

Fig. 51.

in einem Dreieck kleiner, in der elliptischen Geometrie aber größer als zwei Rechte ist.

Wir fassen an dieser Stelle nur die hyperbolische Geometrie ins Auge und betrachten zuerst (Fig. 51) ein Viereck $ABCD$ mit rechten Winkeln in $A$ und $B$, und wo außerdem $BC = AD$ ist. Die Figur ist symmetrisch in bezug auf die Senkrechte auf $AB$ im Mittelpunkte $O$; diese Gerade ist also auch $\perp CD$; ihr Schnittpunkt mit $CD$ sei $E$. Die Gerade $CD$ schneidet $AB$ im absoluten Pol $P$ von $OE$, und eine durch $D$ gehende und zu $AD$ senkrechte Gerade schneidet $AB$ im absoluten Pol $Q$ von $AD$. Da $(O, P)$ und $(A, Q)$ Paare einer hyperbolischen Involution sind, trennen sie einander nicht. Man sieht hieraus, daß der Winkel $D$ im Viereck $ABCD$ kleiner als ein Rechter ist. Die Winkel in $C$ und $D$ sind aber gleich groß, woraus folgt, daß die Winkelsumme im Viereck $ABCD$ kleiner als vier Rechte ist.

Es sei nun (Fig. 52—53) $ABC$ ein Dreieck, $M_1$ und $M_2$ die Mittelpunkte von $AB$ und $AC$ und $N_1$ und $N_2$ die Projektionen von $B$ und $C$

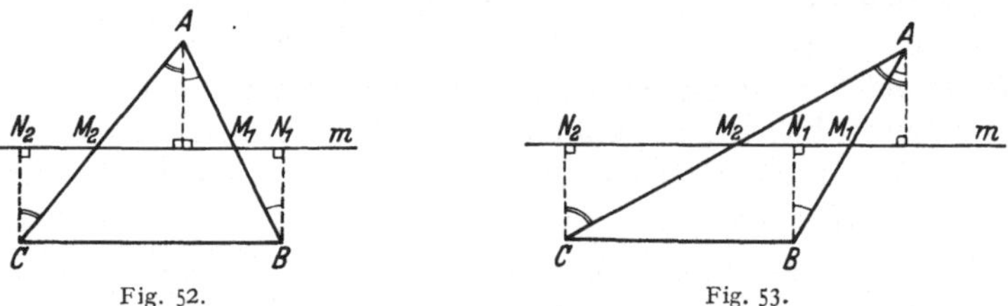


auf $m = M_1M_2$; indem man auch $A$ auf $m$ projiziert, sieht man unmittelbar, daß die Winkelsumme im Dreieck $ABC$ gleich der Summe der bei $B$ und $C$ liegenden Winkel im Viereck $BN_1N_2C$ ist. Ebenso ist $BN_1$ gleich $CN_2$. Also hat man nach dem Obigen:

I. *Die Winkelsumme eines Dreieckes ist kleiner als $\pi$.*

Hieraus folgt sofort:

II. *Der Nebenwinkel eines Winkels in einem Dreieck ist größer als die Summe der zwei anderen Winkel.*

Wir werden nun den Begriff Flächenmaß (Areal) einführen und dieses Maß durch eine Zahl ausdrücken. Hierbei werden die folgenden Forderungen gestellt:

1. Kongruente Figuren haben dasselbe Flächenmaß.

2. Wird eine Figur $F$ in zwei Teile $F_1$ und $F_2$ geteilt, dann ist

$$\text{Areal}\,F = \text{Areal}\,F_1 + \text{Areal}\,F_2.$$

Nach diesen Forderungen ist z. B. das Areal des obengenannten Dreiecks $ABC$ gleich dem des Vierecks $BN_1N_2C$. Man hat also:

Wenn ein Punkt $X$ auf der durch $A$ gehenden Abstandslinie vom $m$ liegt, haben die Dreiecke $ABC$ und $XBC$ dasselbe Flächenmaß und auch dieselbe Winkelsumme.

Liegt $X$ zwischen der Geraden $BC$ und der genannten Abstandslinie, so ist offenbar Dreieck $XBC < $ Dreieck $ABC$; liegt dagegen $X$ auf der anderen Seite der Abstandslinie, so ist Dreieck $XBC > $ Dreieck $ABC$.

Entsprechend ist die Winkelsumme des Dreiecks $XBC$ größer bzw. kleiner als die Winkelsumme des Dreiecks $ABC$, was unmittelbar aus Satz II folgt.

Wenn also die Winkelsumme zunimmt, nimmt das Flächenmaß ab, und umgekehrt.

Symmetrische Dreiecke haben dieselbe Winkelsumme; ebenso haben sie dasselbe Flächenmaß, was man durch Triangulation aus dem Zentrum des umgeschriebenen Kreises leicht einsieht. Also genügt es, nur den Fall zu betrachten, wo die Punkte $A$ und $X$ auf derselben Seite der Geraden $BC$ liegen.

Wenn nun zwei beliebige Dreiecke $ABC$ und $A_1B_1C_1$ gegeben sind, kann man sie so abändern, daß sie zwei gleiche Seiten erhalten, ohne daß ihre Areale oder Winkelsummen geändert werden. Ist z. B. $AB < A_1B_1$, so kann man $A$ längs einer Abstandslinie der durch die Mittelpunkte von $AB$ und $AC$ bestimmten Geraden verschieben, bis die geforderte Gleichheit erreicht ist.

Das Flächenmaß eines Dreieckes $ABC$ ist also durch die Winkelsumme $A + B + C$ eindeutig bestimmt, also auch durch den „*Defekt*" $d = \pi - (A + B + C)$. Flächenmaß und Defekt nehmen gleichzeitig zu und ab.

Hat man zwei Dreiecke $A_1B_1C_1$ und $A_2B_2C_2$, wo $A_1B_1 = A_2B_2$, und $\sphericalangle B_1 = \pi - \sphericalangle B_2$, so können sie zu einem Dreieck zusammengesetzt werden. Der Defekt dieses Dreieckes ist, wie man sieht, gleich der Summe $d_1 + d_2$ der Defekte der zwei ursprünglichen Dreiecke, und das Flächenmaß gleich der Summe der zwei Flächenmaße.

Aus dem soeben auseinandergesetzten folgt, daß das Flächenmaß $y$ eines Dreiecks eine monoton wachsende Funktion des Defektes $x$ ist, etwa

$$y = f(x),$$

welche der Funktionalgleichung

$$f(x_1 + x_2) = f(x_1) + f(x_2)$$

genügt.

Folglich ist, wie bekannt,

$$y = \lambda x,$$

wo $\lambda$ eine positive Konstante ist.

Wir sind also dazu geführt worden, *das Flächenmaß eines Dreieckes dem Defekt proportional zu setzen.*

Die Festsetzung des Wertes von $\lambda$ ist mit der Wahl einer Einheit gleichwertig ($\lambda$ ist der reziproke Wert des Defektes in einem Dreieck mit dem Flächenmaß 1).

Wir schließen diesen Paragraphen mit einigen Bemerkungen über die Kongruenzsätze für Dreiecke, wollen aber nur zwei der Fälle näher besprechen, weil die anderen ganz wie in der elementaren euklidischen Geometrie behandelt werden können.

III. *Zwei Dreiecke, welche in einer Seite, einem anliegenden und dem gegenüberliegenden Winkel übereinstimmen, sind kongruent oder symmetrisch.*

Die beiden Dreiecke seien $ABC$ und $A_1B_1C_1$, und es sei $BC = B_1C_1$, $\sphericalangle B = \sphericalangle B_1$ und $\sphericalangle A = \sphericalangle A_1$. Wir können (Fig. 54) das Dreieck $A_1B_1C_1$ so auf das andere legen, daß $B_1$ und $C_1$ in $B$ bzw. $C$ fallen und $A_1$

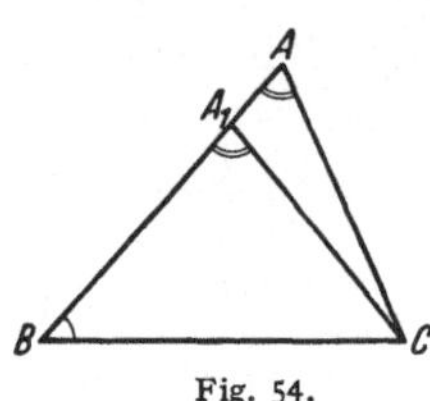

Fig. 54.

auf die Gerade $BA$ fällt. Wenn nun der Punkt $A_1$ nicht mit $A$ zusammenfällt, wird nach Satz II $\sphericalangle A_1 \neq \sphericalangle A$, was gegen die Voraussetzung verstößt. Damit ist III bewiesen.

Ein zu III dualer Satz, wo die Dreiecke in einem Winkel, einer anliegender und der gegenüberliegenden Seite übereinstimmen, gilt nicht allgemein, ebensowenig wie in der euklidischen Geometrie. Dies ist in Übereinstimmung damit, daß in der hyperbolischen Geometrie (d. h. für das innere Gebiet von $\Omega$) das Dualitätsprinzip nicht gilt.

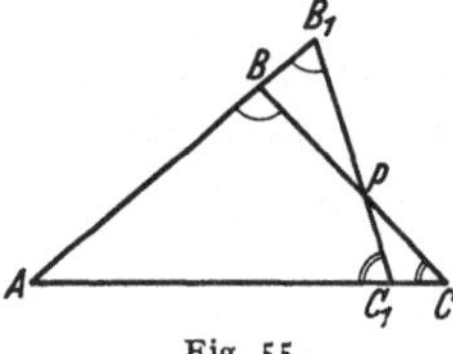

Fig. 55.

IV. *Zwei Dreiecke, welche in den Winkeln übereinstimmen, sind kongruent oder symmetrisch.*

Wir können nämlich in diesem Fall das Dreieck $A_1B_1C_1$ so legen, daß $A_1$ in $A$ fällt, während $B_1$ und $C_1$ auf den Halbgeraden $AB$ bzw. $AC$ liegen (Fig. 55). Wenn nun die Strecken $BC$ und $B_1C_1$ nicht zusammenfallen, müssen sie einander in einem Punkt $P$ schneiden; denn sonst würde das eine Dreieck ganz in dem anderen enthalten sein, und das ist ja unmöglich, weil sie dieselbe Winkelsumme und daher auch dasselbe Flächenmaß haben. $BC$ und $B_1C_1$

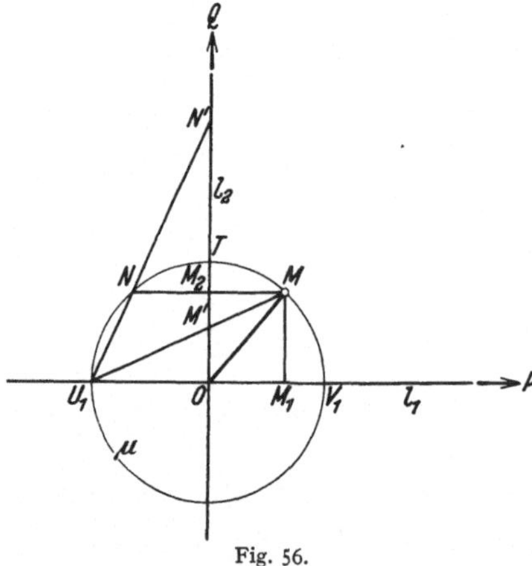

Fig. 56.

können aber nach Satz II keinen gemeinsamen Punkt haben, und damit ist Satz IV bewiesen.

## § 3. Trigonometrie.

Wir wollen nun die hyperbolische Trigonometrie entwickeln und beginnen mit einigen vorbereitenden Formeln.

Es seien (Fig. 56) $l_1$ und $l_2$ zwei eigentliche, zueinander senkrechte Gerade (hyperbolische Maßbestimmung), welche einander in dem eigentlichen Punkt $O$ schneiden. Die uneigentlichen Schnittpunkte von $l_1$ und $l_2$ mit der Polaren $m$ von $O$ in bezug auf $\Omega$ seien $P$ bzw. $Q$. Der positive und der negative Grenzpunkt von $l_1$ seien $V_1$ bzw. $U_1$.

Es sei $M$ ein beliebiger Punkt in der durch $l_1$ begrenzten hyperbolischen Halbebene, welche durch die positive Richtung von $l_2$ festgelegt ist; die Projektionen von $M$ aus $Q$ und $P$ auf $l_1$ und $l_2$ seien $M_1$ bzw. $M_2$. Wir setzen $OM_1 = \xi$ und wollen zunächst $\mathrm{Cos}\,\dfrac{\xi}{k}$ bestimmen. Durch $M$ legen wir eine Abstandslinie $\mu$ zu $l_1$; der positive Schnittpunkt von $l_2$ mit $\mu$ sei $T$; dann liegen $M$ und $T$ auf demselben Bogen $U_1V_1$ von $\mu$, und es gilt nach Kap. XIII, § 2, (14):

$$(1) \qquad e^{\frac{\xi}{k}} = (V_1 U_1 T M).$$

Durch Projektion von $U_1$ auf $l_2$ ergibt sich hieraus:

$$(2) \qquad e^{\frac{\xi}{k}} = (OQT M').$$

Die Gerade $PM$ möge die Kurve $\mu$ nochmals in $N$ schneiden; dann ist

$$(3) \qquad e^{-\frac{\xi}{k}} = (V_1 U_1 T N),$$

und wir finden in Analogie zu (2)

$$(4) \qquad e^{-\frac{\xi}{k}} = (OQT N').$$

Hieraus ergibt sich:

$$(5) \qquad \mathrm{Cos}\frac{\xi}{k} = \frac{1}{2}\left(e^{\frac{\xi}{k}} + e^{-\frac{\xi}{k}}\right) = (OQTZ),$$

wo $Z$ der Punkt ist, der von $O$ durch $(M', N')$ harmonisch getrennt ist. $Z$ fällt aber mit $M_2$ zusammen, denn die Punktpaare $(O, M_2)$ und $(M', N')$ werden aus $U_1$ durch harmonische Geradenpaare projiziert.

Hieraus folgt:

$$(A) \qquad \mathrm{Cos}\frac{\xi}{k} = (Q O M_2 T).$$

Man könnte nun eine entsprechende Formel für $\mathrm{Sin}\,\dfrac{\xi}{k}$ aufstellen und dadurch auch eine Formel für $\mathrm{Tg}\,\dfrac{\xi}{k}$ finden; wir wollen aber lieber die Formel für $\mathrm{Tg}\,\dfrac{\xi}{k}$ direkt ableiten, weil wir im folgenden nur von dieser Gebrauch machen werden. Wir setzen

$$(6) \qquad \lambda = (P O V_1 M_1).$$

Da $(O, P)$ und $(U_1, V_1)$ harmonische Punktpaare sind, wird (Kap. V, § 2, Satz III):

$$(7) \qquad -\lambda = (P O U_1 M_1).$$

Aus (6) und (7) ergibt sich (Kap. V, § 2, Satz VIII):

$$1 - \lambda = (P V_1 O M_1) \quad \text{bzw.} \quad 1 + \lambda = (P U_1 O M_1),$$

also (Kap. V, § 1):

$$\frac{1 + \lambda}{1 - \lambda} = (V_1 U_1 O M_1) = e^{\frac{2\xi}{k}}.$$

Hieraus findet man:

$$(8) \qquad \lambda = \frac{e^{\frac{\xi}{k}} - e^{-\frac{\xi}{k}}}{e^{\frac{\xi}{k}} + e^{-\frac{\xi}{k}}}.$$

Nach (6) und (8) haben wir dann

$$(B) \qquad \operatorname{Tg} \frac{\xi}{k} = (POV_1M_1).$$

Wir bemerken, daß nach (A) und (B) — oder direkt zufolge der Definition — $\operatorname{Cos} \frac{\xi}{k}$ für alle $\xi$ positiv ist, während $\operatorname{Tg} \frac{\xi}{k}$ und daher auch $\operatorname{Sin} \frac{\xi}{k}$ positiv oder negativ ist, je nachdem $\xi \gtrless 0$.

Wir gehen nun zu den Winkeln über und betrachten Fig. 57. Die Buchstaben $l_1, l_2, O, P, Q, M, M_1, m$ haben dieselbe Bedeutung wie

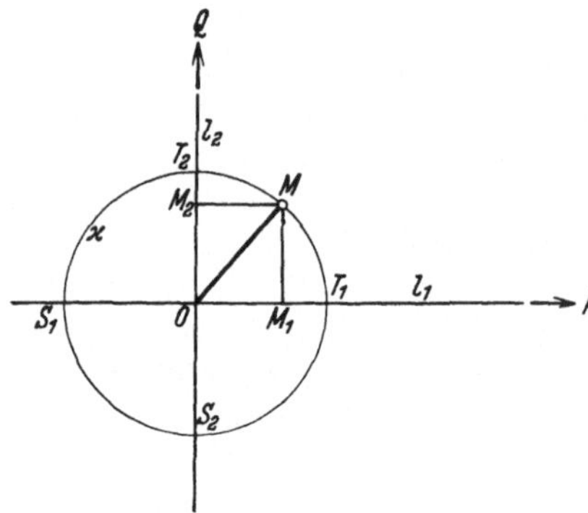

Fig. 57.

früher. Die Gerade $l = OM$ sei von $O$ nach $M$ orientiert. Durch $M$ legen wir einen hyperbolischen Kreis $\varkappa$ mit dem Zentrum $O$. Die konjugiert imaginären Schnittpunkte von $m$ mit $\varkappa$ (und $\Omega$) seien $I$ und $J$; sie sind durch die elliptische Involution von konjugierten Punkten in bezug auf $\varkappa$ (und $\Omega$) mit ihren zwei Orientierungen festgelegt; es sei $I$ derjenige Punkt, für den die Orientierung mit dem Umlauf um $O$ übereinstimmt. Der positive und der negative Schnittpunkt von $l_1$ mit $\varkappa$ sei $T_1$ bzw. $S_1$, und es sei $\sphericalangle(T_1OM) = \varphi$. Es ist dann nach § 1:

$$(9) \qquad e^{i\varphi} = (JIT_1M).$$

Wir projizieren nun den Kreis $\varkappa$ aus $I$ auf $l_1$ und erhalten

$$(10) \qquad e^{i\varphi} = (POT_1K),$$

wo $K$ der imaginäre Schnittpunkt von $IM$ mit $l_1$ ist und durch die elliptische Involution $(S_1, T_1)$, $(M_1, P)$ mit einer ihrer Orientierungen bestimmt werden kann.

Da $e^{-i\varphi}$ zu $e^{i\varphi}$ konjugiert imaginär ist, wird

$$(11) \qquad e^{-i\varphi} = (POT_1K^*),$$

wo $K^*$ zu $K$ konjugiert imaginär ist und daher durch dieselbe Involution wie $K$, aber mit entgegengesetzter Orientierung, festgelegt ist. Aus (10) und (11) bilden wir

$$\cos\varphi = \tfrac{1}{2}(e^{i\varphi} + e^{-i\varphi}) = (POT_1Z),$$

wo $Z$ der Punkt ist, der von $P$ durch das Punktpaar $(K, K^*)$ harmonisch getrennt ist, d. h. $Z$ fällt mit $M_1$ zusammen. Wir haben somit bewiesen:

$$\text{(C)} \qquad \cos\varphi = (POT_1M_1).$$

Um auch $\sin\varphi$ zu bestimmen, betrachten wir die Gerade $l_2$; ihr positiver und negativer Schnittpunkt mit $\varkappa$ sei $T_2$ bzw. $S_2$. Die Orientierung von $l_2$ sei so gewählt, daß $\sphericalangle(T_1OT_2) = +\dfrac{\pi}{2}$, d. h. der durch die Reihenfolge $T_1$, $T_2$, $S_1$ bestimmte Umlauf auf $\varkappa$ stimme mit dem Umlauf um $O$ überein. Wir können dann zeigen, daß

$$\text{(12)} \qquad (JIT_1T_2) = +i,$$

wo $i$ der in Kap. V, § 2 definierte Wurf ist. Durch Projektion von $I$ auf $l_1$ ergibt sich wie oben

$$(JIT_1T_2) = (POT_1L),$$

wo $L$ der imaginäre Schnittpunkt von $l_1$ mit $IT_2$ ist. Die entsprechende elliptische Involution ist durch $(S_1, T_1)$ und $(O, P)$ mit der Orientierung $POT_1$ bestimmt. Also ist (S. 62):

$$(POT_1L) = +i,$$

womit (12) bewiesen ist.

Aus (9) und (12) ergibt sich

$$\text{(13)} \qquad \frac{1}{i}\,e^{i\varphi} = (JIT_2M).$$

Ist $M_2$ der Schnittpunkt von $l_2$ mit der Geraden $PM$, so erhält man ganz wie oben, da ja $\sin\varphi$ gleich der halben Summe von (13) und ihrer konjugiert imaginären ist:

$$\text{(D)} \qquad \sin\varphi = (QOT_2M_2).$$

Aus (C) und (D) entnimmt man insbesondere, daß $\sin\varphi = \cos\left(\dfrac{\pi}{2} - \varphi\right)$, und daß $\sin\varphi > 0$ für $0 < \varphi < \pi$, während $\cos\varphi > 0$ für $0 < \varphi < \dfrac{\pi}{2}$ und $\cos\varphi < 0$ für $\dfrac{\pi}{2} < \varphi < \pi$.

Aus den gefundenen Formeln (A) bis (D) läßt sich nun die hyperbolische Trigonometrie eines Dreieckes ableiten. Es genügt, wie bekannt, ein rechtwinkliges Dreieck zu betrachten; denn auf diesen speziellen Fall läßt sich der allgemeine zurückführen.

Das Dreieck sei $ABC$, wo $\sphericalangle C = \dfrac{\pi}{2}$. Seiten und Winkel werden wie gewöhnlich mit kleinen bzw. großen Buchstaben bezeichnet. Sie werden alle positiv gedacht (die Winkel zwischen 0 und $\pi$); nach § 2 sind dann $A$ und $B$ kleiner als $\dfrac{\pi}{2}$. Alle Funktionen, sowohl hyperbolische als auch trigonometrische, sind dem Obigen zufolge positiv.

Wir identifizieren das Dreieck $ABC$ mit dem Dreieck $OMM_1$ in Fig. 56 und 57. Es ist dann nach (B), da $OM_1 = b$ und $OM = OT_1 = c$:

$$\mathrm{Tg}\,\frac{b}{k} = (POV_1M_1), \qquad \mathrm{Tg}\,\frac{c}{k} = (POV_1T_1).$$

Durch Division erhält man mit Hilfe von (C) wegen $\sphericalangle(T_1OM) = A$:

$$\text{(E)} \qquad\qquad \cos A = \frac{\mathrm{Tg}\,\dfrac{b}{k}}{\mathrm{Tg}\,\dfrac{c}{k}}\,.$$

Weiter ergibt sich aus (B) wegen $M_1M = OT = a$ (Fig. 56), wenn $OM_2 = \eta$ gesetzt wird und $V_2$ den positiven Grenzpunkt von $l_2$ bedeutet:

$$\mathrm{Tg}\,\frac{\eta}{k} = (QOV_2M_2), \qquad \mathrm{Tg}\,\frac{a}{k} = (QOV_2T).$$

Durch Division erhält man mit Hilfe von (A)

$$\text{(14)} \qquad\qquad \mathrm{Cos}\,\frac{b}{k} = \frac{\mathrm{Tg}\,\dfrac{a}{k}}{\mathrm{Tg}\,\dfrac{\eta}{k}}\,.$$

Wendet man (E) auf das Dreieck $OMM_2$ an, so ergibt sich

$$\sin A = \frac{\mathrm{Tg}\,\dfrac{\eta}{k}}{\mathrm{Tg}\,\dfrac{c}{k}}\,,$$

und·durch Division mit (E)

$$\text{(15)} \qquad\qquad \mathrm{tg}\,A = \frac{\mathrm{Tg}\,\dfrac{\eta}{k}}{\mathrm{Tg}\,\dfrac{b}{k}}\,.$$

Aus (14) und (15) findet man durch Elimination von $\eta$:

$$\text{(F)} \qquad\qquad \mathrm{tg}\,A = \frac{\mathrm{Tg}\,\dfrac{a}{k}}{\mathrm{Sin}\,\dfrac{b}{k}}\,.$$

Durch Vertauschung der Buchstaben $A, a$ mit $B, b$ erhält man aus (E) und (F):

$$\text{(G)} \qquad\qquad \cos B = \frac{\mathrm{Tg}\,\dfrac{a}{k}}{\mathrm{Tg}\,\dfrac{c}{k}}\,, \qquad \mathrm{tg}\,B = \frac{\mathrm{Tg}\,\dfrac{b}{k}}{\mathrm{Sin}\,\dfrac{a}{k}}\,.$$

Aus drei der Formeln (E), (F), (G) lassen sich alle anderen herleiten. So findet man z. B. aus (E) und (F) mit Hilfe von $\dfrac{1}{\cos^2 A} = 1 + \mathrm{tg}^2 A$ durch nachfolgende Ausziehung einer Quadratwurzel

$$(16) \qquad \operatorname{Cos} \frac{a}{k} \cdot \operatorname{Cos} \frac{b}{k} = \operatorname{Cos} \frac{c}{k},$$

da ja Cosinus stets positiv ist.

Die anderen Formeln ergeben sich durch rationale Operationen.

Als eine Anwendung der entwickelten Formeln wollen wir zuletzt den „Parallelenwinkel" bestimmen.

In Fig. 56 und 57 mögen $\mu$ und $\varkappa$ den Fundamentalkegelschnitt $\Omega$ darstellen. $MM_1$ sei eine beliebige Gerade mit dem einen Grenzpunkt $M$; $O$ sei ein beliebiger Punkt. Der Abstand von $O$ und $MM_1$ sei $OM_1 = d$; $OM$ ist die eine Parallele durch $O$ zu $MM_1$ und $\sphericalangle (M_1 OM)$ der Parallelenwinkel $u$. Dann ist nach (B) und (C)

$$(17) \qquad \cos u = \operatorname{Tg} \frac{d}{k}.$$

Hieraus oder durch Vergleich von (D) mit (A) findet man

$$(18) \qquad \sin u = \frac{1}{\operatorname{Cos} \dfrac{d}{k}}.$$

Schließlich kann die Gleichung auch in der Form

$$(19) \qquad \mathrm{tg}\, u = \frac{1}{\operatorname{Sin} \dfrac{d}{k}}$$

geschrieben werden.

XV. Kapitel.

# Die elliptische Geometrie.

## § 1. Einleitende Bemerkungen. Flächenmaß.

Die Fundamentalkurve ist hier ein imaginärer Kegelschnitt $\Omega$ mit reellem Polarsystem. Da $\Omega$ imaginär ist, fällt die Trennung der Projektivitäten auf dieser Kurve in gleichsinnige und ungleichsinnige weg und damit auch die Trennung der Fundamentaltransformationen in Kongruenz- und Symmetrietransformationen.

Bei jeder Fundamentaltransformation bleiben zwei konjugiert imaginäre Punkte auf $\Omega$ und damit auch die reelle Verbindungsgerade und der entsprechende absolute Pol fest. Jede Fundamentaltransformation kann also sowohl als Drehung wie als Verschiebung aufgefaßt werden. Der Ort der Punkte, welche von einem gegebenen Punkt einen festen Abstand haben, wird ein elliptischer Kreis genannt und ist wie im hyperbolischen Fall ein Kegelschnitt, welcher Doppelberührung mit $\Omega$ (in zwei konjugiert imaginären Punkten) hat. Jeder elliptische Kreis ist gleichzeitig eine Abstandskurve zur absoluten Polaren des Zentrums.

Parallele Gerade gibt es nicht; je zwei Gerade schneiden einander.

Drei Gerade, welche nicht durch denselben Punkt gehen, bestimmen in der ganzen projektiven Ebene vier Dreiecksgebiete; diese sind in der elliptischen Geometrie völlig gleichberechtigt. Ein Dreieck ist also durch Angabe seiner Eckpunkte nicht eindeutig bestimmt; vielmehr muß das „innere" Gebiet (am einfachsten durch einen Punkt desselben) angegeben werden.

Die elementare elliptische Geometrie ist der sphärischen Geometrie sehr ähnlich.

Die Ausführungen des Kap. XIV, § 2 über Winkelsumme und Flächenmaß sind auch in der elliptischen Geometrie leicht durchzuführen. In dem an Fig. 52 und 53 anknüpfenden Beweis erhält man statt einer hyperbolischen Involution eine elliptische, woraus folgt, daß die Winkel $C$ und $D$ im Viereck $ABCD$ stumpf werden. Infolgedessen wird die Winkelsumme eines Dreieckes immer größer als $\pi$, so daß man statt eines Defektes einen Exzeß erhält. Der Nebenwinkel eines Winkels in einem Dreieck wird kleiner als die Summe der zwei anderen Winkel.

Das Flächenmaß kann genau wie in der hyperbolischen Geometrie eingeführt werden. Es sei $ABC$ ein beliebiges Dreiecksgebiet und $m$ die Verbindungsgerade der Mittelpunkte von $AB$ und $AC$. Die durch $A$ gehende Abstandslinie $\mu$ zu $m$ ist hier ein elliptischer Kreis mit dem absoluten Pol von $m$ als Zentrum; er geht durch $B$ und $C$. Man findet wie früher, daß sich weder das Flächenmaß noch die Winkelsumme ändert, wenn $A$ sich auf $\mu$ bewegt. Geht $A$ ferner in einen innerhalb $\mu$ liegenden Punkt $X$ über, so werden sowohl Flächenmaß als auch Winkelsumme größer; umgekehrt, wenn $X$ außerhalb $\mu$ liegt. Wenn $\varepsilon$ den Exzeß bezeichnet, wird man durch Überlegungen, die den obigen analog sind, dazu geführt, das Flächenmaß gleich $\lambda\varepsilon$ zu setzen, wo $\lambda$ eine positive Konstante ist.

Ein Dreieck füllt mit seinen drei „Nebendreiecken" die ganze elliptische Ebene aus. Die Summe der Winkel in allen vier Dreiecken ist $6\pi$ (nämlich $2\pi$ um jede der drei Eckpunkte). Die Summe der vier Exzesse wird demnach $6\pi - 4\pi = 2\pi$, so daß das Flächenmaß der ganzen elliptischen Ebene gleich $2\pi\lambda$ wird.

Setzen wir $\lambda = k^2$, so ist das Areal der ganzen Ebene gleich $2\pi k^2$ (d. h. so groß wie eine Halbkugel mit dem Radius $k$ in euklidischem Maß).

## § 2. Trigonometrie.

Die elliptische Trigonometrie eines Dreiecks kann wie die hyperbolische (Kap. XIV, § 3) entwickelt werden; die Ableitung ist einfacher in dem Sinne, daß sowohl Seiten als auch Winkel durch gewöhnliche trigonometrische Funktionen ausdrückbar sind.

Die zu (A) analoge Formel brauchen wir nicht. Eine zu (B) analoge Formel ergibt sich ganz wie früher. Setzt man nämlich wie in Kap. XIV, § 3,

$$(1) \qquad \lambda = (POV_1M_1),$$

so erhält man statt der dortigen Formel (8), da ja hier $(V_1U_1OM_1)$ $= e^{\frac{2i\xi}{k}}$ ist:

$$(2) \qquad \lambda = \frac{e^{\frac{i\xi}{k}} - e^{-\frac{i\xi}{k}}}{e^{\frac{i\xi}{k}} + e^{-\frac{i\xi}{k}}}.$$

Also wird die (B) entsprechende Formel

$$(3) \qquad i\,\mathrm{tg}\,\frac{\xi}{k} = (POV_1M_1).$$

Die Ausführungen in Kap. XIV, § 3, S. 180—181 können unverändert übertragen werden und ergeben die Formeln

$$(4) \qquad \cos\varphi = (POT_1M_1), \qquad \sin\varphi = (QOT_2M_2)$$

sowie $\sin\varphi = \cos\left(\frac{\pi}{2} - \varphi\right)$.

Wir betrachten nun ein rechtwinkliges Dreieck $ABC$, welches wie früher mit dem Dreieck $OMM_1$ auf Fig. 56 und 57 identifiziert wird. Es mögen zunächst beide Katheten $a$ und $b$ spitz[1] sein; dann liegt das Dreieck $ABC$ ganz innerhalb eines der Dreiecksgebiete $OPQ$ ($P$ und $Q$ sind ja hier eigentliche Punkte), so daß auch die Hypothenuse $c$ sowie $\sphericalangle A$ (und demnach auch $\sphericalangle B$) spitz sind. Ebenso ist $\eta = OM_2$ spitz. Alle vorkommenden trigonometrischen Funktionen sind demnach positiv, so daß keine Zweideutigkeit bezüglich der Vorzeichen möglich ist.

Aus (3) und (4) ergibt sich nun ganz wie früher

$$(5) \qquad \cos A = \frac{\mathrm{tg}\,\dfrac{b}{k}}{\mathrm{tg}\,\dfrac{c}{k}}$$

und

$$(6) \qquad \sin A = \frac{\mathrm{tg}\,\dfrac{\eta}{k}}{\mathrm{tg}\,\dfrac{c}{k}}$$

---

[1] Eine Strecke $\delta$ $(0 < \delta < k\pi)$ wird spitz oder stumpf genannt, je nachdem $\delta < k\frac{\pi}{2}$ oder $\delta > k\frac{\pi}{2}$.

und hieraus durch Division:

$$(7) \qquad \operatorname{tg} A = \frac{\operatorname{tg}\dfrac{\eta}{k}}{\operatorname{tg}\dfrac{b}{k}}.$$

Die Punkte $P$, $M$ und $M_2$ bestimmen ein rechtwinkliges Dreieck, in welchem der eine Winkel gleich $\dfrac{b}{k}$, die anliegende Kathete gleich $k\dfrac{\pi}{2} - \eta$ und die Hypothenuse gleich $k\dfrac{\pi}{2} - a$ ist. Wenden wir auf dieses Dreieck die Formel (5) an, so erhalten wir

$$(8) \qquad \cos\frac{b}{k} = \frac{\operatorname{tg}\dfrac{a}{k}}{\operatorname{tg}\dfrac{\eta}{k}}.$$

Aus (7) und (8) ergibt sich durch Elimination von $\eta$:

$$(9) \qquad \operatorname{tg} A = \frac{\operatorname{tg}\dfrac{a}{k}}{\sin\dfrac{b}{k}}.$$

Aus (5) und (9) und den analogen Formeln für $\sphericalangle B$ lassen sich, wie in der hyperbolischen Geometrie, alle anderen Formeln ableiten.

Wir haben oben vorausgesetzt, daß $a$ und $b$ beide spitz sind. Die anderen Fälle lassen sich durch Übergang zu einem Nebendreieck auf den schon behandelten zurückführen. Wenn nämlich $a$ spitz und $b$ stumpf ist, geht man zu dem Nebendreieck mit den Katheten $a$ und $k\pi - b$ über; wenn $a$ und $b$ beide stumpf sind, betrachtet man das Nebendreieck mit den Katheten $k\pi - a$ und $k\pi - b$. Die bewiesenen Formeln und die daraus ableitbaren sind demnach allgemein gültig.

Die nichteuklidischen Geometrien können auf verschiedene Weisen entwickelt werden. Die in mancher Hinsicht interessanteste ist die elementargeometrische, die auf die Vorgänger und ersten Begründer einer systematischen Entwicklung zurückgeht.

Die hier benutzte Methode ist im wesentlichen die CAYLEY-KLEINsche, welche in natürlicher Weise die Theorie in die projektive Geometrie einfügt. Dieselbe Methode läßt sich selbstverständlich auch in algebraischer Form entwickeln.

Eine ganz andere Grundlage erhält man, wenn man mit RIEMANN (und später POINCARÉ) von einem quadratischen Differentialausdruck des Bogenelementes ausgeht; diese hat sich besonders für die Erweiterung der Theorie auf mehrdimensionale Räume als fruchtbar erwiesen.

Die tiefst gehende Grundlage erhält man aber durch die von M. PASCH eingeführte Theorie der uneigentlichen Elemente. In

v. Staudts Geometrie der Lage mußte der Parallelensatz entweder als Axiom vorausgesetzt oder durch einen (unzulänglichen) Beweis in die Theorie eingefügt werden. Alles dies wird durch die Paschsche Einführung der uneigentlichen Elemente entbehrlich, und unzweifelhaft ist erst durch Pasch das v. Staudtsche System der Geometrie zur Vollendung gebracht worden.

Bei Pasch, wie auch bei v. Staudt, werden gleich von vornherein raumgeometrische Elemente benutzt. Es ist aber auch möglich, durch geänderte Voraussetzungen eine Geometrie der reellen Ebene aufzubauen, ohne von einem umgebenden Raum Gebrauch zu machen. Dies ist von J. Hjelmslev ausgeführt worden.

## XVI. Kapitel.

## Euklidische Geometrie.

### § 1. Elementare euklidische Geometrie.

Wir haben zuletzt den Fall zu betrachten, wo der Fundamentalkegelschnitt in zwei konjugiert imaginäre Punkte $I$ und $J$ ausartet. Es wurde schon früher (Kap. XIII, § 2) gezeigt, wie man in diesem Fall Längen und Winkel messen kann. Die Punkte $I$ und $J$ sind die Doppelpunkte der Involution, welche von den aufeinander senkrechten Geraden eines Geradenbüschels auf der unendlich fernen Geraden ausgeschnitten wird.

Eine Fundamentaltransformation läßt das Punktpaar $(I, J)$ invariant; sie wird eine Kongruenz- oder Symmetrietransformation genannt, je nachdem jeder der Punkte $I$ und $J$ fest bleibt oder die beiden vertauscht werden. Die Punkte $I$ und $J$ werden die Kreispunkte genannt, weil jeder Kreis durch diese Punkte hindurchgeht (vgl. Kap. XIII, § 2, Schluß).

Man sieht sofort, daß der Ort der Schnittpunkte entsprechender Strahlen in zwei kongruenten Geradenbüscheln ein Kreis ist, wenn nicht entsprechende Strahlen parallel sind (Spezialfall der Herstellung eines Kegelschnittes durch projektive Büschel). Das Zentrum des Kreises ist der Schnittpunkt der Tangenten in $I$ und $J$; man sieht hieraus, daß der in Kap. VII, § 2 bewiesene projektive Satz II nun auch folgendermaßen metrisch gedeutet werden kann: Ein Peripheriewinkel ist halb so groß wie der auf demselben Bogen ruhende Zentriwinkel.

Eine kollineare Transformation, welche jeden der Kreispunkte in sich überführt, nennt man eine *Ähnlichkeitstransformation*; entsprechende Winkel sind, evtl. abgesehen vom Vorzeichen, gleich groß.

Die einfachste Ähnlichkeitstransformation, welche keine Kongruenz- oder Symmetrietransformation ist, ist eine Homologie mit der unendlich fernen Geraden als Achse, eine sog. *Multiplikation*. Entsprechende Gerade sind hier parallel. Ist $O$ das Zentrum der Multiplikation, $(A, A')$ und $(B, B')$ zwei Paare von entsprechenden Punkten, dann hat man

$$(1) \qquad \frac{OA'}{OA} = \frac{OB'}{OB}.$$

Es mögen nämlich die Geraden $OA$ und $OB$ die unendlich ferne Gerade in $U$ bzw. $V$ schneiden. Dann ist

$$(UOAA') = (VOBB'),$$

und hieraus folgt nach Kap. XIII, § 1, (36) die obige Gleichung (1).

Ferner folgt aus (1), daß entsprechende Seiten in zwei gleichwinkligen Dreiecken proportional sind; hieraus weiter, daß alle entsprechenden Strecken in einer Multiplikation (evtl. abgesehen vom Vorzeichen) proportional sind. Diese Proportionalität gilt dann auch in einer beliebigen Ähnlichkeitstransformation; denn eine solche ist durch zwei Paare von entsprechenden Punkten bestimmt und läßt sich demnach in eine Multiplikation und eine Kongruenztransformation zerlegen.

Eine Kollineation, welche die Punkte $I$ und $J$ vertauscht, wird eine *symmetrische Ähnlichkeitstransformation* genannt. Jede solche kann aus einer Ähnlichkeitstransformation durch Hinzufügung einer Symmetrie erzeugt werden.

Es ist natürlich, daß man in der Elementargeometrie von der Ähnlichkeit den ausgiebigsten Gebrauch macht. Ich nenne als Beispiel eine Konstruktionsaufgabe, welche sich nicht ohne weiteres in gewöhnlicher Weise durch geometrische Örter lösen läßt, nämlich die alte NEWTONsche Aufgabe:

In ein gegebenes Viereck $ABCD$ ein Viereck $MNPQ$ einzuschreiben, welches einem anderen gegebenen Viereck $XYZT$ ähnlich ist.

Man umschreibe dem Viereck $XYZT$ ein Viereck $A_1B_1C_1D_1$, welches $ABCD$ ähnlich ist; diese Aufgabe läßt sich leicht lösen, weil man die Winkel kennt, in welche die Winkel $A_1$ und $C_1$ durch die Diagonale geteilt werden. Hiernach ergibt eine Ähnlichkeitstransformation die Lösung.

Die Gerade, welcher in einer allgemeinen Kollineation die unendlich ferne Gerade entspricht, heißt eine *Fluchtlinie* der Transformation. Es gibt im allgemeinen zwei verschiedene Fluchtlinien, je nachdem die unendlich ferne Gerade der einen oder der anderen Figur zugerechnet wird.

Wenn die unendlich ferne Gerade sich selbst entspricht, nennt man die Transformation eine Affinität. Eine solche ist, wie man leicht sieht, durch drei Paare von entsprechenden Punkten eindeutig bestimmt.

Als Typus einer recht interessanten Art von Aufgaben nenne ich die folgende:

Zwei kollineare Figuren sind durch Bewegung (Kongruenz oder Symmetrie) in perspektive Lage zu bringen.

Eine elementargeometrische Lösung ist die folgende: In der einen der zwei Figuren nehmen wir vier Punkte $A, B, C, D$, welche die Eckpunkte eines Quadrates sind. Die entsprechenden Punkte seien $A', B', C', D'$. Wenn die Kollineation keine Affinität ist, können wir $A, B, C, D$ so wählen, daß das Viereck $A'B'C'D'$ kein Parallelogramm wird.

Es mögen sich $A'B'$ und $C'D'$ in $E'$, $B'C'$ und $A'D'$ in $F'$ schneiden. Die Gerade $E'F'$ muß dann eine Fluchtlinie derjenigen Homologie sein, welche zwischen den zwei Figuren — nach der Bewegung der ersten — bestehen soll. Es möge $E'F'$ von $A'C'$ und $B'D'$ in $G'$ bzw. $H'$ geschnitten werden. Da die gesuchte Homologie das Viereck in ein Quadrat verwandeln soll, ist das Zentrum $O$ dadurch bestimmt, daß

$$\sphericalangle E'OF' = \sphericalangle G'OH' = \frac{\pi}{2}.$$

Eine beliebige Homologie mit $O$ als Zentrum und $EF$ als der einen Fluchtlinie führt $A'B'C'D'$ in ein Quadrat über. Durch Hinzufügung einer Multiplikation mit $O$ als Zentrum kann man dem Quadrat die richtige Größe geben.

Diese Konstruktion wird hinfällig, wenn die zwei Figuren affin sind, und es zeigt sich, daß die Aufgabe in diesem Falle nicht immer eine Lösung hat.

Eine Affinität ist, wie gesagt, durch drei Paare $(A, A'), (B, B'), (C, C')$ von entsprechenden Punkten eindeutig bestimmt. Wir wählen $A, B, C$ so, daß sie Eckpunkte eines gleichseitigen Dreieckes sind. Dieses Dreieck verschieben wir zunächst so, daß $A$ in $A'$ fällt; man hat dann, wenn $A'B'C'$ festgehalten wird, das Dreieck $ABC$ so um $A'$ zu drehen, daß $BB'$ und $CC'$ parallel werden. Geht der Punkt $B'$ bei einer Drehung um $A'$ um den Winkel $\frac{\pi}{3}$ in $B_1$ über (Fig. 58),

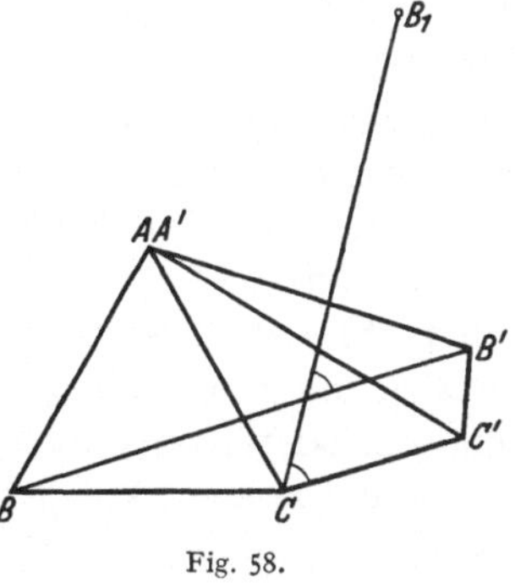

Fig. 58.

so ist die Lage von $C$ durch die bekannte Länge von $A'C$ und den Winkel $B_1CC' = \frac{\pi}{3}$ bestimmt.

## § 2. Die Kreisverwandtschaften.

Eine reiche Quelle von elementargeometrischen Sätzen und Konstruktionen sind die Kreisverwandtschaften der euklidischen Geometrie. Wir wollen im folgenden diese Theorie von einer projektivgeometrischen Auffassung aus entwickeln, dabei aber nicht vergessen, die interessanten elementargeometrischen Konsequenzen aus ihr zu ziehen. Wir beschränken uns in diesem Paragraphen auf reelle Elemente.

Die Transformationen, mit denen wir uns hier beschäftigen werden, haben die besondere Eigenschaft, daß sie alle unendlich fernen Punkte der einen Figur in einen und denselben Punkt der anderen überführen. Es wird daher bequem sein, diese unendlich fernen Punkte als ein einzelnes Individuum, *den* unendlich fernen Punkt $U$ der Ebene, aufzufassen. Die so präparierte Ebene heißt eine GAUSSsche Ebene oder ein RIEMANN-sches Blatt; sie ist keine projektive Ebene mehr, sondern eine zwei-dimensionale Kette (im algebraischen Sinne, ohne Nebenbedingung, vgl. S. 127). Da jede Gerade einen unendlich fernen Punkt enthält, werden wir konsequenterweise auch sagen, daß $U$ auf jeder Geraden liegt, dagegen natürlich nicht auf den Kreisen. Statt „Gerade" wollen wir auch „Kreis durch $U$" sagen. Durch Einführung dieser Sprechweise gestaltet sich die Definition besonders einfach:

*Zwei Figuren $\Sigma$ und $\Sigma'$ heißen kreisverwandt, wenn jedem Punkt der einen eindeutig ein Punkt der anderen entspricht, und den Punkten eines Kreises die Punkte eines Kreises entsprechen.*

Die Punkte $O_1$ und $O_2'$, welche dem Punkte $U$ entsprechen, je nach-dem er als der einen oder der anderen Figur angehörig betrachtet wird, heißen die *Zentralpunkte* der Transformation.

Es seien nun $I$ und $J$ die Kreispunkte der Ebene. Verbindet man einen von diesen — etwa $I$ — mit entsprechenden Punkten $M$ und $M'$ der zwei Figuren, so erhält man zwei Geradenbüschel (mit demselben Scheitel). Nun ist eine Kette von Geraden innerhalb eines solchen Büschels eben dadurch bestimmt, daß die reellen Punkte der ent-sprechenden Strahlen auf einem Kreis liegen (Kap. II, § 2, Satz VII); also wird mittels der Transformation $(M, M')$ eine solche Beziehung der genannten Geradenbüschel hergestellt, welche Kette in Kette über-führt. Sie ist also entweder projektiv oder symmetral (Kap. III, § 2, Satz I). Es gibt demnach zwei verschiedene Arten von Kreisverwandt-schaften oder Kreistransformationen; wir nennen sie Transformationen erster und zweiter Art, je nachdem die Büschel $I(M)$ und $I(M')$ projek-tiv oder symmetral sind. Statt

$$I(MNPQ) \barwedge I(M'N'P'Q') \quad \text{und} \quad I(MNPQ) \veebar I(M'N'P'Q').$$

schreiben wir im folgenden auch kürzer

$$MNPQ \barwedge M'N'P'Q' \quad \text{bzw.} \quad MNPQ \veebar M'N'P'Q'.$$

Die Hauptsätze über Kreistransformationen lassen sich nun aus den früheren Resultaten, insbesondere aus Kap. II—IV, einfach ablesen. Erstens:

I. *Eine Kreistransformation gegebener Art ist durch drei Paare $(A, A')$, $(B, B')$, $(C, C')$ eindeutig bestimmt.*

In beiden Fällen wird einem beliebigen Punkt $M$ des Kreises $(ABC)$ $= \alpha$ ein Punkt $M'$ von $(A'B'C') = \alpha'$ zugeordnet, so daß

$$ABCM \barwedge A'B'C'M';$$

denn innerhalb einer Kette besteht kein Unterschied zwischen Projektivität und Symmetralität. Die Konstruktion von $M'$ ist mittels perspektiver Büschel leicht durchzuführen; schneidet nämlich die Gerade $AA'$ die Kreise $\alpha$ und $\alpha'$ in den weiteren Punkten $R$ und $S'$ (Fig. 59), so sind die Büschel $R(M)$ und $S'(M')$ perspektiv.

Zwei harmonische Geradenpaare des Büschels mit dem Scheitel $I$ gehören derselben Kette an. Die entsprechenden vier reellen Punkte liegen daher auf einem Kreis und bilden auf diesem harmonische Punktpaare. Wir definieren deshalb:

*Zwei Punktpaare der Ebene liegen harmonisch, wenn sie einem Kreis angehören und auf diesem harmonisch getrennt sind.*

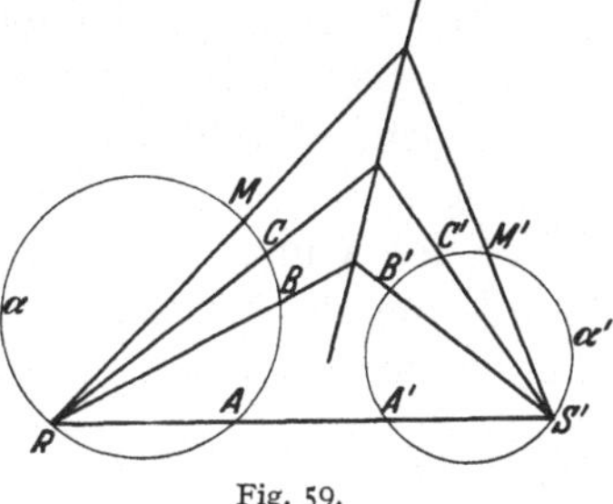

Fig. 59.

Auch der Begriff „symmetrische Lage in bezug auf eine Kette" läßt sich auf die reelle Ebene überführen:

*Zwei Punkte $M$ und $M'$ liegen in bezug auf einen Kreis $\alpha$ symmetrisch, wenn es auf diesem eine elliptische Involution $(P, P_1)$ gibt, deren Paare alle durch $(M, M')$ harmonisch getrennt sind.* Jeder Kreis durch $M$ und $M'$ schneidet auf $\alpha$ ein Paar der Involution aus.

Insbesondere ist der symmetrische Punkt des Zentrums des Kreises der unendlich ferne Punkt $U$.

Wir wollen zunächst die involutorische Kreistransformation zweiter Art betrachten, weil sich nach Kap. IV, § 3 jede Kreistransformation als Produkt solcher Transformationen darstellen läßt.

Diese Transformation wird *Inversion* genannt und kann aus einer Symmetrie innerhalb des Geradenbüschels mit dem Scheitel $I$ abgeleitet werden. Die Zentralpunkte fallen in einen Punkt $O$ zusammen, welcher das Zentrum der Inversion genannt wird. Es sei $(M, M')$ ein beliebiges Paar von entsprechenden Punkten; die zwei Paare $(O, U)$ und $(M, M')$ liegen dann auf einem Kreis (Kap. III, § 2, Satz IV), d. h. $O, M, M'$ liegen in einer Geraden. Ist $(P, P')$ ein anderes Paar, so liegen auch $O, P, P'$ in einer Geraden und $M, M', P, P'$ auf einem Kreis. Nach dem Potenzsatz ist demnach $OM \cdot OM' = OP \cdot OP'$; wir haben also:

II. *In einer Inversion liegen entsprechende Punkte $(M, M')$ mit dem Zentrum $O$ auf einer Geraden, und das Produkt $OM \cdot OM'$ ist konstant.*

Wenn die Symmetrie innerhalb des Büschels $(I)$ eine Grundkette hat, gibt es in der Inversion einen „*Grundkreis*" $k$, dessen Punkte alle fest bleiben, während jeder andere Punkt in seinen symmetrischen in bezug auf $k$ übergeht. Der Wert des Produktes $OM \cdot OM'$ ist positiv und gleich dem Quadrat des Radius des Grundkreises.

Gibt es dagegen im Büschel ($I$) keine Grundkette, dann hat die Inversion keine selbstentsprechenden Punkte, und das Produkt $OM \cdot OM'$ ist negativ.

Eine Inversion ist durch Angabe des Zentrums $O$ und eines Paares von entsprechenden Punkten, welche mit $O$ in einer Geraden liegen, eindeutig bestimmt.

Ein Ausnahmefall tritt ein, wenn das Zentrum $O$ unendlich fern liegt, d. h. wenn $U$ ein Doppelpunkt ist. Man sieht leicht, daß es in diesem Fall einen geradlinigen Grundkreis gibt, und die Transformation ist eine gewöhnliche Symmetrie in bezug auf diese Gerade.

Die symmetrische Lage zweier Punkte in bezug auf einen Kreis ist in bezug auf eine Inversion invariant.

Es seien $\alpha$ und $\beta$ zwei (nichtorientierte) Kreise; für eine festgelegte Orientierung der Ebene ist dann der Winkel $\sphericalangle\,(\alpha\beta)$, in einem bestimmten Schnittpunkt gemessen, bis auf ein Multiplum von $\pi$ eindeutig bestimmt. Es gilt der Satz:

III. *Die Winkel $\sphericalangle\,(\alpha\beta)$ zweier Kreise $\alpha$ und $\beta$ in den zwei Schnittpunkten $A$ und $B$ sind gleich groß mit entgegengesetztem Vorzeichen.*

Man schließt dieses aus der Symmetrie der Figur in bezug auf die Symmetrieachse von $AB$.

Der Satz (und der Beweis) gilt auch, wenn einer der Kreise eine Gerade ist. Sind dagegen beide Kreise in Gerade ausgeartet, fällt der eine Schnittpunkt in $U$, wo die Winkelmessung ganz unbestimmt ist. Um diesen Ausnahmefall zu beseitigen, führen wir die folgende Definition ein:

*Der Winkel $\sphericalangle\,(ab)$ zweier Geraden $a$ und $b$ in $U$ ist gleich dem Winkel $\sphericalangle\,(ab)$ in dem nicht unendlich fernen Schnittpunkt, mit entgegengesetztem Vorzeichen.*

Sind $a, b, c$ drei beliebige Gerade, so gilt für die so definierten Winkel im gemeinsamen unendlich fernen Schnittpunkt $U$ die gewöhnliche Relation:

$$(ab) + (bc) = (ac).$$

Durch die obige Definition wird der Satz III ausnahmslos richtig.

Als eine natürliche Folge dieser Definition ergibt sich auch die folgende Redeweise:

*Zwei parallele Gerade berühren einander in $U$.*

Also berühren zwei Kreise einander, wenn sie einen einzigen Punkt miteinander gemein haben, und die Berührung zweier Kreise ist gegenüber Kreistransformationen invariant.

Man hat nun:

IV. *In zwei inversen Figuren sind entsprechende Winkel gleich groß mit entgegengesetztem Vorzeichen.*

Der Begriff „entsprechende Winkel" ist so zu verstehen: Zwei Kreise (in weiterem Sinne) $\alpha$ und $\beta$ mögen den Schnittpunkt $A$ haben.

Dem Winkel $\sphericalangle(\alpha\beta)$, in $A$ gemessen, soll dann der Winkel $\sphericalangle(\alpha'\beta')$, in $A'$ gemessen, entsprechen.

Im allgemeinen Fall, wo keiner der Kreise $\alpha$, $\beta$, $\alpha'$, $\beta'$ geradlinig ist, ergibt sich der Satz in bekannter Weise mittels des Satzes III, indem man beachtet, daß $\alpha$ in $\alpha'$ durch eine Multiplikation, deren Zentrum im Inversionszentrum liegt, überführt werden kann, und ebenso $\beta$ in $\beta'$.

Die verschiedenen Spezialfälle bieten keine besondere Schwierigkeiten dar.

Der Satz gilt auch, wenn $A$ oder $A'$ in $U$ fällt; beim Beweise braucht man dann nur mittels III zu dem anderen Schnittpunkt überzugehen.

Nach Satz IV gehen insbesondere Orthogonalkreise in Orthogonalkreise über.

Wir wollen noch einen Augenblick eine Inversion mit dem Grundkreis $k$ betrachten; $\alpha$ sei ein zweiter Kreis orthogonal zu $k$; $\alpha$ geht durch die Inversion in sich selbst über und besteht also aus lauter Paaren $(M, M')$ von Punkten, welche in bezug auf $k$ symmetrisch liegen. Umgekehrt wird jeder Kreis durch ein solches Paar $(M, M')$ in sich selbst überführt und ist also nach Satz IV zu $k$ orthogonal. Diese Kreise sind gerade diejenigen, welche auf $k$ die durch $(M, M')$ bestimmte Involution ausschneiden.

Man sieht, daß zwei Orthogonalkreise gerade durch zwei orthogonale Ketten im Geradenbüschel $(I)$ bestimmt werden (Kap. II, § 3).

Der Aufbau der allgemeinen Kreistransformation aus Inversionen ergibt sofort:

V. *In zwei kreisverwandten Figuren sind entsprechende Winkel gleich groß, und zwar mit demselben Vorzeichen bei Transformationen erster Art, mit entgegengesetztem Vorzeichen bei Transformationen zweiter Art.*

Als eine Anwendung hiervon nennen wir das Folgende:

Es seien $a$ und $b$ zwei Gerade durch den einen Zentralpunkt $O_1$; sie werden in zwei Gerade $a'$ und $b'$ überführt, welche durch den anderen Zentralpunkt $O_2'$ gehen; nach Satz V ist $\sphericalangle(ab)$ in $O_1$ gleich $\pm \sphericalangle(a'b')$ in $U$, je nachdem die Kreistransformation erster oder zweiter Art ist; $\sphericalangle(a'b')$ in $U$ ist nach Satz III gleich $- \sphericalangle(a'b')$ in $O_2'$. Also:

VI. *In einer allgemeinen Kreistransformation mit den Zentralpunkten $O_1$ und $O_2'$ entspricht dem Geradenbüschel mit dem Zentrum $O_1$ das Geradenbüschel mit dem Zentrum $O_2'$, und die zwei Büschel sind kongruent oder symmetrisch, je nachdem die Transformation von zweiter oder erster Art ist.*

Da orthogonales Schneiden invariant ist, können wir sofort hinzufügen:

*Die Kreise mit dem Zentrum $O_1$ werden in die Kreise mit dem Zentrum $O_2'$ übergeführt.*

Fügt man zu der beliebigen Kreistransformation $T$ eine Inversion $S$ mit dem Zentrum $O_2'$, so erhält man eine Transformation $TS$, welche $O_1$

in $O_2'$ und $U$ in sich selbst überführt, also eine Ähnlichkeitstransformation mit den entsprechenden Punkten $(O_1, O_2')$. Wird ein beliebiger Punkt $M$ durch $T$ in $M'$ und dieser durch $S$ in $M''$ transformiert, so hat man also:

$$O_1 M : O_2' M'' = \text{konstant} \quad \text{und} \quad O_2' M' \cdot O_2' M'' = \text{konstant}.$$

Also ergibt sich:

VII. *In einer beliebigen Kreistransformation $(M, M')$ mit den Zentralpunkten $O_1$ und $O_2'$ ist das Produkt $O_1 M \cdot O_2' M'$ konstant.*

Wir besprechen an dieser Stelle nicht die Orientierung der Geraden und nehmen alle Längen von Strecken positiv.

Wir gehen nun zu den involutorischen Transformationen erster Art über. Die Transformation ist durch zwei beliebige Paare $(A, A')$ und $(B, B')$ entsprechender Punkte bestimmt; denn, wie schon oft bemerkt, geben die vier Bedingungen, daß $A, A', B, B'$ in bzw. $A', A, B', B$ übergehen sollen, nur drei voneinander unabhängige Bedingungen.

Eine solche Transformation hat immer zwei verschiedene Doppelpunkte $E$ und $F$. Zwei entsprechende Punkte $(M, M')$ werden durch $E$ und $F$ harmonisch getrennt.

Man hat:

VIII. *Eine involutorische Kreistransformation erster Art ist das Produkt zweier Inversionen, deren Grundkreise zueinander orthogonal sind.*

Sind nämlich $\alpha_1$ und $\alpha_2$ zwei beliebige durch $E$ und $F$ gehende Orthogonalkreise, und sind $P_1$ und $P_2$ die zwei Punkte, welche zu $P$ symmetrisch in bezug auf $\alpha_1$ bzw. $\alpha_2$ liegen, dann werden $P_1$ und $P_2$ durch $E$ und $F$ harmonisch getrennt. Man erkennt dies am schnellsten durch eine Inversion mit $E$ als Zentrum; durch diese gehen $\alpha_1$ und $\alpha_2$ in zwei zueinander senkrechte Gerade $\alpha_1'$ und $\alpha_2'$ über, $P_1, P_2$ und $P$ in $P_1', P_2'$ und $P'$, so daß $P_1'$ und $P_2'$ symmetrisch zu $P'$ in bezug auf $\alpha_1'$ bzw. $\alpha_2'$ liegen; also liegen $P_1'$ und $P_2'$ in bezug auf den Schnittpunkt $F'$ von $\alpha_1'$ und $\alpha_2'$ symmetrisch. Die Punktpaare $(P_1', P_2')$ und $(U, F')$ sind demnach harmonisch getrennt, also auch die ursprünglichen Paare $(P_1, P_2)$ und $(E, F)$.

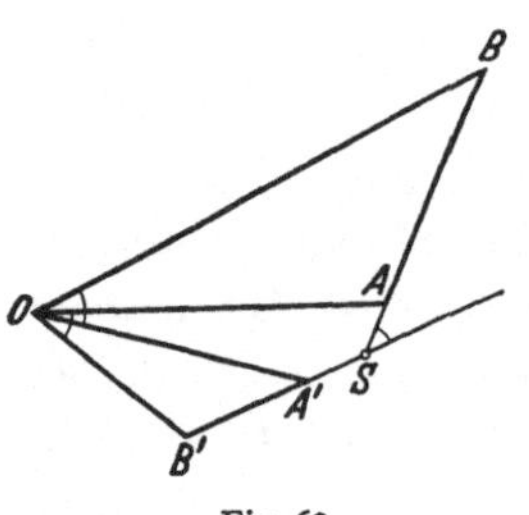

Fig. 60.

In diesem speziellen Fall geben die Sätze VI und VII:

IX. *In einer involutorischen Kreistransformation erster Art $(M, M')$ mit dem Zentralpunkt $O$ ist das Produkt $OM \cdot OM'$ konstant, und die zwei Geradenbüschel $O(M)$ und $O(M')$ sind symmetrisch.*

Hieraus ergibt sich nun eine einfache Bestimmung sowohl des Punktes $O$ als auch der zwei Doppelpunkte $E$ und $F$, wenn die Transformation durch die zwei Paare $(A, A')$ und $(B, B')$ festgelegt ist:

Die beiden Dreiecke $OAB$ und $OB'A'$ (Fig. 60) sind nämlich ähnlich, und die untereinander gleichen Winkel $(OA, OB')$ und $(OB, OA')$ sind als der Winkel $(AB, B'A')$ modulo $\pi$ eindeutig bestimmt; der Schnittpunkt von $AB$ mit $A'B'$ sei $S$; der Punkt $O$ kann dann als der von $S$ verschiedene Schnittpunkt von den Kreisen $AB'S$ und $BA'S$ gefunden werden.

Die Doppelpunkte liegen nun auf der inneren Halbierungslinie des Dreieckes $AOA'$, so daß $OE = OF = \sqrt{OA \cdot OA'}$.

Wir gehen nun zu der allgemeinen Kreistransformation über und wollen eine Methode für die Konstruktion entsprechender Punktpaare angeben.

Die Transformation sei durch $(A, A')$, $(B, B')$ und $(C, C')$ gegeben; sie ist dann nach Satz I vollständig bestimmt, wenn man ihre Art kennt. $M$ sei ein beliebiger Punkt; sein entsprechender Punkt $M'$ wird gesucht.

Wenn $M$ auf dem Kreis $\alpha = ABC$ liegt, gehört $M'$ dem Kreise $\alpha' = A'B'C'$ an und kann, wie früher erwähnt, durch perspektive Geradenbüschel konstruiert werden; wir brauchen also hier nur den Fall zu betrachten, wo $M$ nicht auf $\alpha$ liegt.

Durch $M$ und $A$ legen wir einen Orthogonalkreis $\lambda$ zu $\alpha$; er schneide $\alpha$ nochmals in $A_1$; ein zweiter Orthogonalkreis $\mu$ durch $M$ und $B$ schneide $\alpha$ nochmals in $B_1$; die $A_1$ und $B_1$ entsprechenden Punkte $A_1'$ und $B_1'$ können nach dem soeben Gesagten konstruiert werden; die durch $A'$ und $A_1'$ bzw. $B'$ und $B_1'$ gehenden Orthogonalkreise $\lambda'$ und $\mu'$ zu $\alpha'$ schneiden einander in zwei Punkten, $M'$ und $M''$; in einem dieser Punkte, etwa $M'$, ist $\sphericalangle(\lambda'\mu') = \sphericalangle(\lambda\mu)$, (gemessen in $M$), in dem anderen ist er $- \sphericalangle(\lambda\mu)$. Je nachdem also die Transformation von erster oder zweiter Art ist, entspricht dem Punkte $M$ der Punkt $M'$ oder $M''$.

Insbesondere kann man durch diese Methode die zwei Zentralpunkte $O_1$ und $O_2'$ der Transformation bestimmen. Um z. B. $O_2'$ zu finden, ziehe man die Durchmesser des Kreises $\alpha$ durch $A$ und $B$ und bringe die entsprechenden Kreise zum Schnitt; der Schnittpunkt, welcher nicht dem Zentrum von $\alpha$ entspricht, ist der gesuchte.

Jetzt wollen wir die Doppelpunkte einer allgemeinen Kreistransformation bestimmen und beginnen mit einer Transformation $T$ zweiter Art; sie sei durch die Zentralpunkte $O_1$ und $O_2'$ und ein Punktpaar $(A, A')$ gegeben.

Nach Satz VI sind die Strahlenbüschel mit den Zentren $O_1$ und $O_2'$ kongruent; also durchläuft der Schnittpunkt entsprechender Strahlen

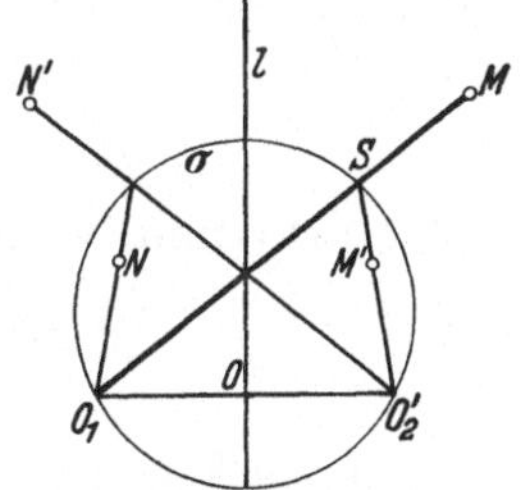

Fig. 61.

einen Kreis $\sigma$. Es sei (Fig. 61) $(M, M')$ ein beliebiges Paar von entsprechenden Punkten; der Schnittpunkt $S$ von $O_1M$ und $O_2'M'$ liegt dann auf $\sigma$. Durch stetige Variation von $M$ (und damit auch von $M'$ und $S$) sieht man: Wenn $S$ auf dem einen Bogen $O_1O_2'$ liegt (den wir etwa den „ersten" nennen wollen), so entsprechen sich die Halbgeraden $O_1(S)$ und $O'_2(S)$ (d. h. die aus $O_1$ bzw. $O'_2$ gehenden Halbgeraden, welche $S$ enthalten); wenn dagegen $S$ auf dem anderen Bogen $O_1O'_2$ liegt, dann entspricht der Halbgeraden $O_1(S)$ die zu $O'_2(S)$ entgegengesetzte Halbgerade. Welcher von den Bogen $O_1O'_2$ der erste ist, ist also schon durch das gegebene Punktpaar $(A, A')$ festgelegt.

Die Senkrechte zu $O_1O'_2$ im Mittelpunkte $O$ sei $l$ und die zu $M$ und $M'$ symmetrischen Punkte in bezug auf $l$ seien $N'$ bzw. $N$; aus $O_1M \cdot O'_2M' = O_1A \cdot O'_2A'$ folgt dann:

$$O_1N \cdot O'_2N' = O_1A \cdot O'_2A'.$$

Beachtet man, was über die Halbgeraden $O_1(S)$ und $O'_2(S)$ gesagt wurde, sieht man, daß $(N, N')$ ein Paar von entsprechenden Punkten ist. Also:

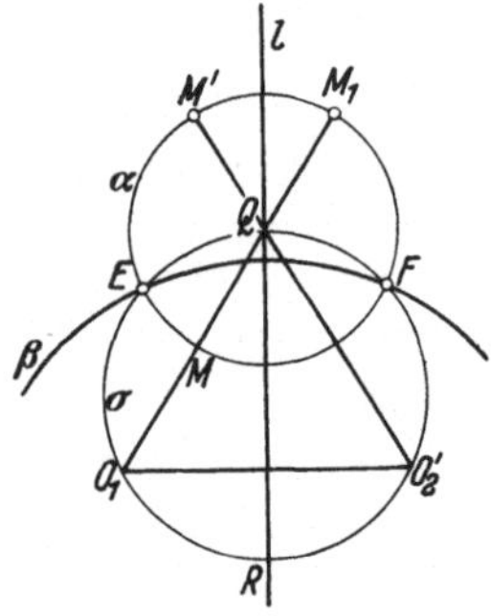

*Durch Symmetrie in bezug auf $l$ geht die Transformation $T$ in ihre inverse $T^{-1}$ über.*

Wir betrachten nun den Fall, wo die Transformation $T$ zwei verschiedene Doppelpunkte $E$ und $F$ hat (Fig. 62). Diese müssen beide auf dem ersten Bogen $O_1O'_2$ liegen, und da ein Doppelpunkt in $T$ auch ein Doppelpunkt in $T^{-1}$ ist, liegen sie symmetrisch in bezug auf $l$. Die Schnittpunkte von $l$ mit $\sigma$ seien $Q$ und $R$, und zwar liege $Q$ auf dem ersten Bogen. Die Kreise $\alpha$ und $\beta$ um $Q$ bzw. $R$, welche durch $E$ und $F$ gehen, werden dann durch $T$ in sich selbst überführt; so geht $\alpha$ durch $E$ und $F$ und schneidet die Gerade $O_1Q$ senkrecht und wird demnach in einen Kreis durch $E$ und $F$ transformiert, welcher die entsprechende Gerade $O'_2Q$ senkrecht schneidet, d. h. in $\alpha$ selbst.

Fig. 62.

Diese zwei sich selbst entsprechenden Kreise können wir nun folgendermaßen bestimmen: Die Gerade $O_1Q$ schneide den Kreis $\alpha$ in $M$ und $M_1$; der zu $M$ entsprechende Punkt $M'$ ist dann der zu $M_1$ symmetrische Punkt in bezug auf $l$; denn $M'$ soll sowohl auf $\alpha$ als auch auf $O'_2Q$ liegen. Aus

$$O_1M \cdot O'_2M' = O_1A \cdot O'_2A'$$

erhält man nun, wenn $\varrho$ der Radius von $\alpha$ ist:

also          $$(O_1Q - \varrho) \cdot (O_1Q + \varrho) = O_1A \cdot O'_2A',$$

(1)          $$\varrho^2 = O_1Q^2 - O_1A \cdot O'_2A'.$$

Wenn $\varrho$ konstruiert ist, hat man sofort die Doppelpunkte. Ferner finden wir aus (1):

*Wenn die Transformation zwei Doppelpunkte hat, ist*

$$O_1Q^2 > O_1A \cdot O'_2A'.$$

Hat die Transformation nur einen einzigen Doppelpunkt, so muß dieser notwendigerweise in $Q$ fallen, also:

*Wenn die Transformation nur einen einzigen Doppelpunkt hat, ist*

$$O_1Q^2 = O_1A \cdot O_2'A'.$$

Wir betrachten zuletzt den Fall, wo die Transformation ein involutorisches Punktpaar $(E, F)$ hat. Hierbei müssen die Punkte $E$ und $F$ entweder beide auf $l$ oder symmetrisch in bezug auf $l$ liegen. Das letzte ist aber wegen $O_1E \cdot O_2'F = O_1F \cdot O_2'E$ unmöglich. Also liegen $E$ und $F$ auf $l$, und aus dem oben über die Halbgeraden $O_1(S)$ und $O_2'(S)$ Gesagten sieht man, daß sie beide auf derselben Seite von $O_1O_2'$ liegen wie $Q$. Übrigens liegen sie offenbar symmetrisch in bezug auf $\sigma$.

Die Punkte $E$ und $F$ können in folgender Weise konstruiert werden (Fig. 63): Es sei $F^*$ der zu $F$ symmetrische Punkt in bezug auf $O_1Q$. Dieser Punkt ist Schnittpunkt der folgenden zwei geometrischen Örter: Erstens die zu $l$ symmetrische Gerade $l^*$ in bezug auf $O_1Q$, zweitens die zu $l$ inverse Kurve $\lambda^*$, wobei $O_1$ Inversionszentrum und $O_1A \cdot O_2'A'$ die entsprechende Potenz ist. Die zwei Schnittpunkte von $l^*$ und $\lambda^*$ geben dasselbe Punktpaar $(E, F)$.

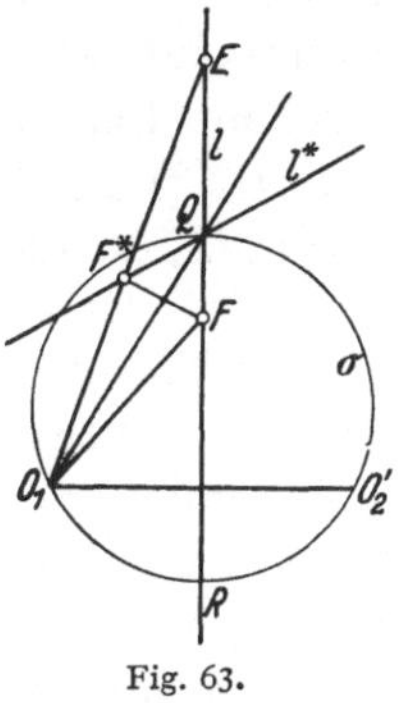

Fig. 63.

Den kleinsten Wert des Produktes erhält man, wenn $\lambda^*$ die Gerade $l^*$ berührt; der Berührungspunkt muß dann in den Punkt $Q$ fallen; wenn demnach $E$ und $F$ existieren, so ist

also:
$$O_1Q^2 < O_1A \cdot O_2'A',$$

*Wenn die Transformation ein involutorisches Paar hat, ist*

$$O_1Q^2 < O_1A \cdot O_2'A'.$$

In diesem Fall gibt es, wie wir wissen, einen einzigen Kreis $\alpha$, welcher bei der Transformation sich selbst entspricht. Dieser geht durch $E$ und $F$ und muß gerade der Kreis sein, der $EF$ als Durchmesser hat; denn sonst könnte man durch Symmetrie in bezug auf $l$ einen anderen Kreis erhalten, welcher durch $T^{-1}$ und daher auch durch $T$ in sich selbst überführt würde, was unmöglich ist.

Die drei oben hervorgehobenen Aussagen lassen sich offenbar umkehren:

X. *Die betrachtete Transformation zweiter Art hat zwei verschiedene Doppelpunkte, einen einzigen oder ein involutorisches Punktpaar, je nachdem*

$$O_1Q^2 \gtreqless O_1A \cdot O_2'A'.$$

Des weiteren nennen wir den Satz:

XI. *Zwei kreisverwandte Figuren zweiter Art können immer durch Kongruenztransformation in inverse Lage gebracht werden.*

Durch eine Parallelverschiebung führe man nämlich $O_1$ in $O_2'$ über, und durch eine Drehung der einen Figur bringe man einen Punkt $A$ in die Gerade $O_2'A'$. Damit ist die inverse Lage erreicht.

Zuletzt betrachten wir die allgemeine Transformation $T$ erster Art;

sie sei ebenso wie die schon behandelte Transformation zweiter Art durch die Zentralpunkte $O_1$ und $O_2'$ und ein beliebiges Punktpaar $(A, A')$ gegeben.

Wir benutzen die schon in Kap. I für Projektivitäten entwickelte Methode und suchen eine involutorische Kreistransformation erster Art mit denselben Doppelpunkten wie $T$. Durch Iteration von $T$ geht $A'$ in $A''$ über; man bestimme den Punkt $A^*$, welcher mit $A'$ das Paar $(A, A'')$ harmonisch trennt; $(A, A^*)$ ist dann ein Paar der genannten involutorischen Transformation. Ein zweites solches Paar ist offenbar $(O, U)$, wo $O$ der Mittelpunkt von $O_1 O_2'$ ist; $O$ ist also der Zentralpunkt der involutorischen Transformation. Nach S. 195 oben findet man also die Doppelpunkte, indem man die innere Halbierungslinie des Winkels $(OA', OA^*)$ zeichnet und auf dieser Geraden zwei Punkte $E$ und $F$ bestimmt, so daß

$$OE^2 = OF^2 = OA' \cdot OA^*.$$

Die Theorie der Kreisverwandtschaften kann nach verschiedenen Methoden entwickelt werden. Außer der hier benutzten kann man eine rein elementargeometrische anwenden; diese ist von Möbius, der diese Theorie schuf, benutzt worden und ist eigentlich immer noch die interessanteste.

Auch kann man mit Vorteil eine Methode benutzen, bei der man davon Gebrauch macht, daß die Lage eines Punktes durch die im Gaussschen Sinne zu verstehende komplexe Zahl $x + iy$ angegeben werden kann. In der Tat ist die in Kap. VI gegebene Theorie mit dieser Methode äquivalent.

Endlich können die Kreistransformationen auch als quadratische Transformationen aufgefaßt werden. Hierbei macht sich jedoch eine etwas andere Auffassung geltend, weil sowohl imaginäre als reelle Punkte in Betracht gezogen werden.

Vierter Abschnitt.

# Quadratische Transformationen und Kurven dritter Ordnung.

XVII. Kapitel.

## Büschel.

### § 1. Büschel von Projektivitäten in einem Elementargebilde.

Es seien $\pi$ und $\pi_1$ zwei Projektivitäten in einem Elementargebilde, z. B. in einer Geraden. Durch $\pi$ und $\pi_1$ wird *ein Büschel von Projektivitäten* bestimmt, das ist die Gesamtheit der Projektivitäten $\pi_r$, welche mit $\pi$ (und $\pi_1$) dieselben gemeinsamen Elemente $(A, A')$ und $(B, B')$ haben wie $\pi$ und $\pi_1$ selbst. $(A, A')$ kann von $(B, B')$ verschieden sein oder die beiden können auch zusammenfallen (vgl. Kap. IV, § 1, Schluß). Es gilt:

I. *Ein Büschel von Projektivitäten ist durch zwei beliebige seiner Transformationen eindeutig bestimmt.*

Sind nämlich $\pi_r$ und $\pi_s$ zwei Transformationen des Büschels $(\pi, \pi_1)$, so haben sie dieselben gemeinsamen Elemente wie $\pi$ und $\pi_1$ (Kap. IV, § 1, Schluß).

Wir betrachten zunächst ein spezielles Büschel, welches durch eine Projektivität $\pi$ und die Identität erzeugt wird; dieses besteht aus den Transformationen, welche dieselben Doppelpunkte $E$ und $F$ wie $\pi$ haben. Durch ein einziges Paar $(M, M'_r)$ von entsprechenden Punkten ist eine Transformation $\pi_r$ des Büschels eindeutig bestimmt. Ist $(N, N'_r)$ ein anderes Paar von entsprechenden Punkten, so hat man

$$EFMN \barwedge EFM'_r N'_r,$$

also (Kap. I, § 1, Satz VI' und VII'):

$$EFMM'_r \barwedge EFNN'_r;$$

wenn also $\pi_r$ das Büschel durchläuft, während $M$ und $N$ fest bleiben, beschreiben $M'_r$ und $N'_r$ projektive Reihen.

Diese Resultate lassen sich sofort auf ein beliebiges Büschel $(\pi, \pi_1)$ übertragen; denn dieses geht aus dem durch $\pi\pi_1^{-1}$ und die Identität bestimmten Büschel hervor, wenn man allen Transformationen die Projektivität $\pi_1$ hinzufügt. Wir finden dadurch den Satz:

II. *In einem Büschel von Projektivitäten $\pi_r$ ist eine Transformation durch Angabe eines einzigen Paares $(M, M'_r)$ eindeutig bestimmt. Die Punktreihen $M'_r$ und $N'_r$, welche aus zwei festen Punkten $M$ und $N$ hervorgehen, sind projektiv.*

Zufolge des letzten Teiles dieses Satzes kann man ein Büschel von Projektivitäten zu einem Elementargebilde projektiv setzen.

Es möge nun zunächst jedes der gemeinsamen Paare $(A, A')$ und $(B, B')$ aus zwei verschiedenen Punkten bestehen. Man hat dann:

III. *In einem Büschel von Projektivitäten, welche keinen gemeinsamen Doppelpunkt haben, bilden die Paare von Doppelpunkten eine Involution, welche mit dem gegebenen Büschel projektiv ist.*

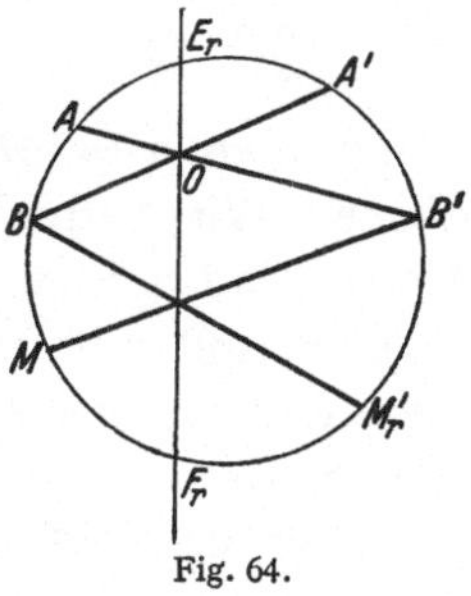

Der Träger der Projektivitäten sei ein Kegelschnitt. Die gemeinsamen Paare $(A, A')$ und $(B, B')$ seien zunächst verschieden (Fig. 64). Alle Projektivitätsachsen gehen dann durch den festen Punkt $O = (AB', BA')$, und die Doppelpunkte $(E_r, F_r)$ bilden eine Involution mit $O$ als Pol. Das Büschel von Geraden $E_r F_r$ ist zu dem Büschel $B(M'_r)$ perspektiv, woraus der letzte Teil des obigen Satzes folgt.

Fig. 64.

Fallen aber die gemeinsamen Paare zusammen ($A = B$, $A' = B'$), dann gehen alle Projektivitätsachsen durch denselben auf $AA'$ liegenden Punkt; denn schnitten sich zwei Projektivitätsachsen in einem Punkt $O$ außerhalb $AA'$, dann würden die Geraden $OA$ und $OA'$ auf dem Kegelschnitt ein zweites gemeinsames Element ($B$, $B'$) der entsprechenden Projektivitäten bestimmen, was ja nach Voraussetzung unmöglich ist. Der Satz III folgt dann wie oben.

Es möge nun $A$ mit $A'$ zusammenfallen, aber $B$ nicht mit $B'$. Man hat dann:

IV. *Wenn die Projektivitäten eines Büschels einen und nur einen gemeinsamen Doppelpunkt haben, ist die Reihe der anderen Doppelpunkte zu dem genannten Büschel projektiv.*

Der Beweis verläuft ganz wie oben in dem Fall, wo ($A$, $A'$) und ($B$, $B'$) verschiedene Punktpaare sind.

Endlich mögen alle Projektivitäten des Büschels dieselben zwei Doppelpunkte haben; dieser Fall tritt z. B. ein, wenn das Büschel aus einer nichtinvolutorischen Projektivität und ihrer inversen erzeugt ist. Hier gilt natürlich kein zu Satz III analoger Satz.

Zuletzt nennen wir:

V. *Wenn ein Büschel zwei Involutionen $\Gamma$ und $\Gamma_1$ enthält, dann sind alle Transformationen des Büschels Involutionen.*

Die Pole der zwei gegebenen Involutionen seien $P$ und $Q$. Zunächst möge $PQ$ den Kegelschnitt in zwei verschiedenen Punkten $A$ und $B$ schneiden; diese entsprechen einander in doppelter Weise sowohl in $\Gamma$ als in $\Gamma_1$, also auch in jeder anderen Transformation des Büschels; diese Transformationen müssen demnach alle involutorisch sein. Die Pole der Involutionen erfüllen die Gerade $PQ$.

Wenn dagegen $PQ$ den Kegelschnitt in einem Punkt $A$ berührt, ist $A$ Doppelpunkt für jede Projektivität des Büschels, und eine solche hat mit $\Gamma$ (und $\Gamma_1$) außer $A$ kein Element gemein. Das Büschel besteht deshalb wie oben aus allen Involutionen, deren Pole die Gerade $PQ$ bilden.

## § 2. Büschel von Kollineationen in der Ebene.

Es seien $\pi = (M, M')$ und $\pi_1 = (M, M_1')$ zwei Kollineationen der Ebene. Wir betrachten dann alle Kollineationen $\pi_r = (M, M_r')$ mit den folgenden Eigenschaften:

1. $\pi_r$ soll mit $\pi$ dieselben gemeinsamen Elemente ($A$, $A'$) haben wie $\pi$ und $\pi_1$; dies soll auch für die Multiplizität dieser Elemente gelten (vgl. S. 109);

2. für jedes $M$ soll der entsprechende Punkt $M_r'$ mit $M'$ und $M_1'$ auf einer Geraden liegen.

*Die Gesamtheit dieser Kollineationen wird ein Büschel genannt.*
Es gilt der Satz:

I. *Fügt man zu allen Kollineationen $\pi_r$ eines Büschels eine Kollineation $\pi_0$, dann bilden die Kollineationen $\pi_r\pi_0$ wieder ein Büschel.*

Aus Kap. VIII, § 1, Satz XIV folgt nämlich, daß die obige Eigenschaft 1. für die Gesamtheit $\pi_r\pi_0$ gültig bleibt, und dies ist offenbar auch bei 2. der Fall.

Wie im vorigen Paragraphen, betrachten wir zunächst ein spezielles Büschel $\Phi$, das von einer Kollineation $\pi = (M, M')$ und der Identität erzeugt wird. Zunächst sei $\pi$ keine Homologie. Die Kollineationen $\pi_r$ von $\Phi$ sollen dieselben drei (verschiedenen oder zusammenfallenden) Doppelpunkte $E, F, G$ haben wie $\pi$, und für jedes $M$ soll $M'_r$ auf $MM'$ liegen. Es sei nun $M$ ein fester Punkt und $M'_r$ ein beliebiger Punkt der Geraden $MM'$. Durch $E, F, G$ und das Paar $(M, M'_r)$ ist dann eine Kollineation eindeutig bestimmt (Kap. VIII, § 1, Satz IX); diese Kollineation $\pi_r$ gehört dem Büschel $\Phi$ an; es sei nämlich $N$ ein beliebiger von $M$ verschiedener Punkt, dessen entsprechende Punkte in $\pi$ und $\pi_r$ bzw. $N'$ und $N'_r$ sein mögen; nach Kap. VIII, § 1, Satz X wird die Kollineation mit den Doppelpunkten $E, F, G$, welche $M$ in $N$ überführt, auch $M'$ in $N'$ und $M'_r$ in $N'_r$ überführen. Demnach liegen $N, N'$ und $N'_r$ auf einer Geraden, was zu beweisen war. Gleichzeitig sieht man, daß die von $M'_r$ und $N'_r$ gebildeten Punktreihen projektiv sind.

Wenn $\pi$ eine Homologie ist, besteht das Büschel $\Phi$, wie man unmittelbar sieht, aus allen Homologien, welche dasselbe Zentrum und dieselbe Achse wie $\pi$ haben. Die Punktreihen $M'_r$ und $N'_r$ sind wieder projektiv.

Nach Satz I können wir wie in § 1 das gefundene Resultat auf ein beliebiges Büschel übertragen und erhalten den Satz:

II. *In dem durch zwei Kollineationen $\pi = (M, M')$ und $\pi_1 = (M, M'_1)$ bestimmten Büschel von Kollineationen $\pi_r = (M, M'_r)$ ist eine Transformation durch Angabe eines einzigen Paares $(M, M'_r)$, wo $M'_r$ auf $M'M'_1$ liegt, eindeutig festgelegt. Die Punktreihen $M'_r$ und $N'_r$, welche aus zwei festen Punkten $M$ und $N$ entstehen, sind projektiv.*

Durch Betrachtung der Projektivität zwischen den Punktreihen $M'_r$ und $N'_r$ sieht man, daß zwei beliebige Transformationen $\pi_r$ und $\pi_s$ des Büschels nicht mehrere gemeinsame Punktpaare haben können als $\pi$ und $\pi_1$; die gemeinsamen Punktpaare von $\pi_r$ und $\pi_s$ sind dann nach Kap. VIII, § 1, Satz XIII genau dieselben wie die von $\pi$ und $\pi_1$, und zwar mit derselben Multiplizität. Man erhält dann leicht den Satz:

III. *Ein Büschel von Kollineationen in der Ebene ist durch zwei beliebige seiner Transformationen eindeutig bestimmt.*

## § 3. Büschel von Reziprozitäten in der Ebene.

Es seien $\Sigma = (M, m')$ und $\Sigma_1 = (M, m'_1)$ zwei Reziprozitäten in der Ebene. Das durch diese bestimmte Büschel von Reziprozitäten $\Sigma_r = (M, m'_r)$ wird in Analogie zu § 2 folgendermaßen definiert:

1. $\Sigma_r$ soll mit $\Sigma$ dieselben gemeinsamen Elemente $(A, a')$ haben wie $\Sigma$ und $\Sigma_1$; dies soll auch für die Multiplizität dieser Elemente gelten (vgl. S. 110).

2. Für jedes $M$ soll die entsprechende Gerade $m_r'$ durch den Schnittpunkt $M^* = (m' m_1')$ gehen.

Aus dieser Definition in Verbindung mit Kap. VIII, § 2, Satz IX ergibt sich in Analogie zum vorher Entwickelten:

I. *Fügt man zu allen Reziprozitäten $\Sigma_r$ eines Büschels eine Reziprozität $\Sigma_0$, so bilden die Kollineationen $\Sigma_r \Sigma_0$ wieder ein Büschel — und umgekehrt.*

Fügt man in analoger Weise zu allen Reziprozitäten eine feste Kollineation $\pi_0$, so erhält man natürlich ein neues Büschel von Reziprozitäten $\Sigma_r \pi_0$.

Aus Satz I ergibt sich mittels § 2:

II. *In dem durch zwei Reziprozitäten $\Sigma = (M, m')$ und $\Sigma_1 = (M, m_1')$ bestimmten Büschel von Reziprozitäten $\Sigma_r = (M, m_r')$ ist eine Transformation durch Angabe eines einzigen Elementes $(M, m_r')$, wo $m_r'$ durch den Schnittpunkt $M^* = (m' m_1')$ geht, eindeutig festgelegt. Die Geradenbüschel $m_r'$ und $n_r'$, welche zwei festen Punkten $M$ und $N$ entsprechen, sind projektiv.*

Ebenso:

III. *Ein Büschel von Reziprozitäten in der Ebene ist durch zwei beliebige seiner Transformationen eindeutig bestimmt.*

Aus einem beliebigen Punkt $M$ haben wir oben mittels der Reziprozitäten $\Sigma$ und $\Sigma_1$ einen Punkt $M^*$ abgeleitet. Geht man von $M^*$ aus und benutzt die zu $\Sigma$ und $\Sigma_1$ inversen Reziprozitäten $\Sigma^{-1}$ und $\Sigma_1^{-1}$, gelangt man offenbar zu $M$ zurück. Es folgt hieraus insbesondere, daß die Beziehung $(M, M^*)$ involutorisch ist, wenn $\Sigma = \Sigma^{-1}$. Die Punkte $M$ und $M^*$ werden in diesem Fall *konjugiert* in bezug auf das entsprechende Büschel genannt. Hierbei gilt:

IV. *Ist $\Phi$ ein Büschel, das zwei inverse Reziprozitäten $\Sigma$ und $\Sigma^{-1}$ enthält, dann gehen alle Verbindungsgeraden von konjugierten Punkten $M$ und $M^*$ durch einen festen Punkt, nämlich den prinzipalen Hauptpunkt $E$ von $\Sigma$.*

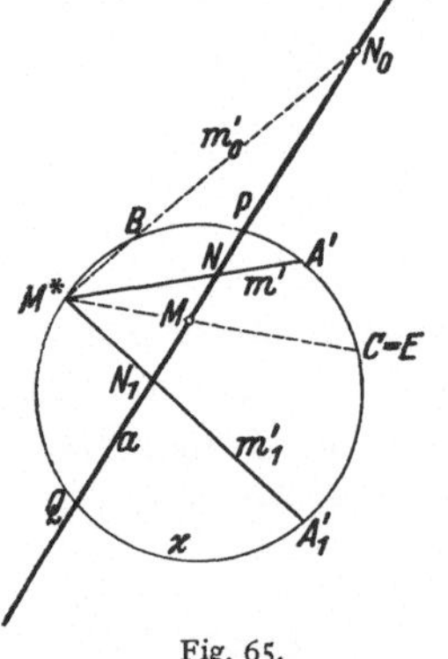

Fig. 65.

Es sei nämlich (Fig. 65) $a$ eine beliebige Gerade, die keine Hauptgerade ist. Wenn ein Punkt $M$ diese Gerade durchläuft, bilden die Geraden $m'$ und $m_1'$, welche dem Punkte $M$ in $\Sigma$ und $\Sigma^{-1}$ entsprechen, zwei projektive Büschel mit den Zentren $A'$ bzw. $A_1'$, und der Ort der Punkte $M^* = (m' m_1')$ ist ein Kegelschnitt $\varkappa$, der durch $A'$ und $A_1'$ sowie durch die Hauptpunkte von $\Sigma$ geht.

Die Schnittpunkte von $a$ mit $m'$ und $m_1'$ seien $N$ bzw. $N_1$. Die Beziehungen $(M, N)$ und $(M, N_1)$ sind dann zwei inverse Projektivitäten $\pi$ und $\pi^{-1}$ auf $a$; denn da $N_1$ auf der zu $M$ in $\Sigma^{-1}$ entsprechenden Geraden $m'$ liegt, geht auch die zu $N_1$ in $\Sigma$ entsprechende Gerade durch $M$. Die Doppelpunkte von $\pi$ (und $\pi^{-1}$) sind dieselben wie die von $\pi^2 = (N_1, N)$, also die Schnittpunkte $P$ und $Q$ von $a$ und $\varkappa$.

Es mögen nun zunächst wie in der Figur $P$ und $Q$ verschieden sein. $N_0$ sei der Punkt auf $a$, welcher von $M$ durch $N$ und $N_1$ harmonisch getrennt ist; die Gerade $M^*N_0$ heiße $m_0'$; ihr Schnittpunkt mit $\varkappa$ sei $B$. Nach Kap. IV, § 1, Satz V sind auch $(M, N_0)$ und $(P, Q)$ harmonische Punktpaare. Durch Projektion von $M^*$ auf $\varkappa$ ergibt sich dann, daß sowohl $B$ als auch der Schnittpunkt $C$ von $M^*M$ mit $\varkappa$ fest bleiben, wenn sich $M$ auf $a$ bewegt.

Wenn insbesondere $a$ den Kegelschnitt $\varkappa$ berührt, fallen $P$ und $Q$ (sowie $N_0$ und $B$) in dem Berührungspunkt zusammen. Wenn man hier aus Kap. IV, § 1 statt des Satzes V den Satz IV benutzt, sieht man, daß $C$ auch in diesem Falle fest bleibt.

In den beiden Fällen ergibt sich sofort, daß $C$ mit dem prinzipalen Hauptpunkt $E$ von $\Sigma$ identisch sein muß; denn verlegt man $M$ in den Schnittpunkt von $a$ mit der prinzipalen Hauptgeraden $e$ von $\Sigma$, so fällt $M^*$ in $E$. Hiermit ist Satz IV bewiesen.

Ferner hat man:

V. *Ein durch zwei inverse Reziprozitäten $\Sigma$ und $\Sigma^{-1}$ bestimmtes Büschel enthält immer eine Polarität.* Diese kann aber singulär sein.

Wir benutzen beim Beweise die obigen Bezeichnungen (vgl. Fig. 65). Die Beziehung $(M, m_0')$ ist eine Reziprozität, denn wenn $M$ die Gerade $a$ durchläuft, dreht sich $m_0'$ um den festen Punkt $B$ und schneidet auf $a$ eine Punktreihe $(N_0)$ aus, die zu der Reihe $(M)$ projektiv ist. Da ferner die Projektivität $(M, N_0)$ auf $a$, wie schon erwähnt, eine Involution (mit den Doppelpunkten $P$ und $Q$) ist, muß auch die Reziprozität $(M, m_0')$ involutorisch sein.

VI. *In einer beliebigen Reziprozität $\Sigma$ ist der Ort der Punkte, welche auf ihren entsprechenden Geraden liegen, eine Kurve $\mu$ zweiter Ordnung, und die entsprechenden Geraden berühren eine Kurve $\nu$ zweiter Klasse. Diese zwei Kurven haben Doppelberührung.*

Wenn nämlich ein Punkt $M$ in $\Sigma$ auf seiner entsprechenden Geraden liegt, muß dies auch in $\Sigma^{-1}$ der Fall sein, demnach auch in allen Transformationen des Büschels $(\Sigma, \Sigma^{-1})$, insbesondere in der nach Satz V im Büschel enthaltenen Polarität $\Sigma_0$. Wenn umgekehrt $M$ ein Punkt ist, der auf seiner entsprechenden Geraden $m_0'$ in $\Sigma_0$ liegt, fällt (vgl. Fig. 65) $N_0$ mit $M$ zusammen; da $(M, N_0)$ und $(N, N_1)$ harmonische Punktpaare sind, muß einer der Punkte $N$ und $N_1$ (und daher beide) mit $M$ zusammenfallen. Die Punkte, welche in $\Sigma$ bzw. $\Sigma_0$ auf ihren entsprechenden Geraden liegen, sind also dieselben. In $\Sigma_0$ bilden sie aber einen Kegelschnitt, und hiermit ist der erste Teil des Satzes bewiesen. Der zweite ergibt sich dann sofort mittels des Dualitätsprinzipes.

Um auch die Doppelberührung festzustellen, bemerken wir, daß einem Punkt $M$ von $\mu$ in $\Sigma$ und $\Sigma^{-1}$ die Tangenten von $M$ an $v$ entsprechen, ebenso einer Tangente $m$ an $v$ die zwei Schnittpunkte von $m$ mit $\mu$. Es sei nun $P$ ein gemeinsamer Punkt von $\mu$ und $v$. $P$ ist dann nach dem soeben Bemerkten ein Hauptpunkt, und die entsprechende Hauptlinie ist die Tangente an $v$ in $P$; diese muß aber — ebenfalls zufolge der obigen Bemerkungen — auch $\mu$ berühren. Hiermit ist auch der letzte Teil von Satz VI bewiesen.

Sind nun insbesondere die Hauptpunkte $E, F, G$ verschieden, dann müssen dem Obigen zufolge $\mu$ und $v$ einander in den zwei nichtprinzipalen Hauptpunkten $F$ und $G$ berühren und dort die Tangenten $f = EF$ und $g = EG$ haben.

Nun mögen $F$ und $G$ zusammenfallen, während der prinzipale Hauptpunkt $E$ von den anderen verschieden sei. Auch in diesem Fall wird $F$ auf $\mu$ liegen und die Gerade $f = EF$ keinen weiteren Punkt von $\mu$ enthalten; aber auch auf $e$ kann kein von $F$ verschiedener Punkt von $\mu$ liegen, denn einem solchen Punkt $P$ würde sowohl in $\Sigma$ als auch in $\Sigma^{-1}$ die Gerade $EP$ entsprechen, d. h. $P$ würde ein neuer Hauptpunkt sein. Deshalb muß $\mu$ in diesem Fall aus zwei durch $F$ gehenden Geraden $a$ und $b$ bestehen, und $v$ aus zwei auf $f$ liegenden Punkten $A$ und $B$.

Fallen $E, F, G$ sämtlich in $E$ zusammen, dann können $\mu$ und $v$ nur den einzigen Punkt $E$ miteinander gemein haben, denn ein neuer Berührungspunkt würde, wie oben, einen neuen Hauptpunkt ergeben. Die zwei Kurven $\mu$ und $v$ müssen sich deshalb in $E$ vierpunktig berühren.

Wenn es unendlich viele Hauptpunkte gibt (vgl. S. 111), ist $\mu$ eine (doppelt zu zählende) Gerade und $v$ ein (doppelt zu zählender) Punkt.

In einer Polarität fallen die Kurven $\mu$ und $v$ zusammen.

Man vergleiche diese Resultate mit denjenigen, die wir auf anderem Wege schon in Kap. XI, § 2 (S. 142) erörtert haben.

In diesem Zusammenhang nennen wir noch den folgenden Satz:

VII. *Ist auf einem Kegelschnitt $\varkappa$ eine Projektivität $(M, M')$ gegeben, dann hüllen die Verbindungsgeraden $MM'$ entsprechender Punkte einen Kegelschnitt $\varkappa_1$ ein, welcher mit $\varkappa$ Doppelberührung hat.*

Es sei nämlich die Projektivität auf $\varkappa$ durch die Doppelpunkte $E$ und $F$ und ein festes Paar $(A, A')$ von entsprechenden Punkten festgelegt. Es gibt einen eindeutig bestimmten Kegelschnitt, welcher die Kurve $\varkappa$ in $E$ und $F$ berührt und außerdem die Gerade $AA'$ als Tangente hat; diesen nennen wir $\varkappa_1$. Es sei nun $(M, M')$ ein beliebiges Paar von entsprechenden Punkten auf $\varkappa$. Aus

$$(1) \qquad EFAM \barwedge EFA'M'$$

ergibt sich wie gewöhnlich

$$(2) \qquad EFAA' \barwedge EFMM'.$$

Durch (2) ist eine Projektivität auf $\varkappa$ und durch diese eine Kollineation $\pi$ der Ebene festgelegt. Diese läßt sich in zwei harmonische Homologien zerlegen, deren Zentren auf $EF$ liegen, und deren Achsen durch den gemeinsamen Pol dieser Geraden in bezug auf $\varkappa$ und $\varkappa_1$ gehen[1]. Durch $\pi$ geht demnach auch $\varkappa_1$ in sich selbst über. Ferner entspricht der Geraden $AA'$ die Gerade $MM'$; diese berührt demnach $\varkappa_1$, und der Satz ist bewiesen.

Der Beweis gilt auch, wenn die Punkte $E$ und $F$ zusammenfallen; $\varkappa$ und $\varkappa_1$ haben dann vierpunktige Berührung.

Mittels dieses Satzes hätte man auch die gegenseitige Lage der im vorangehenden erwähnten Kegelschnitte $\mu$ und $\nu$ untersuchen können.

## § 4. Büschel und Bündel von Kegelschnitten.

I. *Wenn ein Büschel von Reziprozitäten zwei Polaritäten enthält, dann sind alle Transformationen des Büschels Polaritäten.*

Es sei nämlich $a$ eine feste Gerade und $(M, m')$ eine beliebige Transformation des Büschels. Durchläuft $M$ die Gerade $a$ und ist $M_1$ der Schnittpunkt $(m'a)$, dann ist die Beziehung $(M, M_1)$ eine Projektivität. Durch das gegebene Büschel von Reziprozitäten wird auf diese Weise ein Büschel von Projektivitäten auf $a$ bestimmt; dieses letzte Büschel enthält zufolge der Voraussetzungen zwei Involutionen und besteht demnach nur aus Involutionen (§ 1, Satz IV). Hieraus folgt der Satz I.

Durch ein Büschel von Polaritäten wird eine unendliche Schar von Kegelschnitten $\mu = \nu$ bestimmt (vgl. § 3, Satz VI). Nach der Definition eines Büschels von Reziprozitäten haben je zwei dieser Kegelschnitte dieselben gemeinsamen Punkte; es gilt dies auch betreffs der Multiplizität, denn in einem gemeinsamen Punkt sind nach § 3, Satz II entweder alle Tangenten verschieden oder alle fallen zusammen. *Die Kegelschnitte $\mu$ bilden demnach ein Büschel* (vgl. Kap. VII, § 1).

*Eine Gesamtheit von Kegelschnitten bildet ein Bündel, wenn die durch einen beliebigen Punkt gehenden Kurven ein Büschel bilden — oder für spezielle Lagen des Punktes aus allen Kurven der Gesamtheit bestehen.*

Das einfachste Bündel wird von den Kegelschnitten gebildet, welche durch drei feste Punkte gehen. Ein Bündel dieser Art, wo die drei Punkte zusammenfallen, haben wir schon in Kap. VIII, § 1 besprochen.

Der Hauptsatz in der Theorie des Bündels ist der folgende:

II. *Ein Bündel von Kegelschnitten ist durch drei Kurven, welche nicht demselben Büschel angehören, eindeutig bestimmt.*

Die Kurven, welche als „Basis“ des Bündels gebraucht werden sollen, seien $\alpha$, $\beta_1$ und $\beta_2$. Wir zeigen zuerst, daß durch diese jedenfalls nicht mehr als ein Bündel bestimmt ist. Es sei nämlich $A$ ein Punkt

---

[1] Vgl. S. 171.

allgemeiner Lage; durch $A$ geht eine einzige Kurve des Büschels $(\alpha, \beta_1)$ und ebenso eine einzige des Büschels $(\alpha, \beta_2)$; also ist das durch $A$ gehende (in der Definition erwähnte) Büschel eindeutig bestimmt.

Es soll nun bewiesen werden, daß $\alpha$, $\beta_1$ und $\beta_2$ wirklich einem Bündel angehören. Durch $\beta_1$ und $\beta_2$ wird ein Büschel

$$(1) \qquad \beta_1, \beta_2, \beta_3, \ldots$$

festgelegt. Wir bilden dann die Schar von Büscheln

$$(2) \qquad (\alpha, \beta_1), \quad (\alpha, \beta_2), \quad (\alpha, \beta_3), \ldots$$

und zeigen, daß diese Gesamtheit von Kegelschnitten ein Bündel ist.

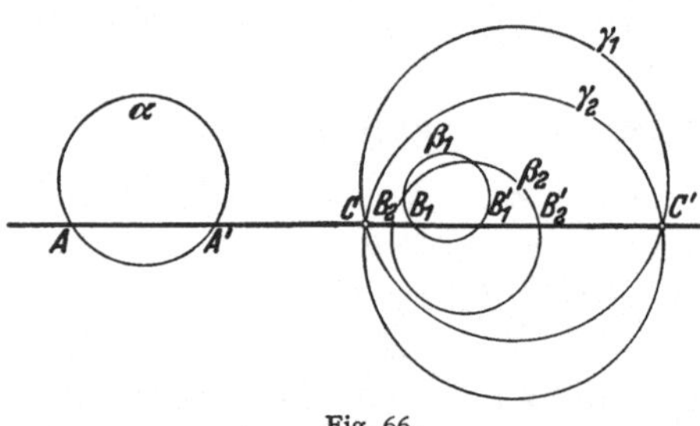

Fig. 66.

Es sei $C$ ein Punkt allgemeiner Lage; die durch $C$ gehenden Kurven der Büschel (2) seien bzw. $\gamma_1, \gamma_2, \gamma_3, \ldots$; es soll dann bewiesen werden, daß diese Kurven ein Büschel bilden.

Es sei (Fig. 66) $C'$ ein weiterer gemeinsamer Punkt von $\gamma_1$ und $\gamma_2$; die Gerade $l = CC'$ möge $\alpha$ in $(A, A')$ und die Kegelschnitte (1) in bzw. $(B_1, B_1')$, $(B_2, B_2')$, $(B_3, B_3')$, $\ldots$ schneiden. Die zwei Involutionen

$$(A, A'), \quad (C, C'), \quad (B_1, B_1') \qquad \text{und} \qquad (A, A'), \quad (C, C'), \quad (B_2, B_2')$$

sind offenbar identisch; dieser Involution gehören auch die Paare $(B_3, B_3')$, $(B_4, B_4')$, $\ldots$ an. Da $\gamma_3, \gamma_4, \ldots$ den Büscheln bzw. $(\alpha, \beta_3)$, $(\alpha, \beta_4)$, $\ldots$ angehören, werden sie von $l$ in Paaren derselben Involution geschnitten; und da sie durch $C$ gehen, enthalten sie alle auch den Punkt $C'$; sie bilden demnach ein Büschel, was zu beweisen war.

Daß man als Basis des betrachteten Bündels drei beliebige ihrer Kurven, welche nicht demselben Büschel angehören, wählen kann, ist nun klar.

Sind zwei Punkte $P$ und $P'$ konjugierte Punkte in bezug auf alle Kegelschnitte eines Bündels, so nennt man sie „im Bündel" konjugiert.

III. *Sind zwei Punkte $P$ und $P'$ in bezug auf drei Kegelschnitte, welche nicht demselben Büschel angehören, konjugiert, dann sind sie im Bündel konjugiert.*

Die drei Kegelschnitte seien, wie oben, $\alpha$, $\beta_1$ und $\beta_2$. Sind $P$ und $P'$ konjugiert in bezug auf diese drei, so sind sie auch konjugiert in bezug auf die Kurven der Scharen (1) und (2), d. h. in bezug auf alle Kurven des Bündels.

IV. *Sind $P$ und $Q$ zwei feste Punkte, welche nicht im Bündel konjugiert sind, dann bilden die Kegelschnitte des Bündels, in bezug auf welche $P$ und $Q$ konjugiert sind, ein Büschel.*

Jedes im Bündel enthaltene Büschel schneidet nämlich auf der Geraden $PQ$ eine Involution von Punktpaaren aus und enthält demnach einen Kegelschnitt $\mu$ (insbesondere unendlich viele), in bezug auf welche $P$ und $Q$ konjugiert sind. Sind $\mu_1$ und $\mu_2$ zwei solche Kegelschnitte, so hat jeder Kegelschnitt des Büschels $(\mu_1, \mu_2)$ dieselbe Eigenschaft. Weitere solche Kegelschnitte kann es nach Satz III nicht geben.

## § 5. Algebraisches Supplement.

Sind zwei Kollineationen durch

(1)
$$\varrho\, x_i' = \sum_k a_{ik}\, x_k$$

und

(2)
$$\varrho\, x_i' = \sum_k b_{ik}\, x_k$$

gegeben, dann stellt

(3)
$$\varrho\, x_i' = \sum_k (a_{ik} + \lambda\, b_{ik})\, x_k$$

das durch diese bestimmte Büschel von Kollineationen dar.

Hält man nämlich den Punkt $x$ fest, während $\lambda$ variiert, so bleibt der Punkt $x'$ nach (3) entweder fest, oder er durchläuft eine Gerade.

Ein Büschel von Reziprozitäten kann in entsprechender Weise dargestellt werden. Sind zwei Reziprozitäten durch die bilinearen Gleichungen

(4)
$$\sum_{i,\,k} a_{ik} x_i' x_k = 0$$

und

(5)
$$\sum_{i,\,k} b_{ik} x_i' x_k = 0$$

gegeben, so ist die Gleichung des entsprechenden Büschels

(6)
$$\sum_{i,\,k} (a_{ik} + \lambda\, b_{ik})\, x_i' x_k = 0.$$

Soll dieses Büschel eine Polarität enthalten, so muß die Gleichung

$$a_{ik} + \lambda\, b_{ik} = a_{ki} + \lambda\, b_{ki}$$

für festes $\lambda$ und alle Kombinationen der Indizes $i,\, k$ befriedigt sein, d. h.:

$$\frac{a_{12} - a_{21}}{b_{12} - b_{21}} = \frac{a_{23} - a_{32}}{b_{23} - b_{32}} = \frac{a_{31} - a_{13}}{b_{31} - b_{13}}.$$

Diese Bedingungen sind im besonderen erfüllt, wenn (4) und (5) inverse Transformationen sind $(b_{ik} = a_{ki})$, (vgl. § 3, Satz III).

XVIII. Kapitel.

# Quadratische Transformationen.

## § 1. Definition und einleitende Sätze.

Hat man zwei Reziprozitäten $\Sigma_1 = (M, m_1')$ und $\Sigma_2 = (M, m_2')$ einer Ebene, so kann man hieraus eine neue Transformation bilden, indem man dem Punkt $M$ den Schnittpunkt $M' = (m_1' m_2')$ entsprechen läßt. Diese

Transformation $Q=(M, M')$ wird eine *quadratische Transformation* genannt. Die inverse Transformation $Q^{-1} = (M', M)$ ist von derselben Art und wird durch die inversen Reziprozitäten $\Sigma_1^{-1}$ und $\Sigma_2^{-1}$ erzeugt. $Q$ hängt offenbar nur von dem Büschel $(\Sigma_1, \Sigma_2)$ ab; jedes Büschel von Reziprozitäten bestimmt eindeutig eine quadratische Transformation und umgekehrt.

Die Transformation $Q$ ist im wesentlichen eindeutig; eine Ausnahme tritt nur ein für solche Punkte $M$, deren entsprechende Geraden $m_1'$ und $m_2'$ zusammenfallen. Nun haben nach Kap. VIII, § 2, Satz III die zwei Reziprozitäten $\Sigma_1$ und $\Sigma_2$ drei (verschiedene oder zusammenfallende) oder unendlich viele gemeinsame Elemente $(M, m^*)$. Von der letzten Möglichkeit können wir aber hier absehen, wenn wir nur nichtsinguläre Transformationen $Q$ betrachten wollen; denn tritt sie ein, so ist $\Sigma_1 \Sigma_2^{-1}$ eine Homologie, und jeder Punkt $M$ allgemeiner Lage wird durch $Q$ in einen Punkt der Homologieachse überführt.

Die drei gemeinsamen Elemente von $\Sigma_1$ und $\Sigma_2$ seien $(E, e^*)$, $(F, f^*)$, $(G, g^*)$; die Punkte $(E, F, G)$ heißen *Fundamentalpunkte* der ersten Figur, die Geraden $(e^*, f^*, g^*)$ *Fundamentalgerade* der zweiten. Durch Betrachtung von $\Sigma_1^{-1}$ und $\Sigma_2^{-1}$ findet man in analoger Weise drei Elemente $(E^*, e)$, $(F^*, f)$, $(G^*, g)$, welche aus den Fundamentalpunkten $(E^*, F^*, G^*)$ der zweiten Figur und den Fundamentalgeraden $(e, f, g)$ der ersten bestehen.

Die Fundamentalpunkte und -geraden der ersten Figur sind die Doppelelemente der Kollineation $\pi = \Sigma_1 \Sigma_2^{-1}$, die der zweiten Figur (die mit einem Stern bezeichneten) sind die Doppelelemente von $\pi^* = \Sigma_2^{-1} \Sigma_1$. Die Bezeichnungen können so gewählt werden, daß $e, f, g$ in bezug auf $\pi$ zu bzw. $E, F, G$ assoziiert[1] sind; durch Transformation mit $\Sigma_1$ sieht man, daß dann auch $e^*, f^*, g^*$ zu bzw. $E^*, F^*, G^*$ assoziiert in bezug auf $\pi^*$ sind. Fundamentalelemente der beiden Figuren fallen in entsprechender Weise zusammen.

Zwei Fundamentalpunkte, wie z. B. $E$ und $E^*$ heißen in bezug auf $Q$ *adjungiert*.

I. *Einer Geraden $l$ durch den Fundamentalpunkt $E$ entspricht eine Gerade $l'$ durch den adjungierten Fundamentalpunkt $E^*$; die zwei Punktreihen $l$ und $l'$ sind projektiv.*

Die Punktreihe $l$ geht nämlich mittels $\Sigma_1$ und $\Sigma_2$ in zwei zu $l$ projektive Geradenbüschel $(L_1')$ und $(L_2')$ über; diese sind aber perspektiv, da die Gerade $e^*$ beiden Büscheln angehört und sich selbst entspricht. Also entspricht in $Q$ der Punktreihe $l$ eine geradlinige Punktreihe $l'$, welche mit $l$ projektiv ist. Ferner geht das Büschel $(L_2')$ durch $\pi^*$ in $(L_1')$ über; nach der Definition assoziierter Elemente[1] geht demnach $l'$ durch den zu $e^*$ assoziierten Doppelpunkt $E^*$ von $\pi^*$.

---

[1] ENRIQUES: § 49.

Man bemerke, daß in der Projektivität zwischen $l$ und $l'$ dem Punkt $E$ der Schnittpunkt von $l'$ mit $e^*$ entspricht.

II. *Einer Geraden $l$, welche durch keinen Fundamentalpunkt der ersten Figur geht, entspricht in $Q$ ein Kegelschnitt $\lambda'$ durch die Fundamentalpunkte der anderen Figur — und umgekehrt. Die Punktreihe $l$ ist zur Punktreihe $\lambda'$ projektiv.*

Wenn nämlich $l$ weder durch $E, F$ noch $G$ geht, werden die obigen Büschel $(L_1')$ und $(L_2')$ wohl projektiv, aber nicht perspektiv; die $l$ entsprechende Kurve ist demnach ein Kegelschnitt $\lambda'$. Die Projektivität zwischen $l$ und $\lambda'$ liegt auf der Hand. Da $(L_2')$ durch $\pi^*$ in $(L_1')$ übergeht, gehört $\lambda'$ dem CHASLESschen Bündel der Kollineation $\pi^*$ an (vgl. Kap. VIII, § 1); $\lambda'$ geht demnach durch $E^*, F^*, G^*$.

Die Umkehrung folgt unmittelbar daraus, daß ein Kegelschnitt durch $E^*, F^*, G^*$ und zwei weitere Punkte eindeutig festgelegt ist.

Liegt $E$ nicht auf $e$ und trifft $l$ die Gerade $e$ in $P$, so ist die $EP$ entsprechende Gerade die Tangente an $\lambda'$ in $E^*$. Denn diese letzte Gerade kann mit $\lambda'$ außer $E^*$ keinen Punkt gemein haben.

Weiter ergibt sich:

III. *Das Büschel von Geraden $l$ durch $E$ ist zu dem Büschel von entsprechenden Geraden $l'$ durch $E^*$ projektiv.*

Dies ergibt sich, wenn man die Schnittpunkte des ersten Büschels mit einer Geraden $k$ und die entsprechenden Schnittpunkte des zweiten Büschels mit dem aus $k$ hervorgehenden Kegelschnitt $\varkappa'$ betrachtet. Man bemerke, daß in dieser Projektivität $(f, g^*)$ und $(g, f^*)$ Paare von entsprechenden Strahlen sind.

IV. *Die Kegelschnitte $\lambda'$, welche einem Büschel von Geraden $(l)$ durch einen von $E, F, G$ verschiedenen Punkt $A$ entsprechen, bilden ein zu $(l)$ projektives Kegelschnittbüschel.*

Daß die Kurven $\lambda'$ ein Büschel bilden, ist sofort klar, wenn $A$ auf keiner der Geraden $e, f, g$ liegt; denn alle $\lambda'$ gehen dann durch $E^*, F^*, G^*, A'$. Liegt dagegen $A$ auf einer der genannten Geraden, so kann man den Satz beweisen, in dem man beachtet, was oben von der Tangente an $\lambda'$ in einem Fundamentalpunkt bemerkt wurde.

Die Projektivität der Büschel ergibt sich, wenn man $(l)$ und $(\lambda')$ mit zwei entsprechenden, etwa durch $E$ und $E^*$ gehenden Geraden schneidet.

Wir führen noch den folgenden Satz an, der aus der Definition einer quadratischen Transformation unmittelbar abzuleiten ist:

V. *Das Produkt $Q\pi$ einer quadratischen Transformation $Q$ mit einer Kollineation $\pi$ ist wieder eine quadratische Transformation.*

Ist nämlich $Q$ mittels der zwei Reziprozitäten $\Sigma_1$ und $\Sigma_2$ festgelegt, so wird $Q\pi$ durch $\Sigma_1\pi$ und $\Sigma_2\pi$ bestimmt.

Es ist zu bemerken, daß die Fundamentalelemente der ersten Figur für $Q\pi$ dieselben sind wie für $Q$, während die Fundamentalelemente der zweiten Figur für $Q\pi$ aus denjenigen für $Q$ durch Transformation mit $\pi$ hervorgehen.

Für die Transformation $\pi Q$ gilt Analoges.

Alle Sätze dieses Paragraphen — sowie ihre Beweise — sind ganz unabhängig davon, ob die Fundamentalelemente verschieden sind oder nicht.

## § 2. Involutorische Transformationen.

Wir wollen jetzt die involutorischen quadratischen Transformationen betrachten. In einer solchen müssen die Fundamentalpunkte der ersten Figur mit denen der zweiten zusammenfallen.

Die quadratische Transformation sei durch die Reziprozitäten $\Sigma_1$ und $\Sigma_2$ bestimmt; da sie involutorisch ist, gehören die Transformationen $\Sigma_1^{-1}$ und $\Sigma_2^{-1}$ dem Büschel $(\Sigma_1, \Sigma_2)$ an. In diesem Büschel sind entweder alle Transformationen Polaritäten, oder es enthält zwei Transformationen $\Sigma$ und $\Sigma^{-1}$, die verschieden sind. Es gibt demnach zwei verschiedene Arten von involutorischen quadratischen Transformationen:

A. Erste Art: Die quadratische Transformation ist durch zwei Polaritäten bestimmt.

B. Zweite Art: Die quadratische Transformation ist durch eine nichtinvolutorische Reziprozität $\Sigma$ und ihre inverse $\Sigma^{-1}$ bestimmt.

Um die involutorischen Transformationen erster Art zu untersuchen, betrachte man also zwei Kegelschnitte $\varkappa_1$ und $\varkappa_2$ und lasse jedem Punkt $M$ den Schnittpunkt $M'$ seiner Polaren in bezug auf $\varkappa_1$ und $\varkappa_2$ entsprechen. Die Fundamentalpunkte der Transformation sind diejenigen Punkte, welche dieselbe Polare in bezug auf $\varkappa_1$ und $\varkappa_2$ haben; da wir von singulären Transformationen absehen, müssen also $\varkappa_1$ und $\varkappa_2$ solche Lage haben, daß sie ein einziges (evtl. ausgeartetes) gemeinsames Polardreieck $EFG$ haben, d. h. sie dürfen nicht Doppelberührung (oder vierpunktige Berührung in einem Punkt) haben (vgl. S. 98). Die Fundamentalpunkte sind dann die Punkte $E, F, G$; jeder Fundamentalpunkt fällt mit seinem adjungierten zusammen; die Projektivitäten der entsprechenden Geradenbüschel sind involutorisch und durch ihre Doppelstrahlen (Schnittpunktsekanten von $\varkappa_1$ und $\varkappa_2$) unmittelbar festgelegt.

Je nach der gegenseitigen Lage von $\varkappa_1$ und $\varkappa_2$ bestehen die folgenden drei Möglichkeiten:

1. Die Schnittpunkte von $\varkappa_1$ und $\varkappa_2$ sind alle verschieden (Transformation $\Phi_1$); $E, F, G$ sind dann ebenfalls paarweise verschieden.

2. Zwei und nur zwei der Schnittpunkte fallen zusammen (Transformation $\Phi_2$); dann fallen auch zwei der Fundamentalpunkte, etwa $F$ und $G$, zusammen.

3. Die Kegelschnitte $\varkappa_1$ und $\varkappa_2$ haben dreipunktige Berührung in einem Punkt (Transformation $\Phi_3$); dann fallen alle drei Punkte $E$, $F, G$ zusammen.

Für die involutorischen quadratischen Transformationen zweiter Art sind die Fundamentalpunkte die Hauptpunkte der entsprechenden Reziprozität $\Sigma$. Es gilt hier:

I. *Die Verbindungslinien entsprechender Punkte gehen durch den prinzipalen Fundamentalpunkt*[1] *$E$, und alle solche Punktpaare sind konjugiert in bezug auf einen Kegelschnitt $\alpha$.*

Der erste Teil des Satzes ist schon früher in Kap. XVII (§ 3, Satz IV) bewiesen worden; der zweite folgt aus dem dortigen Satz V, der besagt, daß das Büschel $(\Sigma, \Sigma^{-1})$ immer eine Polarität enthält.

Nach der Lage der Hauptpunkte $E, F, G$ von $\Sigma$ (Fundamentalpunkte der involutorischen quadratischen Transformation) können wir auch hier drei verschiedene Fälle unterscheiden:

1. $E, F, G$ sind alle verschieden (Transformation $\Psi_1$). In diesem Fall ist der Kegelschnitt $\alpha$ nicht ausgeartet und geht nicht durch den prinzipalen Fundamentalpunkt $E$; $F$ und $G$ sind die Berührungspunkte der Tangenten von $E$ an $\alpha$. Ist insbesondere die Ebene reell, und sind $F$ und $G$ die Kreispunkte, so erhält man die in der Theorie der Kreistransformationen erwähnte Inversion.

2. $F$ und $G$ fallen zusammen, sind aber von $E$ verschieden (Transformation $\Psi_2$); $\alpha$ artet dann in zwei Gerade $l$ und $m$ aus, welche einander in $F$ schneiden. Die Fundamentalgerade $FG$ ist von $EF$ durch $l$ und $m$ harmonisch getrennt.

3. $E, F, G$ fallen sämtlich zusammen (Transformation $\Psi_3$). Hier ist $\alpha$ nicht ausgeartet und geht durch $E$. Mittels Kap. VIII, § 2, Satz VI sieht man, daß $\alpha$ mit dem dort erwähnten, in $\Sigma$ invarianten Kegelschnitt $\lambda_0$ vierpunktige Berührung in $E$ hat; $\alpha$ gehört also dem Büschel $(\lambda)$ der invarianten Kegelschnitte der Kollineation $\Sigma^2$ an.

Wir wollen die Transformationen $\Psi_2$ und $\Psi_3$ etwas näher besprechen und beginnen mit $\Psi_2$. Es gilt hier:

II a. *Jede Transformation $\Psi_2$ läßt sich aus einer harmonischen Homologie durch Transformation mit einer $\Psi_1$ herstellen.*

Es seien nämlich (Fig. 67) $E$ und $F = G$ die Fundamentalpunkte von $\Psi_2$, $(l, m)$ der ausgeartete Kegelschnitt $\alpha$. Für $\Psi_1$ wählen wir den prinzipalen Fundamentalpunkt $E_0$ beliebig auf $m$, die sekundären $F_0$ und $G_0$ in $E$ bzw. $F$. Durch $\Psi_1$ möge $l$ in $l_1$ übergehen. Ferner

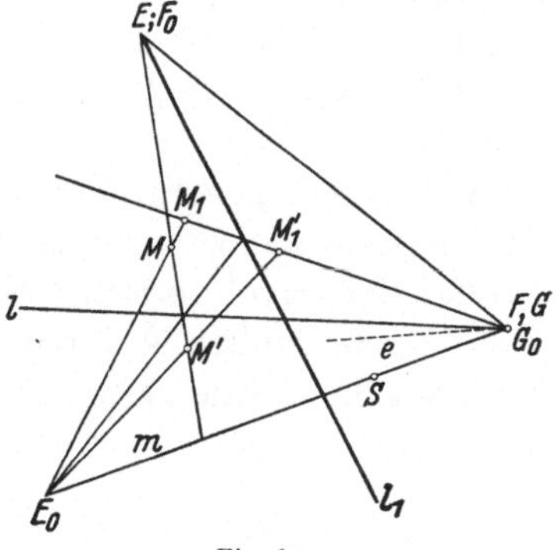



Fig. 67.

---

[1] Ein prinzipaler (sekundärer) Hauptpunkt in $\Sigma$ wird auch prinzipaler (sekundärer) Fundamentalpunkt der involutorischen quadratischen Transformation genannt.

sei $(M, M')$ ein Paar von Punkten, welche einander in $\Psi_2$ entsprechen; die Punkte, in welche diese durch $\Psi_1$ übergehen, seien $M_1$ und $M_1'$. Man entnimmt nun leicht der Figur, daß $\Psi_2$ durch Transformation mit $\Psi_1$ in eine harmonische Homologie $H_1$ mit $F$ als Zentrum und $l_1$ als Achse übergeht.

Ferner hat man:

II b. *Jede Transformation $\Psi_3$ läßt sich aus einer harmonischen Homologie durch Transformation mit einer $\Psi_2$ herstellen.*

Es sei nämlich $\Psi_3$ durch den festen Kegelschnitt $\alpha$ und den Punkt $E$, in dem alle drei Fundamentalpunkte zusammenfallen, gegeben (vgl. Fig. 68). Den prinzipalen Fundamentalpunkt $E_0$ von $\Psi_2$ wählen wir beliebig auf $\alpha$,

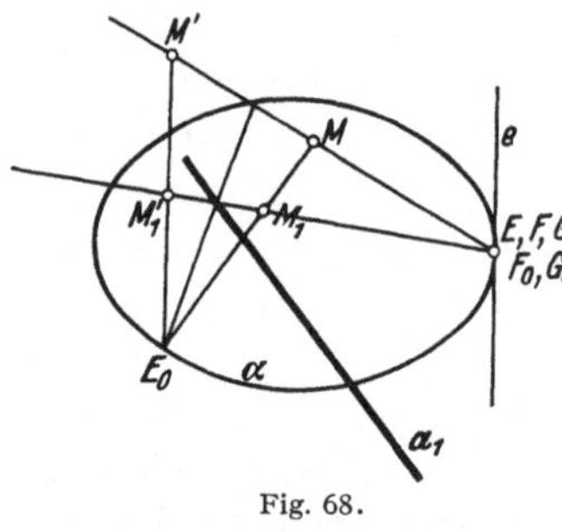

Fig. 68.

die beiden anderen $F_0 = G_0$ in $E$, so daß $F_0 G_0$ Tangente an $\alpha$ ist. Der Kegelschnitt $\alpha$ geht durch $\Psi_2$ in eine .Gerade $a_1$ über (§ 1, Satz II). Ferner seien $M$ und $M'$ zwei Punkte, welche einander in $\Psi_3$ entsprechen; sie mögen durch $\Psi_2$ in $M_1$ und $M_1'$ übergehen. Man sieht, daß $\Psi_3$ durch Transformation mit $\Psi_2$ in eine harmonische Homologie $H_2$ mit $a_1$ als Achse und $E$ als Zentrum übergeht.

Um eine Beziehung zwischen involutorischen Transformationen erster und zweiter Art herzustellen, betrachten wir das Produkt einer involutorischen Transformation zweiter Art $\Psi$ mit den (verschiedenen oder zusammenfallenden) Fundamentalpunkten $E, F, G$ und einer harmonischen Homologie $H$, deren Achse durch $E$ geht, und die $\alpha$ in sich transformiert, so daß $F$ und $G$ vertauscht werden. Die Transformation $\Psi H = H \Psi$ ist quadratisch und offenbar involutorisch, also eine Transformation erster Art $\Phi$.

Geht man umgekehrt von einer involutorischen Transformation erster Art $\Phi$ aus, so kann man immer eine harmonische Homologie $H$ so finden, daß $\Phi H$ involutorisch zweiter Art (und demnach auch gleich $H \Phi$) wird. Es sei nämlich $\Phi$ durch die zwei Polaritäten $\Sigma_1$ und $\Sigma_2$ gegeben. Es genügt dann, eine harmonische Homologie $H$ zu konstruieren, so daß

$$\Sigma_1 H = (\Sigma_2 H)^{-1},$$

d. h.

$$H \Sigma_1 H = \Sigma_2.$$

$H$ ist also eine harmonische Homologie, welche $\Sigma_1$ in $\Sigma_2$ transformiert. Es gibt wenigstens eine solche. Wir haben also bewiesen:

III. *Zu jeder involutorischen quadratischen Transformation erster (zweiter) Art kann man eine mit ihr vertauschbare harmonische Homologie finden, so daß das Produkt involutorisch zweiter (erster) Art ist.*

An die obigen Betrachtungen knüpfen wir noch die folgende: Es sei $\Psi_3$ eine involutorische quadratische Transformation mit drei in $E$

zusammenfallenden Fundamentalpunkten; ferner sei $H$ eine beliebige, nichtharmonische Homologie mit dem Zentrum $E$. Das Produkt $Q = \Psi_3 H$ ist dann wieder quadratisch; wir wollen die Transformation $Q$ etwas näher betrachten. Die Schnittpunkte des in $\Psi_3$ festen Kegelschnittes $\alpha$ mit der Homologieachse $l$ seien $R$ und $S$. Jede durch $E$ gehende Gerade wird durch $Q$ projektiv auf sich bezogen, wobei der eine Doppelpunkt $E$, der andere von $E$ verschieden ist. Das Büschel von Kegelschnitten, welche durch $R$, $S$ und $E$ gehen und $\alpha$ im letztgenannten Punkt berühren, wird ebenfalls projektiv auf sich bezogen; der eine „Doppelkegelschnitt" ist nach dem soeben Bemerkten das Geradenpaar $(RE, SE)$, der andere, $\beta$, ist nichtausgeartet. Hieraus ergibt sich der Satz:

IV. *Es sei $\beta$ ein gegebener Kegelschnitt, $E$ ein fester Punkt desselben. Ferner sei $M$ ein beliebiger Punkt der Ebene, $N$ der zweite Schnittpunkt von $EM$ mit $\beta$. Wird dann $M'$ so auf $EM$ bestimmt, daß $(ENMM')$ ein fester Wurf ist, so ist die Transformation $(M, M')$ quadratisch.*

Es ist zu bemerken, daß in der betrachteten Transformation sowohl die Punkte $E, F, G$ wie die Punkte $E^*, F^*, G^*$ zu dreien zusammenfallen. Die beiden Tripel haben zwei, aber nicht alle drei Punkte miteinander gemein; denn die entsprechenden Bündel $\{\varkappa\}$ und $\{\varkappa^*\}$ berühren $\beta$ beide in $E$, ohne jedoch zusammenzufallen (wie in der Transformation $\Psi_3$).

## § 3. Weitere Sätze über allgemeine quadratische Transformationen.

Wir kehren zu der allgemeinen quadratischen Transformation zurück und zeigen:

I. *Wenn nicht sämtliche Fundamentalpunkte der ersten Figur (und demnach auch nicht die der zweiten) zusammenfallen, dann ist eine quadratische Transformation $Q$ durch Angabe der drei Paare von adjungierten Fundamentalpunkten $(E, E^*)$, $(F, F^*)$, $(G, G^*)$ und ein Paar $(A, A')$ entsprechender Punkte (allgemeiner Lage) eindeutig bestimmt.*

Nach Kap. VIII, § 2, Satz V gibt es nämlich genau ein Büschel von Reziprozitäten, welche $E, F, G$ in bzw. $e^*, f^*, g^*$ und $A$ in eine durch $A'$ gehende Gerade überführen. Zwei beliebige Transformationen dieses Büschels bestimmen die Transformation $Q$.

Ist $M$ ein beliebiger Punkt, so hat man die projektive Beziehung

$$(1) \qquad E(FGAM) \barwedge E^*(G^*F^*A'M')$$

und zwei analoge. Mindestens zwei von diesen Beziehungen sind verschieden; sie können also zur Bestimmung von $M'$ benutzt werden.

Wenn dagegen $E, F, G$ sämtlich zusammenfallen, liegt die Sache ganz anders. Hier fällt ja (1) mit den beiden analogen Beziehungen zusammen, so daß die obige Bestimmung von $M'$ versagt. Es gilt in diesem Falle:

II. *Es gibt unendlich viele quadratische Transformationen mit einem dreifach zu zählenden Paar von Fundamentalelementen $(E, E^*)$ und einem Paar $(A, A')$ von entsprechenden Punkten. Wird noch ein zweites Paar $(B, B')$ von entsprechenden Punkten so gegeben, daß die nach (1) notwendige Bedingung*

$$(2) \qquad E\,(E\,E\,AB) \wedge E^*\,(E^*\,E^*\,A'\,B')$$

*erfüllt ist, dann ist die Transformation eindeutig bestimmt.*

Wir beweisen zunächst die Existenz einer quadratischen Transformation $Q$, welche den genannten Bedingungen genügt: Die dreifach zu zählenden Fundamentalelemente seien (vgl. Kap. VIII, § 1) durch zwei Bündel $\{\varkappa\}$ und $\{\varkappa^*\}$ festgelegt. Es sei $\pi$ eine Kollineation, welche $\{\varkappa\}$ in $\{\varkappa^*\}$ und $A$ und $B$ in zwei auf den Geraden $E^*A'$ bzw. $E^*B'$ liegende Punkte $A_1$ und $B_1$ überführt; dies ist nach (2) immer möglich. Ferner sei $C$ der Punkt, welcher von $E^*$ durch $A'$ und $A_1$ harmonisch getrennt ist, und $D$ der Punkt, welcher von $E^*$ durch $B'$ und $B_1$ harmonisch getrennt ist. Durch $C$ und $D$ legen wir den Kegelschnitt $\alpha$ desjenigen Bündels $\{\lambda^*\}$, welches nach Kap. VIII, § 1 $\{\varkappa^*\}$ entspricht; die zu $\alpha$ gehörige Transformation $\Psi_3$ sei $Q_0$; das Produkt $Q = \pi Q_0$ hat dann die gewünschte Eigenschaft.

Die Eindeutigkeit von $Q$ ist leicht nachzuweisen. Zunächst muß nämlich (nach § 1, Satz II) der in $\{\varkappa\}$ enthaltene, durch $A$ und $B$ gehende Kegelschnitt $\varkappa_0$ in die Gerade $A'B'$ übergehen. Die Beziehung zwischen den Punkten von $\varkappa_0$ und $A'B'$ ist durch

$$E\,(E\,E\,AM) \wedge E^*\,(E^*\,E^*\,A'M')$$

festgelegt. Der einer beliebigen Geraden $l$ entsprechende, in $\{\varkappa^*\}$ enthaltene Kegelschnitt ist nun auch bestimmt; man hat dazu nur die Schnittpunkte von $l$ und $\varkappa_0$ zu transformieren. Hieraus folgt die Eindeutigkeit, und Satz II ist bewiesen.

III. *Jede quadratische Transformation läßt sich als Produkt einer Kollineation und einer involutorischen quadratischen Transformation zweiter Art darstellen.*

Wenn die drei Fundamentalpunkte jeder Figur zusammenfallen, folgt der Satz aus dem Beweise von Satz II. Ist dies nicht der Fall, dann seien $(E, E^*)$, $(F, F^*)$, $(G, G^*)$ die drei Paare von adjungierten Fundamentalpunkten, das erste von den beiden anderen verschieden, und $(A, A')$ ein Paar von entsprechenden Punkten. Ferner sei $\pi$ eine Kollineation, die $E$, $F$, $G$ in bzw. $E^*$, $G^*$, $F^*$ und $A$ in einen Punkt $A_1$ der Geraden $E^*A'$ überführt, und $\Psi$ diejenige involutorische quadratische Transformation zweiter Art mit dem prinzipalen Fundamentalpunkt $E^*$ und den sekundären Fundamentalpunkten $F^*$ und $G^*$, welche $A_1$ in $A'$ transformiert. Die gegebene quadratische Transformation ist dann das Produkt $\pi\Psi$.

Für jede quadratische Transformation hat man:

IV. *Ein Kegelschnitt $\lambda$ durch zwei Fundamentalpunkte $F$ und $G$ der ersten Figur geht in einen Kegelschnitt $\lambda'$ durch die adjungierten Fundamentalpunkte $F^*$ und $G^*$ über.*

Wenn $F$ und $G$ verschieden sind, folgt dies durch Betrachtung der zwei projektiven Geradenbüschel mit den Zentren $F$ und $G$, welche $\lambda$ erzeugen; diese gehen (§ 1, Satz III) in zwei andere projektive Büschel (mit den Zentren $F^*$ und $G^*$) über, durch welche $\lambda'$ erzeugt wird. Insbesondere ist hierdurch der obige Satz für eine involutorische Transformation $\Psi_1$ bewiesen.

Wenn $F$ und $G$ zusammenfallen, genügt es nach Satz III, die involutorischen Transformationen zweiter Art, also die Transformationen $\Psi_2$ und $\Psi_3$, zu betrachten. Wir betrachten zunächst $\Psi_2$ und knüpfen an Fig. 67 an. Es sei $\lambda$ ein beliebiger Kegelschnitt durch die zusammenfallenden Punkte $F$ und $G$, d. h. ein Kegelschnitt, welcher in $F$ diejenige Gerade $e$ berührt, welche von $FE$ durch $l$ und $m$ harmonisch getrennt ist. Da $E_0$ beliebig auf $m$ gewählt werden kann, können wir diesen Punkt in den von $F$ verschiedenen Schnittpunkt von $m$ mit $\lambda$ legen. Durch $\Psi_1$ geht $e$ in eine durch $E$ gehende Gerade $e_1$ über, welche von $EE_0$ durch $l_1$ und $EF$ harmonisch getrennt ist und demnach die Gerade $m$ in einem Punkt $S$ schneidet, der dem Punkt $O$ in der auf S. 212 erwähnten harmonischen Homologie $H_1$ entspricht. Es geht demnach $\lambda$ durch $\Psi_1$ in einen Kegelschnitt $\lambda_1$ durch $E, E_0$ und $S$ über. Durch $H_1$ geht aber $\lambda_1$ in einen Kegelschnitt $\lambda_1'$ durch dieselben drei Punkte über, und diesem entspricht in $\Psi_1$ wieder ein Kegelschnitt $\lambda'$, welcher die Gerade $e$ in $F$ berührt. Hiermit ist nach § 2, Satz II a dieser Fall erledigt.

Der Fall, wo die Transformation eine $\Psi_3$ ist, ist leicht zu erledigen. Es sei wieder (Fig. 68) $\lambda$ ein Kegelschnitt, welcher die Gerade $e$ in $F$ berührt. Diese Lage wird weder durch $\Psi_2$ noch durch die harmonische Homologie $H_2$ (S. 212) zerstört; hiermit ist (§ 2, Satz II b) auch der letzte Fall erledigt, und Satz IV ist bewiesen.

V. *Eine quadratische Transformation ist durch Angabe von zwei verschiedenen Paaren $(F, F^*)$ und $(G, G^*)$ von adjungierten Fundamentalpunkten und von drei Paaren $(A, A')$, $(B, B')$, $(C, C')$ von entsprechenden Punkten eindeutig bestimmt.*

Mittels
$$F(EGABC) \,\overline{\wedge}\, F^*(G^*E^*A'B'C')$$
und
$$G(EFABC) \,\overline{\wedge}\, G^*(F^*E^*A'B'C')$$

findet man nämlich das dritte Paar von Fundamentalpunkten $(E, E^*)$. und dieses kann, wie man sieht, zwei der gegebenen Paare von entsprechenden Punkten ersetzen, so daß man auf den obigen Satz I zurückgeführt wird.

Für besondere Lagen (nämlich wenn $FG$ und $F^*G^*$ in beiden Projektivitäten einander entsprechen) wird die Transformation kollinear[1].

Der bewiesene Satz kann auch so ausgesprochen werden:

V'. *Durch zwei Paare von projektiven Strahlenbüscheln allgemeiner Lage ist eine quadratische Transformation eindeutig bestimmt.*

In diesem Zusammenhang bemerken wir folgendes: In einem Büschel von Reziprozitäten gibt es drei ausgeartete; wenn zwei von diesen verschieden sind, können sie zur Bestimmung der entsprechenden quadratischen Transformation benutzt werden. Eine solche Darstellung ist es gerade, die wir im Satz V' gefunden haben.

Im Gegensatz zu Satz V hat man:

VI. *Es gibt unendlich viele quadratische Transformationen mit zwei zusammenfallenden Paaren* $(F, F^*)$ *und* $(G, G^*)$ *von adjungierten Fundamentalpunkten und drei Paaren* $(A, A')$, $(B, B')$, $(C, C')$ *von entsprechenden Punkten. Wird noch ein viertes Paar* $(D, D')$ *von entsprechenden Punkten so gegeben, daß die nach* (1) *notwendige Bedingung*

$$(3) \qquad\qquad F(ABCD) \barwedge F^*(A'B'C'D')$$

*erfüllt ist, und weder* $(A, B, C, D, F, G)$ *noch* $(A', B', C', D', F^*, G^*)$ *auf einem Kegelschnitt liegen, dann ist die Transformation eindeutig bestimmt.*

Für besondere Lagen der Punkte kann jedoch — wie in Satz V — die Transformation kollinear werden.

Um den obigen Satz zu beweisen, werden wir zunächst versuchen, das dritte Paar von Fundamentalpunkten $(E, E^*)$ zu finden. Die Geraden $EF = f$ und $E^*F^* = f^*$ werden durch

$$(4) \qquad\qquad F(ABCEG) \barwedge F^*(A'B'C'G^*E^*)$$

eindeutig festgelegt. Nun werden zwei Fälle zu unterscheiden sein:

a) $f$ ist von $e = FG$ (also auch $f^*$ von $e^* = F^*G^*$) verschieden.

Die Punkte $E$ und $E^*$ müssen so auf $f$ bzw. $f^*$ bestimmt werden, daß

$$(5) \qquad\qquad E(ABCDF) \barwedge E^*(A'B'C'D'F^*) \,.$$

Wir wählen demnach einen beliebigen Punkt $M$ auf $f$ und betrachten die zwei Kegelschnitte $\alpha_1 = (ABCFM)$ und $\alpha_2 = (ABDFM)$. Es sei $\beta_1$ der Kegelschnitt durch $A', B', C', F^*$, auf dem der Wurf $(A'B'C'F^*)$ gleich $M(ABCF)$ ist; $\beta_2$ sei der analoge Kegelschnitt, wo $C'$ mit $D'$ (und $C$ mit $D$) vertauscht ist. Die von $F^*$ verschiedenen Schnittpunkte von $f^*$ mit $\beta_1$ und $\beta_2$ seien $M_1^*$ bzw. $M_2^*$. Es kommt darauf an, $M$ so zu wählen, daß $M_1^*$ mit $M_2^*$ zusammenfällt. Die Beziehung $(M_1^*, M_2^*)$ ist aber projektiv, weil dies für je zwei der Kegelschnittbüschel $(\alpha_1)$, $(\alpha_2)$, $(\beta_1)$, $(\beta_2)$ der Fall ist. $M_1^*$ und $M_2^*$ fallen also in zwei Lagen zusammen; der eine von den so entstehenden Punkten ist aber der Schnitt-

---

[1] Vgl. Kap. VIII, § 1, Satz II.

punkt von $f^*$ mit der Geraden $A'B'$ und kommt daher nicht in Betracht. Der andere Punkt wird $E^*$ genannt; sein entsprechender Punkt auf $f$ sei $E$. Diese zwei Punkte sind sicher von $F$ und $F^*$ verschieden; denn wenn z. B. $M$ in $F$ liegt, können $M_1^*$ und $M_2^*$ nicht zusammenfallen.

Für die gefundenen Punkte $E$ und $E^*$ sind (4) und (5) erfüllt, und die gesuchte Transformation ist zufolge Satz V' bestimmt.

b) Wenn $f$ mit $e$ (und demnach $f^*$ mit $e^*$) zusammenfällt, müssen $E$ und $E^*$ mit $F$ bzw. $F^*$ zusammenfallen. In diesem Fall läßt sich eine Kollineation $\pi$ eindeutig bestimmen, welche $A, B, C, F, e$ in bzw. $A', B', C', F^*, e^*$ überführt; durch $\pi$ geht $D$ in einen Punkt $D_1$ von $F^*D'$ über. Nach Ausführung von $\pi$ ist eine quadratische Transformation zu bestimmen, für welche $F^*$ und $G^*$ in beiden Figuren zusammenfallende Fundamentalpunkte sind, bei der ferner $A', B', C'$ und demnach alle Punkte des Kegelschnittes $(A', B', C', F^*, G^*)$ fest bleiben, und bei der endlich $D_1$ in $D'$ übergeht. Diese Transformation ist eindeutig bestimmt und ist von der in § 2, Satz IV besprochenen Art. Hiermit ist Satz VI bewiesen.

Das Produkt zweier quadratischer Transformationen ist im allgemeinen keine quadratische Transformation. Doch gilt der folgende Satz:

VII. *Sind $Q$ und $Q_1$ quadratische Transformationen, für welche zwei Fundamentalpunkte $F^*$ und $G^*$ der zweiten Figur von $Q$ mit zwei Fundamentalpunkten der ersten Figur von $Q_1$ zusammenfallen, dann ist das Produkt $QQ_1$ wieder quadratisch* (evtl. eine Kollineation).

Wenn $F^*$ und $G^*$ verschieden sind, ist dies eine unmittelbare Folge von Satz V'. Fallen dagegen $F^*$ und $G^*$ zusammen, so läßt sich der Beweis wie folgt führen:

Es seien $F$ und $G$ die zu $F^*$ und $G^*$ adjungierten (zusammenfallenden) Fundamentalpunkte der ersten Figur von $Q$, ebenso $F^{**}$ und $G^{**}$ die zu $F^*$ und $G^*$ adjungierten Fundamentalpunkte der zweiten Figur von $Q_1$. Ferner seien $A, B, C, D$ vier Punkte, welche mit $F$ und $G$ nicht auf einem Kegelschnitt liegen; sie mögen durch $QQ_1$ in $A'', B'', C'', D''$ übergehen. Es gibt nun nach Satz VI eine eindeutig bestimmte quadratische Transformation $T$ mit $(F, F^{**})$ und $(G, G^{**})$ als zwei zusammenfallenden Paaren von adjungierten Fundamentalpunkten, welche $A, B, C, D$ in bzw. $A'', B'', C'', D''$ überführt. Diese stimmt, wie man leicht (Satz IV) einsieht, für jedes Punktpaar mit $QQ_1$ überein, womit der Satz bewiesen ist.

Aus Satz VII ergibt sich insbesondere, daß alle quadratischen Transformationen, für welche ein festes Paar von Punkten $F$ und $G$ Fundamentalpunkte sowohl in der ersten als auch in der zweiten Figur sind, in Verbindung mit den Kollineationen, welche das Paar $(F, G)$ invariant lassen, eine Gruppe bilden. Sind $F$ und $G$ die Kreispunkte $I$ und $J$ einer reellen Ebene, so bilden die reellen Transformationen der genannten Gruppe die früher erwähnten MÖBIUSschen Kreistransformationen. Es folgt dies mittels Satz V′ daraus, daß die zwei Geradenbüschel, welche die reellen Punkte der Ebene mit $I$ und $J$ verbinden, symmetral sind[1].

In einer quadratischen Transformation $Q$ gibt es immer Punkte, welche mit ihren entsprechenden zusammenfallen. Es sei nämlich $Q$ durch die Reziprozitäten $\Sigma_1$ und $\Sigma_2$ bestimmt; einem Punkt $M$ entspricht ja dann der Schnittpunkt $M'$ der zwei Geraden $m_1'$ und $m_2'$, in welche $M$ durch $\Sigma_1$ und $\Sigma_2$ überführt wird. Der Ort der Punkte $M$, welche auf $m_1'$ liegen, ist nach Kap. XVII, § 3, Satz VI ein Kegelschnitt $\alpha$; ebenso ist der Ort der Punkte $M$, welche auf $m_2'$ liegen, ein Kegelschnitt $\beta$. Die Schnittpunkte von $\alpha$ und $\beta$ sind die gesuchten sich selbst entsprechenden Punkte. Also:

VIII. *Eine quadratische Transformation hat im allgemeinen vier Doppelpunkte.*

In speziellen Fällen kann $\alpha$ mit $\beta$ zusammenfallen, so daß jeder Punkt eines Kegelschnittes sich selbst entspricht. Dies ist z. B. bei der involutorischen quadratischen Transformation zweiter Art sowie bei der in § 2, Satz IV besprochenen Transformation der Fall.

Es sei hier noch erwähnt, daß eine quadratische Transformation im allgemeinen ein involutorisches Punktpaar besitzt. Den Beweis hierfür können wir aber erst später (Kap. XXIV, § 2) erbringen.

Wir schließen diesen Paragraphen mit dem folgenden Satz, von dem wir später Gebrauch machen werden:

IX. *Eine quadratische Transformation $Q$ ist durch Angabe des Fundamentaldreiecks EFG der ersten Figur und von vier Paaren $(A, A')$, $(B, B')$, $(C, C')$, $(D, D')$ von entsprechenden Punkten allgemeiner Lage eindeutig bestimmt.*

Hierbei wird vorausgesetzt, daß $E, F$ und $G$ verschieden sind.

Aus der Projektivität der Geradenbüschel

$$(6) \qquad E(ABCD\ldots) \quad \text{und} \quad E^*(A'B'C'D'\ldots)$$

folgt als Ort für $E^*$ ein Kegelschnitt $\alpha$. Da in (6) $EG$ und $E^*F^*$ entsprechende Strahlen sind, muß $E^*F^*$ durch einen leicht zu bestimmenden Punkt $P'$ von $\alpha$ gehen.

Durch Betrachtung der zwei anderen projektiven Geradenbüschel

$$(7) \qquad F(ABCD\ldots) \barwedge F^*(A'B'C'D'\ldots),$$

wo $FG$ und $F^*E^*$ einander entsprechen, findet man in analoger Weise einen Kegelschnitt $\beta$ als Ort des Punktes $F^*$ und einen Punkt $Q'$ von $\beta$, durch welchen $F^*E^*$ gehen muß.

---

[1] Fallen $F$ und $G$ zusammen, so bilden die betrachteten quadratischen Transformationen ebenfalls eine Gruppe. Sind insbesondere $F$ und $G$ die zusammenfallenden Kreispunkte einer isotropen Ebene, so erhält man die MÖBIUSschen Kreistransformationen dieser Ebene. Diese Gruppe ist mit der sog. erweiterten LAGUERREschen Gruppe einer gewöhnlichen Ebene isomorph (vgl. DAVID FOG: Bidrag til den komplexe Geometri. Habil.-Schrift, Kopenhagen 1930).

Die Gerade $E^*F^*$ ist demnach durch die zwei Punkte $P'$ und $Q'$ bestimmt, und die Punkte $E^*$ und $F^*$ sind die weiteren Schnittpunkte dieser Geraden mit $\alpha$ bzw. $\beta$.

Die zwei Paare von adjungierten Fundamentalpunkten $(E, E^*)$ und $(F, F^*)$ bestimmen in Verbindung mit $(A, A')$, $(B, B')$ und $(C, C')$ eindeutig eine quadratische Transformation $Q$, und diese ist, wie man leicht sieht, die gesuchte.

## § 4. Bestimmung von Reziprozitäten und quadratischen Transformationen durch Paare von konjugierten Punkten.

Wir werden im folgenden sagen, daß ein Punkt $M'$ in einer Reziprozität dem Punkt $M$ konjugiert sei, wenn die $M$ entsprechende Gerade durch $M'$ geht. Ebenso sagen wir statt „entsprechende Punkte $(M, M')$ in einer quadratischen Transformation" auch „konjugierte Punkte". Der hier eingeführte Begriff „konjugiert" ist also im allgemeinen von der Reihenfolge der Punkte abhängig[1].

In diesem Paragraphen schließen wir jede Art von Zusammenfallen von Fundamentalelementen aus. Nach § 3, Satz I haben wir dann;

I. *Durch Angabe von drei Punkt-Geradenelementen* $(E, e^*)$, $(F, f^*)$, $(G, g^*)$ *und von einem Paar von konjugierten Punkten* $(A, A')$ *allgemeiner Lage ist ein Büschel von Reziprozitäten — oder eine quadratische Transformation — eindeutig bestimmt.*

Es seien nun $a_1'$ und $a_2'$ zwei Gerade durch $A'$; die drei gegebenen Punkt-Geradenelemente bestimmen nach Kap. VIII, § 2, Satz II mit jedem der Elemente $(A, a_1')$ und $(A, a_2')$ eine Reziprozität des obigen Büschels. Sie mögen $\Sigma_1$ und $\Sigma_2$ heißen.

Es sei $(B, B')$ ein weiteres Paar von konjugierten Punkten. In dem Büschel $(\Sigma_1, \Sigma_2, \ldots)$ entspricht dem Punkt $B$ ein Geradenbüschel $(b_1', b_2', \ldots)$. Fällt das Zentrum dieses Büschels nicht in $B'$, so sagen wir, daß $B'$ allgemeine Lage hat; in diesem Fall geht nur eine Gerade des genannten Büschels durch $B'$. Also:

I'. *Eine Reziprozität ist durch drei Punkt-Geradenelemente und zwei Paare konjugierter Punkte allgemeiner Lage eindeutig bestimmt.*

Hiermit können wir von neuem den Satz V von § 2 beweisen:

II. *Durch Angabe von zwei Punkt-Geradenelementen* $(E, e^*)$, $(F, f^*)$ *und drei Paaren von konjugierten Punkten* $(A, A')$, $(B, B')$, $(C, C')$ *allgemeiner Lage ist ein Büschel von Reziprozitäten (also eine quadratische Transformation) eindeutig bestimmt.*

Durch $A'$ legen wir eine Gerade $a_1'$. Nach Satz I' bestimmen dann die drei Punkt-Geradenelemente $(E, e^*)$, $(F, f^*)$, $(A, a_1')$ in Verbindung mit $(B, B')$ und $(C, C')$ eindeutig eine Reziprozität $\Sigma_1$; ersetzt man $a_1'$

---

[1] Vgl. Kap. XVII, § 3, wo das Wort nur für involutorische Beziehungen $(M, M')$ eingeführt ist.

durch eine andere durch $A'$ gehende Gerade $a'_2$, so erhält man eine andere Reziprozität $\Sigma_2$. Die Reziprozitäten des Büschels $(\Sigma_1, \Sigma_2)$ erfüllen dann die Forderungen des Satzes II, und keine andere Reziprozität hat diese Eigenschaft.

Hiermit ist der Satz bewiesen. Man findet nun ganz wie oben, daß eine Reziprozität durch zwei Punkt-Geradenelemente und vier Paare von konjugierten Punkten allgemeiner Lage eindeutig bestimmt ist. Fährt man in dieser Weise fort, so erhält man schließlich:

III. *Durch Angabe von sieben Paaren von konjugierten Punkten allgemeiner Lage ist ein Büschel von Reziprozitäten — also eine quadratische Transformation — eindeutig bestimmt.*

III'. *Eine Reziprozität ist durch acht Paare von konjugierten Punkten allgemeiner Lage eindeutig bestimmt.*

Die Zahl der Punktpaare, welche man frei wählen kann, wird natürlich kleiner, wenn man verlangt, daß die quadratische Transformation involutorisch sein soll. Wir wollen die Transformationen erster Art untersuchen und betrachten deshalb die Kegelschnitte und die Kegelschnittbüschel.

Wir wissen, daß ein Kegelschnitt durch fünf Punkte und ein Kegelschnittbüschel durch vier Punkte (allgemeiner Lage) eindeutig bestimmt ist. Hieraus folgt, daß ein Kegelschnitt durch vier Punkte und ein Paar von konjugierten Punkten $(A, A')$ eindeutig bestimmt ist; denn die Polaren zu $A$ in bezug auf die Kegelschnitte des Büschels, welches durch die vier Punkte festgelegt ist, bilden ein Geradenbüschel, von dessen Geraden eine durch $A'$ geht. Hieraus folgt weiter:

Die Gesamtheit der Kegelschnitte, welche durch drei Punkte und ein Paar von konjugierten Punkten bestimmt sind, ist ein Büschel. Denn nach dem Obigen geht genau eine Kurve dieser Gesamtheit durch einen Punkt allgemeiner Lage, und die Gesamtheit muß deshalb mit dem durch zwei von ihren Kurven bestimmten Büschel übereinstimmen. Weiterhin folgt:

Ein Kegelschnitt ist durch drei Punkte und zwei Paare $(A, A')$, $(B, B')$ von konjugierten Punkten eindeutig bestimmt.

Denn in dem durch die drei Punkte und das eine Paar $(A, A')$ bestimmten Büschel gibt es genau eine Kurve, für welche die Polare von $B$ durch $B'$ geht.

Fährt man in dieser Weise fort, so findet man:

IV. *Ein Büschel von Kegelschnitten — und damit eine involutorische quadratische Transformation erster Art — ist durch vier Paare von konjugierten Punkten allgemeiner Lage eindeutig bestimmt.*

IV'. *Ein Kegelschnitt ist durch fünf Paare von konjugierten Punkten allgemeiner Lage eindeutig bestimmt.*

Zu diesen Sätzen bemerken wir: Der Satz von HESSE (Kap. I, § 2, Satz VI) zeigt, daß man aus zwei Paaren von konjugierten Punkten ein drittes ableiten kann; also sind schon drei Paare von konjugierten Punkten nicht immer voneinander unabhängig (haben nicht immer „allgemeine Lage").

Für die Transformation zweiter Art gilt:

V. *Eine involutorische quadratische Transformation zweiter Art ist durch Angabe von fünf Punktpaaren $(A, A')$, $(B, B')$, $(C, C')$, $(D, D')$, $(E, E')$, deren Verbindungsgeraden alle durch denselben Punkt gehen, im allgemeinen eindeutig bestimmt.*

Nach Satz IV' ist nämlich durch die fünf Punktpaare ein Kegelschnitt $\alpha$, für welchen diese Paare konjugierte Punkte sind, im allgemeinen eindeutig bestimmt, obwohl die Punktpaare durch die Bedingung eingeschränkt sind, daß die Geraden $AA'$, $BB'$, $\ldots EE'$ durch einen Punkt gehen sollen.

Der in diesem Paragraphen stark benutzte Begriff „allgemeine Lage" ist vorläufig nicht genau erklärt; nach Zuendeführung der Theorie der Kurven dritter Ordnung werden wir aber in Kap. XXIV auf diesen Begriff zurückkommen und ihn vollständig beschreiben.

XIX. Kapitel.

# Die unikursale Kurve dritter Ordnung.

## § 1. Definition der unikursalen Kurve dritter Ordnung.

Eine unikursale Kurve dritter Ordnung — eine $C_0^3$ — definiert man als Ort der Schnittpunkte entsprechender Elemente in einem Kegelschnittbüschel $(\mu)$ und einem dazu projektiven Geradenbüschel $(p)$, dessen Zentrum in einem Grundpunkt $O$ des Kegelschnittbüschels liegt. Die drei anderen Grundpunkte $A, B, C$ des Büschels $(\mu)$ werden als von $O$ verschieden angenommen; sie liegen offenbar auf der Kurve, ebenso, wie wir unten sehen werden, der Punkt $O$ selbst; dieser letzte Punkt wird der singuläre Punkt der Kurve genannt.

Es gilt nun der Hauptsatz:

I. *Als Grundpunkte des erzeugenden Kegelschnittbüschels $(\mu)$ kann man (außer $O$) drei beliebige Punkte der Kurve $C_0^3$ wählen.*

Um dies zu beweisen, wenden wir eine involutorische quadratische Transformation $Q$ zweiter Art an, deren prinzipaler Fundamentalpunkt in $O$ fällt, während die sekundären in $A$ und $B$ liegen. Hierdurch geht das Büschel $(\mu)$ nach Kap. XVIII, § 1, Satz II und IV in ein Geradenbüschel $(m')$ über, welches zu $(\mu)$ projektiv ist, und dessen Zentrum in den aus $C$ hervorgehenden Punkt $C'$ fällt; das Büschel $(p)$ bleibt hierbei ungeändert; die $C_0^3$ geht demnach in eine Kurve über, welche durch die projektiven Geradenbüschel $(m')$ und $(p)$ erzeugt wird, also in einen Kegelschnitt $\varkappa$ durch $O$ und $C'$.

Um diesen Kegelschnitt $\varkappa$ zu erzeugen, kann man statt des Büschels $(m')$ ein anderes Büschel verwenden, dessen Zentrum auf $\varkappa$ beliebig gewählt werden kann. Transformiert man nun mittels $Q^{-1}$ (d. h. $Q$) zurück, so erhält man eine Erzeugung der $C_0^3$, wo der Grundpunkt $C$ durch einen beliebigen anderen Punkt der Kurve ersetzt ist.

Hieraus ergibt sich Satz I unmittelbar. Aus dem Beweise folgt auch:

II. *Transformiert man eine $C_0^3$ durch eine involutorische quadratische Transformation zweiter Art, deren prinzipaler Fundamentalpunkt in $O$ fällt, während die zwei anderen beliebige Punkte der Kurve sind, so geht sie in einen Kegelschnitt durch $O$ über.*

Umgekehrt geht jeder Kegelschnitt durch $O$ mittels der quadratischen Transformation in eine $C_0^3$ über. Geht der Kegelschnitt außer durch $O$ auch durch einen der anderen Fundamentalpunkte, so zerfällt die $C_0^3$ in einen Kegelschnitt und eine Gerade (vgl. Kap. XVIII, § 1, Satz XI). Geht der Kegelschnitt durch alle drei Fundamentalpunkte, so zerfällt die $C_0^3$ in drei Gerade (vgl. Kap. XVIII, § 1, Satz II).

Wenn im folgenden nichts anderes ausdrücklich bemerkt ist, setzen wir voraus, daß die betrachtete $C_0^3$ nicht zerfällt.

Wir werden nun zeigen:

III. *Eine $C_0^3$ wird von einer nicht durch den singulären Punkt gehenden Geraden in drei Punkten geschnitten.*

Die Gerade sei $l$; nach Satz I kann man voraussetzen, daß sie durch keinen der Grundpunkte von $(\mu)$ geht. Die erzeugenden Büschel $(\mu)$ und $(p)$ schneiden auf $l$ eine Involution von Punktpaaren und eine zu ihr projektive Punktreihe aus; es gibt dann drei Punkte dieser Reihe, von denen jeder mit einem Punkt des ihm zugeordneten Paares der Involution zusammenfällt (Kap. VII, § 3, Satz III).

Die so gefundenen drei Schnittpunkte von $l$ mit der $C_0^3$ sind nicht notwendig verschieden. Fallen zwei von ihnen zusammen, so nennt man $l$ *Tangente* an $C_0^3$ in dem betreffenden Punkt. Um dies näher zu erläutern, nehmen wir an, $D$ sei einer der Schnittpunkte von $l$ mit $C_0^3$; wir verlegen dann den einen Grundpunkt von $(\mu)$ in $D$. Die zwei erzeugenden Büschel $(\mu)$ und $(p)$ schneiden in diesem Fall projektive Punktreihen auf $l$ aus, und die Doppelpunkte $R$ und $S$ derselben sind die zwei restierenden Schnittpunkte von $l$ mit $C_0^3$. Man sieht nun, daß einer dieser Doppelpunkte dann und nur dann in $D$ fällt, wenn $l$ die Tangente desjenigen Kegelschnittes $\mu$ ist, welcher der Geraden $OD$ des Büschels $(p)$ entspricht. Diese Tangente ist also auch Tangente an $C_0^3$ in $D$, und eine $C_0^3$ hat also in jedem von $O$ verschiedenen Punkt eine bestimmte Tangente.

Fallen alle drei Schnittpunkte von $l$ mit der $C_0^3$ in einen Punkt zusammen, so nennt man diesen Punkt einen *Inflexionspunkt* und die zugehörige Gerade eine *Wendetangente*.

Eine durch den singulären Punkt $O$ gehende Gerade $l$ schneidet zufolge der Definition einer $C_0^3$ diese Kurve außer in $O$ in einen einzigen Punkt $M$. Durchläuft $l$ das Geradenbüschel $(p)$, so fällt $M$ zweimal in $O$; denken wir uns nämlich die Grundpunkte $A, B, C$ von $O$ verschieden, was ja nach Satz I möglich ist, wird das Büschel $(p)$, das ja zu $(\mu)$ projektiv ist, nach Kap. VII, § 1, S. 87 auch zu dem Büschel $(t)$ der Kegelschnittstangenten in $O$ projektiv. Hat die Projektivität zwischen $(p)$ und $(t)$ zwei verschiedene Doppelstrahlen, so geht die $C_0^3$ zweimal durch $O$ (mit zwei verschiedenen Tangenten), und $O$ wird ein *Doppelpunkt* der Kurve genannt. Fallen dagegen die Doppelstrahlen in eine Gerade zusammen, so spricht man von einer *Spitze* (mit dieser Geraden als Tangente).

Zwischen den Strahlen durch $O$ und den Punkten der Kurve gibt es eine ausnahmslos eindeutige Beziehung, wenn man im Falle, wo $O$ ein Doppelpunkt ist, diesen Punkt zweimal zählt und den beiden Tangenten in $O$ zuordnet. *Diese Beziehung wird projektiv genannt, und wir können dadurch Begriffe wie Projektivität und Involution auf die Punkte der Kurve übertragen.*

IV. *Die Geraden, welche durch einen festen Punkt $P$ der Kurve $C_0^3$ gehen, schneiden diese außer in $P$ in Punktpaaren einer Involution* $(M_1, M_2)$, *in der $O$ sich selbst entspricht* [d. h. im Geradenbüschel $(O)$ entsprechen die — verschiedenen oder zusammenfallenden — Kurventangenten einander]. *Die Reihe der Punktpaare* $(M_1, M_2)$ *ist zu dem Büschel der Geraden $M_1 M_2$ projektiv.*

Der erste Teil dieses Satzes folgt sofort aus dem obigen Satz II mittels einer involutorischen quadratischen Transformation zweiter Art mit dem prinzipalen Fundamentalpunkt in $O$, wenn der eine sekundäre Fundamentalpunkt in $P$ und der andere beliebig auf der Kurve gewählt wird. Der letzte Teil ergibt sich mit Hilfe von Kap. XVIII, § 1, Satz III und einer Bemerkung auf S. 16.

Durch indirekte Schlußweise folgt aus Satz IV:

V. *Die Verbindungsgeraden entsprechender Punkte in einer auf der $C_0^3$ liegenden Involution, in der der Punkt $O$ sich selbst entspricht* (vgl. die obige Bemerkung), *gehen durch einen festen Punkt der Kurve.*

Ferner finden wir:

VI. *Ein durch den singulären Punkt $O$ gehender Kegelschnitt schneidet die $C_0^3$ in vier weiteren Punkten.*

Es sei nämlich $P$ ein beliebiger Punkt der $C_0^3$; das Geradenbüschel durch $P$ schneidet auf der $C_0^3$ und dem Kegelschnitt zwei Involutionen von Punktpaaren, $(M_1, M_2)$ und $(N_1, N_2)$, aus, die nach dem Obigen untereinander projektiv sind. Die zwei Involutionen werden von $O$ aus durch zwei projektive Involutionen von Geradenpaaren projiziert; dann gibt es nach Kap. VII, § 4, Satz I vier Gerade, welche gleichzeitig in entsprechenden Paaren liegen.

Aus Kap. XVIII, § 3, Satz IV ergibt sich:

VII. *Transformiert man eine $C_0^3$ durch eine involutorische quadratische Transformation zweiter Art, deren prinzipaler Fundamentalpunkt in den singulären Punkt O fällt, während der eine sekundäre Fundamentalpunkt irgendwo auf der Kurve, der andere außerhalb der Kurve liegt, geht die $C_0^3$ in eine Kurve derselben Art über.*

Man entnimmt hieraus mittels Satz VI:

VIII. *Zwei $C_0^3$ mit dem gemeinsamen singulären Punkt O und mit einem gegebenen Schnittpunkt P schneiden einander in vier weiteren Punkten.*

Wir nennen ferner die folgenden Sätze:

IX. *Eine $C_0^3$ ist durch den singulären Punkt O und sechs andere Punkte eindeutig bestimmt.*

Drei der Punkte $A, B, C$ bestimmen nämlich in Verbindung mit $O$ ein Kegelschnittbüschel $(\mu)$, die drei anderen $D, E, F$ die projektive Verbindung zwischen $(\mu)$ und dem Geradenbüschel $(p)$ mit dem Zentrum $O$.

Die gegebenen Punkte können in verschiedener Weise zusammenfallen; wir nennen schon an dieser Stelle die folgenden Fälle:

Zwei der Punkte, z. B. $D$ und $E$, können als „Nachbarpunkte" zu $O$ gewählt werden, d. h.:

*Eine $C_0^3$ ist durch den Doppelpunkt O mit den zugehörigen Tangenten und vier weitere Punkte eindeutig festgelegt.*

Ferner können in $O$ die zwei Tangenten zusammenfallen, d. h.:

*Eine $C_0^3$ ist durch die Spitze O mit der zugehörigen Tangente und vier weitere Punkte eindeutig bestimmt.*

Letzteres folgt daraus, daß eine parabolische Projektivität durch das einzige Doppelelement und ein zweites Element festgelegt ist.

In Satz V haben wir schon eine Umkehrung des Satzes IV gegeben; eine andere ist die folgende:

X. *Der Ort der Schnittpunkte entsprechender Elemente in einem Strahlenbüschel und einem dazu projektiven Büschel von Geradenpaaren einer Involution ist eine $C_0^3$.*

Es möge nämlich das erste Büschel das Zentrum $P$, das andere das Zentrum $O$ haben, und es seien $(A_1, A_2)$, $(B_1, B_2)$, $(C_1, C_2)$ die Schnittpunkte dreier Strahlen durch $P$ mit den entsprechenden Strahlenpaaren durch $O$. Durch den singulären Punkt $O$ und die sechs anderen Punkte $A_1, A_2, B_1, B_2, C_1, P$ ist nach Satz IX eine $C_0^3$ eindeutig festgelegt; diese geht nach Satz IV durch $C_2$ und ebenso durch die Schnittpunkte aller anderen entsprechenden Elemente der zwei Geradenbüschel. — Gehört der Strahl $PO$ dem entsprechenden Paar der Involution an, dann zerfällt die $C_0^3$ in die Gerade $PO$ und einen Kegelschnitt.

Es sei nun $P$ ein Kurvenpunkt. Die durch $P$ gehenden Strahlen schneiden nach Satz IV die $C_0^3$ in Punktpaaren einer Involution. Hieraus folgt, daß durch $P$ zwei Gerade gehen, welche außer $P$ zwei zusammenfallende Punkte mit der Kurve gemein haben; diese Punkte seien $S_1$ und $S_2$. Ist der singuläre Punkt $O$ ein Doppelpunkt, dann werden die Geraden $OS_1$ und $OS_2$ durch die Doppelpunktstangenten harmonisch getrennt (Satz IV); ist dagegen $O$ eine Spitze, so fällt einer der Punkte $S_1$ und $S_2$ in diesen Punkt. Also:

XI. *Hat die $C_0^3$ einen Doppelpunkt $O$, so gehen von einem Kurvenpunkt außer der Tangente in diesem Punkt zwei weitere Tangenten an die Kurve; ihre Berührungspunkte sind durch die zwei in $O$ liegenden Kurvenpunkte harmonisch getrennt.*

XII. *Hat die $C_0^3$ eine Spitze $O$, so geht von einem Kurvenpunkt außer der Tangente in diesem Punkt eine weitere Tangente an die Kurve.*

Wir wollen im folgenden die Frage nach den Inflexionspunkten einer $C_0^3$ beantworten. Zunächst setzen wir voraus, der singuläre Punkt $O$ sei ein Doppelpunkt, die zwei Tangenten in $O$ also verschieden.

Es sei $M$ ein variabler Punkt der Kurve; die zu den verschiedenen Punkten $M$ gehörigen Involutionen bilden ein Büschel (Kap. XVII, § 1). Verbindet man $M$ mit einem festen Punkt $F$ der Kurve, und schneidet die Gerade $MF$ die Kurve nochmals in $M^*$, so ist $(M)$ zu $(M^*)$ und diese Punktreihe wieder zu der Reihe der Involutionen in dem genannten Büschel projektiv (Kap. XVII, § 1, Satz II). Nach Satz III desselben Paragraphen sind diese Involutionen wiederum zu der Reihe der Doppelpunkte $(S_1, S_2)$ projektiv. Also ist die Reihe der Punkte $M$ zu der Reihe der Berührungspunkte $(S_1, S_2)$ der Tangenten aus $M$ projektiv. Konvergiert der Punkt $M$ auf dem einen Zweig gegen $O$, so rücken $S_1$ und $S_2$ auf dem anderen Zweig beide gegen $O$.[1]

Durch Projektion aus $O$ erhält man ein Strahlenbüschel $O(M)$, welcher zu dem involutorischen Büschel von Geradenpaaren $(OS_1, OS_2)$ projektiv ist. Die Doppelgeraden der Involution sind die Tangenten $t_1$ und $t_2$ im Doppelpunkt $O$, und jeder von diesen — als Paar von zusammenfallenden Geraden der Involution betrachtet — entspricht die andere — als Strahl des Büschels $O(M)$ betrachtet.

Wir haben also genau den Fall vor uns, den wir schon im Kap. VII, § 3 unter Hilfssatz A besprochen haben. Es gibt demnach drei verschiedene Lagen des Punktes $M$, wo er mit einem der entsprechenden Punkte $(S_1, S_2)$ zusammenfällt. Die Tangente in einem solchen Punkte $M$ hat außer $M$ keinen Punkt mit der Kurve gemein und ist also eine Wendetangente. Wir haben demnach gefunden:

XII. *Eine $C_0^3$ mit Doppelpunkt hat drei verschiedene Inflexionspunkte[2].*

---

[1] Diese Tatsache ist ja anschaulich klar, wenn die Kurve reell mit reellen Doppelpunktstangenten ist. Einen Beweis, der auch im imaginären Gebiet gültig ist, geben wir erst am Schluß von Kap. XX, § 2.

[2] Diesen Satz werden wir später mittels der Hesseschen Kurve von neuem beweisen.

Es sei nun $A$ einer der Inflexionspunkte. Schneidet eine durch $A$ gehende Gerade die Kurve nochmals in $M_1$ und $M_2$, so bilden die Paare $(OM_1, OM_2)$ eine Involution, in welcher $OA$ der eine Doppelstrahl ist, während der andere durch den Punkt $A'$ geht, in dem die durch $A$ gehende, von der Wendetangente verschiedene Tangente der $C_0^3$ diese Kurve berührt. Die Geraden $OM_1$ und $OM_2$ sind durch $OA$ und $OA'$ harmonisch getrennt, d. h.:

XIII. *Eine $C_0^3$ mit Doppelpunkt entspricht sich selbst in einer harmonischen Homologie mit einem Inflexionspunkt als Zentrum und einer durch den Doppelpunkt gehenden Geraden als Achse.*

Diese Gerade nennt man *die harmonische Polare* des entsprechenden Inflexionspunktes.

Durch eine projektive Transformation geht ein Inflexionspunkt wieder in einen solchen Punkt über. Also ergibt sich mit Hilfe von Satz XIII:

XIV. *Die drei Inflexionspunkte einer $C_0^3$ mit Doppelpunkt liegen in einer Geraden.*

Ist die Kurve insbesondere reell, so sind die Inflexionspunkte offenbar entweder alle reell oder der eine ist reell, die zwei anderen konjugiert imaginär; in beiden Fällen ist die Gerade, auf der sie liegen, reell.

Es sei nun wieder die $C_0^3$ beliebig, reell oder imaginär. Ferner seien $A, B, C$ die drei Inflexionspunkte, $l$ ihre gemeinsame Verbindungsgerade und $A^*, B^*, C^*$ die Schnittpunkte von $l$ mit den entsprechenden harmonischen Polaren. Die Schnittpunkte von $l$ mit den Doppelpunktstangenten seien $U$ und $V$. Nach Satz XIII werden dann $U$ und $V$ durch jedes der Paare $(A, A^*)$, $(B, B^*)$, $(C, C^*)$ harmonisch getrennt, d. h. diese Paare gehören einer Involution mit den Doppelpunkten $U$ und $V$ an. Aus Satz XIII ergibt sich weiter

$$UVAB \barwedge VUCB \barwedge UVBC,$$

also

$$(1) \qquad (UVAB) = (UVBC) = (UVCA);$$

die dritte Potenz jedes dieser drei Würfe ist offenbar nach der Regel der Multiplikation $+1$.

Da nach dem Obigen

$$UVABC \barwedge UVBCA,$$

erhält man auch

$$(2) \qquad (UABC) = (UBCA) = (UCAB),$$

und die analogen Gleichungen für $V$.

Setzen wir $(UABC) = \lambda$, so wird $(UBAC) = 1 - \lambda$ und $(UBCA) = \dfrac{1}{1-\lambda}$, so daß $\lambda$ die Gleichung $\quad \lambda^2 - \lambda + 1 = 0$

befriedigt, woraus sofort durch Multiplikation mit $\lambda + 1$ folgt:

Die dritte Potenz jedes der drei Würfe (2) ist gleich $-1$.

Aus dem Obigen folgt, daß, durch ein Punkttripel $(A, B, C)$ auf einer Geraden auf die folgenden drei Weisen dieselben zwei Punkte $U$ und $V$ festgelegt werden:

1. Es sei $A^*$ der Punkt, welcher von $A$ durch $B$ und $C$ harmonisch getrennt ist; $B^*$ und $C^*$ mögen die analoge Bedeutung haben. Dann bilden $(A, A^*)$, $(B, B^*)$, $(C, C^*)$ drei Paare einer Involution; $U$ und $V$ sind die Doppelpunkte derselben.

2. $U$ und $V$ sind die Doppelpunkte der Projektivität, welche $A, B, C$ zyklisch vertauscht.

3. $U$ und $V$ sind die zwei Lösungen der Gleichung

$$(XABC)^3 = -1,$$

für welche der Wurf $(XABC)$ nicht harmonisch ist.

Sind $U$ und $V$ auf eine dieser Weisen bestimmt, so nennt man jeden der zwei Würfe $(UABC)$ und $(VABC)$ *äquianharmonisch*.

Der Wurf $(UVAB)$ ist imaginär. Hieraus folgt leicht für reelles $A$, daß stets eines der beiden Punktpaare $(U, V)$ und $(B, C)$ aus reellen, das andere aus konjugiert imaginären Punkten besteht. Man hat demnach:

XV. *Eine reelle $C_0^3$ mit Doppelpunkt hat einen oder drei reelle Inflexionspunkte, je nachdem die Tangenten im Doppelpunkte reell oder konjugiert imaginär sind.*

Nun möge die $C_0^3$ eine Spitze im Punkte $O$ haben. Ist $M$ ein Punkt auf der Kurve, so schneiden wie früher die Geraden durch $M$ die Kurve nochmals in Punktpaaren einer Involution (Satz IV); in diesem Fall fällt der eine Doppelpunkt dieser Involution — für alle Lagen des Punktes $M$ — in $O$; wenn $M$ sich auf der $C_0^3$ bewegt, bilden die entsprechenden Involutionen wieder ein Büschel, welches zu der Punktreihe $M$ projektiv ist (Kap. XVII, § 1, Satz IV). Demnach ist auch hier die Punktreihe $M$ zur Reihe der von $O$ verschiedenen Doppelpunkte $S$ der Involutionen projektiv.

Der eine Doppelpunkt dieser Projektivität fällt offenbar in $O$; also:

XVI. *Eine $C_0^3$ mit Spitze hat einen und nur einen Inflexionspunkt.*

Genau wie beim Beweise des Satzes XIII läßt sich hier zeigen, daß eine $C_0^3$ mit Spitze durch eine harmonische Homologie in sich übergeht, deren Zentrum im Inflexionspunkt liegt. Die zugehörige Achse ist die Spitzentangente.

Schließlich nennen wir:

XVII. *Eine $C_0^3$ ist durch den singulären Punkt $O$ und zwei Inflexionspunkte $A$ und $B$ mit den zugehörigen Wendetangenten $a$ und $b$ eindeutig bestimmt.*

Dieser Satz kann als ein Grenzfall des früheren Satzes IX angesehen werden; der Beweis muß aber etwas anders geführt werden.

Die Geraden $a$ und $b$ mögen einander in $S$ schneiden; es gibt dann eine eindeutig bestimmte involutorische quadratische Transformation $Q$

zweiter Art, für die $O$ der prinzipale Fundamentalpunkt ist, während die zwei sekundären in $A$ und $B$ liegen, und $S$ sich selbst entspricht.

Ferner seien die Schnittpunkte $(OA, b)$ und $(OB, a)$ bzw. $B_1$ und $A_1$. In der genannten Transformation entspricht der gesuchten $C_0^3$ ein Kegelschnitt, welcher durch $O$ geht und $a$ und $b$ in $A_1$ und $B_1$ berührt. Dieser Kegelschnitt ist eindeutig bestimmt und daher auch die $C_0^3$.

## § 2. Die Involution dritter Ordnung.

Wir betrachten eine $C_0^3$ und einen festen Punkt $P$, welcher der Kurve nicht angehört. Die Geraden durch $P$ schneiden auf $C_0^3$ Punkttripel $(M_1, M_2, M_3)$ aus, welche aus dem singulären Punkt $O$ der Kurve durch Geradentripel $(m_1, m_2, m_3)$ projiziert werden. Eine so gebildete Gesamtheit von Geradentripeln wird eine *Involution dritter Ordnung* genannt.

Es seien $(m_1, m_2, m_3)$ und $(n_1, n_2, n_3)$ zwei Tripel von Geraden, welche alle sechs durch denselben Punkt $O$ gehen. Wir können dann wie folgt eine Involution dritter Ordnung bestimmen, welche diese zwei Tripel enthält: Durch einen beliebigen Punkt $P$ legen wir zwei nicht durch $O$ gehende, aber sonst beliebige Gerade $m$ und $n$; durch die sechs Punkte $(mm_1)$, $(mm_2)$, $(mm_3)$, $(nn_1)$, $(nn_2)$, $(nn_3)$ geht nach § 1, Satz IX eine eindeutig bestimmte $C_0^3$, welche $O$ als singulären Punkt hat; durch diese in Verbindung mit $P$ ist eine Involution dritter Ordnung festgelegt, welche die beiden gegebenen Tripel enthält.

Die auf diese Weise hergestellte Involution dritter Ordnung ist nur scheinbar von der Wahl des Punktes $P$ und der Geraden $m$ und $n$ abhängig. Es gilt nämlich der Satz:

I. *Eine Involution dritter Ordnung ist durch zwei Geradentripel eindeutig bestimmt.*

Um dies zu zeigen, ersetzen wir zunächst $P$ durch einen in $OP$ liegenden Punkt $P'$ und die Geraden $m$ und $n$ durch zwei durch $P'$ gehende Gerade $m'$ und $n'$. Nun gibt es eine Homologie mit dem Zentrum $O$, deren Achse durch die Schnittpunkte $(mm')$ und $(nn')$ geht, und welche $P$ in $P'$ überführt. Diese Transformation läßt die durch $O$ gehenden Geraden ungeändert und führt die obige $C_0^3$ in eine ebensolche über, womit der Satz für diesen speziellen Fall bewiesen ist.

Es soll nun $P$ durch einen anderen Punkt ersetzt werden, dessen Verbindungsgerade $p^*$ mit $O$ von $OP$ verschieden ist. Es möge $p^*$ die obige $C_0^3$ in einem Punkt $P^*$ schneiden. Eine involutorische quadratische Transformation zweiter Art mit $O$ als prinzipalem und $P$ und $P^*$ als sekundären Fundamentalpunkten führt dann $m$ und $n$ in zwei durch $P^*$ gehende Gerade $m'$ und $n'$ und (§ 1, Satz VII) die $C_0^3$ in eine ebensolche über, während alle durch $O$ gehenden Geraden festbleiben, womit auch dieser spezielle Fall und damit Satz I bewiesen ist.

Aus dem Beweis folgt ferner: Wenn die Involution auf verschiedene Weisen — also durch verschiedene Punkte $P$ und zugehörige Gerade $m$

und $n$ — hergestellt wird, so sind die entsprechenden Geradenbüschel mit den Zentren $P$ untereinander projektiv. Man kann demnach alle diese Büschel zu der Involution selbst projektiv setzen.

In einer Involution dritter Ordnung möge ein Tripel aus drei zusammenfallenden Geraden bestehen. Ist in diesem Fall die Involution durch eine $C_0^3$ und einen Punkt $P$ festgelegt, dann muß $P$ auf einer Wendetangente der Kurve liegen, oder die $C_0^3$ muß eine Spitze in $O$ haben, und $P$ muß auf der Spitzentangente liegen.

Wir betrachten besonders den Fall, wo jedes der obigen zwei Tripel $(m_1, m_2, m_3)$ und $(n_1, n_2, n_3)$ aus drei zusammenfallenden Geraden besteht. Satz I ist auch in diesem Fall gültig, und der oben gegebene Beweis läßt sich im wesentlichen ungeändert wie folgt durchführen: Nach der Wahl von $P$, $m$ und $n$ verläuft die Herleitung der Involution wie oben, da ja eine $C_0^3$ durch den singulären Punkt $O$ in Verbindung mit sechs anderen Punkten eindeutig bestimmt ist, auch wenn diese letzten Punkte zu dreien zusammenfallen (§ 1, Satz XVII). Auch der Eindeutigkeitsbeweis läßt sich übertragen; hierzu sei nur bemerkt, daß durch eine quadratische Transformation ein Inflexionspunkt, dessen zugehörige Tangente $t$ durch einen der Fundamentalpunkte geht, in einen Inflexionspunkt mit der $t$ entsprechenden Geraden $t'$ als Tangente überführt wird.

Die Involution dritter Ordnung ist oben innerhalb eines Geradenbüschels definiert worden; sie läßt sich natürlich in gewöhnlicher Weise auf andere Elementargebilde (gerade Punktreihe, Kegelschnitt, $C_0^3$ usw.) übertragen.

Man hat nun:

II. *Die Kegelschnitte eines Büschels $(\varkappa)$ mit einem Grundpunkt $O$ schneiden einen festen, durch $O$ gehenden Kegelschnitt $\lambda$ außer in $O$ in Punkttripeln einer Involution dritter Ordnung.*

Um dieses einzusehen, benutze man eine involutorische quadratische Transformation zweiter Art mit dem prinzipalen Fundamentalpunkt in $O$ und den beiden sekundären in zwei der anderen Grundpunkte von $(\varkappa)$. Hierdurch geht dieses Büschel in ein Geradenbüschel und der feste Kegelschnitt $\lambda$ in eine $C_0^3$ über.

Des weiteren folgt, daß die auf $\lambda$ liegende Involution dritter Ordnung zum Büschel $(\varkappa)$ projektiv ist, und hieraus weiter: Wenn $(\varkappa)$ von verschiedenen, durch einen Grundpunkt gehenden Kegelschnitten $\lambda_1, \lambda_2, \ldots$ geschnitten wird, dann sind die hierdurch erzeugten Involutionen dritter Ordnung untereinander projektiv.

Wir definieren:

*Die unikursalen Kurven dritter Ordnung mit einem festen singulären Punkt $O$, welche durch weitere fünf gegebene Punkte gehen, bilden ein Büschel.*

Transformiert man ein solches Büschel durch eine involutorische quadratische Transformation zweiter Art mit dem prinzipalen Fundamentalpunkt in $O$ und den beiden anderen in zwei der Grundpunkte des Büschels, so erhält man ein Kegelschnittbüschel. Hieraus folgt mittels Satz II:

III. *Ein Büschel von $C_0^3$ schneidet eine feste Gerade in Punkttripeln einer Involution dritter Ordnung.*

Man sieht nach dem Obigen, daß die Involutionen, welche auf verschiedenen Geraden ausgeschnitten werden, projektiv sind. Man kann sie also zum Büschel der $C_0^3$ projektiv setzen.

Es seien nun $(M_1, M_1')$, $(M_2, M_2')$, $(M_3, M_3')$ drei feste Punktpaare einer Involution; der Bequemlichkeit wegen sei der Träger ein Kegelschnitt $\varkappa$. Die Involution sei zu einer Punktreihe auf $\varkappa$ projektiv, so daß den drei gegebenen Punktpaaren die drei Punkte $P_1$, $P_2$, $P_3$ entsprechen. Die drei Inzidenzpunkte der genannten projektiven Beziehung können in folgender Weise bestimmt werden (vgl. S. 96):

Man verbinde einen festen Punkt $R$ von $\varkappa$ mit den Punkten $P_1$, $P_2$, $P_3$, ...; das so gefundene Geradenbüschel bestimmt in Verbindung mit dem dazu projektiven Geradenbüschel $M_1 M_1'$, $M_2 M_2'$, $M_3 M_3'$, ... einen Kegelschnitt $\mu$, welcher $\varkappa$ außer in $R$ in den gesuchten drei Inzidenzpunkten schneidet.

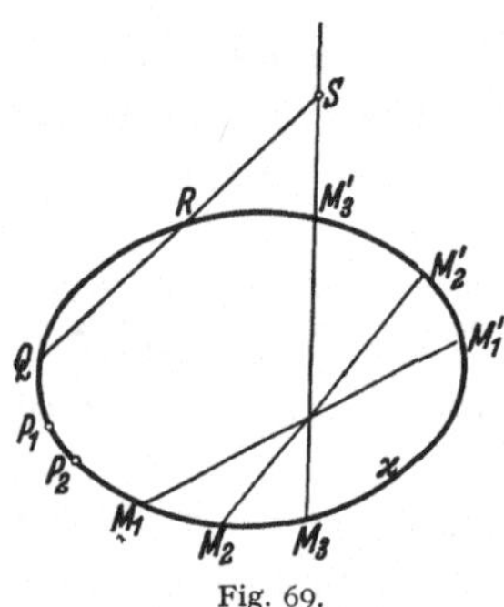

Fig. 69.

Denken wir uns nun (Fig. 69), daß die Punkte $P_1$ und $P_2$ fest bleiben, während $P_3\,(=Q)$ den Kegelschnitt $\varkappa$ durchläuft; dann bilden die entsprechenden Kegelschnitte $\mu$ ein Büschel; also bilden die Tripel von Inzidenzpunkten eine Involution dritter Ordnung (Satz II). Diese ist nach dem Obigen zu dem Kegelschnittbüschel $(\mu)$, also auch zu der von $(\mu)$ auf der festen Geraden $M_3 M_3'$ ausgeschnittenen Punktreihe $S$ und demnach zu der Punktreihe $Q$ projektiv. Hieraus:

IV. *Sind innerhalb eines Elementargebildes $(M_1, M_1')$, $(M_2, M_2')$, $(M_3, M_3')$ drei feste Punktpaare einer gegebenen Involution, $P_1$ und $P_2$ zwei andere feste Punkte, $Q$ dagegen variabel, dann bilden die Tripel der Inzidenzpunkte der projektiven Beziehungen*

$$(M_1, M_1'),\ (M_2, M_2'),\ (M_3, M_3'),\ \ldots \barwedge P_1, P_2, Q, \ldots$$

*eine Involution dritter Ordnung, welche zu der Reihe der Punkte $Q$ projektiv ist.*

## XX. Kapitel.

# Die Polarentheorie einer unikursalen Kurve dritter Ordnung.

## § 1. Polaren in bezug auf ein Linientripel.

Wir haben schon in Kap. I, § 2 die erste Polare eines Punktes $P$ in bezug auf ein Tripel von Punkten $M_1$, $M_2$, $M_3$ definiert. Alle Punkte liegen in demselben Elementargebilde, welches wir uns hier insbesondere als eine Gerade denken. Die Definition war die folgende:

Es sei $M_1'$ der Punkt, welcher durch $M_1$ von $M_2$ und $M_3$ harmonisch getrennt ist; $M_2'$ und $M_3'$ haben analoge Bedeutung. Die Punktpaare $(M_1, M_1')$, $(M_2, M_2')$ und $(M_3, M_3')$ sind dann, wie wir wissen, Paare einer Involution. Zu einem beliebigen Punkt $P$ der betrachteten Geraden können wir ein Punktpaar $(P', P'')$ bestimmen, so daß:

$$(1) \qquad M_1 M_2 M_3 P \barwedge (M_1, M_1'), (M_2, M_2'), (M_3, M_3'), (P', P'').$$

Das Punktpaar $(P', P'')$ ist dann die gesuchte erste Polare von $P$. Insbesondere ist die erste Polare zu $M_1$ das Punktpaar $(M_1, M_1')$.

In (1) sind die Punkte $(M_1, M_2, M_3)$ als verschieden angenommen. Fallen aber z. B. $M_2$ und $M_3$ zusammen, wird die genannte Involution singulär und besteht aus allen Punktpaaren, für welche der eine Punkt in $M_3$ liegt. Die erste Polare eines Punktes $P$ beliebiger Lage hat also den einen Punkt in $M_3$; der andere ist in diesem Fall durch die obige Projektivität nicht bestimmt; es soll später gezeigt werden, wie man unter Wahrung der Stetigkeit diesen anderen Punkt festlegen kann. — Fallen endlich alle drei Punkte $M_1$, $M_2$, $M_3$ in $M_3$ zusammen, so soll dieser Punkt — doppelt gezählt — als die erste Polare eines beliebigen Punktes $P$ betrachtet werden; die erste Polare von $M_3$ selbst ist unbestimmt.

Fällt einer der Punkte $(P', P'')$ mit einem der Punkte $(M_1, M_2, M_3)$ zusammen, dann müssen entweder zwei der letzten Punkte zusammenfallen, oder $P$ muß in einem dieser Punkte liegen (vgl. Kap. VII, § 3, Satz III).

Unter der zweiten Polare von $P$ in bezug auf $(M_1, M_2, M_3)$ versteht man (Kap. I, § 2) den Punkt $P^*$, welcher von $P$ durch $P'$ und $P''$ harmonisch getrennt ist.

Um die erste Polare eines Punktes $P$ in bezug auf eine $C_0^3$ zu definieren, ziehe man durch $P$ eine beliebige Gerade, welche die Kurve in $(M_1, M_2, M_3)$ schneiden möge. Wir definieren dann:

*Der Ort der ersten Polaren von $P$ in bezug auf $(M_1, M_2, M_3)$ heißt die erste Polare von $P$ in bezug auf die Kurve.*

In analoger Weise definiert man die zweite Polare von $P$ in bezug auf die Kurve.

Wir beginnen die Untersuchung mit einer $C_0^3$, welche in drei nicht durch denselben Punkt gehende Gerade $a, b, c$ ausgeartet ist. Die Eckpunkte des von ihnen gebildeten Dreieckes seien $A, B, C$, so daß

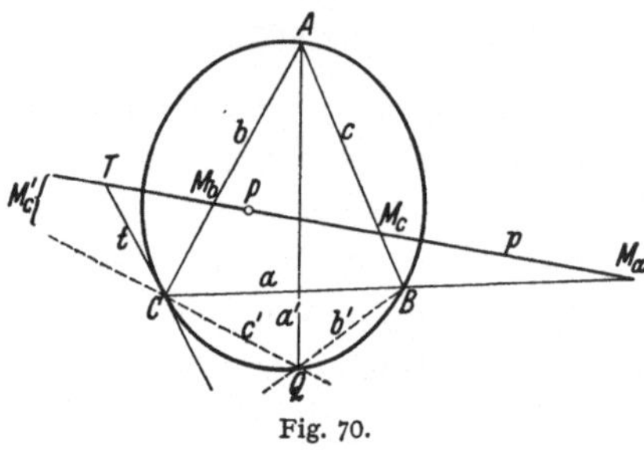

$A, B$ und $C$ bzw. $a, b$ und $c$ gegenüberliegen. $P$ (Fig. 70) sei ein beliebiger Punkt und $p$ eine durch diesen gehende Gerade, welche $a, b, c$ in bzw. $M_a, M_b, M_c$ schneidet. Die erste Polare $\pi_a$ von $M_a$ in bezug auf die ausgeartete $C_0^3$ besteht aus zwei Geraden, nämlich aus $a$ und der Geraden $a'$, welche von $A M_a$ durch $b$ und $c$ harmonisch getrennt ist.

Fig. 70.

Ebenso sind die ersten Polaren $\pi_b$ und $\pi_c$ von $M_b$ und $M_c$ Geradenpaare $(b, b')$ und $(c, c')$.

Die Geraden $a', b'$ und $c'$ gehen durch einen Punkt $Q$, nämlich den Punkt, für welchen $p$ die Harmonikale ist (S. 82). Die drei Geradenpaare $\pi_a, \pi_b, \pi_c$ — als ausgeartete Kegelschnitte betrachtet — gehören deshalb einem Kegelschnittbüschel an, dessen Grundpunkte $A, B, C$ und $Q$ sind. In diesem Büschel gibt es einen bestimmten Kegelschnitt $\pi$, so daß

$$(2) \qquad \pi_a \pi_b \pi_c \pi \barwedge M_a M_b M_c P,$$

und es soll nun gezeigt werden, daß $\pi$ die erste Polare von $P$ in bezug auf die „Kurve" $abc$ ist.

Um dies einzusehen hat man nur zu zeigen, daß die gefundene Kurve $\pi$ von der Wahl der durch $P$ gehenden Geraden $p$ unabhängig ist; denn die Schnittpunkte von $p$ mit $\pi$ sind nach (1) und (2) gerade die erste Polare von $P$ in bezug auf das Tripel $(M_a, M_b, M_c)$.

Wir betrachten demnach die Tangenten der vier obigen Kegelschnitte $\pi_a, \pi_b, \pi_c$ und $\pi$ in einem Grundpunkt, etwa in $C$. Die drei ersten sind bzw. $a, b, c'$, die letzte sei $t$. Man hat nun nach (2):

$$(3) \qquad a b c' t \barwedge M_a M_b M_c P.$$

Die Geraden $c'$ und $t$ mögen die Gerade $p$ in den Punkten $M'_c$ bzw. $T$ schneiden; man erhält dann aus (3):

$$(4) \qquad M_a M_b M'_c T \barwedge M_a M_b M_c P.$$

Hieraus folgt in bekannter Weise:

$$(5) \qquad M_a M_b M'_c M_c \barwedge M_a M_b T P.$$

Der erste Wurf ist aber harmonisch, so daß auch $(M_a, M_b)$ und $(T, P)$ harmonische Punktpaare sind. Hieraus folgt, daß die Tangente $t$

an $\pi$ in $C$ die Gerade ist, welche von $CP$ durch $a$ und $b$ harmonisch getrennt ist; sie ist also nur von $P$, nicht von der Geraden $p$ abhängig; dasselbe gilt auch für die Tangenten in $A$ und $B$ und demnach für den Kegelschnitt $\pi$, was zu beweisen war. Also:

I. *Die erste Polare eines Punktes $P$ in bezug auf die „Kurve" $abc$ ist ein Kegelschnitt durch $A$, $B$ und $C$. Die Tangente in einem dieser Punkte ist von der Verbindungsgeraden des genannten Punktes mit $P$ durch die entsprechenden Dreiecksseiten harmonisch getrennt.*

Die zweite Polare von $P$ in bezug auf $abc$ ist offenbar eine Gerade, nämlich die gewöhnliche Polare des Punktes $P$ in bezug auf den erwähnten Polarkegelschnitt.

Aus dem Obigen folgt ferner:

II. *Die Polarkegelschnitte der Punkte einer Geraden $l$ bilden ein Büschel, welches zur Punktreihe $l$ projektiv ist.*

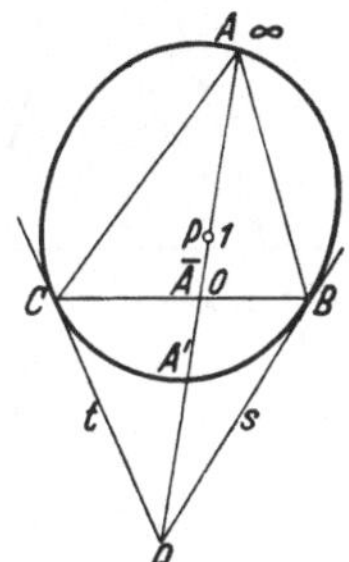

Fig. 71.

Die Grundpunkte des Büschels sind $A$, $B$, $C$ und derjenige Punkt, für welchen die Gerade die Harmonikale in bezug auf das Dreieck $ABC$ ist.

Es sei nun (Fig. 71) $P$ ein beliebiger Punkt und $\pi$ der entsprechende Polarkegelschnitt. Die Gerade $PA$ schneide $a$ in $\overline{A}$ und $\pi$ nochmals in $A'$. Man kann dann $(A, A')$ als die erste Polare von $P$ in bezug auf $(A, A, \overline{A})$ auffassen, und wir haben dadurch eine Definition der ersten Polaren für den Fall erreicht, wo zwei der drei festen Punkte zusammenfallen. Es soll nun gezeigt werden, daß die so definierte Polare nur von den Punkten $A$, $\overline{A}$ und $P$ abhängt.

Die Tangenten an $\pi$ in $B$ und $C$ seien $s$ bzw. $t$. Da $(BA, B\overline{A})$ und $(BP, s)$ sowie auch $(CA, C\overline{A})$ und $(CP, t)$ harmonische Geradenpaare sind, geht $AP$ durch den Schnittpunkt $Q$ von $s$ und $t$, d. h. durch den Pol von $a$ in bezug auf $\pi$. Die Punktpaare $(A, \overline{A})$, $(P, Q)$ sowie auch $(A, A')$, $(\overline{A}, Q)$ sind harmonisch getrennt.

Haben nun die Punkte $A$, $\overline{A}$, $P$ die Abszissen bzw. $\infty$, 0, 1, so wird die Abszisse des Punktes $Q$ gleich $-1$, und die Abszisse $x$ von $A'$ wird durch

$$(\infty, x, 0, -1) = -1$$

bestimmt, woraus $x = -\tfrac{1}{2}$ folgt. Also:

*Der Wurf $(A\overline{A}PA')$ ist gleich $-\tfrac{1}{2}$.*

Die erste Polare zu $A$ selbst in bezug auf $(A, A, \overline{A})$ ist $A$, doppelt gezählt.

Wir wollen nun auch in anderer Weise die Polare eines Punktes $P$ in bezug auf das Geradentripel $abc$ bestimmen (Fig. 72). Durch $A$ legen wir eine feste Gerade $u$ und betrachten eine Homologie mit $P$

als Zentrum und $u$ als Achse. Durch diese wird $A$ in sich selbst transformiert, während $B$, $C$, $a$, $b$, $c$ in bzw. $B'$, $C'$, $a'$, $b'$, $c'$ übergehen mögen. Die zwei ausgearteten $C_0^3 - abc$ und $a'b'c'$ — schneiden einander außer

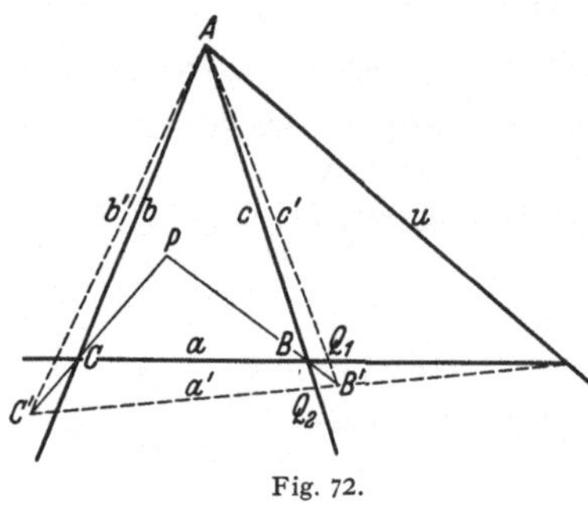
Fig. 72.

in $A$ in fünf Punkten und bestimmen also ein Büschel von $C_0^3$ mit $A$ als singulärem Punkt. Verlangt man, daß eine Kurve dieses Büschels außer $A$ und dem Schnittpunkt $(au)=(a'u)$ noch einen Punkt mit $u$ gemein haben soll, so zerfällt sie in $u$ und einen Kegelschnitt $\varkappa$. Wir wollen zeigen, daß $\varkappa$ gegen den Polarkegelschnitt $\pi$ in bezug auf $abc$ konvergiert, wenn $B'$ gegen $B$ (also auch $C'$ gegen $C$) konvergiert.

Zunächst sieht man, daß $\varkappa$ durch $A$ geht. Ferner geht $\varkappa$ durch die zwei Punkte $(ac') = Q_1$ und $(a'c) = Q_2$, die beide mit $B'$ gegen $B$ konvergieren. Also wird die Grenzkurve durch $B$ gehen und hier die Grenzlage von $Q_1Q_2$ als Tangente haben. Nach dem Satz über das vollständige Vierseit schneiden aber die Geradenpaare $(a, c)$ und $(BB', Q_1Q_2)$ die Gerade $u$ in harmonischen Punktpaaren; hieraus folgt, daß $Q_1Q_2$ gegen die Gerade konvergiert, welche von $PB$ durch $a$ und $c$ harmonisch getrennt ist. Das Analoge gilt in $C$, und die Grenzkurve muß demnach mit dem Polarkegelschnitt zusammenfallen.

Schneidet man die Figur mit einer festen, durch $P$ gehenden Geraden, so erhält man aus dem obigen Resultat eine neue Bestimmung der ersten Polaren eines Punktes in bezug auf ein Punkttripel:

III. *Es sei auf einer Geraden $p$ ein Punkt $P$ und ein Punkttripel $(M_1, M_2, M_3)$ gegeben; ferner sei $U$ ein beliebiger fester Punkt von $p$. Man betrachte eine projektive Transformation mit $P$ und $U$ als Doppelpunkten, durch welche $M_1$, $M_2$, $M_3$ in bzw. $M_1'$, $M_2'$, $M_3'$ übergehen. Es sei $U, R, S$ das den Punkt $U$ enthaltene Tripel in der Involution dritter Ordnung, welche durch die zwei anderen Punkttripel bestimmt ist. Wenn $M_1'$ gegen $M_1$ (also $M_2'$ und $M_3'$ gegen $M_2$ bzw. $M_3$) konvergiert, wird $(R, S)$ gegen die erste Polare von $P$ in bezug auf $(M_1, M_2, M_3)$ konvergieren.*

Diese Bestimmung der Polaren ist auch möglich, wenn zwei Punkte des Tripels $(M_1, M_2, M_3)$ zusammenfallen.

Wir haben noch einige wichtige Sätze zu nennen:

IV. *Ist $P$ die zweite Polare von $Q$ in bezug auf ein Punkttripel, dann gehört $Q$ der ersten Polare von $P$ an — und umgekehrt.*

Zum Beweis benutzen wir Fig. 70. Nach Satz I hat der Polarkegelschnitt $\pi_Q$ von $Q$ in bezug auf $abc$ in $A$, $B$ und $C$ die Tangenten $AM_a$, $BM_b$ und $CM_c$. Die Polaren von $M_a$, $M_b$ und $M_c$ in bezug auf $\pi_Q$ sind demnach $a'$, $b'$ und $c'$. Die Polare von $Q$ in bezug auf $\pi_Q$, d. h. die zweite Polare von $Q$ in bezug auf $abc$, ist also die Gerade $p$. Hieraus ergibt sich sofort Satz IV.

Es sei wieder ein festes Punkttripel auf einer Geraden gegeben. Die zugehörigen ersten Polaren eines variablen Punktes $P$ dieser Geraden bilden eine Involution $(P', P'')$, welche zu der Reihe der Punkte $P$ projektiv ist. Es seien $U$ und $V$ die Doppelpunkte dieser Involution; man hat dann:

V. *Die erste Polare des einen Doppelpunktes — etwa $U$ — besteht aus zwei im anderen Doppelpunkt — $V$ — zusammenfallenden Punkten.*

Der Doppelpunkt $V$ — als zwei zusammenfallende Punkte betrachtet — ist jedenfalls die erste Polare eines Punktes, etwa $U_1$; auch die zweite Polare von $U_1$ fällt dann in $V$. Dann zeigt aber der vorhergehende Satz IV, daß die erste Polare von $V$ den Punkt $U_1$ enthält und daß außerdem die zweite Polare von $V$ in $U_1$ fallen muß. Das ist aber nur möglich, wenn die erste Polare von $V$ aus zwei in $U_1$ zusammenfallenden Punkten besteht. $U_1$ ist demnach mit dem Doppelpunkt $U$ identisch, und der Satz ist bewiesen.

Wir können nun auch einen von CREMONA herrührenden Satz über die *gemischte Polare* von zwei Punkten $P$ und $Q$ in bezug auf ein Punkttripel formulieren. Die ersten Polaren von $P$ und $Q$ seien $(P', P'')$ bzw. $(Q', Q'')$. Unter der gemischten Polaren von $P$ und $Q$ (in dieser Reihenfolge) versteht man dann den Punkt, welcher von $P$ durch $Q'$ und $Q''$ harmonisch getrennt ist. Der Satz lautet nun:

VI. *Die gemischte Polare von $P$ und $Q$ ist von der Reihenfolge dieser Punkte unabhängig.*

Um dies zu beweisen, legen wir $P$ und daher auch $(P', P'')$ fest und lassen $Q$ die Gerade durchlaufen. Die gemischte Polare von $P$ und $Q$ sei $R$, die von $Q$ und $P$ dagegen $S$; es soll bewiesen werden, daß $R$ und $S$ zusammenfallen. Es ist aber klar, daß $R$ und $S$ zwei projektive Reihen bilden; man braucht also nur zu zeigen, daß für drei verschiedene Lagen von $Q$ die Punkte $R$ und $S$ zusammenfallen. Dies geschieht erstens, wenn $Q$ in $P$ fällt; aber dasselbe tritt nach Satz V auch ein, wenn $Q$ in einen der Doppelpunkte der Involution $(Q', Q'')$ fällt.

Zuletzt nennen wir den Satz:

VII. *Jede Involution von Punktpaaren kann auf unendlich viele Weisen als die Gesamtheit der ersten Polaren in bezug auf ein Punkttripel aufgefaßt werden.*

Um dies zu zeigen, denken wir uns die Punktreihe auf einem Kegelschnitt liegend und projizieren die Figur so, daß der Kegelschnitt in einen Kreis übergeht, und die Doppelpunkte der Involution in die Kreispunkte fallen. Entsprechende Punkte $M$ und $M'$ liegen dann auf demselben Durchmesser, und man sieht sogleich, daß die Paare $(M, M')$ die ersten Polaren sind, wenn man die Eckpunkte eines gleichseitigen, einbeschriebenen Dreieckes als Punkttripel benutzt.

Die Polarentheorie in bezug auf drei Gerade $abc$, welche ein Dreieck $ABC$ bilden, wird elementargeometrisch übersichtlich, wenn zwei der Eckpunkte, z. B. $B$ und $C$, in den Kreispunkten $I$ und $J$ liegen. Man sieht leicht (Satz I), daß der Polarkegelschnitt eines Punktes $P$ ein Kreis wird, welcher durch $A$ geht, und dessen Zentrum $O$ auf der Geraden $PA$ liegt, so daß $PA = AO$ ist.

## § 2. Die Polarentheorie einer nicht speziellen $C_0^3$.

Um die erste Polare eines Punktes $P$ in bezug auf eine beliebige $C_0^3$ zu untersuchen ziehe man durch den singulären Punkt $O$ der Kurve eine feste Gerade $u$ und führe durch eine Homologie mit $P$ als Zentrum und $u$ als Achse die $C_0^3$ in eine andere, $C_0^{3\prime}$, über. Die zwei Kurven haben außer $O$ und einem zweiten Punkt auf $u$ noch vier Punkte miteinander gemein (Kap. XIX, § 1, Satz VIII) und bestimmen also ein Büschel (Kap. XIX, § 2). Eine Kurve dieses Büschels, welche durch einen dritten Punkt von $u$ geht, zerfällt in diese Gerade und einen Kegelschnitt $\varkappa$. Es sei $p$ eine beliebige, aber feste Gerade durch $P$. Konvergiert $C_0^{3\prime}$ gegen $C_0^3$, so konvergieren die Schnittpunkte von $p$ mit $\varkappa$ nach § 1, Satz III (in Verbindung mit Satz III des Kap. XIX, § 2) gegen die erste Polare von $P$ in bezug auf die drei Punkte, in welchen $p$ die $C_0^3$ schneidet. Hieraus:

I. *Die erste Polare eines Punktes $P$ in bezug auf eine $C_0^3$ ist ein Kegelschnitt $\pi$ durch den singulären Punkt $O$.*

Die zweite Polare ist also eine Gerade, nämlich die Polare von $P$ in bezug auf $\pi$.

In dem besonderen Fall, wo $P$ auf der $C_0^3$ liegt, ist dieser Satz leichter einzusehen. Schneidet nämlich eine beliebige durch $P$ gehende Gerade die $C_0^3$ in $M_1$ und $M_2$ und die Polarkurve in $M'$, so sind die beiden Büschel $P(M')$ und $O(M')$ zu der Involution $(OM_1, OM_2)$ und daher untereinander projektiv, woraus der Satz folgt.

Man findet in diesem Fall insbesondere:

II. *Wenn $P$ auf der $C_0^3$ liegt, berührt der Polarkegelschnitt die $C_0^3$ in $P$.*

Es sei bemerkt, daß der obige Beweis des Satzes I auch in dem Fall gilt, wo die $C_0^3$ in einen Kegelschnitt und eine Gerade ausartet.

Es sei nun $P$ ein beliebiger Punkt, $p$ eine durch $P$ gehende Gerade; die Schnittpunkte von $p$ mit $C_0^3$ und $\pi$ seien $M_1, M_2, M_3$ bzw. $P', P''$; die zwei letzten Punkte bilden die erste Polare von $P$ in bezug auf das Tripel der drei ersten. Wir projizieren alle Punkte von dem singulären Punkt $O$; die zwei Geraden $(OP', OP'')$ bilden dann die erste Polare der Geraden $OP$ in bezug auf das Geradentripel $(OM_1, OM_2, OM_3)$.

Dreht sich $p$ um $P$, so bilden $(OP', OP'')$ die Geradenpaare einer gewöhnlichen Involution und $(OM_1, OM_2, OM_3)$ die Geradentripel einer Involution dritter Ordnung. Beide Involutionen sind zum Geradenbüschel $(p)$ projektiv. Also haben wir, indem wir das gefundene Resultat auf ein Elementargebilde von Punkten übertragen:

III. *Die ersten Polaren eines festen Punktes in bezug auf die Punkttripel einer Involution dritter Ordnung bilden eine zu ihr projektive Involution zweiter Ordnung.*

Konvergiert die Gerade $p$ gegen $OP$, so konvergieren zwei Gerade des Tripels $(OM_1, OM_2, OM_3)$, etwa $OM_1$ und $OM_2$, gegen die Tangenten $t_1$ und $t_2$ an die $C_0^3$ in $O$, während die dritte, also $OM_3$, gegen $OP$ konvergiert. Von den Geraden $OP'$ und $OP''$ konvergiert die eine, etwa $OP''$, gegen $OP$, während die andere, $OP'$, gegen die Tangente von $\pi$ in $O$ strebt. Wir haben demnach:

IV. *Die Tangente in $O$ an den Polarkegelschnitt des Punktes $P$ ist die Gerade, welche von $OP$ durch die Tangenten $t_1$ und $t_2$ harmonisch getrennt ist.*

Aus Satz III folgt ferner:

V. *Die Polarkegelschnitte eines Punktes $P$ in bezug auf ein Büschel von $C_0^3$* (mit festem singulärem Punkt) *bilden ein Büschel.*

Denn ein Schnittpunkt zweier Polarkegelschnitte gehört auch allen anderen an.

Aus Satz IV des vorigen Paragraphen ergibt sich unmittelbar:

VI. *Die Polarkegelschnitte der Punkte einer Geraden in bezug auf eine feste $C_0^3$ bilden ein Büschel.*

Die drei von $O$ verschiedenen Grundpunkte des Büschels sind diejenigen Punkte, welche die Gerade als Polargerade haben.

Wenn $P$ außerhalb der Kurve liegt, wird einer der Punkte $(P', P'')$ mit einem der Punkte $(M_1, M_2, M_3)$ dann und nur dann zusammenfallen, wenn zwei der letztgenannten Punkte zusammenfallen. Also:

VII. *Die von $O$ verschiedenen Schnittpunkte von $C_0^3$ mit dem Polarkegelschnitt eines Punktes $P$ sind die Berührungspunkte der aus $P$ gehenden Tangenten an $C_0^3$.*

Wenn $P$ auf einer Wendetangente liegt, berührt der Polarkegelschnitt, wie leicht zu sehen, die $C_0^3$ im entsprechenden Inflexionspunkt. Liegt $P$ im Inflexionspunkt, dann zerfällt der Polarkegelschnitt in die Wendetangente und die harmonische Polare (vgl. Kap. XIX, § 1, Satz XIII).

Aus den obigen Sätzen IV und VII in Verbindung mit dem Satz VI des Kap. XIX, § 1 folgt:

VIII. *Hat die $C_0^3$ einen Doppelpunkt, so gehen durch einen nicht auf der Kurve liegenden Punkt vier Tangenten.*

Hat dagegen die $C_0^3$ eine Spitze in $O$, so berührt nach Satz IV der Polarkegelschnitt eines beliebigen Punktes $P$ die zugehörige Spitzentangente. Also:

IX. *Aus einem Punkt außerhalb einer $C_0^3$ mit Spitze gehen nur drei Tangenten.*

Wir werden nun eine $C_0^3$ mit Spitze etwas näher betrachten. Es sei $P$ ein beliebiger Punkt der Spitzentangente $t$. Der Polarkegelschnitt $\pi$ von $P$ wird von einer durch $P$ gehenden Geraden im allgemeinen in zwei verschiedenen Punkten geschnitten. Für die Spitzentangente $t$ selbst fallen jedoch beide Punkte in $O$ zusammen.

Die Kurve $\pi$ entspricht sich selbst in der Homologie, deren Zentrum in dem Inflexionspunkt $A$ und deren Achse in $t$ liegt; $\pi$ muß deshalb in zwei durch $O$ gehende Gerade $OR$ und $OS$ zerfallen. Die Schnittpunkte $R$ und $S$ von diesen Geraden mit der $C_0^3$ sind die Berührungspunkte der aus $P$ gehenden Tangenten.

Die Geraden durch $P$ schneiden auf der $C_0^3$ eine Involution dritter Ordnung aus. Projizieren wir diese Involution von dem Punkte $O$ aus, so erhalten wir den folgenden Satz:

X. *Gibt es in einer Involution dritter Ordnung ein Elemententripel, welches aus drei zusammenfallenden Elementen $U$ besteht, dann besteht die erste Polare von $U$ in bezug auf alle Tripel der Involution aus denselben zwei Elementen.*

Die obigen Betrachtungen gelten insbesondere für den Fall, wo der Punkt $P$ im Schnittpunkt der Spitzentangente $t$ mit der Wendetangente in $A$ liegt. Der Polarkegelschnitt von $P$ artet dann in die doppelt zu zählende Gerade $OA$ aus.

In diesem Falle möge eine durch $P$ gehende Gerade die Kurve in $(M_1, M_2, M_3)$ schneiden. Wir betrachten nun die Homologie mit $P$ als Zentrum und $OA$ als Achse, welche $M_1$ in $M_2$ überführt; durch diese geht die $C_0^3$ offenbar in sich über; denn eine $C_0^3$ ist ja durch die Spitze mit zugehöriger Tangente und weitere vier Punkte eindeutig bestimmt (Kap. XIX, § 1, Satz IX und die darauf folgenden Bemerkungen). Also geht $M_2$ in $M_3$ und $M_3$ wieder in $M_1$ über, und wir haben den Satz (vgl. S. 226—227):

XI. *Gibt es in einer Involution dritter Ordnung zwei aus drei zusammenfallenden Elementen gebildete Tripel $U$ und $V$, dann besteht die erste Polare von $U$ bzw. $V$ in bezug auf alle Tripel $(M_1, M_2, M_3)$ der Involution aus dem festen, doppelt zu zählenden Element $V$ bzw. $U$. Ferner ist*

$$(U M_1 M_2 M_3) = (U M_2 M_3 M_1) = (U M_3 M_1 M_2).$$

*Analoges gilt für $V$, und die beiden Würfe $(U M_1 M_2 M_3)$ und $(V M_1 M_2 M_3)$ sind äquianharmonisch.*

Nun möge die $C_0^3$ wieder einen Doppelpunkt in $O$ haben. Liegt $P$ auf einer der Tangenten an $C_0^3$ in $O$, so berührt der Polarkegelschnitt $\pi$ in $O$ diese Tangente; die zweite Polare von $P$ geht deshalb durch $O$. Betrachten wir die Involution dritter Ordnung im Geradenbüschel $(O)$, welche durch Schneiden der Kurve mit den durch $P$ gehenden Geraden bestimmt wird, so erhalten wir den folgenden Satz:

XII. *Ist in einem Elementargebilde eine Involution dritter Ordnung gegeben, und ist A ein Element, welches mit einem seiner zwei entsprechenden zusammenfällt, dann ist die zweite Polare von A in bezug auf alle Elemententripel der Involution dieselbe.*

Wir denken uns nun eine $C_0^3$ mit dem singulären Punkt $O$ durch ein Geradenbüschel $(p)$ mit dem Zentrum $P$ und eine dazu projektive Involution von Geradenpaaren $(n_1, n_2)$ durch $O$ erzeugt (Kap. XIX, § 1, Satz X).

Es sei (Fig. 73) $M$ ein beliebiger Punkt der Ebene, und es möge $PM = p^*$ die $C_0^3$ außer in $P$ in $(N_1, N_2)$ schneiden; der von $O$ verschiedene Schnittpunkt von $OM$ mit der $C_0^3$ sei $R$.

Die zweite Polare von $M$ in bezug auf die $C_0^3$ fällt offenbar mit der zweiten Polare von $M$ in bezug auf das Geradentripel $(ON_1, ON_2, PR)$ zusammen; denn die zwei Kurven dritter Ordnung schneiden jede der Geraden $OM$ und $PM$ in demselben Punkttripel.

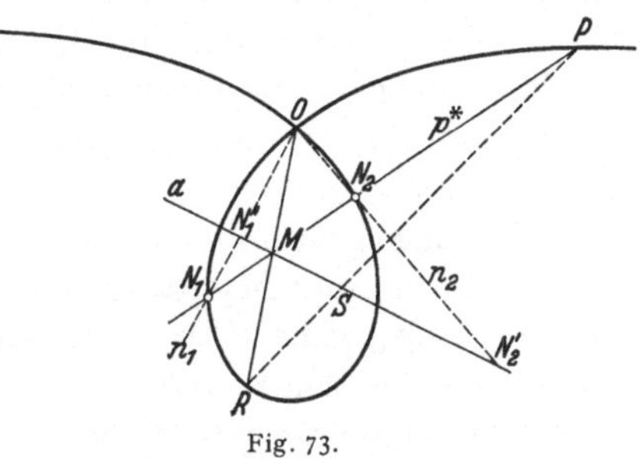

Fig. 73.

Durch $M$ ziehen wir eine beliebige feste Gerade $a$. Die Schnittpunkte von $a$ mit der $C_0^3$ sind die Inzidenzpunkte der Punktreihe $(ap)$ mit der zu ihr projektiven Involution von Punktpaaren $(an_1, an_2)$. Dem Punkt $M$, aufgefaßt als ein Punkt $(ap)$, entspricht das Punktpaar $(N_1', N_2')$, in welchem $a$ von $ON_1$ und $ON_2$ geschnitten wird, und dem Paar der Involution $(an_1, an_2)$, welches $M$ enthält, entspricht der Punkt $(a, PR) = S$. Man hat also den folgenden Satz:

XIII. *Auf einer Geraden a liegen eine Punktreihe (M) und eine zu ihr projektive Involution $(N_1', N_2')$; $(Q_1, Q_2, Q_3)$ seien die Inzidenzpunkte. Einem Punkt M entspreche in der Involution das Paar $(N_1', N_2')$; dem Paar, welches M enthält, entspreche der Punkt S. Dann fallen die zweiten Polaren von M in bezug auf die zwei Punkttripel $(Q_1, Q_2, Q_3)$ und $(N_1', N_2', S)$ zusammen.*

Wir wollen nun eine $C_0^3$ mit einem Doppelpunkt, $O$, betrachten. Aus einem beliebigen Punkt $M$ der Kurve gehen zwei Tangenten an diese, welche in $M_1$ und $M_2$ berühren mögen. Die Geraden $OM_1$ und $OM_2$ werden durch die Tangenten $t_1$ und $t_2$ in $O$ harmonisch getrennt; wenn $M$ gegen $O$ strebt, so daß $OM$ gegen eine der genannten Tangenten, z. B. $t_1$, konvergiert, dann werden also $OM_1$ und $OM_2$ entweder beide gegen $t_1$ oder beide gegen $t_2$ konvergieren. Es soll gezeigt werden, daß das letzte der Fall ist.

Man sieht dies am deutlichsten, wenn man neben der Kurve auch ein symmetrales Gebilde betrachtet, welches man eine RIEMANNsche

Fläche der Kurve nennen kann. Wir denken uns dann — was durch Projektion immer erreichbar ist — die Ebene der Kurve als reell, den Doppelpunkt $O$ aber als einen imaginären Punkt, und projizieren die Punkte der $C_0^3$ aus $O$ auf die Kette $k^{II}$ der reellen Punkte der Ebene. Hierdurch wird jedem Punkt der Kurve ein reeller Punkt umkehrbar eindeutig zugeordnet, jedoch mit Ausnahme von $O$; denn diesem entsprechen alle reellen Punkte seines Trägers $o$. Das Gebilde ist keine projektive Ebene, sondern das, was wir früher ein Blatt genannt haben; alle reellen Punkte von $o$ sollen als ein einziges Element betrachtet werden.

Die reellen Punkte der zwei Tangenten $t_1$ und $t_2$ seien $T_1'$ und $T_2'$. Auf der Kurve gibt es zwei Gesamtheiten von Punkten, welche sich $O$ nähern; die Punkte $P_1$ der einen Gesamtheit sind dadurch charakterisiert, daß $OP_1$ gegen $t_1$, also der Bildpunkt $P_1'$ gegen $T_1'$ konvergiert; für die Punkte $P_2$ der anderen Gesamtheit wird $OP_2$ gegen $t_2$ und $P_2'$ gegen $T_2'$ konvergieren.

Der Polarkegelschnitt $\mu$ des Punktes $M$ hat mit der $C_0^3$ außer $O$ die Punkte $M$, $M_1$ und $M_2$ gemein, wo $M$ doppelt zu zählen ist. Wenn $M$ gegen $O$ strebt, geht $\mu$ stetig in den Polarkegelschnitt des Punktes $O$, d. h. in die Geraden $t_1$ und $t_2$ über, und die Schnittpunkte von $\mu$ mit der $C_0^3$ konvergieren gegen die Schnittpunkte von $(t_1, t_2)$ mit der $C_0^3$. Auf der Riemannschen Fläche werden dann die Bildpunkte $M'$, $M_1'$, $M_2'$ von bzw. $M$, $M_1$, $M_2$ gegen das Punktpaar $(T_1', T_2')$ konvergieren; also können sie nicht alle drei gegen denselben Punkt konvergieren. Wenn demnach $M'$ gegen $T_1'$ strebt, müssen nach dem Obigen $M_1'$ und $M_2'$ beide gegen $T_2'$, d. h. $OM_1$ und $OM_2$ beide gegen $t_2$ konvergieren.

Die eben bewiesene Tatsache haben wir schon zum Beweise des Satzes XII in Kap. XIX, § 1 benutzt.


XXI. Kapitel.

# Die allgemeine Kurve dritter Ordnung.

## § 1. Erzeugung der Kurve nach Chasles.

Eine allgemeine Kurve dritter Ordnung — eine $C^3$ — ist (nach Chasles und Jonquières) der Ort der Schnittpunkte entsprechender Elemente in einem Kegelschnittbüschel und in einem zu ihm projektiven Geradenbüschel.

In der projektivgeometrischen Theorie der $C^3$ ist der Hauptsatz der folgende:

I. *Als Grundpunkte des erzeugenden Kegelschnittbüschels können vier beliebige Punkte der Kurve gewählt werden.*

Um dies zu beweisen, zeigen wir zuerst:

($\alpha$). *Man kann die Grundpunkte* $(A, B, C, D)$ *und das Zentrum* $P$ *durch* $(P, B, C_1, D_1)$ *bzw.* $A$ *ersetzen, wo* $C_1$ *und* $D_1$ *die dritten Schnittpunkte von* $C^3$ *mit* $BC$ *bzw.* $BD$ *sind.*

Durch einen der Grundpunkte, etwa $A$, legen wir eine bis aufs weiteres feste Gerade $a$ (Fig. 74); sie schneidet die $C^3$ in zwei Punkten, die sich folgendermaßen bestimmen lassen:

Es sei $p$ ein beliebiger Strahl des Geradenbüschels und $\pi$ der entsprechende Kegelschnitt; die Gerade $a$ schneidet diesen Kegelschnitt in $A$ und einem weiteren Punkt $M$; die Gerade $BM$ heiße $b$. Wenn $p$ das Geradenbüschel durchläuft, erzeugt der Schnittpunkt $(pb)$ einen Kegelschnitt $\varkappa$,

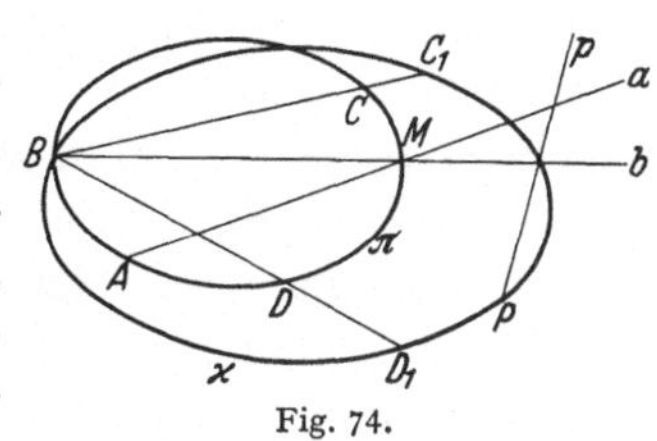

Fig. 74.

und die gesuchten zwei Punkte sind die Schnittpunkte von $a$ mit $\varkappa$.

Wenn nun $a$ variiert, wird auch $\varkappa$ variieren. Die Kegelschnitte $\varkappa$ werden dann ein Büschel bilden; $\varkappa$ geht nämlich durch $B$ und $P$ und außerdem, wie man durch Betrachtung der ausgearteten Kegelschnitte $(AC, BD)$ und $(AD, BC)$ des Büschels $(\pi)$ leicht feststellt, durch die Punkte $C_1$ und $D_1$. Die zwei Büschel $(a)$ und $(\varkappa)$ sind projektiv; man sieht dies, wenn man die Schnittpunkte von $a$ und $\varkappa$ mit einer durch $B$ gehenden festen Geraden betrachtet. Hiermit ist ($\alpha$) bewiesen.

Wir denken uns nun wieder die $C^3$ durch das Kegelschnittbüschel ($\pi$) mit den Grundpunkten $(A, B, C, D)$ und das Geradenbüschel ($p$) mit dem Zentrum $P$ erzeugt.

Ein Kegelschnitt $\pi_0$ und die entsprechende Gerade $p_0$ mögen sich in $M$ und $N$ schneiden (Fig. 75)[1]. Durch $A, B, M$ und $N$ legen wir einen Kegelschnitt $\mu$ und wollen die von diesen vier Punkten verschiedenen Schnittpunkte von $\mu$ mit der $C^3$ finden.

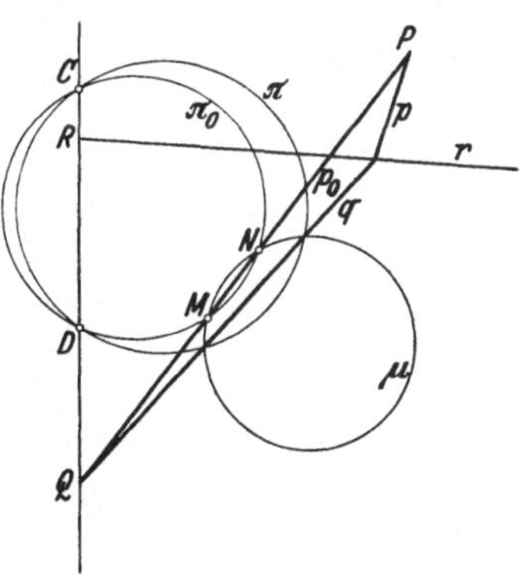

Fig. 75.

Die Kurve $\mu$ wird von den Kurven ($\pi$) in Punktpaaren einer Involution geschnitten (Kap. VII, § 1, Satz VII); die Verbindungsgeraden $q$ entsprechender Punkte in dieser Involution bilden ein Büschel mit dem Zentrum $Q = (CD, p_0)$; das Büschel ($q$) ist nach dem soeben genannten Satz zum Büschel ($\pi$) und also auch zum Büschel ($p$) projektiv. Die Projektivität zwischen ($q$) und ($p$) ist aber eine Perspektivität, weil die Gerade $p_0$ sich selbst entspricht. Die zwei gesuchten Schnittpunkte von $\mu$ mit der $C^3$ sind also die Schnittpunkte von $\mu$ mit der Perspektivachse $r$ der zwei genannten Geradenbüschel.

---

[1] Auf der Figur sind $A$ und $B$ die imaginären Kreispunkte.

Die Gerade $r$ geht durch den dritten Schnittpunkt $R$ von $CD$ mit der $C^3$, was man sofort sieht, wenn man das Geradenpaar $(AB, CD)$ als einen Kegelschnitt $\pi$ betrachtet. Variiert $\mu$ innerhalb des Büschels mit den Grundpunkten $(A, B, M, N)$, so dreht sich $r$ um den Punkt $R$, und die $C^3$ wird durch die Büschel $(\mu)$ und $(r)$ erzeugt. Diese zwei Büschel sind projektiv; denn hält man einen Kegelschnitt $\pi$ und die entsprechende Gerade $p$ fest, so sind beide Büschel zum Geradenbüschel $(q)$ projektiv. Man kann also die zwei Grundpunkte $C, D$ und das Zentrum $P$ gleichzeitig durch $M, N$ und $R$ ersetzen.

Nun kann man diese Änderung noch einmal ausführen, indem man einen Punkt $C_1$ auf der $C^3$ wählt, den dritten Schnittpunkt $D_1$ von $RC_1$ mit der $C^3$ bestimmt und zum Kegelschnittbüschel mit den Grundpunkten $A, B, C_1, D_1$ übergeht; das Zentrum des entsprechenden Geradenbüschels wird dann zufolge der obigen Überlegungen wieder $P$. Also:

($\beta$). *Man kann, ohne das Zentrum $P$ zu ändern, die Grundpunkte $A, B, C, D$ durch $A, B, C_1, D_1$ ersetzen, wo $C_1$ beliebig auf der Kurve gewählt werden kann.*

Es soll nun gezeigt werden, daß man durch wiederholte Änderungen der Typen ($\alpha$) und ($\beta$) die Grundpunkte $A, B, C, D$ in vier beliebige Punkte $A', B', C', D'$ der Kurve verlegen kann. Dies geschieht in den folgenden sechs Schritten:

$$
\begin{array}{cll}
 & \text{Grundpunkte} & \text{Zentrum} \\
 & A, B, C, D & P \\
\beta\{ & & \\
 & A', B, C, X & P \\
\beta\{ & & \\
 & A', B', C, Y & P \\
\alpha\{ & & \\
 & P, B', Z, T & A' \\
\beta\{ & & \\
 & P, B', C_1, U & A' \\
\beta\{ & & \\
 & V, B', C_1, D_1 & A' \\
\alpha\{ & & \\
 & A', B', C', D' & V \\
\end{array}
$$

$C_1$ und $D_1$ sind die dritten Schnittpunkte von $B'C'$ bzw. $B'D'$ mit der $C^3$; für den Beweis ist es ohne Bedeutung, sich mit der Lage der oben eingeführten Punkte $X, Y, Z, T, U, V$ näher zu beschäftigen.

.Hiermit ist Satz I bewiesen.

Die Lage des Zentrums ist natürlich durch das Kegelschnittbüschel festgelegt.

Ganz wie bei der $C_0^3$ sieht man, daß eine $C^3$ von einer Geraden $l$ in drei — verschiedenen oder zusammenfallenden — Punkten geschnitten wird. Fallen zwei der Schnittpunkte zusammen, so nennt man $l$ eine *Tangente* in dem entsprechenden Punkt. Daß es in einem Punkt $D$ der $C^3$

eine eindeutig bestimmte Tangente gibt, kann man, wie bei der $C_0^3$, einsehen, indem man einen Grundpunkt des Kegelschnittbüschels nach $D$ verlegt; die Tangente in $D$ an $C^3$ ist dann als die Tangente desjenigen Kegelschnittes bestimmt, dessen in der Erzeugung der $C^3$ entsprechende Gerade durch $D$ geht.

Wir können aber auch eine andere Bestimmung der Tangente angeben, indem wir den Punkt $D$ als Zentrum des Geradenbüschels $(p)$ benutzen; die Tangente ergibt sich dann als die Gerade $p$, deren in der Erzeugung der $C^3$ entsprechender Kegelschnitt durch $D$ geht.

Die Tangente in $D$ hat sich als die Gerade ergeben, welche außerhalb $D$ höchstens einen (einfach zu zählenden) Punkt mit der Kurve gemein hat; sie ist demnach auch die Grenzlage einer Sekante $DD'$, wenn $D'$ auf der Kurve gegen $D$ konvergiert.

Hat die Tangente $l$ außer $D$ keinen Schnittpunkt mit der Kurve, so wird $D$ ein Inflexionspunkt und $l$ eine Wendetangente genannt.

Aus dem Hauptsatz folgt insbesondere:

II. *Ein Kegelschnitt, welcher zwei Punkte mit der $C^3$ gemein hat, schneidet diese in weiteren vier (verschiedenen oder zusammenfallenden) Punkten.*

Um dies einzusehen, braucht man nur zwei der Grundpunkte des erzeugenden Kegelschnittbüschels in den zwei gegebenen Schnittpunkten zu wählen und Kap. VII, § 1, Satz VII sowie Kap. VII, § 4, Satz I zu benutzen.

Eine wie oben definierte $C^3$ kann in eine $C_0^3$ oder in einen Kegelschnitt $\varkappa$ in Verbindung mit einer Geraden $l$ oder auch in drei Gerade ausarten. Es genügt, den zweiten Fall näher zu betrachten.

Wählt man zwei Grundpunkte auf $\varkappa$, zwei andere auf $l$, so schneidet das Kegelschnittbüschel auf $\varkappa$ eine Involution aus, wodurch das Geradenbüschel bestimmt ist.

Wählt man drei Grundpunkte auf $\varkappa$, den vierten auf $l$, so schneiden die Kegelschnitte des Büschels auf $\varkappa$ und $l$ projektive Reihen aus; da die Schnittpunkte von $l$ und $\varkappa$ sich selbst entsprechen, gehen, wie leicht zu sehen, die Verbindungslinien entsprechender Punkte durch einen festen Punkt von $\varkappa$, und das so entstandene Büschel ist zum Kegelschnittbüschel projektiv.

In einem Doppelpunkt versagt die eindeutige Bestimmung der Tangente.

Wir wollen nun die Bestimmung einer $C^3$ durch neun gegebene Punkte besprechen.

Es seien acht Punkte $A_1, A_2, \ldots A_8$ gegeben. Das Kegelschnittbüschel mit den Grundpunkten $A_1, A_2, A_3, A_4$ sei $(\pi)$; ferner seien $\pi_5$, $\pi_6, \pi_7, \pi_8$ die durch bzw. $A_5, A_6, A_7, A_8$ gehenden Kegelschnitte von $(\pi)$. Das Zentrum $P$ soll dann der Bedingung

$$(1) \qquad P(A_5 A_6 A_7 A_8) \barwedge \pi_5 \pi_6 \pi_7 \pi_8$$

genügen. Als Ort des Punktes $P$ wird hierdurch ein Kegelschnitt $\varkappa$ bestimmt. Wählt man einen beliebigen Punkt $P^*$ auf $\varkappa$ als Zentrum, so erhält man eine durch die acht gegebenen Punkte gehende $C^3$. Diese wird von $\varkappa$ in $P^*, A_5, A_6, A_7, A_8$ und daher nach Satz II außerdem in einem Punkt $A_9$ geschnitten; die diesem Punkt entsprechende Kurve in $(\pi)$ sei $\pi_9$. Man hat dann für jeden Punkt $P$ auf $\varkappa$:

$$(2) \qquad P(A_5 A_6 A_7 A_8 A_9) \barwedge \pi_5 \pi_6 \pi_7 \pi_8 \pi_9,$$

d. h.

III. *Jede Kurve dritter Ordnung, welche durch acht gegebene Punkte geht, enthält einen durch diese eindeutig bestimmten neunten Punkt.*

Solche Kurven bilden definitionsgemäß ein *Büschel*. Von den Punkten sollen höchstens drei in einer Geraden und höchstens sechs auf einem Kegelschnitt liegen. — In speziellen Fällen muß der obige Beweis etwas modifiziert werden.

Durch einen von $A_1, A_2, \ldots A_9$ verschiedenen Punkt $B$ geht eine und nur eine Kurve des Büschels, denn das Zentrum $P$ des Geradenbüschels kann als Schnittpunkt von $\varkappa$ mit einem z. B. durch $A_5, A_6, A_7$ und $B$ gehenden Kegelschnitt festgelegt werden. Also haben wir:

IV. *Eine Kurve dritter Ordnung ist durch neun voneinander unabhängige Punkte eindeutig bestimmt.*

Wir betrachten nun wieder das obige Büschel von $C^3$. Jeder Lage von $P$ auf $\varkappa$ entspricht eine bestimmte Kurve des Büschels; wenn $P$ auf $\varkappa$ variiert, gehen diejenigen Strahlen der verschiedenen Büschel $(p)$, welche einem festen Kegelschnitt $\pi$ entsprechen, durch einen festen Punkt $S$ von $\varkappa$; denn der Wurf $P(A_5 A_6 A_7 S)$ ist ja konstant, nämlich gleich $(\pi_5 \pi_6 \pi_7 \pi)$. Die Beziehung zwischen $S$ und $\pi$ ist projektiv.

Wir suchen die Schnittpunkte der Kurven $C^3$ des betrachteten Büschels mit einer festen Geraden $l$. Die Schnittpunkte von $l$ mit $\varkappa$ seien $S_1$ und $S_2$; diesen Punkten entsprechen nach dem Obigen zwei Kegelschnitte von $(\pi)$, etwa $\pi_1$ und $\pi_2$. Ein weiterer, beliebig gewählter fester Punkt von $\varkappa$ sei $S_3$ und der entsprechende Kegelschnitt $\pi_3$. Die Schnittpunkte von $l$ mit derjenigen $C^3$, welche zu einem Punkt $P$ von $\varkappa$ gehört, sind die Inzidenzpunkte der durch das Geradenbüschel $(P)$ und das zu ihm projektive Kegelschnittbüschel $(\pi)$ auf $l$ erzeugten projektiven Beziehung. Der Satz IV des Kap. XIX, § 2 gibt dann unmittelbar:

V. *Ein Büschel von $C^3$ schneidet eine feste Gerade in Punkttripeln einer Involution dritter Ordnung, welche zur Reihe der Punkte $P$ auf $\varkappa$ projektiv ist.*

Das Büschel von $C^3$ hat, wie wir im Satz III gesehen haben, neun Grundpunkte. Vier beliebige von diesen können als Grundpunkte des erzeugenden Kegelschnittbüschels gewählt werden, und jeder solchen Wahl entspricht ein Kegelschnitt $\varkappa$ als Ort des Zentrums $P$ des entsprechenden Geradenbüschels. Die auf den verschiedenen $\varkappa$ liegenden Punktreihen $P$ sind aber nach dem soeben bewiesenen Satz V untereinander projektiv, und wir können sie deshalb zum Büschel der $C^3$ projektiv nennen. Satz V kann dann auch so ausgesprochen werden:

VI. *Ein Büschel von $C^3$ schneidet eine feste Gerade in Punkttripeln einer Involution dritter Ordnung, welche zur Reihe der Kurven des Büschels projektiv ist.*

Wir nennen noch den folgenden Satz:

VII. *Zwei Kurven dritter Ordnung, welche fünf Punkte $A_1, A_2, A_3, A_4, A_5$ miteinander gemein haben, schneiden sich in weiteren vier* (verschiedenen oder zusammenfallenden) *Punkten.*

Als erzeugendes Kegelschnittbüschel können wir nämlich für beide Kurven das Büschel mit den Grundpunkten $A_1, A_2, A_3, A_4$ wählen. Die zwei entsprechenden Geradenbüschel $(p_1)$ und $(p_2)$ erzeugen einen Kegelschnitt, welcher mit einer der $C^3$ außer $A_5$ und dem Zentrum des einen Geradenbüschels noch vier Punkte gemein hat. Diese Punkte liegen aber auch auf der anderen $C^3$.

Man hat weiter:

VIII. *Wenn sechs Schnittpunkte $A_1, A_2, \ldots A_6$ zweier $C^3$ auf einem Kegelschnitt $\varkappa$ liegen, dann liegen die drei letzten Schnittpunkte in einer Geraden.*

In der Tat gibt es nach Satz VII drei weitere Schnittpunkte; sie seien $A_7, A_8, A_9$. Die acht Punkte $A_1, A_2, \ldots A_8$ bestimmen ein Büschel von $C^3$, dessen Kurven nach Satz III sämtlich durch $A_9$ gehen. Verlangt man, daß eine Kurve dieses Büschels durch einen von $A_1, A_2, \ldots A_6$ verschiedenen Punkt des Kegelschnittes $\varkappa$ gehen soll, so zerfällt sie in $\varkappa$ und eine Gerade. Hieraus folgt die Behauptung.

In ganz derselben Weise zeigt man die Umkehrung:

IX. *Wenn drei Schnittpunkte zweier $C^3$ in einer Geraden liegen, dann liegen alle übrigen* (eventuellen) *Schnittpunkte auf einem Kegelschnitt.*

In Satz VIII kann $\varkappa$ in zwei Gerade und die eine $C^3$ in ein Geradentripel zerfallen; man findet dann:

X. *Schneiden zwei Gerade eine $C^3$ in $(A_1, A_2, A_3)$ und $(B_1, B_2, B_3)$, dann schneiden die Geraden $A_1B_1, A_2B_2, A_3B_3$ die Kurve in drei weiteren Punkten einer Geraden.*

Wenn die Tangente in einem Punkt $A$ die Kurve wieder in $P$ schneidet, so nennt man $P$ den *Tangentialpunkt* von $A$. Einen Grenzfall des Satzes X können wir dann folgendermaßen aussprechen:

XI. *Wenn drei Punkte einer $C^3$ einer Geraden angehören, dann liegen die entsprechenden drei Tangentialpunkte ebenfalls in einer Geraden.*

Fällt ein Punkt mit seinem Tangentialpunkt zusammen, so ist der Punkt ein Inflexionspunkt; also:

XII. *Eine Gerade, welche zwei Inflexionspunkte der $C^3$ verbindet, muß durch einen dritten Inflexionspunkt der Kurve gehen.*

## § 2. Der Satz von SALMON.

Wir betrachten eine $C^3$ ohne Doppelpunkt oder Spitze. Denkt man sich diese durch ein Geradenbüschel $(p)$ mit dem Zentrum $P$ und ein damit projektives Kegelschnittbüschel $(\pi)$ erzeugt, so sieht man sogleich, daß der Ort der Punkte $Q$, welche von $P$ durch die zwei anderen Schnittpunkte von $p$ mit der $C^3$ harmonisch getrennt sind, ein Kegelschnitt ist, nämlich die erste Polare oder der Polarkegelschnitt $\mu$ von $P$ in bezug auf die $C^3$; dies folgt daraus, daß die Polaren des Punktes $P$ in bezug auf die Kegelschnitte des Büschels $(\pi)$ ein Geradenbüschel $(q)$ bilden, welches zu $(\pi)$ und daher auch zu $(p)$ projektiv ist.

Die von $P$ verschiedenen Schnittpunkte von $\mu$ mit der $C^3$ sind offenbar die Berührungspunkte der aus $P$ an die $C^3$ gehenden Tangenten.

Wir behandeln zunächst den speziellen Fall, wo $P$ ein Inflexionspunkt ist. Der Polarkegelschnitt $\mu$ enthält dann die entsprechende Wendetangente und zerfällt demnach in diese und eine andere Gerade, die *harmonische Polare* zu $P$. Ist umgekehrt $P$ ein Punkt der $C^3$, für welchen $\mu$ ausartet, wo also die obigen Geradenbüschel $(p)$ und $(q)$ perspektiv sind, dann ist $P$ ein Inflexionspunkt; der Kegelschnitt $\pi$, welcher durch $P$ geht, muß nämlich die entsprechende Gerade $p$ in diesem Punkt berühren. Die Perspektivachse der zwei Geradenbüschel ist die harmonische Polare von $P$. Diese geht nicht durch $P$; sie schneidet die $C^3$ in drei verschiedenen Punkten; denn in einem gemeinsamen Punkt geht die Tangente an $C^3$ durch $P$ und kann demnach mit der harmonischen Polaren nicht zusammenfallen. Durch einen Inflexionspunkt $P$ gehen also außer der Wendetangente drei Tangenten an die $C^3$.

Es möge nun $P$ kein Inflexionspunkt sein, so daß also $\mu$ nicht ausartet. Dann berührt $\mu$ die $C^3$ in $P$; in jedem anderen gemeinsamen Punkt $R$ von $\mu$ und $C^3$ haben die zwei Kurven verschiedene Tangenten, denn die Tangente $PR$ an $C^3$ schneidet ja $\mu$ in zwei verschiedenen Punkten. Durch $P$ gehen demnach (§ 1, Satz II) außer der Tangente in $P$ vier Tangenten an die $C^3$.

Wir können die soeben gefundenen Resultate folgendermaßen formulieren:

I. *Durch einen Punkt $P$ einer $C^3$ gehen außer der Tangente in $P$ vier Tangenten an die Kurve. Ist insbesondere $P$ ein Inflexionspunkt, muß jedoch die Wendetangente mitgerechnet werden. Die vier Tangenten sind immer verschieden.*

Aus den obigen Betrachtungen folgt auch, daß eine $C^3$ — ganz wie eine $C_0^3$ — durch jede harmonische Homologie in sich selbst übergeht, deren Zentrum in einem Inflexionspunkt liegt, und deren Achse die zugehörige harmonische Polare ist.

Ebenso schließt man, daß die $C^3$ durch eine involutorische quadratische Transformation zweiter Art $\Psi_3$ in sich selbst übergeführt wird, deren drei Fundamentalpunkte in einen beliebigen Punkt $P$ der Kurve zusammenfallen, während der entsprechende Polarkegelschnitt die feste Kurve ist (vgl. S. 211).

Wir sind jetzt imstande, den fundamentalen Satz von SALMON zu beweisen:

II. *Wenn ein Punkt M sich auf der $C^3$ bewegt, dann ist der durch die vier von M ausgehenden Tangenten gebildete Wurf (der „charakteristische Wurf") konstant*[1].

Dies ist so zu verstehen: Es seien $M$ und $M'$ zwei Punkte der Kurve; die Tangenten aus $M$ seien $r_1, r_2, r_3, r_4$; dann können die durch $M'$ gehenden Tangenten $r'_1, r'_2, r'_3, r'_4$ so numeriert werden, daß

$$r_1 r_2 r_3 r_4 \barwedge r'_1 r'_2 r'_3 r'_4.$$

Der Berührungspunkt von $r_1$ sei $R_1$; eine beliebige Tangente durch $M'$ sei $r'_1$, der entsprechende Berührungspunkt $R'_1$. Der dritte Schnittpunkt von $R_1 R'_1$ mit der $C^3$ sei $P$.

Wir benutzen nun eine quadratische Transformation $\Psi_3$ mit $P$ als Fundamentalpunkt und dem entsprechenden Polarkegelschnitt als fester Kurve. Hierdurch gehen die vier Tangenten $r_1, r_2, r_3, r_4$ in vier Kegelschnitte $\varrho_1, \varrho_2, \varrho_3, \varrho_4$ eines Büschels über, welche einander in $P$ dreipunktig berühren und außerdem die $C^3$ in dem $M$ entsprechenden, auf der Kurve liegenden Punkt schneiden. Diese Kegelschnitte berühren alle die $C^3$, $\varrho_1$ insbesondere in $R'_1$. Der Büschel $(\varrho)$ kann aber als erzeugender Büschel der $C^3$ angesehen werden[2]; das entsprechende Geradenbüschel hat sein Zentrum in dem Tangentialpunkt des Punktes $R'_1$, also in $M'$. Durch diesen Punkt gehen also auch die Tangenten in den Berührungspunkten von $C^3$ mit $\varrho_2, \varrho_3$ und $\varrho_4$, d. h. diese Tangenten sind eben die Geraden $r'_2, r'_3, r'_4$. Nun ergibt sich:

$$r_1 r_2 r_3 r_4 \barwedge \varrho_1 \varrho_2 \varrho_3 \varrho_4 \barwedge r'_1 r'_2 r'_3 r'_4.$$

Die erste dieser Beziehungen ist eine Folge der Lehre von den quadratischen Transformationen (Kap. XVIII, § 1, Satz IV); die andere entspringt der Definition einer $C^3$.

Wenn der charakteristische Wurf harmonisch bzw. äquianharmonisch ist, wird auch die Kurve harmonisch bzw. äquianharmonisch genannt.

## § 3. Konjugierte Punkte auf einer $C^3$.

Wir betrachten eine $C^3$ ohne Doppelpunkt oder Spitze. Zwei Punkte dieser Kurve, welche denselben Tangentialpunkt haben, nennt man

---

[1] Der ursprüngliche Beweis von SALMON beruht auf der folgenden Tatsache: Wenn man von einem Punkt $P$ der Kurve zu einem Nachbarpunkt übergeht, bewegt sich $P$ auf dem entsprechenden Polarkegelschnitt, während die zugehörigen vier Tangenten an $C^3$ sich um die respektiven Berührungspunkte drehen. Der aus den vier Tangenten gebildete Wurf ist demnach konstant.

[2] Der Satz I in § 1 ist auch gültig, wenn zwei oder drei Grundpunkte zusammenfallen. — Ein Kegelschnitt und eine $C^3$ haben drei in einem Punkt $P$ zusammenfallende Punkte miteinander gemein, wenn sie außer $P$ nur drei Schnittpunkte haben (§ 1, Satz II).

*konjugierte Punkte* der Kurve. Nach dem vorigen Paragraphen gibt es zu jedem Punkt drei konjugierte, so daß ein Punkt auf drei verschiedene Weisen zu einem Paar von konjugierten Punkten ergänzt werden kann.

Es soll gezeigt werden, daß die Paare von konjugierten Punkten einer $C^3$ sich in drei vollständig getrennte Systeme verteilen; dazu brauchen wir aber einige Hilfssätze, die zunächst bewiesen werden sollen.

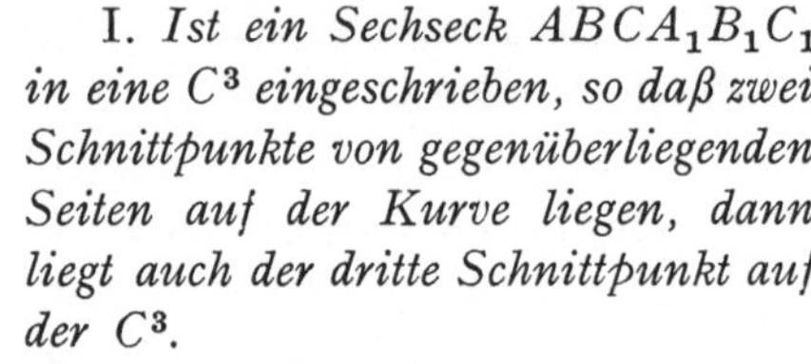

Fig. 76.

I. *Ist ein Sechseck $ABCA_1B_1C_1$ in eine $C^3$ eingeschrieben, so daß zwei Schnittpunkte von gegenüberliegenden Seiten auf der Kurve liegen, dann liegt auch der dritte Schnittpunkt auf der $C^3$.*

Wenn die Kurve in einen Kegelschnitt und eine Gerade ausartet, erhält man als Spezialfall den Pascalschen Satz.

Zum Beweis betrachte man die zwei Geradentripel $(AB, CA_1, B_1C_1)$ und $(BC, A_1B_1, C_1A)$. Acht der Schnittpunkte dieser zwei Tripel liegen auf der $C^3$, also auch der neunte Punkt.

II. *Projiziert man zwei konjugierte Punkte $(P, P')$ aus einem beliebigen Punkt $A$ der Kurve auf diese in $(Q, Q')$, dann liegt der Schnittpunkt $A'$ von $PQ'$ und $QP'$ ebenfalls auf der Kurve, und $(Q, Q')$ sowie auch $(A, A')$ sind konjugierte Punktpaare.*

Der Beweis geschieht durch wiederholte Anwendung des Satzes I. Als erstes Sechseck nehmen wir (Fig. 76) das Viereck $PQP'Q'$ in Verbindung mit den Tangenten in $P$ und $P'$. Man schließt dann, daß sich $PQ'$ und $QP'$ in einem Punkt $A'$ der Kurve schneiden. Dasselbe Viereck in Verbindung mit den Tangenten in $Q$ und $Q'$ zeigt, daß diese Tangenten einander in einem Punkt $T$ der Kurve schneiden, d. h. $Q$ und $Q'$ sind konjugiert. Endlich zeigt das Viereck $APA'P'$ in Verbindung mit den Tangenten in $A$ und $A'$, daß diese Tangenten einander in einem Punkt $B$ der Kurve schneiden, d. h. daß auch $A$ und $A'$ konjugiert sind.

Nebenbei sei bemerkt, daß der gemeinsame Tangentialpunkt $S$ von $P$ und $P'$ mit $T$ und $B$ auf einer Geraden liegt; denn diese Punkte sind Tangentialpunkte der drei Punkte $P, Q, A$ (Kap. XXI, § 1, Satz XI).

Wir nennen noch die folgende Umkehrung des Satzes II:

III. *Ist ein Viereck $PQP'Q'$ in eine $C^3$ eingeschrieben, und liegen die beiden Schnittpunkte $A = (PQ, P'Q')$ und $A' = (PQ', QP')$ auf der*

*Kurve, dann sind die Paare von gegenüberliegenden Eckpunkten $(P, P')$ und $(Q, Q')$ sowie auch $(A, A')$ konjugierte Punktpaare.*

Der Beweis ist dem vorigen Beweis ganz analog.

Wir definieren nun:

*Zwei Paare von konjugierten Punkten $(P, P')$ und $(Q, Q')$ gehören demselben System an, wenn $PQ$ und $P'Q'$ sich auf der Kurve schneiden.*

Je zwei der in den Sätzen II und III betrachteten Punktpaare $(P, P')$, $(Q, Q')$, $(A, A')$ gehören also demselben System an. Außerdem folgt aus Satz II, daß die Eigenschaft, daß zwei Paare von konjugierten Punkten demselben System angehören, nicht von der Reihenfolge der Punkte innerhalb der Paare abhängt.

Die Berechtigung der obigen Definition beruht auf folgendem Satz:

IV. *Sind $(P, P')$, $(Q, Q')$, $(R, R')$ drei Paare von konjugierten Punkten, und gehören $(P, P')$ und $(Q, Q')$ demselben System an, und ebenso $(Q, Q')$ und $(R, R')$, dann gilt dies auch für die Paare $(P, P')$ und $(R, R')$.*

Dieser Satz folgt unmittelbar aus Satz I; denn betrachtet man das eingeschriebene Sechseck $PQRP'Q'R'$, so sieht man, daß $PQ$ und $P'Q'$ sowie auch $QR$ und $Q'R'$ sich auf der Kurve schneiden; dann ist dies aber auch für $PR'$ und $P'R$ der Fall, d. h. $(P, P')$ und $(R, R')$ gehören demselben System an.

Es seien nun $P, P', P'', P'''$ die Berührungspunkte der von einem Punkt der Kurve gehenden vier Tangenten; diese Punkte sind paarweise konjugiert; offenbar gehören keine zwei der Paare $(P, P')$, $(P, P'')$, $(P, P''')$ demselben System an. Die drei Paare bestimmen also drei verschiedene Systeme von konjugierten Punkten. Ist $(Q, Q')$ ein weiteres solches Paar, und schneidet $PQ$ die Kurve nochmals in $S$, so läßt sich nach Satz II das Paar $(Q, Q')$ durch Projektion von $S$ in eines der Paare $(P, P')$, $(P, P'')$, $(P, P''')$ überführen. Hieraus folgt:

V. *Die Paare von konjugierten Punkten auf einer $C^3$ zerfallen in drei vollständig getrennte Systeme.*

Beispielsweise gehören $(P, P')$ und $(P'', P''')$ demselben System an.

Wir wollen die dreimal berührenden Kegelschnitte einer $C^3$ untersuchen. Es seien $P$ und $Q$ zwei feste Punkte auf der $C^3$; wir wollen dann die Kegelschnitte bestimmen, welche die $C^3$ in $P$ und $Q$ und einem dritten Punkt berühren. Die Kegelschnitte, welche die Kurve in $P$ und $Q$ berühren, bilden ein Büschel $(\pi)$, welches zur Erzeugung der $C^3$ benutzt werden kann. Da die Gerade $PQ$ — doppelt gezählt — in $(\pi)$ auftritt, fällt das Zentrum des entsprechenden Geradenbüschels in den Tangentialpunkt $R^*$ des dritten Schnittpunktes $R'$ von $PQ$ mit der $C^3$. Von $R^*$ gehen an die $C^3$ außer $R^*R'$ noch drei Tangenten; hieraus folgt:

VI. *Es gibt drei Kegelschnitte, welche eine $C^3$ in zwei gegebenen Punkten $P$ und $Q$ und in einem dritten Punkt berühren. Die drei Lagen des dritten*

*Berührungspunktes sind die drei Punkte, welche zum dritten Schnittpunkt von PQ mit der $C^3$ konjugiert sind.*

Es seien nun $P, Q, R$ die Berührungspunkte eines solchen Kegelschnittes, und es mögen die Geraden $PQ, QR$ und $RP$ die $C^3$ nochmals in bzw. $R', P', Q'$ schneiden. Wir haben dann unmittelbar:

VII. *Jedes Paar* $(P, P'), (Q, Q'), (R, R')$ *besteht aus konjugierten Punkten, und die drei Punktpaare gehören demselben System auf der $C^3$ an.*

*Die Gesamtheit von dreimal berührenden Kegelschnitten zerfällt also in drei vollständig getrennte Systeme.*

Nach Satz II liegen die drei Punkte $P', Q', R'$ in einer Geraden.

## § 4. Eingeschriebene Polygone.

Wir nennen noch den folgenden Satz über Polygone, welche einer $C^3$ eingeschrieben sind:

*Gehen* $n-1$ *Seiten eines in einer $C^3$ eingeschriebenen variablen n-Eckes durch feste Punkte der Kurve, dann geht bei geradem n auch die letzte Seite durch einen festen Kurvenpunkt.*

Es genügt offenbar, den Satz für $n = 4$ zu beweisen. Es sei das eingeschriebene Viereck $A_1 A_2 A_3 A_4$, und die Seiten $A_1 A_2, A_2 A_3, A_3 A_4$ und $A_4 A_1$ mögen die Kurve nochmals in $B_1, B_2, B_3$ bzw. $B_4$ schneiden. Der dritte Schnittpunkt von $B_1 B_3$ mit der Kurve sei $D$. Die drei Geraden $A_2 A_3, A_1 A_4, B_1 B_3$ schneiden nach Satz X des § 1 die Kurve in drei weiteren Punkten einer Geraden, d. h. $D$ ist auch der dritte Schnittpunkt von $B_2 B_4$ mit der Kurve. Sind nun $B_1, B_2, B_3$ und daher auch $D$ feste Punkte, so liegt auch der Punkt $B_4$ fest.

Hieraus folgt, daß die Aufgabe, in eine gegebene $C^3$ ein $n$-Eck so einzuschreiben, daß jede Seite durch einen gegebenen Kurvenpunkt geht, für paares $n$ entweder keine oder unendlich viele Lösungen besitzt.

Wenn dagegen $n$ unpaar ist, dann hat die Aufgabe, wie wir sehen werden, immer vier Lösungen.

Man braucht offenbar nur den Fall $n = 3$ zu betrachten. Es sei (Fig. 77) $A_1 A_2 A_3$ das gesuchte Dreieck, und es seien $B_1, B_2, B_3$ die Punkte durch welche $A_1 A_2$, $A_2 A_3$ bzw. $A_3 A_1$ gehen sollen. Die Gerade $B_1 B_2$ schneide die Kurve nochmals in $C$, und der Tangentialpunkt des Punktes $A_2$ sei $D$; da die Punkte $A_1, A_2, B_1$ sowie $A_3, A_2, B_2$ in einer Geraden liegen,

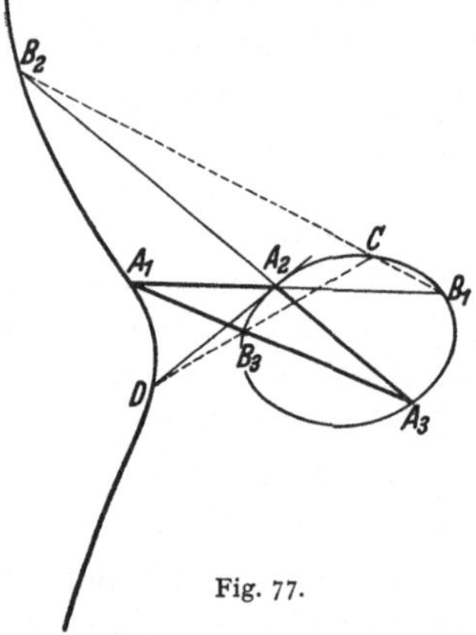

Fig. 77.

folgt sogleich aus § 1, Satz X, daß auch die Punkte $B_3, C, D$ in einer Geraden liegen. Der Punkt $D$ ist also durch $B_1, B_2, B_3$ eindeutig festgelegt, und die vierdeutige Bestimmung von $A_2$ liegt auf der Hand.

Fallen für paares $n$ die Punkte $B_1, B_3, \ldots B_{n-1}$ in einen Punkt $S$ zusammen und ebenso $B_2, B_4, \ldots B_{n-2}$ in einen Punkt $T$, dann kann, wie STEINER bemerkt hat, in speziellen Fällen auch $B_n$ in $T$ fallen; die entsprechenden „STEINERschen Polygone" wurden von mehreren Geometern untersucht. Den Fall $n = 4$ haben wir im vorigen Paragraphen näher besprochen; in diesem Fall sind $S$ und $T$ zwei konjugierte Punkte.

## § 5. GRASSMANNsche Definition einer $C^3$.

Es seien (Fig. 78) $ABC$ und $A_1 B_1 C_1$ zwei Dreiecke mit den Seiten $a$, $b$, $c$ bzw. $a_1$, $b_1$, $c_1$. Ist $X$ ein Punkt, derart daß die drei Punkte $P = (XA, a_1), Q = (XB, b_1)$.
$R = (XC, c_1)$ in einer Geraden liegen, dann ist, wie wir unten beweisen wollen, der Ort des Punktes $X$ eine $C^3$.

Wir denken uns den Punkt $R$ einen Augenblick festgehalten und suchen den Ort des Punktes $X$, wenn die Schnittpunkte $P$ und $Q$ der Geradenpaare $(XA, a_1)$ bzw. $(XB, b_1)$ mit $R$ in einer Geraden liegen sollen. Da die zwei Geradenbüschel $A(P)$ und $B(Q)$ projektiv sind, ist der Ort ein Kegelschnitt $\mu$; er geht durch $A$, $B$, $C_1$ und offenbar auch

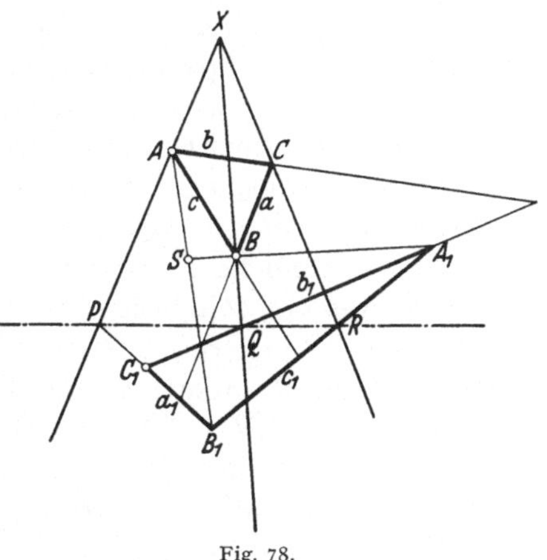

Fig. 78.

durch den Schnittpunkt $S$ der zwei Geraden $AB_1$ und $BA_1$. Bewegt sich also $R$ auf $c_1$, so bilden die entsprechenden Kegelschnitte $\mu$ ein Büschel. Dieses Büschel $(\mu)$ ist zum Geradenbüschel $C(R)$ projektiv, was man z. B. einsieht, wenn man die Gerade $AP$ festhält.

Hiermit ist bewiesen, daß der erstgenannte Ort des Punktes $X$ eine $C^3$ ist.

Umgekehrt läßt sich jede $C^3$ auf diese Weise erzeugen. Es ist nämlich immer möglich, zwei Dreiecke $ABC$ und $A_1 B_1 C_1$ so in die Kurve einzuschreiben, daß die Schnittpunkte $(a a_1)$, $(b b_1)$, $(c c_1)$ ebenfalls auf der Kurve liegen; hierzu wähle man $(A, A_1)$, $(B, B_1)$ und $(C, C_1)$ als drei Paare von konjugierten Punkten desselben Systems. Diese zwei Dreiecke bestimmen durch die obige Erzeugungsweise eine $C^3$, welche, wie man leicht sieht, mit der ursprünglichen $C^3$ die neun Punkte $A$, $B$, $C$, $A_1$, $B_1$, $C_1$, $(a a_1)$, $(b b_1)$, $(c c_1)$ gemein hat. Sofern diese neun Punkte voneinander unabhängig sind, fallen die zwei Kurven zusammen, und die Behauptung ist bewiesen.

Die Unabhängigkeit der neun Punkte folgt daraus, daß das durch die ersten acht Punkte bestimmte Büschel durch die gegebene $C^3$ und das

Geradentripel $(BC, A_1C_1, AB_1)$ festgelegt ist, und der neunte Schnittpunkt dieser zwei Kurven nicht $(cc_1)$ ist.

Die in diesem Paragraphen erwähnte Erzeugung einer $C^3$ wurde von GRASSMANN angegeben.

## XXII. Kapitel.

# Einleitung in die Polarentheorie einer allgemeinen Kurve dritter Ordnung.

## § 1. Die JACOBIsche Kurve eines Bündels von Kegelschnitten.

In einem Bündel von Kegelschnitten gibt es unendlich viele Kurven, welche in ein Geradenpaar ausarten. Den Ort der Doppelpunkte dieser Geradenpaare nennt man *die JACOBIsche Kurve $J^3$* des Bündels.

Es sei $P$ ein solcher Doppelpunkt; dann geht ein Paar von Geraden $a$ und $b$ durch $P$, welches — als ausgearteter Kegelschnitt betrachtet — dem Bündel angehört. Wir können deshalb das Bündel durch $(a, b)$ und zwei gewöhnliche Kegelschnitte $\alpha_1$ und $\alpha_2$ gegeben denken.

Die Polaren von $P$ in bezug auf $\alpha_1$ und $\alpha_2$ mögen sich in $P'$ schneiden; $P'$ ist dann konjugiert zu $P$ in bezug auf $\alpha_1, \alpha_2$ und $(a, b)$, d. h. $P$ und $P'$ sind für alle Kegelschnitte des Bündels oder kurz „im Bündel" konjugiert (Kap. XVII, § 4, Satz III). Also:

I. *Wenn $P$ ein Doppelpunkt ist, dann gibt es einen Punkt $P'$, so daß $P$ und $P'$ im Bündel konjugiert sind.*

$P'$ läßt sich als Schnittpunkt der Polaren von $P$ in bezug auf zwei beliebige Kegelschnitte des Bündels bestimmen.

Umgekehrt hat man:

II. *Ist $P$ ein Punkt, der im Bündel einen konjugierten Punkt $P'$ besitzt, dann ist $P$ Doppelpunkt eines ausgearteten Kegelschnittes im Bündel.*

Es sei nämlich $S$ ein Punkt der Ebene, welcher nicht auf $PP'$ liegt. Die Kurven des Bündels, für welche $P$ und $S$ konjugierte Punkte sind, bilden nach Kap. XVII, § 4, Satz IV ein Büschel $(\varkappa)$. Für alle Kegelschnitte dieses Büschels ist $P'S$ die Polare von $P$. Die Kurve des Büschels $(\varkappa)$, welche durch $P$ geht, muß demnach in ein Geradenpaar zerfallen, und damit ist Satz II bewiesen.

Auf der Geraden $P'S$ gibt es noch zwei (verschiedene oder zusammenfallende) Punkte $Q$ und $R$, so daß $PQR$ ein gemeinsames Polardreieck der Kurven $(\varkappa)$ ist; $Q$ und $R$ sind ebenso wie $P$ Doppelpunkte ausgearteter Kegelschnitte und daher Punkte von $J^3$.

Drei Punkte — wie die betrachteten Punkte $P, Q, R$ —, welche ein gemeinsames Polardreieck eines Büschels von Kurven innerhalb des Bündels bilden, nennt man ein *Tripel* von Punkten der JACOBIschen Kurve. Aus dem Beweise des Satzes II folgt, daß man zwei Punkte des Tripels beliebig wählen kann; dann ist der dritte eindeutig bestimmt.

Es sei nun $P$ ein beliebiger Doppelpunkt und $(a, b)$ das entsprechende Geradenpaar. Wir denken uns wie oben das Bündel durch $(a, b)$, $\alpha_1$ und $\alpha_2$ gegeben, ziehen eine Gerade $p$ durch $P$ und suchen die von $P$ verschiedenen Schnittpunkte von $p$ mit $J^3$ auf. Die durch $P$ gehende Gerade, welche von $p$ durch $a$ und $b$ harmonisch getrennt ist, sei $p^*$. Durchläuft ein Punkt $M$ die Gerade $p^*$, dann ist die Polare von $M$ in bezug auf $(a, b)$ immer die Gerade $p$. Die Polaren von $M$ in bezug auf $\alpha_1$ und $\alpha_2$ beschreiben zwei projektive Geradenbüschel, so daß ihr Schnittpunkt einen Kegelschnitt $\pi$ erzeugt; dieser schneidet $p$ in den gesuchten Punkten (Satz II).

Indem sich nun $p$ (also auch $p^*$) um $P$ dreht, ändert sich auch $\pi$; dieser Kegelschnitt geht aber immer durch die Ecken $Q$, $R$, $S$ des für $\alpha_1$ und $\alpha_2$ gemeinsamen Polardreiecks und auch durch den nach Satz I existierenden Punkt $P'$, welcher im Bündel zu $P$ konjugiert ist; die Kegelschnitte $\pi$ bilden also ein Büschel.

Daß die zwei Büschel $(p)$ und $(\pi)$ projektiv sind, sieht man so (Fig. 79): Durch $Q$ lege man eine feste Gerade $q$; bewegt sich der obengenannte Punkt $M$ auf dieser Geraden, so bilden die Polaren von $M$ in bezug auf $\alpha_1$ und $\alpha_2$ zwei zur Punktreihe $(M)$ projektive Geradenbüschel $(m_1)$

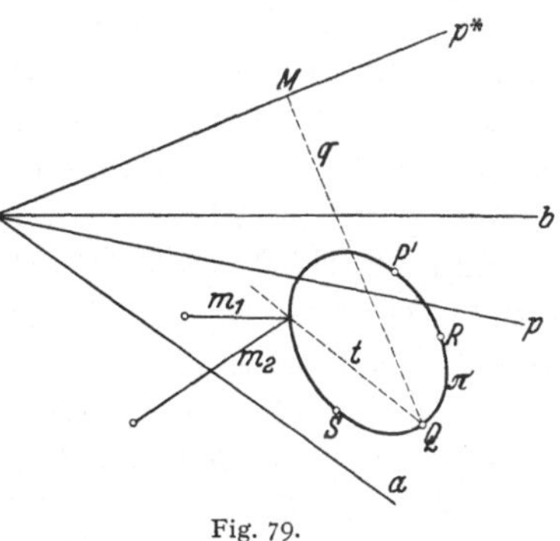

Fig. 79.

und $(m_2)$; diese sind offenbar perspektiv, und die Perspektivachse $t$ geht durch $Q$. Der freie Schnittpunkt von $t$ mit den Kegelschnitten $(\pi)$ wird von jedem der Büschel $(m_1)$ und $(m_2)$ ausgeschnitten; also ist $(m_1)$ — sowie $(m_2)$ — zum Kegelschnittbüschel $(\pi)$ projektiv. Ferner ist die Punktreihe $(M)$ zum Büschel $(p^*)$ und daher auch zum Büschel $(p)$ projektiv; hieraus folgt die behauptete Projektivität zwischen $(p)$ und $(\pi)$. Wir haben also bewiesen:

III. *Die Jacobische Kurve eines Bündels von Kegelschnitten ist eine Kurve dritter Ordnung.*

Wir wollen einige spezielle Bündel näher betrachten.

1. Alle Kurven des Bündels gehen durch einen festen Punkt $O$. Dieser Punkt ist im Bündel sich selbst konjugiert und gehört also der Jacobischen Kurve an. $O$ kann offenbar gleichzeitig als Zentrum des erzeugenden Geradenbüschels und als Grundpunkt des entsprechenden Kegelschnittbüschels angenommen werden; die $J^3$ hat also in diesem Falle einen Doppelpunkt (oder eine Spitze), d. h. sie ist eine $C_0^3$.

2. Alle Kurven des Bündels gehen durch zwei feste Punkte $A$ und $B$. Dann ist offenbar die Gerade $AB$ ein Teil der Jacobischen Kurve; denn zwei Punkte der Geraden $AB$, welche durch $A$ und $B$ harmonisch ge-

trennt sind, sind im Bündel konjugiert. Der übrigbleibende Teil muß dann ein Kegelschnitt sein; dieses ist auch leicht direkt zu beweisen.

Sind $A$ und $B$ die zwei Kreispunkte, so ist der genannte Kegelschnitt der gemeinsame Orthogonalkreis aller Kreise des Bündels. Konjugierte Punkte im Bündel liegen auf dem Orthogonalkreis diametral.

3. Gehen alle Kurven des Bündels durch drei feste Punkte, besteht die JACOBISche Kurve aus den Verbindungsgeraden dieser drei Punkte.

Wir heben noch den Fall hervor, wo alle Kurven des Bündels ein gemeinsames Polardreieck haben. In diesem Fall besteht die JACOBISche Kurve offenbar aus den Seiten dieses Dreiecks.

Wir haben ein Tripel von Punkten auf $J^3$ definiert als die Eckpunkte eines Polardreieckes, welches zu einem im Bündel enthaltenen Büschel von Kegelschnitten gehört. Von solchen Tripeln gilt der Satz:

IV. *Zwei Tripel liegen immer auf einem Kegelschnitt.*

Zwei beliebige Büschel innerhalb desselben Bündels haben nämlich einen Kegelschnitt miteinander gemein, und der Satz folgt dann aus Kap. I, § 2, Satz VII.

Sind $(P, Q, R)$ und $(P_1, Q_1, R_1)$ zwei Tripel, und nähern sich $P_1$ und $Q_1$ längs $J_3$ den Punkten $P$ bzw. $Q$, dann konvergiert auch $R_1$ gegen $R$. Hieraus:

V. *Die Punkte eines Tripels sind die Berührungspunkte von $J^3$ mit einem dreimal berührenden Kegelschnitt.*

Es sei nun $P, Q, R$ ein solches Tripel. Der zu $P$ konjugierte Punkt im Bündel ist der dritte Schnittpunkt $P'$ von $QR$ mit $J^3$. Nach Kap. XXI, § 3, Satz VI sind aber $P$ und $P'$ auch auf der Kurve $J^3$ konjugiert (haben denselben Tangentialpunkt). Also haben wir den ersten Teil des folgenden Satzes bewiesen:

VI. *Zwei Punkte $P$ und $P'$, welche im Bündel konjugiert sind, sind auch konjugierte Punkte auf $J^3$. Alle solchen Paare $(P, P')$ gehören auf $J^3$ demselben System an.*

Der letzte Teil ergibt sich sofort aus dem Satz von HESSE; denn sind $(P, P')$ und $(Q, Q')$ zwei Paare von Punkten, welche im Bündel konjugiert sind, dann sind auch die Punkte $A = (PQ, P'Q')$ und $A' = (PQ', P'Q)$ im Bündel konjugiert; sie liegen also auf $J^3$, und die ursprünglichen Paare gehören demnach demselben System auf $J^3$ an.

Nun haben wir auch (vgl. Kap. XXI, § 3, Satz VII):

VII. *Die im Satz V erwähnten Kegelschnitte gehören sämtlich demselben System an.*

Ferner:

VIII. *Die zu den Punkten eines Tripels im Bündel konjugierten Punkte liegen auf einer Geraden.*

Es folgt dies aus einer dem Satz VII in Kap. XXI, § 3 angefügten Bemerkung.

Die Kegelschnitte des Bündels, welche durch einen festen Punkt $A$ gehen, bilden ein Büschel $(\alpha)$. Wir können nun zeigen:

IX. *Wenn $A$ auf $J^3$ liegt, dann berühren die Kurven $(\alpha)$ einander in $A$, und umgekehrt. Die gemeinsame Tangente ist die Gerade, welche $A$ mit dem konjugierten Punkt $A'$ verbindet.*

Liegt nämlich $A$ auf $J^3$, so besteht eine der Kurven $(\alpha)$ aus zwei durch $A$ gehenden Geraden. In $A$ fallen deshalb zwei der Grundpunkte des Büschels $(\alpha)$ zusammen, woraus die behauptete Berührung folgt. Die gemeinsame Tangente ist die Polare von $A$ in bezug auf die Kurven $(\alpha)$ und geht deshalb durch den konjugierten Punkt $A'$.

Umgekehrt: Berühren sich die Kurven $(\alpha)$ in $A$, so gehört dieser Punkt der $J^3$ an; denn $A$ ist Doppelpunkt eines zerfallenden Kegelschnittes von $(\alpha)$.

Man könnte also die Jacobische Kurve eines Bündels auch als Ort der Berührungspunkte zweier Kurven des Bündels definieren.

X. *Jede Verbindungsgerade zweier konjugierter Punkte $A$ und $A'$ ist Teil eines zerfallenden Kegelschnittes des Bündels.*

Die Kegelschnitte durch $A$ bilden nämlich nach Satz IX ein Büschel $(\alpha)$, dessen Kurven sämtlich die Gerade $AA'$ berühren. Die Verbindungsgerade $l$ der zwei von $A$ verschiedenen Grundpunkte von $(\alpha)$ bildet in Verbindung mit $AA'$ den gesuchten zerfallenden Kegelschnitt.

Die Gerade $l$ geht durch den dritten Schnittpunkt der Geraden $AA'$ mit $J^3$.

Umgekehrt hat man:

XI. *Jede Gerade, welche Teil eines zerfallenden Kegelschnittes des Bündels ist, enthält zwei konjugierte Punkte.*

Es sei nämlich $a$ eine solche Gerade. Auf dieser wählen wir einen beliebigen Punkt $P$; die Kegelschnitte durch $P$ bilden ein Büschel, welches außer $P$ noch einen weiteren Grundpunkt $P_1$ auf $a$ besitzt; $(Q, Q_1)$ sei ein anderes, in analoger Weise bestimmtes Punktpaar. Die Doppelpunkte der durch $(P, P_1)$, $(Q, Q_1)$ bestimmten Involution sind dann im Bündel konjugiert.

Es gilt der Satz:

XII. *Jede allgemeine Kurve dritter Ordnung ist die Jacobische Kurve dreier Kegelschnittbündel.*

Es sei also die $J^3$ gegeben, und wir suchen das entsprechende Bündel von Kegelschnitten. Die Paare von konjugierten Punkten im Bündel sind nach Satz VI auf $J^3$ konjugierte Punkte desselben Systems; wir betrachten deshalb auf $J^3$ drei solche Paare $(A, A')$, $(B, B')$, $(C, C')$. Diese Paare bestimmen ein Bündel von Kegelschnitten[1]; die Jacobische Kurve dieses Bündels hat mit der gegebenen $J^3$ außer den genannten sechs Punkten noch die Punkte $(AB', A'B)$, $(AB, A'B')$ so-

---

[1] Durch drei Paare von konjugierten Punkten und einen weiteren Punkt ist ja (S. 220) ein Büschel von Kegelschnitten bestimmt.

wie auch $(AC', A'C)$ und $(AC, A'C')$ gemein, d. h. die zwei Kurven sind identisch.

Da es auf der $J^3$ genau drei getrennte Systeme von konjugierten Punkten gibt, ist der Satz bewiesen.

Der Satz III kann etwas verallgemeinert werden; wir können nämlich zeigen:

XIII. *Sind $\Sigma_1$, $\Sigma_2$ und $\Sigma_3$ drei Reziprozitäten, welche nicht demselben Büschel angehören, dann ist der Ort der Punkte, deren entsprechende Gerade in $\Sigma_1$, $\Sigma_2$ und $\Sigma_3$ durch denselben Punkt gehen, eine Kurve dritter Ordnung.*

Ein Büschel von Reziprozitäten enthält immer, wie leicht zu sehen, eine ausgeartete, durch zwei projektive Strahlenbüschel bestimmte Reziprozität von der in Kap. I, § 1 angegebenen Art.

Wir ersetzen nun $\Sigma_3$ durch eine im Büschel $(\Sigma_2, \Sigma_3)$ enthaltene ausgeartete Reziprozität $\Sigma$; die entsprechenden Büschelzentren seien $P$ und $P_1$. Wir suchen die Punkte auf, deren entsprechende Gerade in $\Sigma$, $\Sigma_1$ und $\Sigma_2$ durch denselben Punkt gehen.

Es sei $p^*$ eine beliebige Gerade durch $P$; durchläuft ein Punkt $M$ diese Gerade, so ist die $M$ in $\Sigma$ entsprechende Gerade eine feste, durch $P_1$ gehende Gerade $p$; die dem Punkte $M$ in $\Sigma_1$ und $\Sigma_2$ entsprechenden Geraden beschreiben projektive Geradenbüschel, so daß ihr Schnittpunkt einen Kegelschnitt $\pi$ erzeugt; dieser schneidet $p$ in zwei Punkten $M_1'$ und $M_2'$, entsprechend zwei Lagen $M_1$ und $M_2$ des Punktes $M$.

Man zeigt nun, ganz wie früher, daß $\pi$ ein zu $(p)$ projektives Büschel durchläuft, wenn sich $p$ um $P_1$ dreht, so daß der Ort der Punkte $M_1'$ und $M_2'$ eine $C^3$ ist. Durch Übergang zu den drei inversen Reziprozitäten vertauschen die Punkte $M_1'$, $M_2'$ und $M_1$, $M_2$ ihre Rolle, und hieraus folgt der Satz.

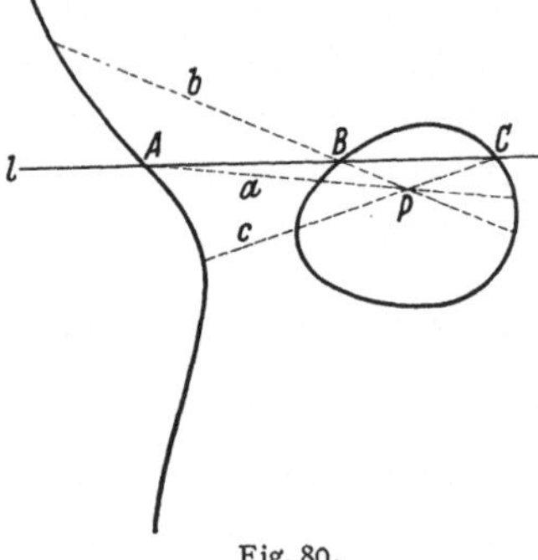

Fig. 80.

## § 2. Polarkurven in bezug auf eine $C^3$.

Sowohl die erste als auch die zweite Polare eines Punktes in bezug auf eine $C^3$ wird wie für eine $C_0^3$ definiert (Kap. XX, § 1), und wie wir sehen werden, läßt sich die Polarentheorie einer $C^3$ auf die früher behandelte einer $C_0^3$ zurückführen, sogar auf den Spezialfall, wo die $C_0^3$ in einen Kegelschnitt und eine Gerade zerfällt.

Es sei (Fig. 80) $P$ der Punkt, dessen erste Polare $\pi$ zu bestimmen ist. Ferner sei $l$ eine beliebig gewählte, feste Gerade, welche die $C^3$ in den drei Punkten $A$, $B$, $C$ schneidet. Wir verbinden $P$ mit diesen Punkten durch drei Gerade $a, b, c$; diese schneiden die $C^3$ in weiteren sechs Punkten, welche auf einem Kegelschnitt $\varkappa$ liegen (Kap. XXI, § 1, Satz IX). Die drei Kurven $C^3$, $(l, \varkappa)$, $(a, b, c)$ gehören einem Kurvenbüschel an und schneiden demnach eine beliebige, feste Gerade in drei Punkttripeln einer Involution dritter Ordnung (Kap. XXI, § 1, Satz V). Wir wählen insbesondere diese Gerade so, daß sie durch $P$ geht; in diesem Fall besteht das eine Tripel aus drei in $P$ zusammenfallenden Punkten. Der Satz X in Kap. XX, § 2 zeigt dann, daß die erste Polare von $P$ in bezug auf die $C^3$ dieselbe ist wie in bezug auf $(l, \varkappa)$. Hieraus folgt:

I. *Die erste Polare $\pi$ eines Punktes $P$ in bezug auf eine allgemeine $C^3$ ist ein Kegelschnitt.*

Genau wie früher sieht man, daß die Schnittpunkte des Polarkegelschnittes eines Punktes $P$ mit der $C^3$ die Berührungspunkte der aus $P$ gehenden Tangenten an die $C^3$ sind. Nach Kap. XXI, § 1, Satz II ergibt sich daraus:

II. *Durch den Schnittpunkt zweier Tangenten an die $C^3$ gehen noch vier weitere Tangenten an die Kurve.*

Die zweite Polare eines Punktes $P$ in bezug auf eine $C^3$ ist eine Gerade. Diese läßt sich in der folgenden Weise mittels einer ausgearteten $C^3$ bestimmen:

III. *Die $C^3$ werde durch ein Kegelschnittbüschel $(\mu)$ und ein dazu projektives Geradenbüschel $(m)$ erzeugt. Durch $P$ geht eine der Geraden $(m)$; der entsprechende Kegelschnitt sei $\mu'$. Ebenso geht durch $P$ einer der Kegelschnitte $(\mu)$; die entsprechende Gerade sei $m'$. Dann ist die zweite Polare von $P$ in bezug auf die $C^3$ dieselbe wie die zweite Polare in bezug auf $(\mu', m')$.*

Dies folgt unmittelbar aus Satz XIII in Kap. XX, § 2.

Es gilt weiter:

IV. *Die sechs Punkte, in welchen die in Satz II genannten Tangenten die $C^3$ nochmals schneiden, liegen auf einem Kegelschnitt* (der „Saletite").

Es möge nämlich eine der Tangenten, $t$, die $C^3$ in $A$ berühren und in $\bar{A}$ schneiden; der von $A$ verschiedene Schnittpunkt von $t$ mit dem Polarkegelschnitt sei $A'$. Mit den auf S. 233 benutzten Koordinaten erhält $A'$, wie wir damals sahen, die Abszisse $-\tfrac{1}{2}$. Man findet nun leicht die Abszisse des Schnittpunktes $S$ von $t$ mit der zweiten Polaren $p$ von $P$; sie wird gleich $-2$. Daraus ergibt sich weiter:

$$\left(PSA\bar{A}\right) = -2.$$

Hieraus folgt aber der obige Satz; denn die sechs Tangentialpunkte gehen ja aus den sechs Berührungspunkten durch eine Homologie mit $P$ als Zentrum und $p$ als Achse hervor.

Schon in Kap. XXI, § 2 haben wir gesehen: Wenn $P$ auf der $C^3$ liegt, berührt der zugehörige Polarkegelschnitt $\pi$ die $C^3$ in $P$; wenn insbesondere $P$

ein Inflexionspunkt ist, zerfällt $\pi$ in die entsprechende Wendetangente und die harmonische Polare.  Wir zeigen nun:

V. *Liegt $P$ auf der Wendetangente eines Inflexionspunktes $A$, so berührt der Polarkegelschnitt $\pi$ die $C^3$ in $A$. Dies ist der einzige Fall, wo der Polarkegelschnitt $\pi$ eines außerhalb der $C^3$ liegenden Punktes $P$ die $C^3$ berührt.*

Die Gerade $PA$ schneidet nämlich die $C^3$ in drei in $A$ zusammenfallenden Punkten; die erste Polare von $P$ in bezug auf $(A, A, A)$ ist aber $(A, A)$, d. h. $PA$ ist gemeinsame Tangente an $\pi$ und $C^3$.

Wenn umgekehrt $\pi$ und $C^3$ einander in einem Punkt $A$ berühren, muß $P$ auf der gemeinsamen Tangente liegen, denn sonst könnten die Schnittpunktsgruppen von $PA$ mit $C^3$ und $\pi$ keinen Punkt miteinander gemein haben.  Die Schnittpunkte von $PA$ mit $C^3$ sind also $(A, A, B)$, wo $B$ zunächst unbekannt ist, und die erste Polare von $P$ in bezug auf dieses Tripel ist $(A, A)$; dann muß aber $B$ mit $A$ zusammenfallen. Hiermit ist Satz V bewiesen.

Aus Kap. XX, § 1, Satz IV ergibt sich:

VI. *Wenn die erste Polare eines Punktes $P$ durch einen Punkt $Q$ geht, dann geht die zweite Polare von $Q$ durch $P$ — und umgekehrt.*

Ferner hieraus:

VII. *Die ersten Polaren der Punkte $P$ einer Geraden $l$ in bezug auf eine $C^3$ bilden ein zu der Punktreihe $(P)$ projektives Büschel von Kegelschnitten.*

Die Projektivität folgt daraus, daß die Gerade $l$ von dem Kegelschnittbüschel in einer zur Punktreihe $(P)$ projektiven Involution geschnitten wird.

Weiter:

VIII. *Die ersten Polaren aller Punkte der Ebene in bezug auf eine $C^3$ bilden ein Bündel von Kegelschnitten.*

Weiterhin finden wir mittels Kap. XX, § 2, Satz III:

IX. *Die ersten Polaren eines festen Punktes $P$ in bezug auf alle $C^3$ eines Büschels bilden ein zu diesem Büschel projektives Büschel von Kegelschnitten.*

Wir beweisen nun:

X. *Wenn der Polarkegelschnitt $\pi$ eines Punktes $P$ in zwei Gerade $p_1$ und $p_2$ zerfällt, dann ist $P$ zu dem Schnittpunkt $P' = (p_1 p_2)$ im Bündel der Polarkegelschnitte konjugiert.*

$P'$ hat jedenfalls nach § 1, Satz I einen konjugierten Punkt, und wir zeigen nun, daß dieser eben der Punkt $P$ ist. Es gehen nämlich sowohl die erste als auch die zweite Polare von $P$ durch $P'$; also gehen nach Satz VI sowohl die zweite als auch die erste Polare von $P'$ durch $P$, d. h. der Polarkegelschnitt $\pi'$ von $P'$ hat mit der Geraden $PP'$ zwei in $P$ zusammenfallende Punkte gemein. Das Büschel $(\pi, \pi')$ von Polarkegelschnitten schneidet auf $PP'$ eine Involution von Punktpaaren aus, deren Doppelpunkte eben $P$ und $P'$ sind; also sind $P$ und $P'$ in bezug auf die Kegelschnitte dieses Büschels und demnach auch im Bündel konjugiert.

Umgekehrt:

XI. *Wenn $P$ und $P'$ im Bündel der Polarkegelschnitte konjugiert sind, dann besteht der Polarkegelschnitt jedes dieser Punkte aus zwei Geraden, welche einander im anderen der Punkte schneiden.*

$P'$ ist nämlich nach § 1, Satz II Doppelpunkt eines ausgearteten Polarkegelschnittes, dessen entsprechender Pol nach dem soeben bewiesenen Satz X in $P$ liegt.

Die Jacobische Kurve des Bündels von Polarkegelschnitten ist ja der Ort der Doppelpunkte der im Bündel enthaltenen, zerfallenden Kurven. Aus den Sätzen X—XI ergibt sich aber:

XII. *Die Jacobische Kurve ist zugleich der Ort der Punkte, deren Polarkegelschnitte in zwei Gerade zerfallen.*

Auf Grund der vorhergehenden Entwicklungen können wir nun den Satz von Cremona beweisen:

XIII. *Sind $A$ und $B$ zwei Punkte und $\alpha$ und $\beta$ die entsprechenden Polarkegelschnitte in bezug auf eine $C^3$, dann fällt die Polare $a_\beta$ von $A$ in bezug auf $\beta$ mit der Polaren $b_\alpha$ von $B$ in bezug auf $\alpha$ zusammen.*

Nach dem Cremonaschen Satz im eindimensionalen Gebiet (Kap. XX, § 1, Satz VI) schneiden die Geraden $a_\beta$ und $b_\alpha$ die Gerade $AB = l$ in demselben Punkt. Wir brauchen also nur einen außerhalb $l$ liegenden Punkt zu finden, welcher sowohl $a_\beta$ als $b_\alpha$ angehört. Ein solcher Punkt ist, wie wir zeigen wollen, der Pol $P$ von $l$ in bezug auf $\alpha$.

Daß $b_\alpha$ durch $P$ geht, ist klar. Um zu zeigen, daß auch $a_\beta$ diese Eigenschaft hat, betrachten wir einen Schnittpunkt $M$ von $l$ mit der zum Bündel der Polarkegelschnitte gehörigen $J^3$. Der Polarkegelschnitt $\mu$ von $M$ zerfällt nach Satz XII in zwei Gerade $m_1$ und $m_2$, welche (Satz X) durch den zu $M$ im Bündel konjugierten Punkt $M'$ gehen. Die Polare $m_\alpha$ von $M$ in bezug auf $\alpha$ geht durch $M'$; ebenso die Polare $a_\mu$ von $A$ in bezug auf $\mu$, und da diese zwei Polaren nach dem schon einmal benutzten Satz VI in Kap. XX, § 1 die Gerade $l$ in demselben Punkt schneiden, fallen sie ganz zusammen. Es geht demnach $a_\mu$ durch $P$. Nun gehören aber (Satz VII) $\alpha$, $\beta$ und $\mu$ demselben Büschel an; also geht $a_\beta$ durch den Schnittpunkt $P$ von $a_\alpha$ und $a_\mu$, und damit ist der Beweis des Satzes XIII durchgeführt.

## § 3. Die Hessesche Kurve.

Die Polarkegelschnitte einer Kurve dritter Ordnung bilden, wie wir gesehen haben, ein Bündel. Die Jacobische Kurve dieses Bündels nennt man *die Hessesche Kurve* $H^3$ für die gegebene $C^3$ als *Grundkurve*.

Diese HESSEsche Kurve spielt eine zweifache Rolle für die Grundkurve; einerseits ist sie der Ort der Doppelpunkte ihrer ersten Polaren,
andererseits ist sie nach § 2, Satz XII der Ort der Punkte, deren erste
Polaren zerfallen.

Es gilt der Satz:

I. *Die zweite Polare eines Punktes $P$ von $H^3$ in bezug auf die $C^3$ berührt
$H^3$ in dem zu $P$ im Bündel von Polarkegelschnitten konjugierten Punkt $P'$.*

Nach § 1, Satz X und der folgenden Bemerkung ist nämlich $PP'$ Teil
eines zerfallenden Polarkegelschnittes $\mu$, dessen Doppelpunkt in denjenigen
Punkt $M$ fallen muß, in dem $PP'$ die $H^3$ nochmals schneidet. Der Pol
von $\mu$ ist nach § 2, Satz XI der zu $M$ im Bündel konjugierte Punkt $M'$;
die Punkte $M$ und $M'$ sind nach § 1, Satz VI konjugierte Punkte auf $H^3$,
die demselben System wie $(P, P')$ angehören; sie können demnach aus
$(P, P')$ durch Projektion von $P$ aus bestimmt werden; also ist $M'$ der
Tangentialpunkt von $P$ (wie von $P'$). Nun gehen die Polarkegelschnitte
der Punkte $P'$ und $M'$ beide durch $P$; also ist $P'M'$ die zweite Polare
von $P$, und damit ist der Satz bewiesen.

Wir wollen noch besprechen, wie sich die HESSEsche Kurve gestaltet,
wenn die $C^3$ in verschiedenen Weisen ausartet. Man hat:

II. *Die HESSEsche Kurve einer $C_0^3$ mit dem Doppelpunkt $O$ ist eine $H_0^3$
mit demselben Doppelpunkt; die zwei Kurven haben in $O$ dieselben
Tangenten.*

Daß $O$ auch Doppelpunkt der HESSEschen Kurve ist, ergibt sich sofort aus § 1 (S. 253), weil ja alle Polarkegelschnitte durch $O$ gehen.

Es seien nun $t_1$ und $t_2$ die Tangenten an $C_0^3$ in $O$. Es möge eine von
diesen, etwa $t_1$, die $H_0^3$ nochmals in $P$ schneiden. Der Polarkegelschnitt $\pi$ des Punktes $P$ in bezug auf die $C_0^3$ geht durch $O$ und berührt
hier (Kap. XX, § 2, Satz IV) diejenige Gerade, welche von $t_1$ durch $t_1$
und $t_2$ harmonisch getrennt ist, d. h. die Gerade $t_1$ selbst. Da aber $P$
auf $H_0^3$ liegt, zerfällt $\pi$, und $\pi$ muß demnach aus $t_1$ und einer anderen
Geraden bestehen. $P$ liegt also auf $\pi$, d. h. $P$ ist ein Punkt von $C_0^3$, was
der Voraussetzung widerspricht. Also haben $C_0^3$ und $H_0^3$ dieselben
Tangenten in $O$.

Hat die $C_0^3$ eine Spitze in $O$, dann gehört (vgl. S. 238 oben) jeder
Punkt der Spitzentangente $t$ zu der $H_0^3$; diese Tangente ist als Be-
standteil der $H_0^3$ doppelt zu zählen. Weiter bemerken wir: Der Polarkegelschnitt des Inflexionspunktes $A$ besteht aus $t$ und der Wendetangente, und der Polarkegelschnitt von $O$ ist die Spitzentangente —
doppelt gezählt. Diese zwei Kegelschnitte bestimmen ein Büschel, welches
lauter ausgeartete Kegelschnitte enthält; also gehört die ganze Gerade $OA$
der $H_0^3$ an. Die HESSEsche Kurve ist also in diesem Fall ein Geradentripel $(t, t, OA)$.

In ähnlicher Weise wie oben sieht man, daß die HESSEsche Kurve
einer Kurve dritter Ordnung, welche aus einem Kegelschnitt $\varkappa$ und

einer $\varkappa$ schneidenden Geraden $l$ gebildet ist, aus $l$ und einem anderen Kegelschnitt $\mu$ besteht, welche $\varkappa$ in den Schnittpunkten mit $l$ doppelt berührt.

Ist insbesondere $\varkappa$ ein Kreis und $l$ die unendlich ferne Gerade, so wird $\mu$ ein zweiter, mit $\varkappa$ konzentrischer Kreis. Hat $\varkappa$ die Gleichung

$$x^2 + y^2 = r^2,$$

so ist, wie man leicht findet,

$$x^2 + y^2 + 3r^2 = 0$$

die Gleichung von $\mu$.

Man sieht, daß $\mu$ imaginär ist, wenn $\varkappa$ und $l$ reell sind, ohne einander in reellen Punkten zu schneiden.

Ferner kann die $C_0^3$ aus einem Kegelschnitt $\varkappa$ und einer Tangente $t$ desselben bestehen. Der Berührungspunkt sei $R$; der Polarkegelschnitt von $R$ ist die Tangente $t$, doppelt gezählt. Das Büschel von Polarkegelschnitten, welche den Punkten einer durch $R$ gehenden Geraden entsprechen, hat demnach vierpunktige Berührung in $R$. Kein Punkt außerhalb $t$ hat also einen zerfallenden Polarkegelschnitt, d. h. die Hessesche Kurve ist die Tangente $t$, dreimal gezählt.

Ist endlich die $C_0^3$ in drei Gerade ausgeartet, so fällt sie mit der zugehörigen $H_0^3$ zusammen.

## § 4. Die Cayleysche Kurve eines Kegelschnittbündels.

Es sei ein Bündel von Kegelschnitten gegeben, und $P$ und $P'$ seien konjugierte Punkte in bezug auf dieses Bündel. Wir wollen nun die Einhüllungskurve aller Geraden $PP'$ bestimmen. Ist das Bündel durch drei nicht demselben Büschel angehörige Kegelschnitte $\alpha, \beta$ und $\gamma$ festgelegt, so können die Geraden $PP'$ auch dadurch charakterisiert werden, daß sie die genannten drei Kegelschnitte in Punktpaaren einer Involution schneiden.

Wir wählen $\alpha$, $\beta$ und $\gamma$ als drei Geradenpaare. Wenn wir jetzt eine beliebige reziproke Transformation anwenden, also zu der dualen Aufgabe übergehen, haben wir drei Punktpaare $(A, A_1)$, $(B, B_1)$, $(C, C_1)$ und suchen den Ort der Punkte $P$, für die $(PA, PA_1)$, $(PB, PB_1)$, $(PC, PC_1)$ oder, wie wir schreiben werden, $(a, a_1)$, $(b, b_1)$, $(c, c_1)$ drei Geradenpaare einer Involution bilden, d. h. so daß

$$a\,a_1\,b\,c \barwedge a_1\,a\,b_1\,c_1.$$

Setzt man also

$$(1) \qquad\qquad (a\,a_1\,b\,c) = \lambda,$$

so soll auch

$$(2) \qquad\qquad (a_1\,a\,b_1\,c_1) = \lambda$$

gelten.

Aber alle Punkte $P$, welche für festes $\lambda$ die Gleichung (1) erfüllen, liegen auf einem Kegelschnitt $\mu$, und die Punkte, welche (2) erfüllen, auf einem anderen Kegelschnitt $\mu_1$. Die Schnittpunkte von $\mu$ und $\mu_1$ sind Punkte des gesuchten Ortes. Nun sieht man sogleich durch Betrachtung der Tangenten in einem Grundpunkt, daß zusammengehörige Kurven $\mu$ und $\mu_1$ projektiv gepaart sind. Weiter ergibt sich, daß der zerfallenden Kurve $(AA_1, BC)$ die zerfallende Kurve $(AA_1, B_1C_1)$ entspricht.

Daß der Ort der Schnittpunkte von $\mu$ und $\mu_1$ eine $C^3$ ist, sieht man am leichtesten, wenn man eine involutorische quadratische Transformation zweiter Art benutzt, deren prinzipaler Fundamentalpunkt in $B$ fällt, während die beiden anderen in $A$ und $A_1$ liegen. Durch diese Transformation geht das Büschel $(\mu)$ in ein Geradenbüschel $(m')$ und das Büschel $(\mu_1)$ in ein neues Kegelschnittbüschel $(\mu_1')$ über. Der Ort der Schnittpunkte $(m', \mu_1')$ ist demnach eine $C^3$, und diese Kurve geht, wie man sieht, durch $A$, $A_1$ und $B$. Also ist der gesuchte Ort ebenfalls eine $C^3$.

Die einer $C^3$ dual entsprechende Kurve ist eine Kurve dritter Klasse, eine $K^3$. Jedem Satz über $C^3$ entspricht ein dualer Satz über $K^3$. Insbesondere sei bemerkt, daß der Berührungspunkt einer Tangente $t$ von $K^3$ als Grenzpunkt des Schnittpunktes von $t$ mit einer Tangente, welche gegen $t$ konvergiert, aufgefaßt werden kann.

Die am Anfang des Paragraphen erwähnte Einhüllungskurve der Geraden $PP'$ wird *die* CAYLEY*sche Kurve* des Kegelschnittbündels genannt. Wir haben dann nach dem Obigen:

I. *Die* CAYLEY*sche Kurve eines Kegelschnittbündels ist eine Kurve dritter Klasse.*

Infolge § 1, Satz X und XI haben wir sofort:

II. *Die* CAYLEY*sche Kurve ist die Einhüllungskurve aller zerfallenden Kegelschnitte des Bündels. Jeder solche Kegelschnitt hat mit der Kurve Doppelberührung.*

Gehen alle Kurven des Bündels durch einen festen Punkt $O$, dann gibt es ein Büschel von Kurven, welche in $O$ eine gegebene Gerade berühren. Daher verbindet jede durch $O$ gehende Gerade zwei konjugierte Punkte. Die übrigen Geraden $PP'$ berühren dann einen Kegelschnitt.

Gehen alle Kurven des Bündels durch zwei feste Punkte, so bilden die Geraden $PP'$ drei Geradenbüschel.

Wir können nun zeigen:

III. *Sind $(M, M')$ die Paare konjugierter Punkte eines festen Systems auf einer $C^3$, dann hüllen die Geraden $MM'$ eine $K^3$ ein. Der Berührungspunkt von $MM'$ mit der $K^3$ ist derjenige Punkt, welcher durch $M$ und $M'$ von dem dritten Schnittpunkt dieser Geraden mit der $C^3$ harmonisch getrennt ist.*

Der erste Teil des Satzes folgt sofort daraus, daß die Paare $(M, M')$ konjugierte Punkte in bezug auf ein Kegelschnittbündel sind (vgl. § 1, Satz XII).

Es sei demnächst $(M, M')$ ein festes Paar von konjugierten Punkten auf der $C^3$; der dritte Schnittpunkt von $MM'$ mit der Kurve sei $S$. Verbindet man $M$ und $M'$ mit einem Punkt $P$ von $C^3$, so erhält man als neue Schnittpunkte zwei Punkte $N$ und $N'$, welche konjugiert sind und demselben System wie $(M, M')$ angehören. $MM'$ und $NN'$ mögen einander in $Q$ schneiden. Die Schnittpunkte von $PQ$ mit $MN'$ und $M'N$ seien $U$ bzw. $V$; dann werden $P$ und $Q$ nach dem Satz vom vollständigen Vierseit durch $U$ und $V$ harmonisch getrennt. Wenn $P$ gegen $S$ konvergiert, konvergiert $Q$ gegen den gesuchten Berührungspunkt, womit der Satz bewiesen ist.

## § 5. Die Polokonik.

Die Polkurve oder *die Polokonik* $\varkappa_l$ einer Geraden $l$ in bezug auf eine $C^3$ ist die Einhüllungskurve der zweiten Polaren der Punkte von $l$.

Es sei $P$ ein beliebiger Punkt der Ebene, $\pi$ der entsprechende Polarkegelschnitt. Es möge $\pi$ die Gerade $l$ in $A$ und $B$ schneiden; die zweiten Polaren von $A$ und $B$ gehen dann durch $P$, d. h. aus $P$ gehen im allgemeinen zwei Tangenten an die $\varkappa_l$. Diese zwei Tangenten fallen zusammen, wenn $\pi$ die Gerade $l$ berührt; in diesem Fall liegt $P$ auf $\varkappa_l$. Die Polokonik ist deshalb auch der Ort der Punkte, deren Polarkegelschnitte die Gerade $l$ berühren.

Wir zeigen nun:

I. *Die Polokonik ist ein Kegelschnitt.*

Es seien (Fig. 81) $A$ und $B$ zwei feste Punkte, $P$ ein beweglicher Punkt, alle auf $l$; die entsprechenden zweiten Polaren seien bzw. $a$, $b$ und $p$. Die Schnittpunkte $(ap)$ und $(bp)$ seien $M$ und $N$.

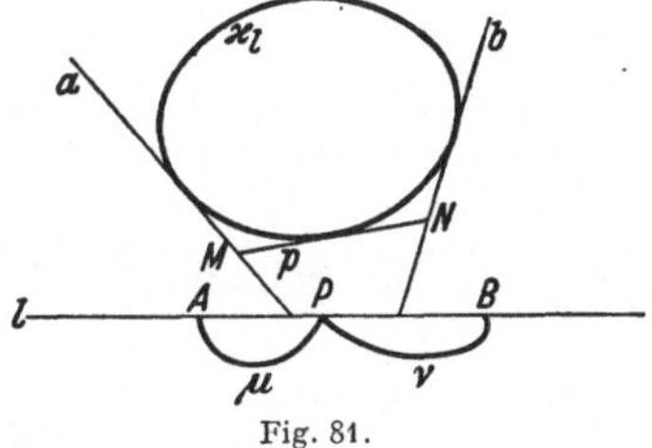

Fig. 81.

Der Polarkegelschnitt $\mu$ von $M$ geht durch $A$ und $P$, ebenso der Polarkegelschnitt $\nu$ von $N$ durch $B$ und $P$. Wenn $P$ sich auf $l$ bewegt, so bewegen sich die Punkte $M$ und $N$ auf $a$ bzw. $b$, und $\mu$ und $\nu$ beschreiben nach § 2, Satz VII zwei Büschel; diese sind zur Punktreihe $(P)$ und also untereinander projektiv. Nach dem soeben genannten Satz sind dann auch die Punktreihen $(M)$ und $(N)$ untereinander projektiv, so daß $MN$ einen Kegelschnitt einhüllt.

Des weiteren gilt:

II. *Die Polokonik einer Geraden $l$ ist zugleich der Ort der Pole von $l$ in bezug auf die ersten Polaren der Punkte von $l$.*

Es sei nämlich $M$ ein Punkt der Polokonik und $\mu$ die erste Polare von $M$; diese möge $l$ in $N$ berühren; die erste Polare von $N$ sei $\nu$. Nach dem Satz von CREMONA fällt die Polare von $M$ in bezug auf $v$ mit der Polaren von $N$ in bezug auf $\mu$, also mit $l$ zusammen.

III. *Die Polokoniken einer $C^3$ sind dreifach berührende Kegelschnitte der* HESSE*schen Kurve.*

Es sei nämlich $P$ einer der Schnittpunkte von $l$ mit der HESSEschen Kurve $H^3$. Die Polokonik $\varkappa_l$ geht durch den im Bündel der Polarkegelschnitte konjugierten Punkt $P'$, weil die erste Polare zu $P'$ die Gerade $l$ in zwei zusammenfallenden Punkten schneidet. Außerdem haben wir früher (§ 3, Satz I) gezeigt, daß die zweite Polare von $P$ die $H^3$ im Punkte $P'$ berührt, womit der Satz bewiesen ist.

CREMONA hat noch eine *gemischte Polokonik* für zwei Gerade in Betracht gezogen. Die gemischte Polokonik der Geraden $a$ und $b$ (in dieser Reihenfolge) ist der Ort der Pole von $b$ in bezug auf die Polarkegelschnitte der Punkte von $a$. Daß dieser Ort ein Kegelschnitt ist, ergibt sich sofort. Von Interesse ist der folgende Satz:

IV. *Die gemischte Polokonik zweier Geraden ist von der Reihenfolge dieser Geraden unabhängig.*

Es sei nämlich $N$ ein Punkt der gemischten Polokonik zweier Geraden $a$ und $b$; also ist $N$ der Pol von $b$ in bezug auf den Polarkegelschnitt $\mu$ eines Punktes $M$ von $a$. Ferner sei $v$ der Polarkegelschnitt von $N$. Nach dem Satz von CREMONA fällt die Polare von $M$ in bezug auf $v$ mit der Geraden $b$ zusammen, so daß also $a$ und $b$ in bezug auf $v$ konjugiert sind.

Ist umgekehrt $v$ ein Polarkegelschnitt, in bezug auf welchen $a$ und $b$ konjugierte Gerade sind, so gehört der $v$ entsprechende Punkt $N$ der betrachteten gemischten Polokonik an. Diese ist also der Ort der Punkte, für deren Polarkegelschnitte $a$ und $b$ konjugierte Gerade sind. Damit ist die behauptete Symmetrie bewiesen.


## XXIII. Kapitel.

# Die Inflexionspunkte.

## § 1. Aus einem Inflexionspunkt die anderen abzuleiten.

Im Kap. XXI, § 2 haben wir gesehen, daß der Polarkegelschnitt eines Punktes $P$ einer $C^3$ in bezug auf diese Kurve dann und nur dann zerfällt, wenn $P$ ein Inflexionspunkt ist. Wir haben also:

I. *Die Inflexionspunkte einer $C^3$ sind die Schnittpunkte der Kurve mit der zugehörigen $H^3$.*

Eine $C^3$ enthält also höchstens neun Inflexionspunkte.

Der Polarkegelschnitt eines Inflexionspunktes $A$ von $C^3$ zerfällt in die Wendetangente $a$ und eine nicht durch $A$ gehende Gerade $a_1$ — die harmonische Polare —, und die Kurve geht durch eine harmonische

Homologie mit $A$ als Zentrum und $a_1$ als Achse in sich über. Umgekehrt: Ist $A$ ein Punkt der Kurve, derart daß diese durch eine harmonische Homologie mit $A$ als Zentrum in sich selbst übergeht, dann ist $A$ ein Inflexionspunkt. Wir entnehmen hieraus:

II. *Die Schnittpunkte von $C^3$ mit $H^3$ sind auch Inflexionspunkte von $H^3$.*

Denn eine harmonische Homologie, welche die $C^3$ in sich überführt, führt zufolge der projektiven Abhängigkeit der $H^3$ von $C^3$ auch die $H^3$ in sich über.

Wenn die $C^3$ keinen singulären Punkt hat, kann dies auch bei der entsprechenden $H^3$ nicht der Fall sein. Es sei nämlich $O$ ein singulärer Punkt auf $H^3$; die Polargerade von $O$ in bezug auf $C^3$ müßte dann nach Kap. XXII, § 3, Satz I durch $O$ gehen, so daß $O$ auf $C^3$ liegen würde. $O$ würde dann nach Satz II singulärer Punkt und gleichzeitig Inflexionspunkt für $H^3$ sein, was unmöglich ist.

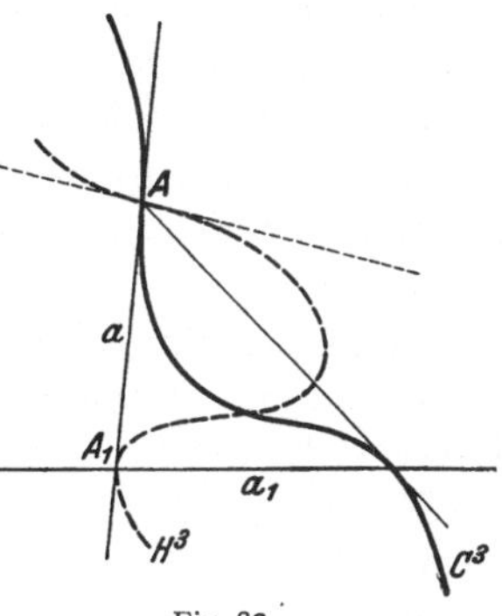

Fig. 82.

Es sei wieder $A$ ein Inflexionspunkt, $a$ die Wendetangente in $A$ und $a_1$ die entsprechende harmonische Polare (Fig. 82); $A$ ist dann dem Schnittpunkt $A_1 = (a\,a_1)$ im Bündel der Polarkegelschnitte konjugiert, so daß $A_1$ auf $H^3$ liegt. Die zweite Polare von $A_1$ in bezug auf $C^3$ berührt nach Kap. XXII, § 3, Satz I die $H^3$ in $A$; endlich ist die Tangente an $H^3$ in $A_1$ wegen der zu $A$ gehörigen harmonischen Homologie die Wendetangente $a$. Wir haben also bewiesen:

III. *Die Hessesche Kurve einer $C^3$ geht durch den Schnittpunkt $A_1$ einer Wendetangente $a$ mit der zu dem Inflexionspunkt $A$ gehörigen harmonischen Polaren. Die Tangente an $H^3$ in $A$ ist die zweite Polare von $A_1$ in bezug auf die $C^3$, und die Tangente an $H^3$ in $A_1$ ist die Wendetangente $a$.*

Die $H^3$ kann nach dem Obigen die Gerade $a$ in $A$ nicht berühren, d. h.:

IV. *Die $C^3$ und $H^3$ können einander nicht berühren.*

Hieraus folgt, daß die Inflexionspunkte einer $C^3$ immer alle verschieden sind.


Wir gehen nun zu der Theorie der Inflexionspunkte über; wir wollen aber die Theorie nicht in ihrer Vollständigkeit durchführen, sondern ohne Beweis die Tatsache benutzen, daß eine $C^3$ mindestens einen Inflexionspunkt besitzt. Zuerst zeigen wir doch den Satz:

V. *Eine reelle $C^3$ hat wenigstens einen reellen Inflexionspunkt.*

Für reelle Kurven ist also die Theorie, die wir unten entwickeln, vollständig begründet.

Um den Satz V zu beweisen, betrachten wir eine reelle $C^3$. Diese enthält eine stetige Folge von reellen Punkten, und sie hat in jedem dieser Punkte eine reelle, stetig variierende Tangente. Außerdem enthält die Kurve imaginäre Punkte, welche — ebenso wie die zugehörigen Tangenten — paarweise konjugiert imaginär sind, weil sie in bezug auf die Kette der reellen Punkte symmetrisch liegen.

Aus einem reellen Punkt $P$ der Ebene gehen höchstens sechs reelle Tangenten an die Kurve; ihre Berührungspunkte sind die Schnittpunkte der Kurve mit dem zugehörigen Polarkegelschnitt. Wir nehmen nun an, daß der Punkt $P$ eine feste Gerade $l$ durchläuft; man sieht, daß die Zahl $t$ der durch $P$ gehenden Tangenten sich nur dann ändert, wenn $P$ die Kurve oder eine Wendetangente derselben überschreitet[1]; in diesem Fall wird $t$ entweder um 2 vergrößert oder um 2 verkleinert. Wenn $P$ die Gerade $l$ durchläuft, bis er in seine Anfangslage zurückkehrt, nimmt $t$ wieder seinen Anfangswert an, und die Lagen von $P$, wo $t$ sich ändert, müssen demnach in gerader Anzahl vorkommen. Nun gibt es genau drei Schnittpunkte von $l$ mit der $C^3$; also ist immer mindestens eine Wendetangente vorhanden, und damit ist V bewiesen.

Kennt man von einer allgemeinen $C^3$ einen Inflexionspunkt, so lassen sich, wie nun gezeigt werden soll, weitere acht bestimmen.

Es sei $A$ ein gegebener Inflexionspunkt. Da eine Gerade, welche zwei Inflexionspunkte verbindet, noch einen dritten Inflexionspunkt enthält (Kap. XXI, § 1, Satz XII), liegen die eventuellen übrigen Inflexionspunkte paarweise auf Geraden, welche durch $A$ gehen.

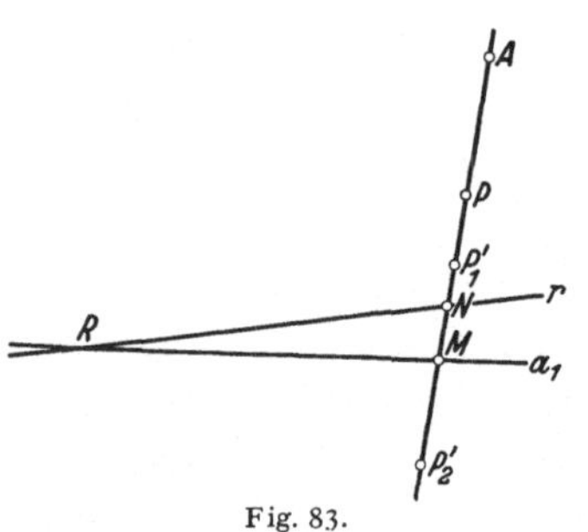

Fig. 83.

Wir werden jetzt eine ein-zweideutige Transformation anwenden. Es sei $r$ eine feste Gerade, welche die harmonische Polare $a_1$ von $A$ in $R$ schneidet; ist nun $P$ ein beliebiger Punkt der Ebene, und schneidet $AP$ die Geraden $a_1$ und $r$ in $M$ bzw. $N$, so sollen dem Punkt $P$ diejenigen zwei Punkte $P_1'$ und $P_2'$ entsprechen, welche Doppelpunkte in der durch die Paare $(A, M)$ und $(P, N)$ bestimmten Involution sind (Fig. 83). Umgekehrt entspricht zwei Punkten $P_1'$ und $P_2'$ der Geraden $AM$, welche durch $A$ und $M$ harmonisch getrennt sind, ein Punkt $P$, welcher von $N$ durch $P_1'$ und $P_2'$ harmonisch getrennt ist. Die Punktreihe $(P)$ der Geraden $AM$ ist, wie man sofort erkennt, zur Reihe der Paare $(P_1', P_2')$ projektiv.

Wir werden zuerst zeigen, daß durch die Transformation $(P_1', P_2') \rightarrow P$ ein Kegelschnitt $\varkappa$, für welchen $A$ und $a_1$ Pol und Polare sind, in einen

---

[1] Dies ist in Übereinstimmung damit, daß der entsprechende Polarkegelschnitt die Kurve eben für die genannten Lagen von $P$ berührt.

anderen Kegelschnitt übergeht, welcher $A$ enthält und dort die Gerade $AR$ berührt (vgl. Fig. 84). Eine beliebige, durch $A$ gehende Gerade möge $\varkappa$ in $P_1'$ und $P_2'$ schneiden, und es mögen die Geraden $RP_1'$ und $RP_2'$ die Kurve $\varkappa$ nochmals in $Q_1'$ bzw. $Q_2'$ schneiden. Die Verbindungslinie der letzten zwei Punkte geht dann durch $A$, weil $A$ und $R$ konjugierte Punkte in bezug auf $\varkappa$ sind.

Die Paare $(AP_1', AQ_1')$ sowie auch die Paare $(RP_1', RP_2')$ bilden eine Involution. Diese zwei Involutionen sind projektiv verbunden; es sei nämlich $S$ ein beliebiger, fester Punkt der Ebene; die Polaren von $S$ in bezug auf $(AP_1', AQ_1')$, $(RP_1', RP_2')$ und $\varkappa$ gehen durch denselben Punkt $T$, weil die drei Kurven

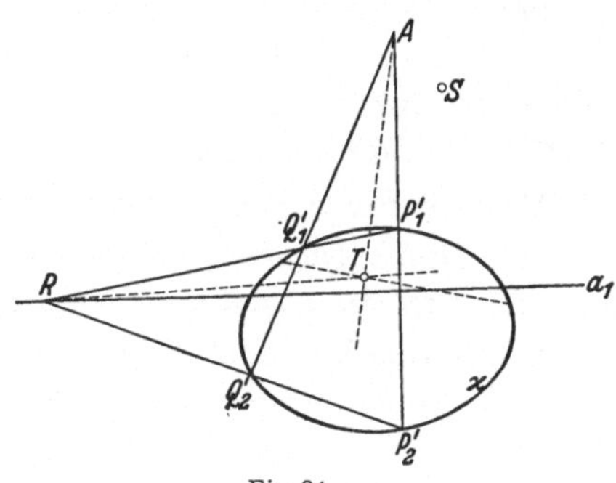

Fig. 84.

einem Büschel angehören; die zwei ersten der Polaren schneiden sich also auf einer festen Geraden, woraus die behauptete Projektivität folgt.

Wenden wir nun unsere Transformation an, so bleiben die durch $A$ gehenden Geraden unverändert, und das Büschel der durch $R$ gehenden Geradenpaare wird in ein dazu projektives Geradenbüschel transformiert. Also geht $\varkappa$ durch die Transformation in eine $C_0^3$ über; diese zerfällt aber in die Gerade $AR$ und einen durch $A$ gehenden Kegelschnitt, welcher die Gerade $AR$ in $A$ berührt; denn der Geraden $RA$, als dem Büschel $(R)$ angehörig, entspricht im Büschel $(A)$ von Geradenpaaren die Gerade $AR$, doppelt gezählt.

Wir betrachten nun unsere $C^3$ und ziehen durch den Inflexionspunkt $A$ zwei feste Gerade $r$ und $s$, welche die Kurve in vier festen Punkten schneiden; wir können uns dann die $C^3$ erzeugt denken mittels eines Büschels von Kegelschnitten $(\pi)$, welche durch die vier Punkte gehen, und eines dazu projektiven Büschels von Geraden $(p)$, welche durch $A$ gehen; in dieser Projektivität entspricht insbesondere dem ausgearteten Kegelschnitt $(r, s)$ die Wendetangente $a$ an die $C^3$ im Punkte $A$.

Durch die obengenannte Transformation gehen die Kegelschnitte $(\pi)$ in ein Büschel von Kegelschnitten $(\pi')$ über, welche durch $A$ gehen und hier die Gerade $AR$ berühren; insbesondere entspricht der ausgeartete Kegelschnitt $(r, s)$ sich selbst, und dies gilt auch von jeder der Geraden $p$. Die $C^3$ geht deshalb in eine $C_0^3$ über, welche den Punkt $A$ zum Doppelpunkt hat; die eine Tangente in $A$ ist $AR$, die andere die Wendetangente $a$, da diese Gerade in der projektiven Beziehung von $(p)$ und $(\pi')$ dem ausgearteten Kegelschnitt $(r, s)$ entspricht.

In derselben Weise sieht man ein, daß durch die obige Transformation die $H^3$ in eine $H_0^3$ übergeht, deren Doppelpunkt ebenfalls $A$

ist; die Tangenten sind hier $AR$ und die Wendetangente in $A$ an $H^3$. Die Kurven $C_0^3$ und $H_0^3$ haben also den Doppelpunkt $A$ und eine (und nur eine) der Tangenten in diesem Punkt miteinander gemein; sie schneiden sich demnach (Kap. XIX, § 1, Satz VIII) in weiteren vier Punkten. Die vier Verbindungsgeraden von diesen Punkten mit $A$ bestimmen acht von $A$ verschiedene Schnittpunkte von $C^3$ mit $H^3$, d. h. acht neue Inflexionspunkte; unter Annahme der Existenz eines Inflexionspunktes haben wir also bewiesen:

VI. *Eine $C^3$ hat genau neun Inflexionspunkte.*

Als eine Folge von Satz VI nennen wir:

VII. *Durch Angabe von $H^3$ und einem System von konjugierten Punkten auf dieser ist die Grundkurve $C^3$ eindeutig bestimmt.*

Eine Grundkurve $C^3$ gehört jedenfalls dem Büschel von Kurven dritter Ordnung an, welches durch die neun Inflexionspunkte von $H^3$ bestimmt ist. Es sei $A$ ein Inflexionspunkt (vgl. Fig. 82); die entsprechende harmonische Polare $a_1$ ist durch die Inflexionspunkte allein bestimmt und gehört also sowohl $H^3$ als auch $C^3$ an. Ferner sei $A_1$ der zu $A$ konjugierte Punkt des gegebenen Systems auf $H^3$; er liegt auf $a_1$. Nach Satz III muß die gesuchte $C^3$ die Gerade $AA_1$ in $A$ berühren; durch diese Forderung ist im obengenannten Büschel eine $C^3$ eindeutig bestimmt; diese ist die gesuchte; denn ihre HESSEsche Kurve geht durch die neun Inflexionspunkte sowie durch $A_1$ und fällt also mit der gegebenen $H^3$ zusammen.

Aus Satz VII ergibt sich sofort:

VIII. *Jede allgemeine Kurve dritter Ordnung ist die* HESSEsche Kurve *von drei Kurven als Grundkurven.*

Weiter ergibt sich:

IX. *Jedes Kegelschnittbündel bildet das System der Polarkegelschnitte einer und nur einer $C^3$.*

Denn das Bündel bestimmt eindeutig die JACOBIsche Kurve $J^3$ und das zugehörige System von konjugierten Punkten; die $J^3$ ist aber die HESSEsche Kurve der gesuchten $C^3$.

Die beiden letzten Sätze stehen in enger Beziehung zu Satz XII in Kap. XXII, § 1.

Alle $C^3$, welche durch die neun Inflexionspunkte gehen, bilden ein „syzygetisches“ Büschel.

X. *Alle Kurven eines syzygetischen Büschels haben Inflexionspunkte in den neun Grundpunkten.*

Man sieht dies sogleich, wenn man bedenkt, daß durch jeden Inflexionspunkt $A$ vier Gerade gehen, welche alle Kurven des Büschels in denselben Punkten schneiden. Die harmonische Polare von $A$ in bezug auf die ursprüngliche Kurve ist demnach auch harmonische Polare aller anderen Kurven des Büschels.

## § 2. Aus drei auf einer Geraden liegenden Inflexionspunkten die sechs anderen abzuleiten.

Wir werden nun aus drei Inflexionspunkten $A, B, C$, die auf einer Geraden $u$ liegen, die übrigen ableiten. Die entsprechenden Wendetangenten seien $a, b, c$. Wir bemerken zuerst:

I. *Die erste Polare — und daher auch die zweite — eines beliebigen Punktes $P$ von $u$ in bezug auf die $C^3$ ist gleichzeitig die Polare von $P$ in bezug auf die degenerierte Kurve $(a, b, c)$.*

Wenn $P$ in $A$ liegt, ist der Satz klar; denn der Polarkegelschnitt von $A$ in bezug auf beide Kurven zerfällt in $a$ und die Gerade $a_1$, welche die Gerade $(A, (bc))$ von den Geraden $b$ und $c$ harmonisch trennt. Analog, wenn $P$ in $B$ oder $C$ liegt. Nun ist aber die Punktreihe $u$ zu dem entsprechenden Büschel von Polarkegelschnitten projektiv; hieraus folgt der Satz.

Die Geraden $a_1, b_1, c_1$ gehen, wie wir früher gesehen haben (vgl. S. 232), durch denselben Punkt, etwa $U$. Die zweite Polare von $U$ in bezug auf $C^3$ ist $u$.

Schneiden die Geraden $a_1, b_1, c_1$ die Gerade $u$ in bzw. $A_1, B_1, C_1$, so gehören die Punktpaare $(A, A_1), (B, B_1), (C, C_1)$ einer Involution an. Die Doppelpunkte $V$ und $W$ dieser Involution haben die Eigenschaft, daß die zweite Polare von $V$ in bezug auf $(A, B, C)$ in $W$ fällt und umgekehrt (Kap. XX, § 1, Satz V).

Die zweiten Polaren von $V$ und $W$ in bezug auf die $C^3$ gehen also durch $W$ bzw. $V$. Wir werden ferner zeigen, daß sie beide durch $U$ gehen. Die Kurve geht nämlich durch die harmonische Homologie mit $A$ als Zentrum und $a_1$ als Achse in sich über; durch diese geht auch die auf $u$ liegende Involution in sich über und deshalb $V$ in $W$ und umgekehrt. Die zweiten Polaren von $V$ und $W$ entsprechen also einander und schneiden sich demnach auf der Homologieachse $a_1$. Dann schneiden sie sich aber auch auf $b_1$ und $c_1$, d. h. in $U$.

Das Dreieck $UVW$ hat also die Eigenschaft, daß die Polargerade jedes Eckpunktes die gegenüberliegende Seite ist.

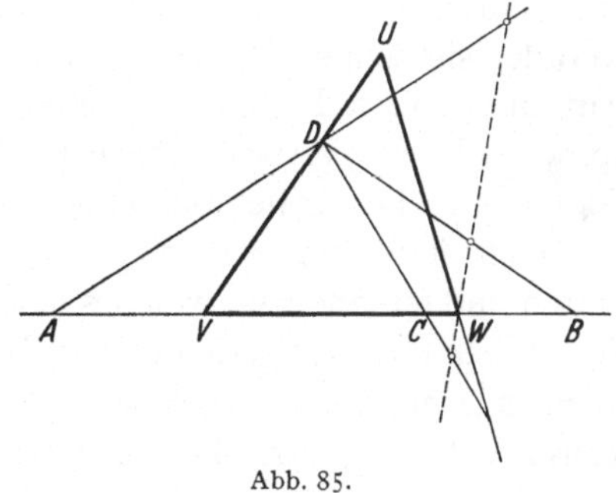


Abb. 85.

Es sei nun $D$ (Fig. 85)[1] ein Schnittpunkt von $UV$ mit der $C^3$. Durch die genannte Homologie geht dieser Punkt in den Schnittpunkt von $AD$ mit $UW$ über. Ebenso schneiden die Geraden $DB$ und $DC$ die Gerade $UW$

---

[1] Die Figur ist nur symbolisch aufzufassen; denn die Punkte $A, B, C, V, W$ können nicht gleichzeitig reell sein.

in Punkten, welche auf $C^3$ liegen. Hieraus folgt aber, daß der Polarkegelschnitt von $D$ zerfallen muß, weil er drei Punkte einer Geraden enthält, nämlich derjenigen Geraden, welche $WD$ von $WV$ und $WU$ harmonisch trennt. $D$ ist also ein Inflexionspunkt.

Die sechs von $A$, $B$, $C$ verschiedenen Inflexionspunkte ergeben sich also als Schnittpunkte der Kurve mit den Geraden $UV$ und $UW$. Die neun Inflexionspunkte liegen zu dreien auf den Seiten des Dreiecks $UVW$, eines sog. *syzygetischen Dreiecks*.

Durch jeden Inflexionspunkt gehen, wie wir wissen, vier Gerade, von denen jede zwei weitere Inflexionspunkte enthält; es gibt also in allem vier syzygetische Dreiecke. Zwei Seiten, welche verschiedenen Dreiecken angehören, schneiden sich in einem Inflexionspunkt.

Für den Punkt $D$ auf Fig. 85 sind die vier Geraden $DV$, $DA$, $DB$, $DC$; nun ist aber (vgl. S. 226) $(VABC)^3 = -1$; also:

II. *Die vier Geraden durch einen Inflexionspunkt, welche die anderen Inflexionspunkte enthalten, sind äquianharmonisch.*

Wir zeigen nun:

III. *Eine reelle $C^3$ enthält genau drei reelle Inflexionspunkte; diese liegen auf einer Geraden.*

Mehr als drei reelle Inflexionspunkte kann es jedenfalls nicht geben; denn sind $A$ und $B$ zwei solche Punkte, so schneidet die Gerade $AB$ die $C^3$ in einem dritten reellen Inflexionspunkt. Auf dieser Geraden werden die obengenannten Punkte $V$ und $W$ imaginär (vgl. S. 227), also auch die Seiten $UV$ und $UW$ des entsprechenden syzygetischen Dreiecks, so daß die sechs anderen Inflexionspunkte imaginär sind.

Daß drei reelle Inflexionspunkte wirklich existieren, sieht man so ein: Durch zwei konjugiert imaginäre Inflexionspunkte lege man eine Gerade; sie schneidet die $C^3$ in einem dritten, reellen Inflexionspunkt. Auf dieser Geraden sind die Punkte $V$ und $W$ reell (S. 227); das entsprechende syzygetische Dreieck ist demnach reell, und auf jeder Seite liegt ein reeller Inflexionspunkt.

Nach dem Obigen gibt es ein syzygetisches Dreieck mit drei reellen Seiten und ein anderes, welches eine reelle und zwei konjugiert imaginäre Seiten besitzt. Für jeden reellen Inflexionspunkt sind also zwei von den in Satz II erwähnten Geraden reell; die zwei anderen werden demnach konjugiert imaginär. Ist dagegen der Inflexionspunkt imaginär, so ist ·eine der Geraden reell, die drei anderen imaginär.

Die zwei noch nicht besprochenen syzygetischen Dreiecke haben je drei imaginäre Seiten.

Wir wollen dem Obigen einige weitere, kurze Bemerkungen über reelle $C^3$ hinzufügen. Eine solche Kurve kann in der projektiven Ebene entweder zusammenhängen („einteilig" sein) oder in zwei getrennte

Zweige zerfallen („zweiteilig" sein). Daß beide Fälle möglich sind, sieht man z. B., wenn man von einer $C_0^3$ ausgeht und ein Büschel von $C^3$ bildet, welches die $C_0^3$ und die dreifach gezählte Gerade durch die drei Inflexionspunkte der Kurve enthält.

Hat die $C_0^3$ imaginäre Doppelpunktstangenten, und betrachtet man eine Kurve des Büschels, welche durch einen der $C_0^3$ naheliegenden Punkt geht, so erweist sie sich als einteilig. Hat dagegen die $C_0^3$ reelle Doppelpunktstangenten, so erhält man eine zweiteilige Kurve, wenn man im Büschel eine Kurve bestimmt, welche durch einen Punkt innerhalb der Schleife der $C_0^3$ geht.

Der Zweig einer einteiligen Kurve ist unpaar; eine zweiteilige Kurve enthält dagegen einen unpaaren und einen paaren Zweig. Die Inflexionspunkte liegen auf dem unpaaren Zweig[1].

IV. *Durch einen Punkt $P$ eines unpaaren Zweiges gehen immer zwei und nur zwei Tangenten an diesen.*

Es liege nämlich $P$ zunächst in einem Inflexionspunkt $A$; ferner sei $M$ ein beliebiger Punkt des betrachteten Zweiges und $M_1$ der dritte Schnittpunkt des Zweiges mit der Geraden $AM$. Durchläuft $M$ den Zweig, so wird $M_1$ diesen in der entgegengesetzten Richtung durchlaufen, so daß $M$ und $M_1$ außer in $A$ gerade einmal zusammenfallen. Es gibt also durch den Punkt $A$ außer der Wendetangente — welche hier mitzuzählen ist — genau eine Tangente an den Zweig, insgesamt also zwei. Diese Zahl kann sich aber nicht ändern, wenn $P$ den Zweig durchläuft; denn die vier Tangenten, welche im komplexen Gebiet von $P$ an die $C^3$ gehen, sind ja immer verschieden.

Wir haben nun sofort:

Ist die $C^3$ zweiteilig, so gehen durch einen Punkt des unpaaren Zweiges vier reelle Tangenten an die Kurve, durch einen Punkt des paaren Zweiges dagegen keine. Der charakteristische Wurf ist reell.

Ist dagegen die $C^3$ einteilig, so gehen durch einen Punkt der Kurve zwei reelle und zwei konjugiert imaginäre Tangenten an diese. Der charakteristische Wurf ist also ein Einheitswurf (Kap. V, § 2, Satz VII). Der Wurf kann auch in diesem Fall reell sein, aber nur, wenn er gleich —1 und also die Kurve harmonisch ist (vgl. S. 247).

Umgekehrt hat man:

Ist der charakteristische Wurf imaginär — also ein Einheitswurf —, dann ist die Kurve einteilig. Wenn der Wurf reell ist, ist die Kurve im allgemeinen zweiteilig; ist aber der Wurf insbesondere gleich —1, die Kurve also harmonisch, so kann sie sowohl einteilig als zweiteilig sein.

---

[1] Ein reeller Zweig einer Kurve heißt paar oder unpaar, je nachdem die Anzahl seiner Schnittpunkte mit einer Geraden allgemeiner Lage paar oder unpaar ist.

## § 3. Harmonische und äquianharmonische Kurven.

Eine $C^3$ wurde harmonisch genannt, wenn der charakteristische Wurf harmonisch ist. Ist $A$ ein Inflexionspunkt, $a$ die Wendetangente in $A$ und $a_1$ die zugehörige harmonische Polare, und schneidet $a_1$ die $C^3$ und die Gerade $a$ in $(B_1, C_1, D_1)$ bzw. $A_1$, so ist die Kurve dann und nur dann harmonisch, wenn die vier genannten Punkte zwei harmonische Paare — etwa $(A_1, C_1)$ und $(B_1, D_1)$ — bilden.

Es sei nun die $C^3$ harmonisch. Nach dem Obigen geht dann die erste Polare von $C_1$ in bezug auf die Kurve durch $A_1$; also geht die zweite Polare von $A_1$ durch $C_1$; diese zweite Polare ist aber nach Satz III des § 1 die Tangente an $H^3$ in $A$. Also:

*Die Tangente $t$ an $H^3$ in $A$ ist die Gerade $AC_1$.*

Die HESSEsche Kurve zu $H^3$ muß — ebenfalls nach dem genannten Satz III — durch den Schnittpunkt $(ta_1)$, d. h. durch $C_1$, gehen. Aber durch $C_1$ in Verbindung mit den neun Inflexionspunkten ist nur eine $C^3$ bestimmt, nämlich die ursprüngliche. Wir haben also bewiesen:

I. *Ist eine $C^3$ harmonisch, dann ist die HESSEsche Kurve der entsprechenden $H^3$ wieder die ursprüngliche $C^3$.*

Die Umkehrung des Satzes ist auch richtig. Wenn nämlich die HESSEsche Kurve von $H^3$ die ursprüngliche $C^3$ ist, dann geht die Tangente von $H^3$ in $A$ durch einen der Schnittpunkte $B_1, C_1, D_1$ von $C^3$ mit $a_1$, z. B. durch $C_1$, d. h. die zweite Polare von $A_1$ in bezug auf $C^3$ geht durch $C_1$; auf $a_1$ besteht demnach die erste Polare von $C_1$ in bezug auf $(B_1, C_1, D_1)$ aus $C_1$ und $A_1$, d. h. $(A_1, C_1)$ und $(B_1, D_1)$ sind harmonische Punktpaare.

Eine $C^3$ wurde äquianharmonisch genannt, wenn der charakteristische Wurf äquianharmonisch ist. Wir erinnern an die auf S. 227 gegebene Definition eines solchen Wurfes:

Sind $A, B, C$ drei feste Punkte einer Geraden, dann gibt es zwei Punkte $U$ und $V$, von denen jeder mit $A, B, C$ einen äquianharmonischen Wurf bildet. Die Punkte $U$ und $V$ können bestimmt werden:

1. als Doppelpunkte der Involution, welche von den ersten Polaren des Tripels $(A, B, C)$ gebildet ist;

2. als Doppelpunkte der Projektivität, welche $A, B$ und $C$ zyklisch vertauscht;

3. als diejenigen Lösungen der Gleichung

$$(XABC)^3 = -1,$$

für welche der Wurf $(XABC)$ nicht harmonisch ist.

Unter Anwendung der Vertauschungen, welche für einen beliebigen Wurf zulässig sind, sieht man, daß man in einem äquianharmonischen Wurf einen beliebigen Punkt festhalten und die drei anderen zyklisch vertauschen kann, ohne den Wert des Wurfes zu ändern.

Bilden vier Punkte in passender Ordnung einen äquianharmonischen Wurf, dann ist dies auch für jede andere Reihenfolge der Punkte der Fall.

Ferner sei an den Satz XI des Kap. XX, § 2 erinnert, dessen letzter Teil so ausgesprochen werden kann:

II. *Enthält eine Involution dritter Ordnung zwei aus drei zusammenfallenden Elementen gebildete Tripel $U$ und $V$, dann bildet $U$ — sowie auch $V$ — mit jedem Tripel der Involution einen äquianharmonischen Wurf.*

Um einen Überblick über die äquianharmonischen Kurven zu gewinnen, beweisen wir die folgenden Sätze:

III. *Gehen drei Wendetangenten einer $C^3$ durch denselben Punkt, dann besteht die* Hessesche *Kurve aus drei Geraden, und die $C^3$ ist äquianharmonisch.*

Es seien nämlich $A, B, C$ drei Inflexionspunkte, deren Wendetangenten $a, b, c$ durch denselben Punkt $X$ gehen. Dann müssen die drei Punkte $A, B, C$ in einer Geraden, $u$, liegen; denn die erste Polare von $X$ geht ja durch $A, B$ und $C$ und wird in diesen Punkten von $XA, XB$ bzw. $XC$ in zwei zusammenfallenden Punkten geschnitten (Kap. XXII, § 2, Satz V); dies ist nur möglich, wenn die Polare in zwei zusammenfallende Gerade ausartet.

Ferner muß $X$ mit dem Eckpunkt $U$ des syzygetischen Dreiecks $UVW$, dessen eine Seite $VW$ auf $u$ liegt, zusammenfallen. Es gehen nämlich, wie früher angegeben (S. 269), die harmonischen Polaren $a_1, b_1, c_1$ von bzw. $A, B, C$ sämtlich durch $U$; ferner schneiden sich $b$ und $c$ auf $a_1$ usf.; also gehen alle drei Geraden $a, b, c$ durch $U$.

Die Hessesche Kurve der gegebenen $C^3$ geht durch den Schnittpunkt $(aa_1)$, also durch $U$, d. h. sie muß mit den Seiten des Dreieckes $UVW$ zusammenfallen; denn diese „Kurve" ist die einzige des syzygetischen Büschels, welche durch $U$ geht.

Um den zweiten Teil des obigen Satzes zu beweisen, betrachten wir das Büschel von Kurven dritter Ordnung, welches durch $C^3$ und $(a, b, c)$ bestimmt ist; eine Kurve dieses Büschels ist die Gerade $u$, dreifach gezählt. Die harmonische Polare $a_1$ zu $A$ möge $u$ in $D$ und die $C^3$ in $R, S, T$ schneiden. Dann müssen die Tripel $(R, S, T)$, $(U, U, U)$, $(D, D, D)$ derselben Involution angehören; also ist nach Satz II der Wurf $(RSTU)$ äquianharmonisch, d. h. die durch $A$ gehenden vier Tangenten an die $C^3$ sind äquianharmonische Gerade. Hiermit ist der Satz bewiesen.

IV. *Wenn die* Hessesche *Kurve $H^3$ einer $C^3$ aus drei Geraden besteht, dann gehen die Wendetangenten zu je dreien durch die Eckpunkte des von $H^3$ gebildeten syzygetischen Dreieckes, und die Kurve $C^3$ ist äquianharmonisch.*

Die genannten Eckpunkte seien $U, V, W$. Auf jeder Seite des Dreieckes $UVW$ liegen drei Wendepunkte, auf $VW$ etwa $A, B, C$.

Die Wendetangente in $A$ schneidet nach § 1, Satz III die $H^3$ in zwei zusammenfallenden Punkten, d. h. sie muß durch $U$ gehen; ebenso die Wendetangenten durch $B$ und $C$.

Den letzten Teil des Satzes beweist man genau wie den Satz III.


## XXIV. Kapitel.

# Kurven dritter Ordnung und quadratische Transformationen.

## § 1. Transformation der Kurven.

Durch eine Kollineation geht eine $C^3$ in eine ebensolche über, und der charakteristische Wurf bleibt ungeändert. Umgekehrt hat man:

I. *Zwei Kurven dritter Ordnung mit demselben charakteristischen Wurf können durch eine Kollineation ineinander überführt werden.*

Die beiden Kurven seien $C^3$ und $C'^3$. Inflexionspunkte gehen in Inflexionspunkte über; wir wählen also einen Inflexionspunkt $A$ der einen Kurve und einen $A'$ der anderen. Die zugehörigen Wendetangenten seien $a$ und $a'$. Durch $A$ gehen außer $a$ drei andere Tangenten $b, c, d$ an $C^3$, welche in $B, C, D$ berühren mögen. In der anderen Figur seien $b', c', d'$ und $B', C', D'$ die analog gewählten Geraden und Punkte. Nach Voraussetzung können die Bezeichnungen so gewählt werden, daß

$$(1) \qquad\qquad abcd \barwedge a'b'c'd'.$$

Es sei $M$ ein beliebiger Punkt auf $C^3$. Zu der Geraden $m = AM$ gibt es eine bestimmte Gerade $m'$, so daß

$$(2) \qquad\qquad abcdm \barwedge a'b'c'd'm'.$$

Die von $A'$ verschiedenen Schnittpunkte von $C'^3$ mit $m'$ seien $M'$ und $M_1'$. Die Geraden $DM$ und $D'M'$ seien mit $l$ und $l'$ bezeichnet.

Es gibt nun, was nach Kap. VIII, § 1, Satz III leicht einzusehen ist, eine Kollineation, welche $A, B, C$ und $l$ in $A', B', C'$ bzw. $l'$ überführt. Da $B, C, D$ sowie auch $B', C', D'$ in einer Geraden liegen, geht durch die genannte Kollineation $D$ in $D'$ über. Die Geraden $b, c, d$ werden also in bzw. $b', c', d'$ transformiert, und infolge (2) also auch $a$ in $a'$ und $m$ in $m'$; $M$ geht demnach in $M'$ über. Die $C^3$ geht also in eine Kurve dritter Ordnung über, welche durch $A', B', C', D'$ und $M'$ geht, in $A'$ die Wendetangente $a'$ hat und in $B', C', D'$ die Tangenten $b', c', d'$ hat; sie fällt demnach mit $C'^3$ zusammen.

Hiermit ist Satz I bewiesen. Statt $M'$ kann man in dem obigen Beweise auch $M_1'$ benutzen; nach Wahl von $A$ und $A'$ gibt es also im allgemeinen zwei Transformationen der gewünschten Art. Sind die

Kurven insbesondere harmonisch oder äquianharmonisch, so gibt es mehr Möglichkeiten[1].

Durch eine quadratische Transformation geht eine Kurve dritter Ordnung $C^3$ in eine andere $C'^3$ über, wenn die Fundamentalpunkte $E, F, G$ der ersten Figur auf der $C^3$ liegen. Man sieht dies sofort auf Grund der CHASLESschen Erzeugung, wenn man drei Punkte des erzeugenden Kegelschnittbüschels in $E, F, G$ verlegt.

Die genannte Bedingung ist auch notwendig; denn wenn $E, F, G$ nicht alle auf $C^3$ liegen, dann schneidet ein durch diese drei Punkte und zwei Punkte der Kurve gehender Kegelschnitt die $C^3$ in mindestens vier verschiedenen Punkten, so daß die der $C^3$ entsprechende Kurve nicht von dritter Ordnung sein kann.

Es ist nun der folgende einfache Satz von entscheidender Bedeutung:

II. *Geht durch eine quadratische Transformation eine $C^3$ in eine $C'^3$ über, und sind $(A_1, B_1), (A_2, B_2), \ldots$ Punktpaare, deren Verbindungsgeraden $m_1, m_2, \ldots$ durch einen festen Punkt $P$ von $C^3$ gehen, dann werden auch die Verbindungsgeraden $n_1, n_2, \ldots$ der entsprechenden Punktpaare $(A'_1, B'_1), (A'_2, B'_2), \ldots$ durch einen festen Punkt $P^*$ von $C'^3$ gehen, und die Geradenbüschel $(m)$ und $(n)$ sind projektiv. In dieser Projektivität entsprechen die Tangenten aus $P$ und $P^*$ an die respektiven Kurven einander paarweise.*

Den Geraden $(m)$ entsprechen nämlich in der quadratischen Transformation die Kegelschnitte eines Büschels $(\mu')$, welches zu $(m)$ projektiv ist und seine Grundpunkte auf $C'^3$ hat. Die Verbindungsgeraden $(n)$ der zwei freien Schnittpunkte von $C'^3$ mit den Kurven $(\mu')$ gehen (Kap. XXI, § 1, Satz I) durch einen festen Punkt $P^*$ von $C'^3$, und das Büschel $(n)$ ist zu $(\mu')$ projektiv.

Berührt insbesondere die Gerade $m$ die Kurve $C^3$, so besteht das zugehörige Punktpaar $(A, B)$ aus zwei zusammenfallenden Punkten; die entsprechenden Punkte $(A', B')$ fallen dann ebenfalls zusammen, so daß die Gerade $n$ die $C'^3$ berührt. Hiermit ist der Satz bewiesen.

Aus dem letzten Teil des obigen Satzes schließen wir unmittelbar:

III. *Konjugierte Punkte von $C^3$ gehen in konjugierte Punkte von $C'^3$ über.*

Ebenso:

IV. *Der charakteristische Wurf einer Kurve dritter Ordnung ist gegenüber einer quadratischen Transformation invariant.*

Man hat nun:

V. *Sind $C^3$ und $C'^3$ zwei weder harmonische noch äquianharmonische Kurven dritter Ordnung, welche einander in einer quadratischen Trans-*

---



[1] Eine Bestimmung aller Kollineationen, welche eine gegebene $C^3$ in sich überführen, findet sich z. B. in einer Abhandlung von FR. FABRICIUS-BJERRE in Matematisk Tidsskrift B (Kopenhagen 1928), S. 46—53.

*formation entsprechen, dann ist die Beziehung der beiden Kurven durch Angabe von zwei Paaren entsprechender Kurvenpunkte $(A, A')$ und $(B, B')$ eindeutig festgelegt, insofern $(A, B)$ nicht konjugierte Punkte von $C^3$ [und demnach $(A', B')$ nicht konjugierte Punkte von $C'^3$] sind. Die quadratische Transformation in der Ebene ist durch die obigen Angaben nicht festgelegt.*

Die beiden Punktpaare können nicht beliebig auf den Kurven gewählt werden (vgl. die folgenden Seiten).

Um den obigen Satz zu beweisen, betrachten wir die Tangentialpunkte $P$ und $Q$ von $A$ bzw. $B$; offenbar fallen $P$ und $Q$ nicht zusammen. Die ebenfalls verschiedenen Tangentialpunkte von $A'$ und $B'$ seien $P^*$ bzw. $Q^*$. Die in Satz II erwähnte projektive Beziehung der Geradenbüschel mit den Zentren $P$ und $P^*$ ist nun bekannt; ebenso die der Geradenbüschel mit den Zentren $Q$ und $Q^*$; also ist zu jedem Punkt von $C^3$ der entsprechende Punkt eindeutig festgelegt.

Mit Hilfe des Satzes I läßt sich die Aufgabe, die quadratischen Transformationen zu bestimmen, welche eine $C^3$ in eine andere, $C'^3$, überführen, auf eine einfachere Aufgabe zurückführen, nämlich die quadratischen Transformationen, die eine $C^3$ in sich transformieren, zu bestimmen.

Zur Lösung dieser Aufgabe betrachten wir zunächst die involutorischen Transformationen zweiter Art. Wir wählen den prinzipalen Fundamentalpunkt $E$ beliebig auf $C^3$; der feste Kegelschnitt muß jedenfalls die Berührungspunkte $R_1, R_2, R_3, R_4$ der aus $E$ gehenden Tangenten enthalten. Wir können nun zeigen:

VI. *Es gibt unendlich viele involutorische quadratische Transformationen zweiter Art mit dem Zentrum $E$, welche die $C^3$ in sich überführen; die entsprechenden festen Kegelschnitte bilden das Büschel mit den Grundpunkten $R_1, R_2, R_3, R_4$.*

Eine dieser Transformationen benutzten wir schon im Beweise des Satzes von SALMON.

Um nun Satz VI zu beweisen, zeigen wir zuerst, daß der Ort der Berührungspunkte der durch $E$ gehenden Tangenten der genannten Kegelschnitte die gegebene $C^3$ ist. Daß der Ort eine Kurve dritter Ordnung ist, ist nach der CHASLESschen Erzeugungsweise klar; denn die Polaren zu $E$ in bezug auf die Kegelschnitte des Büschels gehen durch einen festen Punkt $P$ und sind auf das genannte Büschel projektiv bezogen. Der Ort fällt aber mit der gegebenen $C^3$ zusammen, weil er mit ihr die fünf Punkte $E, R_1, R_2, R_3, R_4$ und die Tangenten in diesen Punkten gemein hat.

Da $P$ in der CHASLESschen Erzeugung Zentrum des erzeugenden Geradenbüschels ist, liegt $P$ auf der Kurve. $P$ ist demnach der Tangentialpunkt von $E$. Man sieht nun, daß die $C^3$ durch eine involutorische Transformation zweiter Art mit $E$ als prinzipalem Fundamentalpunkt und einem Kegelschnitt $\alpha$ des betrachteten Büschels als fester Kurve in sich übergeht. Die sekundären Fundamentalpunkte $F$ und $G$ sind nämlich die Berührungspunkte der Tangenten von $E$ an $\alpha$ und liegen demnach auf der $C^3$, so daß die $C^3$ jedenfalls in eine Kurve dritter Ordnung übergeht; diese hat aber mit der ursprünglichen $C^3$ wieder die obengenannten fünf Punkte und die zugehörigen Tangenten gemein. Hierdurch ist der Satz bewiesen.

Alle gefundenen quadratischen Transformationen bestimmen auf der $C^3$ dieselbe Abhängigkeit; wir nennen diese eine *zentrische Transformation* mit $E$ als Zentrum.

Der obige Satz kann auch folgendermaßen formuliert werden:

VII. *Eine $C^3$ kann durch eine involutorische quadratische Transformation zweiter Art in sich übergeführt werden, wobei der prinzipale Fundamentalpunkt $E$ und einer der sekundären, $F$, beliebig auf der $C^3$ gewählt werden können.*

Durch $F$ geht nämlich ein Kegelschnitt des oben betrachteten Büschels.

Sind die sekundären Fundamentalpunkte $F$ und $G$ auf der $C^3$ gegeben, so erhält man den Tangentialpunkt $P$ von $E$ als den dritten Schnittpunkt von $FG$ mit der Kurve. Für $E$ ergeben sich demnach vier Lösungen. Für eine $C^3$, welche durch die Kreispunkte geht, ergibt sich hieraus, daß eine solche „zyklische Kurve" durch vier Inversionen in sich übergeht; die Zentren der zugehörigen festen Kreise sind die Berührungspunkte derjenigen Tangenten an $C^3$, welche durch den dritten unendlich fernen Punkt der Kurve gehen. Diese vier Kreise sind paarweise orthogonal.

Im folgenden werden wir — wie gelegentlich schon früher — nur die Kurve, nicht die diese enthaltende Ebene in Betracht ziehen, und dann die quadratischen Transformationen der Kurve in sich studieren. Wir setzen voraus, daß die Kurve weder harmonisch noch äquianharmonisch ist. Ferner sei $(A, A')$ ein Paar von Kurvenpunkten, welche einander entsprechen sollen.

Eine Transformation, welche dieser Forderung genügt, ist, wie wir schon wissen, die zentrische Transformation, deren Zentrum im dritten Schnittpunkt $O$ von $AA'$ mit der Kurve liegt. Eine andere erhält man wie folgt: Durch eine harmonische Homologie $\pi$ führe man die Kurve in sich und $A$ in einen anderen Punkt $A_1$ über und durch eine zentrische Transformation $\tau$ den Punkt $A_1$ in $A'$ über. Das Produkt $\pi\tau$ ist dann eine neue quadratische Transformation mit der gewünschten Eigenschaft.

Mehr solche Transformationen kann es nicht geben. Es seien nämlich $P$ und $P^*$ die Tangentialpunkte von $A$ bzw. $A'$. Die zwischen den Geradenbüscheln $(A)$ und $(A')$ nach Satz II existierende Projektivität ist eindeutig bestimmt. Ist demnach $B$ ein beliebiger Punkt der Kurve, so muß $B'$ einer der Schnittpunkte von $C^3$ mit einer durch die Projektivität festgelegten, durch $P^*$ gehenden Geraden sein.

Es gibt demnach nur zwei verschiedene Möglichkeiten für die Lage von $B'$, also (nach Satz V) höchstens zwei Transformationen.

Es seien nun $B_0'$ und $B'$ die Punkte, in welche $B$ durch die zentrische bzw. nichtzentrische Transformation übergeht, welche $A$ in $A'$ überführt. Wir können eine sehr einfache Konstruktion des Punktes $B'$ angeben (Fig. 86):

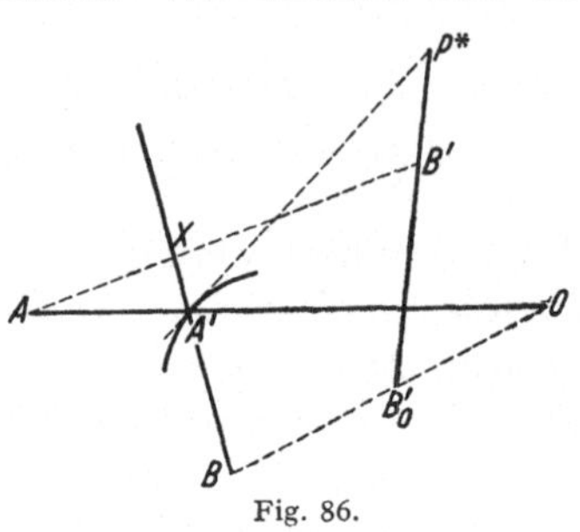

Fig. 86.

Die Punkte $P*, B_0', B'$ liegen nach dem Obigen auf einer Geraden. $X$ sei der Schnittpunkt von $AB'$ mit $A'B$. Für die zwei Geradentripel

$$(AO,\ BA',\ B'P*)$$
und
$$(BO,\ AB',\ A'P*)$$

liegen acht der Schnittpunkte auf der $C^3$, also auch der neunte Schnittpunkt $X$. Wir haben also bewiesen:

VIII. *Ist eine weder harmonische noch äquianharmonische Kurve dritter Ordnung vorgelegt, und ist $(A, A')$ ein beliebiges Paar ihrer Punkte, dann gibt es — solange es sich nur um die Punkte der Kurve selbst handelt — außer der zentrischen Transformation genau eine quadratische Transformation $(M, M')$ der Kurve in sich, welche $A$ in $A'$ überführt. Zu einem gegebenen Punkt $M$ läßt sich der Bildpunkt $M'$ dadurch bestimmen, daß $AM'$ und $A'M$ einander auf der Kurve schneiden.*

Ist die Kurve harmonisch oder äquianharmonisch, gibt es außer den zwei eben genannten Transformationen noch weitere.

Für die betrachteten, nicht harmonischen und nicht äquianharmonischen Kurven hat man ferner:

IX. *Eine nichtzentrische Transformation der Kurve in sich läßt sich in ein Produkt zweier zentrischer Transformationen zerlegen, von welchen die erste beliebig gewählt werden kann.*

Es sei nämlich $(A, A')$ ein Paar von entsprechenden Punkten der gegebenen, nichtzentrischen Transformation, $A_1$ ein beliebiger Punkt der Kurve. Durch eine zentrische Transformation $\tau_1$ läßt sich $A$ in $A_1$ überführen, und durch eine andere, $\tau_2$, $A_1$ in $A'$. Ein beliebiger weiterer Punkt $B$ der Kurve möge auf dieselbe Weise in $B_1$ und $B'$ übergehen. Dann schneiden sich nach Kap. XXI, § 3, Satz I die Geraden $AB'$ und $BA'$ auf der Kurve, und die Behauptung folgt aus Satz VIII.

Ebenso hat man für die in Satz VIII betrachtete Kurve:

X. *Durch eine quadratische Transformation der Kurve in sich geht jedes System von konjugierten Punktpaaren in sich über.*

Wir wollen nun insbesondere die involutorischen Transformationen einer Kurve dritter Ordnung in sich bestimmen. Die zentrischen Transformationen haben wir schon besprochen und wollen nun die nichtzentrischen finden. Wir nehmen, wie oben, an, die Kurve sei weder harmonisch noch äquianharmonisch.

Es seien $(A, A')$ und $(B, B')$ zwei Paare von entsprechenden Punkten der gesuchten Transformation. Wegen des involutorischen Charakters schneiden sich nach Satz VIII sowohl $AB'$ und $A'B$ als auch $AB$ und $A'B'$ auf der Kurve; also sind nach Kap. XXI, § 3, Satz III sowohl $(A, A')$ als auch $(B, B')$ Paare von konjugierten Punkten, und sie gehören demselben System an. Also:

XI. *Es gibt drei involutorische, nichtzentrische Transformationen der Kurve in sich. Bei einer solchen Transformation sind entsprechende Punkte konjungierte Punkte eines festen Systems.*

In Verbindung mit Satz XI machen wir die folgende Bemerkung: Es sei $(A, A')$ ein festes Paar von konjugierten Punkten, $P$ der gemeinsame Tangentialpunkt. Ferner sei $(M, M')$ ein beliebiges Paar von konjugierten Punkten, das demselben System wie $(A, A')$ angehört. Nach Satz II sind dann die Büschel $P(M)$ und $P(M')$ projektiv, bilden also eine Involution, da ja $M$ und $M'$ in doppelter Weise einander entsprechen. Also haben wir den Satz:

XII. *Projiziert man die Paare konjugierter Punkte eines bestimmten Systems aus einem beliebigen, festen Punkt der Kurve, so bilden die projizierenden Strahlen eine Involution.*

Kombiniert man Satz VIII mit Satz I, erhält man ein Resultat, woraus unter anderem die Umkehrung des Satzes IV folgt:

XIII. *Sind zwei weder harmonische noch äquianharmonische Kurven dritter Ordnung $C^3$ und $C'^3$ mit demselben charakteristischen Wurf gegeben, und ist $A$ ein Punkt der ersten, $A'$ der letzten, dann gibt es genau zwei quadratische Transformationen, welche $C^3$ in $C'^3$ und dabei $A$ in $A'$ überführen.*

Von der umgebenden Ebene wird natürlich wie oben abgesehen.

Wir wollen zuletzt wieder die ganze Ebene in Betracht ziehen und beweisen den folgenden Satz:

XIV. *Sind $C^3$ und $C'^3$ zwei Kurven dritter Ordnung mit demselben charakteristischen Wurf, dann kann die erste durch eine quadratische Transformation in die andere transformiert werden, so daß die drei Fundamentalpunkte $E, F, G$ der ersten Figur beliebig auf $C^3$ gegeben werden können.*

Mittels einer quadratischen Transformation sieht man, daß man immer einen Kegelschnitt $\alpha$ finden kann, welcher durch $E, F, G$ geht und die $C^3$ in einem Punkt $A$ dreipunktig berührt; denn eine Kurve dritter Ordnung hat ja immer Inflexionspunkte. In derselben Weise sieht man, daß es drei Kegelschnitte $\beta, \gamma, \delta$ durch $E, F, G$ und $A$ gibt, welche die $C^3$ in von $A$ verschiedenen Punkten berühren; die Berührungspunkte seien bzw. $B, C, D$; ebenso erkennt man mit Hilfe von Satz III, daß der charakteristische Wurf von $C^3$ gleich $(\alpha\beta\gamma\delta)$ ist.

Ferner sei $A'$ ein Inflexionspunkt auf $C'^3$, $a'$ die zugehörige Wendetangente, $b'$, $c'$, $d'$ seien die drei durch $A'$ an $C'^3$ gehenden Tangenten, welche in den Punkten $B'$, $C'$, $D'$ berühren mögen. Der Beweis verläuft nun ganz analog dem Beweise des Satzes I, indem man statt der dort benutzten Kollineation eine quadratische Transformation, in welcher $E$, $F$, $G$ Fundamentalpunkte der ersten Figur sind, zur Hilfe nimmt, welche $A$, $B$, $C$ und einen durch $E$, $F$, $G$ und $D$ gehenden Kegelschnitt $\lambda$ in bzw. $A'$, $B'$, $C'$ und eine passend gewählte, durch $D'$ gehende Gerade $l'$ überführt. Daß eine solche Transformation existiert, folgt unmittelbar aus Kap. XVIII, § 3, Satz IX.

## § 2. Involutorische Paare in einer allgemeinen quadratischen Abhängigkeit.

Wir wollen nun untersuchen, ob es in einer allgemeinen quadratischen Transformation $Q$ Paare von Punkten gibt, welche in doppelter Weise einander entsprechen, uns aber auf den Fall beschränken, wo in jeder Figur mindestens zwei der Fundamentalpunkte verschieden sind.

Es sei $p$ eine durch den Fundamentalpunkt $E$ der ersten Figur gehende Gerade; diese geht durch $Q$ in eine durch den adjungierten Fundamentalpunkt $E^*$ gehende Gerade $p'$ über, und diese geht durch Iteration von $Q$ in einen Kegelschnitt $\pi''$ durch die Fundamentalpunkte $E^*$, $F^*$, $G^*$ der zweiten Figur über. Die Punktreihen $p$, $p'$ und $\pi''$ sind projektiv.

Ist nun $M'$ ein Schnittpunkt von $p$ mit $\pi''$, so entsprechen diesem Punkt in $Q^{-1}$ und $Q$ die Punkte $M$ bzw. $M'$, welche beide auf $p'$ liegen. Durchläuft $p$ das Geradenbüschel mit dem Zentrum $E$, so durchläuft $p'$ das Geradenbüschel mit dem Zentrum $E^*$ und $\pi''$ ein Kegelschnittbüschel. Die drei Büschel sind paarweise projektiv, und der Ort von $M'$ ist demnach eine Kurve $C^3$. Diese Kurve geht durch $E^*$, $F^*$, $G^*$, und für jeden Punkt $M'$ der Kurve, welcher von diesen drei Punkten verschieden ist, liegen $M$, $M''$ und $E^*$ auf einer Geraden.

Nun kann man aber $(E, E^*)$ durch ein anderes Paar von adjungierten Fundamentalpunkten $(F, F^*)$ ersetzen, und man erhält so eine neue Kurve dritter Ordnung $C'^3$. Wählt man $M'$ auf dieser Kurve, geht $MM''$ durch $F^*$. Jeder von $E^*$, $F^*$, $G^*$ verschiedene Schnittpunkt ist also ein Punkt $M'$, welcher mit dem entsprechenden Punkt $M$ ein involutorisches Paar bildet.

Man weiß aber im voraus, daß im allgemeinen Fall die zwei Kurven außer $E^*$, $F^*$, $G^*$ noch vier Punkte miteinander gemein haben, nämlich die vier Punkte, welche in der Transformation $Q$ sich selbst entsprechen (Kap. XVIII, § 3, Satz VIII). Diese Punkte müssen abgerechnet werden. Man findet dann:

*In einer quadratischen Transformation gibt es im allgemeinen ein einziges Paar von Punkten, welche einander in doppelter Weise entsprechen.*

Ausgeartete Fälle treten auf, wenn die Kurven $C^3$ und $C'^3$ zusammenfallen, oder zerfallen und einen Teil miteinander gemein haben.

## § 3. Bestimmung einer quadratischen Transformation durch Paare von entsprechenden Punkten.

Wir haben in Kap. XVIII gesehen, daß eine allgemeine quadratische Transformation durch sieben voneinander unabhängige Paare von entsprechenden Punkten eindeutig bestimmt ist; doch waren weniger Paare notwendig, wenn die Transformation involutorisch sein sollte; z. B. ist eine Transformation erster Art schon durch vier Paare bestimmt. Wir wollen nun den Begriff „voneinander unabhängig" genauer präzisieren.

Zuerst wollen wir die involutorischen Systeme erster Art betrachten. In diesem Fall haben wir den Satz von HESSE, der besagt, daß zwei Punktpaare $(A, A')$ und $(B, B')$ schon ein drittes Punktpaar $(C, C')$ bestimmen, derart daß $C = (AB', A'B)$, $C' = (AB, A'B')$. Dieser Satz wurde schon in Kap. I, § 2 bewiesen. Hierzu bemerken wir, daß nur das einzige Paar $(C, C')$ durch die zwei anderen bestimmt ist, denn man kann erst $P$ und dann auch $Q$ beliebig wählen — freilich beide von den sechs anderen Punkten verschieden — und dann immer Kegelschnitte finden, für welche $(A, A')$, $(B, B')$ und $(P, Q)$ konjugierte Punkte sind. Es mögen nämlich $AP$ und $A'Q$ einander in $D$ schneiden; die zwei Geradenpaare $(DA, DA')$, $(DB, DB')$ bestimmen dann eine Involution, und die Doppelgeraden dieser Involution bilden einen degenerierten Kegelschnitt von der genannten Eigenschaft. Vertauscht man in diesem Schluß die Paare $(A, A')$ und $(B, B')$, so erhält man einen anderen degenerierten Kegelschnitt von derselben Eigenschaft; diese zwei Kegelschnitte bestimmen ein Büschel von Kegelschnitten, für welche $(A, A')$, $(B, B')$ sowie auch $(P, Q)$ konjugierte Punkte sind. Der Beweis ist nur dann hinfällig, wenn $P$ oder $Q$ als einer der anderen sechs Punkte gewählt wird.

Es seien jetzt drei voneinander unabhängige Paare von entsprechenden Punkten $(A, A')$, $(B, B')$, $(C, C')$ gegeben. Es gibt dann[1] ein einziges Bündel von Kegelschnitten, für welche diese Punkte paarweise konjugiert sind. Es sei $C^3$ die JACOBISCHE Kurve dieses Bündels; die drei Punktpaare sind dann konjugierte Punkte auf $C^3$ vom selben System.

Wir wollen nun die involutorischen quadratischen Transformationen erster Art bestimmen, in welchen $(A, A')$, $(B, B')$, $(C, C')$ Paare von entsprechenden Punkten sind, und wir suchen eine Darstellung jeder solchen Transformation mittels zweier Involutionen, jede innerhalb eines Geradenbüschels (vgl. Kap. XVIII, § 3, Satz V').

---

[1] Vgl. die Fußnote S. 255.

Zu diesem Zweck bestimmen wir den Ort der Punkte $P$, aus welchen die drei gegebenen Punktpaare durch involutorische Geradenpaare projiziert werden. Dieser Ort ist die obengenannte $C^3$. Nach § 1, Satz XII hat nämlich jeder Punkt dieser Kurve diese Eigenschaft, und wir wollen nun zeigen, daß es keine weitere solche Punkte gibt.

Durch $(A, A')$ und $(B, B')$ lege man (Fig. 87) einen Kegelschnitt $\mu$, und es sei $P$ ein Punkt von $\mu$ mit der genannten Eigenschaft. Schnei-

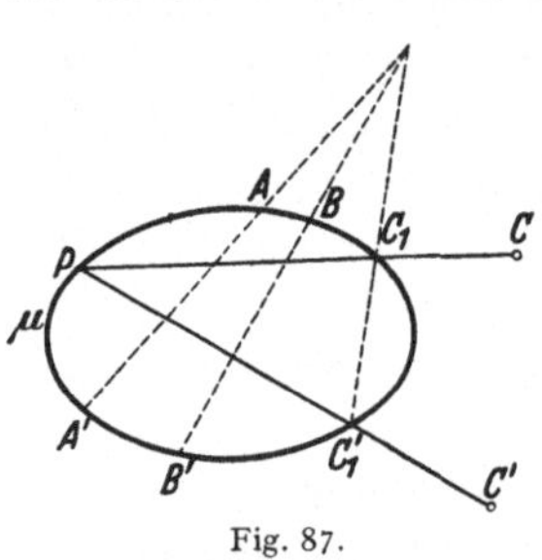

Fig. 87.

den $PC$ und $PC'$ die Kurve $\mu$ nochmals in $C_1$ bzw. $C_1'$, wird das Dreieck $PC_1C_1'$ dadurch bestimmt, daß jede Seite durch einen gegebenen Punkt gehen soll. Auf $\mu$ gibt es also, wie man durch einfache projektive Betrachtungen einsieht, zwei und nur zwei Punkte der gesuchten Art; diese bilden zusammen mit $(A, A')$ und $(B, B')$ die sechs Schnittpunkte von $\mu$ mit der $C^3$; also enthält der gesuchte Ort keine anderen Punkte als die Punkte der obigen $C^3$.

Wählen wir umgekehrt zwei beliebige Punkte $E$ und $F$ von $C^3$ als Zentren der obengenannten Geradenbüschel, dann wird hierdurch eine quadratische Transformation der gesuchten Art eindeutig bestimmt; diese führt (§ 1, Satz XII) die $C^3$ in sich über, und die Transformation der $C^3$ ist unabhängig von der Wahl von $E$ und $F$. Durch die drei gegebenen Punktpaare sind also unendlich viele andere Paare von entsprechenden Punkten festgelegt, nämlich alle solchen Paare auf der $C^3$, welche konjugiert sind und demselben System wie die drei gegebenen angehören.

Weitere Punktpaare werden durch die drei ursprünglichen nicht bestimmt; es sei nämlich $M$ ein Punkt außerhalb der $C^3$; der entsprechende Punkt $M'$ ist Schnittpunkt der Strahlen $EM'$ und $FM'$, welche den Strahlen $EM$ und $FM$ in den Involutionen entsprechen. Läßt man nun z. B. $E$ fest liegen, während $F$ sich auf der Kurve bewegt, dann wird für festes $M$ die Gerade $FM'$ sich um einen festen Punkt der Kurve drehen; also kann $M'$ kein fester Punkt sein.

Wir haben also das folgende Resultat gefunden:

I. *Drei Paare von Punkten sind gegenüber involutorischen quadratischen Transformationen erster Art voneinander unabhängig, wenn sie nicht Gegenpunkte eines vollständigen Vierseits sind, und vier Punktpaare sind voneinander unabhängig, wenn sie nicht konjugierte Punkte desselben Systems auf einer $C^3$ sind.*

Wir gehen nun zu den nichtinvolutorischen, quadratischen Transformationen über und zeigen den *Satz von* CLEBSCH[1]:

II. *Fünf Paare von entsprechenden Punkten in einer quadratischen Transformation bestimmen ein sechstes Paar.*

---

[1] Vgl. E. DUPORCQ: C. R. Acad. Sci., Paris Bd. 126 (1898) S. 1405.

Um dies zu beweisen, betrachten wir zwei quadratische Transformationen $Q_1 = (M, M')$ und $Q_2 = (M, M'')$. Die erste sei durch die beiden Reziprozitäten $(M, m_1)$ und $(M, m_2)$ gegeben, wo also $(m_1 m_2) = M'$; die andere in analoger Weise durch $(M, m_3)$ und $(M, m_4)$, wo $(m_3 m_4) = M''$.

Der Ort der Punkte $M$, für welche die Geraden $m_1, m_2, m_3$ durch einen Punkt gehen, ist nach Kap. XXII, § 1, Satz XIII eine Kurve dritter Ordnung $C_1^3$; diese geht durch die drei Fundamentalpunkte $E, F, G$ der Transformation $Q_1$; denn wenn $m_1$ und $m_2$ zusammenfallen, gehen $m_1, m_2$ und $m_3$ durch denselben Punkt. Ganz analog sieht man ein, daß der Ort der Punkte $M$, für welche die Geraden $m_1, m_2, m_4$ durch denselben Punkt gehen, eine andere Kurve dritter Ordnung, $C_2^3$, ist, welche ebenfalls durch $E, F, G$ geht. Die von diesen Fundamentalpunkten verschiedenen Schnittpunkte der beiden Kurven $C_1^3$ und $C_2^3$ sind die Punkte, welche in den beiden quadratischen Transformationen denselben entsprechenden Punkt haben.

Es seien nun fünf Punktpaare $(A, A')$, $(B, B')$, $(C, C')$, $(D, D')$, $(K, K')$ gegeben; ferner sei $Q_1$ eine feste und $Q_2$ eine variable quadratische Transformation mit diesen Punktpaaren als Paaren von entsprechenden Punkten. Die beiden Kurven $C_1^3$ und $C_2^3$ variieren mit $Q_2$, gehen aber immer durch die festen Fundamentalpunkte $E, F, G$ von $Q_1$ sowie auch durch die fünf Punkte $A, B, C, D, K$. Also haben sie einen festen sechsten Schnittpunkt, und der Satz ist bewiesen.

Weiter sehen wir:

III. *Sechs voneinander unabhängige Paare von entsprechenden Punkten in einer quadratischen Transformation bestimmen unendlich viele; diese bilden zwei Kurven dritter Ordnung.*

Betrachten wir nämlich zwei der möglichen Transformationen, so fallen die zwei Kurven $C_1^3$ und $C_2^3$ in eine einzige Kurve $C^3$ zusammen, und jeder Punkt $M$ dieser Kurve hat in den beiden Transformationen denselben entsprechenden Punkt $M'$.

Der Ort des Punktes $M'$ ist ebenfalls eine Kurve dritter Ordnung, $C'^3$.

Nach dem Obigen enthält in allen betrachteten Transformationen die Kurve $C^3$ die Fundamentalpunkte $E, F, G$ der ersten Figur; entsprechend enthält natürlich die Kurve $C'^3$ die Fundamentalpunkte $E^*, F^*, G^*$ der zweiten Figur.

# Sachverzeichnis.